Günther Harsch
Rebekka Heimann

Didaktik der Organischen Chemie nach dem PIN-Konzept

Vom Ordnen der Phänomene
zum vernetzten Denken

T0178218

Günther Harsch
Rebekka Heimann

Didaktik der Organischen Chemie nach dem PIN-Konzept

Vom Ordnen der Phänomene
zum vernetzten Denken

Mit 2 Farbtafeln

vieweg

Die Deutsche Bibliothek – CIP-Einheitsaufnahme

Harsch, Günther:
Didaktik der organischen Chemie nach dem PIN-Konzept: Vom
Ordnen der Phänomene zum vernetzten Denken / Günther Harsch;
Rebekka Heimann. – Braunschweig; Wiesbaden: Vieweg, 1998
ISBN 3-528-06876-0

Der Verlag Vieweg ist ein Unternehmen der Bertelsmann Fachinformation GmbH.

http://www.vieweg.de

Umschlagentwurf: Ulrike Posselt, Wiesbaden

Druck und buchbinderische Verarbeitung: Hubert & Co, Göttingen
Gedruckt auf säurefreiem Papier
Printed in Germany

ISBN 3-528-06876-0

Vorwort

Das Phänomenologisch-Integrative Netzwerkkonzept (PIN-Konzept) stellt ein lerntheoretisch begründetes, fachdidaktisch spezifiziertes und experimentell realisierbares Curriculum zum Aufbau einer vernetzten Wissensstruktur im Bereich des organisch-chemischen Grundlagenwissens dar. Es ist für folgende Adressaten gedacht:

- Für Chemielehrerinnen und -lehrer der Sekundarstufe II, die bei der Behandlung der Organischen Chemie neue Wege gehen wollen: Die Schülerinnen und Schüler sollen nicht mit einer weitgehend fertigen Fachsystematik konfrontiert werden, sondern an deren Genese aktiv teilhaben. Sie sollen verstehen, wie man überhaupt zu systematischen Erkenntnissen kommt und welche Grenzen diesen Erkenntnissen gesetzt sind. Zugleich sollen sie erfahren, daß Chemieunterricht interessant ist und Spaß macht, wenn man es wagt, sich seines eigenen Verstandes zu bedienen.

- Für Chemielehrerinnen und -lehrer der Sekundarstufe I, die an einer frühzeitigen Einführung in die Organische Chemie interessiert sind, und die zur Bereicherung ihrer eigenen Konzepte neue fachdidaktische Ideen und ausgearbeitete Schlüsselexperimente suchen. Das PIN-Konzept bietet viele herauslösbare Mosaikbausteine für adressatenspezifische Vereinfachungen und Adaptionen an. Einen Steinbruch der Beliebigkeit sollte man darin allerdings nicht erblicken.

- Für Chemiedidaktiker an Universitäten und Pädagogischen Hochschulen, die ihre organisch-chemischen Praktika und fachdidaktischen Seminare inhaltlich und methodisch enger aufeinander abstimmen wollen, um die Lehramtsstudierenden verstärkt für deren eigene Lernprozesse – und damit auch für die Verständnisprobleme ihrer späteren Schüler – zu sensibilisieren.

- Für Lehramtsstudierende der Chemie, die sich die schulpraktischen Grundlagen der Organischen Chemie experimentell und methodenbewußt erarbeiten wollen und zugleich an der didaktischen Reflexion ihres eigenen Lernprozesses interessiert sind.

- Für Fachleiter an Studienseminaren und für Schulbuchautoren, die als Multiplikatoren ebenso wie die Chemiedidaktiker den Vorgaben der Lehrpläne, Richtlinien und Präambeln verpflichtet sind: Man solle – so wird (u.a.) gefordert – die Schüler zum komplexen, vernetzten Denken erziehen und ihre Kommunikations- und Urteilsfähigkeit über Sachfragen entwickeln. Wir hoffen, einige konkrete Anregungen zu bieten, wie diese Vorgaben umgesetzt werden können. Patentrezepte sind selbstverständlich nicht zu erwarten.

Das gesamte Curriculum ist auf eine kontinuierliche Schulung der Denk- und Handlungskompetenz sowie auf die Etablierung einer kritisch-empirischen Einstellung hin angelegt – ganz im Sinne von Georg Kerschensteiner (1854-1932), dem großen Pädagogen und Schulreformer, der seine Sorgen um den Wert des naturwissenschaftlichen Unterrichts seinerzeit wie folgt ausdrückte (nach HÄUSLER 1994, S. 8):

„Über die speziellen Erkenntniswerte sind sich die Menschen leicht im klaren; ... Der einzige Irrtum, dem man hier allerdings oft in recht auffallender Weise begegnet, ist, daß die Erkenntnisse mit den bloßen Kenntnissen verwechselt werden ... Erkenntnisse haben immer einen Wert, weil ihre Erwerbung mit schwerer geistiger Arbeit verbunden ist. Bloßer Kenntnisbesitz dagegen, den ein gutes Gedächtnis oft recht mühelos aufspeichert, kann recht wertlos sein ... Wenn aber Denken nicht bloß ein absoluter, sondern auch ein sehr hoher absoluter Wert ist, dann müssen zweifellos jene Unterrichtsgebiete, die im Schüler diese Fähigkeit des Denkens am stärksten entwickeln und damit ... zur formalen Bildung am meisten beitragen, am sorgfältigsten gepflegt werden."

Auch der Chemieunterricht gehört zu den Fächern, die hierzu einen Beitrag zu leisten haben.

Wir danken Frau Ursula Bäumker M.A. für die sorgfältige Übertragung unseres handschriftlichen Manuskripts in eine lesbare Form; Frau Dr. Angelika Schulz für die kompetente Lektoratsarbeit und für ihre Geduld; und nicht zuletzt den vielen Studierenden und Schülern, die uns wertvolle Einblicke in ihre Lernprozesse gewährten und uns durch ihr positives „feedback" ermutigten, dieses Buch einer breiteren Öffentlichkeit vorzustellen. Für Erfahrungshinweise und konstruktive Kritik sind wir jederzeit dankbar.

Münster, im Frühjahr 1998   Günther Harsch und Rebekka Heimann

Korrespondenzanschrift:
Prof. Dr. Günther Harsch und Dr. Rebekka Heimann
Westfälische Wilhelms Universität Münster
FB 17 – Chemie / Institut für Didaktik der Chemie
Fliednerstr. 21, D-48149 Münster

Inhaltsverzeichnis (kurz)

Inhaltsverzeichnis (detailliert)

1 Das PIN-Konzept: Was es will und was es fordert

Sind wir in der Lage, *professionell* Chemie zu unterrichten? Unter Bezugnahme auf KORING (1989) und BOYLE (1990) nennt DIERKS (1996) vier Kriterien, die für professionelles Unterrichten wesentlich sind:

- Die Lehrenden stützen ihre Tätigkeit auf Theorie; ihr Denken und Handeln ist theoriegeleitet.
- Die Lehrenden sind dem Wohl ihrer „Klienten" (d.h. aller am Lernprozeß beteiligten Personen) verpflichtet.
- Die Lehrenden sind in der Lage, den ihnen möglichen Handlungsspielraum autonom auszuschöpfen.
- Die Lehrenden sind in der Lage, der situativen Besonderheit des Einzelfalls gerecht zu werden und zugleich den Bezug zu abstraktem Wissen und allgemeinen Normen aufrecht zu erhalten.

Im Ausweichen vor dieser Balance-Problematik sieht KORING (1989) das „zentrale Professionalisierungsproblem der Pädagogik".

Im Zusammenhang mit dem PIN-Konzept ist zunächst das erstgenannte Kriterium wichtig: Das zu vermittelnde Sachwissen muß sich in seinen Kernaussagen auf Theorien beziehen, die von der Fachwissenschaft Chemie zur Verfügung gestellt werden. Es gibt keine tragfähigere Basis für ein vertieftes Chemieverständnis als die Fachsystematik selbst. Dies gilt übrigens auch für alle Konzeptionen, die die „Chemie des Alltags" an den Anfang oder in den Mittelpunkt des Curriculums stellen wollen. Hier wie dort müssen „curriculare Orte" ausgewiesen werden, die eine gründliche Einführung und Anwendung der Fachsystematik sicherstellen. Die neuerdings in vielen Schulbüchern zu beobachtende Tendenz, die Fachsystematik „ad hoc" (in Form von Informationskästen, die aus dem eigentlichen Text ausgelagert sind) zu „erledigen", wird ihrer Bedeutung für den Lernprozeß nicht gerecht und dient letztlich nicht „dem Wohl der Klienten". Mit dem berechtigten Anspruch nach Verbindung von Chemie und Lebenswelt dürfen keineswegs alte, überwundene Gegensätze zwischen Theorie und Praxis wieder aufgebaut werden. Anwendungsorientierter Chemieunterricht bleibt prinzipiell wissenschaftsbezogener Chemieunterricht.

Professionelles Handeln erfordert allerdings mehr als gesichertes, von der Fachwissenschaft Chemie bereitgestelltes und im Studium erworbenes Wissen. Die Fachsystematik kann nicht einfach aus den Köpfen der Lehrenden in die Köpfe der Schüler transferiert werden. Ohne die Erfahrungsgrundlage, aus der heraus sie entstanden ist und auf die sie sich explizit *und* implizit stützt, verkümmert sie rasch zum Buchstabenwissen. Wer selbst Chemie studiert hat, vergißt allzu leicht, wie langwierig der eigene Lernprozeß war, der zum theoriegeleiteten Expertenwissen führte. Zur Sachkompetenz muß Vermittlungskompetenz hinzukommen, und auch diese muß theoriegeleitet sein. Das Beherrschen des Handwerkszeugs – insbesondere der Experimente, inklusive des Wissens um deren Aussagekraft, Variations- und Kom-

binationsmöglichkeiten, aber auch deren „Tücken" – dies alles ist für das autonome Ausschöpfen des curricular möglichen Handlungsspielraumes notwendig, aber nicht hinreichend;
denn das Werkzeug ist ja nur das Mittel, nicht das Ziel, und sein Einsatz muß sich an bestimmten methodischen und didaktischen Grundsätzen orientieren. Dies setzt ein zumindest
pragmatisches Verständnis einiger lerntheoretischer Grundlagen voraus.

Das PIN-Konzept ist durch sieben lerntheoretisch bedeutsame Kriterien charakterisiert
(HARSCH und HEIMANN 1996a):

- Kriterium der Konkretheit

- Kriterium der Verknüpfung

- Kriterium der schrittweise-systematischen Erarbeitung

- Kriterium der Beschränkung

- Kriterium des intelligenten Übens

- Kriterium der Förderung kognitiver Fähigkeiten

- Kriterium der fachgemäßen Enkulturation

Diese Kriterien wollen wir im folgenden kurz vorstellen und fachdidaktisch begründen.
Für ein vertieftes Verständnis der Lerntheorien, aus denen die Kriterien abgeleitet sind, sei
auf die dort zitierte Literatur verwiesen.

Wer Kriterien nennt und begründet, sollte auch erläutern, wie er diese inhaltlich und
methodisch zu realisieren gedenkt. Das ist nicht einfach, da eine konkrete, verständliche und
erschöpfende Auskunft im Grunde die Kenntnis des gesamten Curriculums voraussetzt. Wir
wollen es trotzdem versuchen, um möglichst frühzeitig das notwendige Orientierungswissen
zur Verfügung zu stellen. Der volle Sinn wird sich spätestens bei der Lektüre der entsprechenden Sachkapitel erschließen.

Im Hinblick auf Praktikabilitätserwägungen sei darauf hingewiesen, daß nicht alle Reali-
sierungsmöglichkeiten für jede Lernsituation curricular obligatorisch sind; viele sind auch
fakultativ, d.h. das PIN-Konzept ist modular und flexibel angelegt. Es mutet keine metho-
disch-didaktischen „Alles-oder-Nichts-Entscheidungen" zu, läßt sich auch mit anderen Ansätzen kombinieren und ermöglicht beträchtliche Abstufungen im Anspruchsniveau. Diese
Offenheit sollte dazu beitragen, Handlungsspielräume „zum Wohl der Klienten" zu ermöglichen, die Balance-Problematik im Sinne KORINGS zu entschärfen und die Implementation
des PIN-Konzepts in die Unterrichtspraxis zu erleichtern.

1.1 Das Kriterium der Konkretheit

Was besagt dieses Kriterium?

Im Unterricht sollten neue Inhalte, Konzepte und Arbeitsweisen stets *konkret*, d.h. auf der
Grundlage tatsächlicher Erfahrungen der Lernenden eingeführt werden. Im Chemieunterricht
werden dies vor allem experimentelle Erfahrungen mit Stoffen, Stoffumwandlungen und
Reaktionsbedingungen sein. Der Übergang zu abstrakten Erkenntnissen und Operationen
sollte erst dann erfolgen, wenn eine genügend breite Basis von Phänomenen und konkret
geordneten Wahrnehmungen geschaffen wurde, die von sich aus nach Erklärung und Abstraktion verlangen. Kurz: Erst die Stoffe, dann die Formeln.

Wie läßt sich dieses Kriterium begründen?

Das Kriterium der Konkretheit kann aus kognitions- und entwicklungspsychologischen Betrachtungen heraus abgeleitet werden. Wir stützen uns dabei vor allem auf PIAGET und INHELDER (1973), GINSBURG und OPPER (1975) sowie AEBLI (1980 u. 1985).

Nach PIAGET geht das Denken aus dem praktischen Handeln und Wahrnehmen hervor: Zunächst lernt das Kind, Wahrnehmungen und Bewegungen zu koordinieren und praktische Erfolge anzustreben. Es zeigt noch kein Denken. Unbekannte Erscheinungen „erklärt" es sich durch Nachahmung. Die Nachahmung kann schließlich verinnerlicht werden. Symbolische Vorstellung wird möglich und damit Denken. Zunächst ist das Denken auf konkrete Objekte und Handlungen bezogen. Erst die höchste Denkstufe, die PIAGET als formal-operationales Stadium bezeichnet, ermöglicht das Operieren mit theoriegeleiteten Vorstellungen, Hypothesen und formalen Modellen.

Auch AEBLI (1980 u. 1985) spricht vom Ursprung des Denkens im Handeln. Der Titel seines Hauptwerkes „Denken: Das Ordnen des Tuns" (1980) drückt dies programmatisch aus. Denken und Handeln bezwecken, Beziehungen zu stiften. So sucht das Kind zuerst Beziehungen zwischen Bauklötzen beim Bau eines Turms, später solche zwischen gedanklichen Elementen. Handlungsstrukturen werden zu Denkstrukturen. Daraus leitet AEBLI die Forderung ab, daß diesem handelnden Ursprung des Denkens auch im Unterricht Rechnung zu tragen sei; Erkenntnisse müßten zuerst einmal durch Suchen und Forschen, durch Beobachten und Nachdenken gewonnen werden: „Dem Begriff geht das Begreifen voraus, der Einsicht das Einsehen" (AEBLI 1985, S. 183).

Daß Denken aus Handeln und abstraktes Denken aus konkretem Denken hervorgehen, gilt nicht einmalig für die kognitive Entwicklung vom Kind zum Erwachsenen, sondern zeigt sich immer wieder bei einer Konfrontation mit neuen Situationen:

„Piaget argues that everyone reverts to concrete operational or preoperational thought whenever they encounter a new area. Before one can reason with hypotheses and deductions based on experience, there must be a sound descriptive base which has been put in order." (HERRON 1978, S. 167).

Hinzu kommt, daß die Schüler am Ende der Sekundarstufe I überwiegend konkret-operational denken und daß ein erheblicher Anteil von ihnen auch in der Sekundarstufe II die formal-operationale Denkstufe nicht konsolidiert erreicht:

„In general, research indicates that the majority of adolescents and young adults function at the concrete operational level on their understanding of science subject matter" (CHIAPPETTA 1976, S. 253). Zahlreiche empirische Untersuchungen, z.B. von KLINGER und BORMANN (1978), GRÄBER und STORK (1984) sowie – repräsentativ für England und Wales – von SHAYER und ADEY (1989), stützen diese Aussage.

Aus der Tatsache, daß sich in den Jahrgangsstufen 8–12 die Mehrzahl der Schüler noch nicht im formal-operationalen Stadium befinden und daß auch diejenigen, die diese Stufe gerade erreicht haben, in neuen Problemsituationen auf frühere Denkstufen zurückfallen, kann demnach das Vorgehen vom inhaltlich und methodisch Konkreten zum Abstrakten hinreichend begründet werden.

Für den Chemieunterricht empfiehlt sich der methodische Vorrang des Konkreten vor dem Abstrakten in besonderer Weise, da hier die Kluft zwischen der Phänomenebene und der Teilchen- und Formelebene so groß ist, daß Schüler allzu leicht geneigt sind, beide Ebenen zu entkoppeln und sich mit unverstandenen Symbolen und Worthülsen ohne Realitätsbezug zu behelfen. Andererseits darf nicht verkannt werden, daß der Übergang von der makroskopischen Ebene der Phänomene zur Deutung auf der Teilchenebene konstruktive Setzungen erfordert, die über die induktive Verallgemeinerung von Erfahrungstatsachen weit hinausgehen, und die im Lernprozeß als solche bewußt zu machen sind.

Wie wird dieses Kriterium im Rahmen des PIN-Konzepts realisiert?

1.1.1 Häufiger erkenntnisgewinnender Einsatz von Experimenten

Phänomenologisches Vorgehen impliziert im Bereich der Chemie den intensiven Einsatz von Experimenten. Allerdings kommt es nicht auf die bloße Durchführung möglichst vieler Versuche an, sondern auf den lernwirksamen Einsatz didaktisch sinnvoll ausgewählter Experimente, die gründlich (d.h. insbesondere auch vergleichend) ausgewertet werden und tatsächlich auch zu neuen Erkenntnissen führen. Das systematische Ordnen von Phänomenen und das logische Erschließen von Zusammenhängen auf der Ebene direkt beobachtbarer Eigenschaftskombinationen und Eigenschaftsänderungen der Stoffe geht der theoretischen Deutung auf der Teilchenebene voran.

1.1.2 Konkrete Erarbeitung erster Stoffklassenbegriffe

In die neue Thematik der Organischen Chemie wird anhand konkreter Inhalte und Methoden eingestiegen. Es wird nicht versucht, den Begriff Organische Chemie vorschnell zu definieren, sondern es werden zunächst Nachweisreaktionen auf einen ausgewählten Satz von sechs durch Buchstaben benannte Reinstoffe (A = Ethanol, B = Essigsäure, C = Essigsäureethylester, D = 1-Propanol, E = Propionsäure, F = Propionsäurepropylester) angewendet. Das beobachtbare Verhaltensmuster läßt erste Gruppierungsmöglichkeiten erkennen, die durch die anschließende experimentelle Ermittlung von Synthesebeziehungen zwischen diesen Stoffen erhärtet werden.

So werden z.B. die Stoffe A und D als ähnlich erkannt,

... weil beide mit dem Cernitratreagenz Rotfärbung ergeben;

... weil beide mit dem Dichromatnachweisreagenz Grünfärbung hervorrufen;

... weil beide mit dem Dichromatsynthesereagenz in B bzw. E umgewandelt werden, d.h. in bereits bekannte Stoffe mit ähnlichem Analytik- und Syntheseverhalten (Carbonsäuren);

... weil beide mit eben diesen Carbonsäuren in C bzw. F umgewandelt werden, d.h. in wiederum bereits bekannte Stoffe mit ähnlichem Analytik- und Syntheseverhalten (Ester).

Diese auffällige Übereinstimmung berechtigt zur Abstraktion, d.h. zur Begriffsbildung „Alkohole", unbeschadet der wahrgenommenen Differenzen (z.B. beim Iodoformtest). Entsprechendes gilt auch für die Paare B/E (Carbonsäuren) und C/F (Ester).

Die geschilderte Vorgehensweise ist ein gutes Beispiel für konstruktive Begriffsbildung im Sinne von AEBLI, die STORK (1981, S. 56) wie folgt beschreibt:

„Konkrete experimentelle Erfahrungen sind es also, die auf den Begriff gebracht werden ... . Spezifische Merkmale unterschiedlicher Ergebnisse werden ausgesondert, als übereinstimmend klassifiziert und mit dem gleichen Wort verbunden. So wird jeweils ein ganzes Bündel von Erfahrungen geordnet und durch Nennung des Begriffsnamens verfügbar". Zugleich wird deutlich, daß für die Begriffsbildung positive *und* negative Beispiele gleichermaßen wesentlich sind und daß die Begriffsbildung „Alkohole" nicht isoliert von anderen Begriffsbildungen („Carbonsäuren", „Ester") gesehen werden darf, da sich im gemeinsamen Vollzug alles gegenseitig ordnet und stützt (siehe „Kriterium der Verknüpfung").

1.1.3 Konkrete Einführung und Anbindung weiterer Stoffe und Stoffklassen

Bevor die Formeln neuer Stoffe (z.B. Acetaldehyd, Acetaldehyddiethylacetal; Aceton, 2-Propanol; Brenztraubensäure, Milchsäure; in dieser Reihenfolge) eingeführt werden, wird das Verhalten der noch unbenannten Stoffe gegenüber den bekannten Nachweisreaktionen untersucht. So können die neuen Stoffe phänomenologisch zu den bereits bekannten Stoffen in Bezug gesetzt werden:

Brenztraubensäure zeigt z.B., wie ein einfaches Keton (Aceton), einen positiven Dinitrophenylhydrazintest; und wie eine einfache Carbonsäure (Essigsäure) positiven Bromthymolblautest. Der Stoff mit seiner komplexen Molekülformel kann also den bereits bekannten, einfacher aufgebauten Stoffen aufgrund seines analytischen Verhaltens angegliedert werden. Darüber hinaus läßt sich Brenztraubensäure (wie Aceton) mit Natriumborhydrid zu einem Alkohol (Milchsäure) reduzieren und mit Ethanol und Schwefelsäure (wie Essigsäure) verestern. Experimentell realisierbare Synthesebeziehungen, die in diesem Fall sogar vom Typ und von den Bedingungen her den Lernenden bekannt sind, tragen wirkungsvoll zur Integration des neuen Stoffes bei.

Auch komplexere Stoffklassen (z.B. Kohlenhydrate) lassen sich in gleicher Weise dem wachsenden Begriffsgefüge angliedern. So kann z.B. der Bezug der Glucose zur Stoffklasse der Aldehyde und der Bezug der Saccharose zu den Acetalen experimentell entdeckt und konkret erarbeitet werden.

1.1.4 Operieren mit individuellen Stoffen, nicht mit abstrakten Stoffklassen

Die Einzelstoffe dürfen nicht ausschließlich als Vertreter einer Stoffklasse gesehen werden, wodurch sie beliebig, je nach aktuellen Erfordernissen, austauschbar wären, sondern auch als Individuen, deren spezifisches Verhalten und deren Beziehung zu anderen Individuen untersucht wird.

So läßt sich z.B. 2-Propanol nicht selbstverständlich der Stoffklasse der Alkohole subsumieren, da die Umsetzung mit dem Dichromatsynthesereagenz keine Carbonsäure ergibt, sondern einen neuen Stoff (Aceton) mit anderen, spezifischen Eigenschaften. Welche Attribute für einen Begriff wesentlich, d.h. notwendig und hinreichend sind, läßt sich eben nicht ein für allemal entscheiden, sondern hängt vom Umfang des jeweils verfügbaren Erfahrungsschatzes ab. Dies hat didaktische Konsequenzen:

„Begriffe müssen nicht schon bei ihrer Einführung so weit entfaltet werden, daß ihre Anwendung auf neue Erfahrung immer eine derivative Subsumption darstellt, also eine Einordnung des neuen Materials unter schon entfaltete Begriffe. Es ist im weiteren Lernfortschritt auch eine korrelative Subsumption möglich, also eine Ausarbeitung vorerlernter Begriffe aufgrund neuer Erfahrung, unter Änderung der kognitiven Struktur" (STORK 1981, S. 53).

Besonders deutlich wird die Notwendigkeit der schrittweise differenzierenden Begriffsbildung am Beispiel des tertiären Butylalkohols. Dieser zeigt weder mit dem Dichromatnachweisreagenz eine Grünfärbung, noch läßt er sich unter den für andere Alkohole typischen Bedingungen in eine Carbonsäure oder in einen Ester umwandeln. Eine derivative Subsumption unter Verweis auf eine mitgeteilte Strukturformel würde die Formelebene und die Ebene der Phänomene völlig entkoppeln.

Um den Anspruch der Stoffe auf Individualität auch von der Benennung her deutlich zu machen, werden im Rahmen des PIN-Konzepts neben der systematischen Nomenklatur auch etablierte Trivialnamen beibehalten oder sogar bevorzugt (z.b. Acetaldehyd, Acetaldehyddiethylacetal, Essigsäure, Oxalsäure, anstatt: Ethanal, Diethoxyethan, Ethansäure, Ethandisäure).

1.1.5 Phänomenologische Auswertung von Synthesen über Nachweisreaktionen

Synthesen werden zunächst immer phänomenologisch ausgewertet. Das Analytiksystem muß hinreichend leistungsfähig sein, um die Produkte nachweisen zu können; zumindest aber muß es Aussagen über funktionelle Gruppen und Strukturelemente der Produktmoleküle ermöglichen. Einige Beispiele sollen das Gemeinte verdeutlichen:

Bei der sauren Hydrolyse von Essigsäureethylester mit verdünnter Schwefelsäure müssen z.B. Essigsäure, Ethanol und Essigsäureethylester nebeneinander nachgewiesen werden können, und Essigsäure muß eindeutig von Schwefelsäure, aber auch z.B. von Propionsäure unterscheidbar sein.

Glucose und Fructose müssen z.B. bei der Saccharosespaltung eindeutig identifizierbar sein, da ansonsten keine Erfahrungstatsachen zur Verfügung stehen, um den Aufbau des Saccharosemoleküls aus einem Glucose- und einem Fructosebaustein zu rechtfertigen.

Erst im Anschluß an die phänomenologische Auswertung einer oder auch mehrerer Synthesen erfolgt deren abstrakte Erfassung durch ein Reaktionssymbol.

1.1.6 Einstieg in abstrakte Konzepte über konkrete Erfahrungen

Das Verständnis eines abstrakten Konzepts wird erleichtert, wenn zunächst konkrete Erfahrungen gesammelt werden, die durch das dann einzuführende Konzept erklärbar werden. So kann z.B. das an sich abstrakte Konzept der homologen Reihe durchaus auch konkret eingeführt werden. In der Schulbuchliteratur ist nach unseren Erfahrungen (HARSCH u. HEIMANN 1995b) allerdings zumeist die entgegengesetzte, abstrakte Vorgehensweise üblich: Die homologe Reihe wird durch die schrittweise Addition von CH_2-Gruppen an eine vorgegebene

Formel aufgebaut. Daraus wird eine allgemeine Summenformel für alle Mitglieder der homologen Reihe abgeleitet, was einer Abstraktion von Abstraktionen entspricht.

Folgt man dem Kriterium der Konkretheit, so werden zunächst mehrere Alkohole (Methanol, Ethanol, 1-Propanol, 1-Butanol, 1-Pentanol) ohne Betrachtung ihrer Strukturformeln bezüglich ihrer chemischen und physikalischen Eigenschaften untersucht. Die gemeinsamen Eigenschaften (z.B. Fähigkeit zur Esterbildung mit Carbonsäuren; Rotfärbung beim Cernitrattest) werden anschließend durch die gemeinsame funktionelle Gruppe erklärt; die unterschiedlichen Eigenschaften (Siedetemperaturen, Löslichkeitsverhalten) werden auf die unterschiedliche Zahl an CH_2-Gruppen, also auf die Kettenlänge der Moleküle, zurückgeführt. Nun kann die homologe Reihe definiert werden. Der Begriff ist in einem hinreichend breiten Erfahrungsschatz verankert.

1.2 Das Kriterium der Verknüpfung

Was besagt dieses Kriterium?

Im Unterricht sollte ein möglichst hoher Organisationsgrad von Fakten, Operationen und Strategien angestrebt werden:

- Daten und Fakten aus unterschiedlichen Erfahrungsbereichen und thematischen Feldern sollten miteinander verknüpft werden. Ein und dieselbe Operation sollte auf möglichst unterschiedliche Fakten angewendet werden, und möglichst unterschiedliche Operationen sollten zu Denk- und Handlungsstrategien organisiert werden.

- Begriffe sollten von Anfang an in ihrem netzartigen Charakter kennengelernt werden, und zwar sowohl hinsichtlich der Verknüpfung der Elemente, die einen bestimmten Begriff konstituieren, als auch hinsichtlich der Verknüpfung verschiedener Begriffe untereinander.

- Verknüpfungen sollten möglichst weitgehend von den Schülern selbst entdeckt und konstruiert, zumindest aber im Nachvollzug rekonstruiert werden.

Wie läßt sich dieses Kriterium begründen?

Zur Begründung dieses Kriteriums können sowohl begriffsbildungstheoretische Aspekte (STORK 1981, AEBLI 1981 u. 1985) als auch entwicklungspsychologische Erkenntnisse (PASCUAL-LEONE 1970, CASE 1974 u. 1985) herangezogen werden.

AEBLIs Aufbautheorie besagt, daß bei der Begriffsbildung auf bekannte gedankliche Elemente (d.h. auf Erfahrungen) zurückgegriffen wird. Diese werden neu kombiniert mit dem Ziel, durch neue Verknüpfungen eine Einheit höherer Ordnung zu bilden. Jemand beherrscht einen Begriff, wenn er sich das gesamte Beziehungsnetz, das den Begriffsinhalt darstellt, vergegenwärtigen kann und wenn er es in allen Richtungen durchlaufen kann. Begriffe werden schließlich eingeebnet zu einem Netz von gleichgeordneten Elementen, aus dem heraus sie – je nach Anwendungsbedarf – mit unterschiedlichen Akzenten wieder rekonstruierbar sind. Durch die Organisation des Wissens in einem eingeebneten Netz wird flexibles Denken möglich, das verschiedene Perspektiven einnehmen kann:

„Das Ziel ist, sich in einem System von Beziehungen so auszukennen wie in einer Stadt, die man gut kennt: Man weiß von jedem Punkte aus, welche Verbindungen zu den Nachbarpunkten führen, und wenn einem auch nur ein einziges Element vorgelegt wird, so weiß man es in den Rahmen des Ganzen zu stellen." (AEBLI 1985, S. 268). Die Fähigkeit, eine solche geistige Landkarte aus verschiedenen Perspektiven zu durchlaufen, entspricht einer Dezentrierung des Denkens.

Weitere Argumente für eine möglichst starke Verknüpfung lassen sich in PASCUAL-LEONEs Theorie finden. Hier werden figurative Schemata (Repräsentation von Fakten, Situationen, Wahrnehmungsstrukturen), operative Schemata (Repräsentation von Regeln) und exekutive Schemata (Repräsentation von Vorgehensweisen und Strategien) unterschieden. Wenn mehrere solcher Schemata durch Bildung einer übergeordneten Struktur miteinander in Beziehung stehen, kann jedes dieser Schemata auch dann aktiviert werden, wenn der konkrete Auslöser in der Problemstellung nur *ein* bestimmtes Schema ansprechen kann. Das Wissen wird durch erhöhte Verknüpfung leichter abrufbar, worauf in der deutschsprachigen Chemiedidaktik vor allem SUMFLETH (1988) nachdrücklich hingewiesen hat.

Weiterhin sind nach PASCUAL-LEONE die kognitiven Fähigkeiten durch die Informationsverarbeitungskapazität des Individuums begrenzt. Diese ist definiert als die maximale Zahl an Schemata, mit der das Individuum gleichzeitig arbeiten kann. Werden zuvor unabhängige Schemata zu einer neuen Sinneinheit verknüpft, erhöht sich die Informationsmenge, die gleichzeitig verarbeitet werden kann. Dieser Vorgang wird in der angelsächsischen Literatur als „chunking" bezeichnet, die operative Sinneinheit selbst als „chunk" (MILLER 1956; SIMON 1974; siehe auch 1.5).

JOHNSTONE (1984) berichtet über eine empirische Untersuchung, bei der 16-jährigen Schülern stöchiometrische Aufgaben unterschiedlicher Komplexität vorgelegt wurden. Überschritt die Zahl der erforderlichen Denkoperationen eine kritische Schwelle (> 5 „steps"), sanken die Lösungsquoten sprunghaft (von ca. 80% auf 30%). JOHNSTONE deutet dies als „overload of working memory".

Überlastung des Arbeitsspeichers ist nach JOHNSTONE und LETTON (1982) auch die Ursache dafür, daß Chemiestudenten oft Schwierigkeiten haben, in komplexen Molekülformeln die funktionellen Gruppen zu erkennen.

Eine starke Verknüpfung von Wissen (Fakten, Regeln, Strategien) ermöglicht also eine leichtere Abrufbarkeit des Wissens in Problemsituationen, eine erhöhte kognitive Leistungsfähigkeit durch Verringerung der benötigten Informationsverarbeitungskapazität und flexibles Denken in einem Wissensnetz, in dem verschiedene Perspektiven eingenommen werden können.

Wie wird dieses Kriterium im Rahmen des PIN-Konzepts realisiert?

1.2.1 Phänomenologischer Aufbau eines Synthesenetzes, in dem die Reaktionsbeziehungen individueller Stoffe enthalten sind

Bewegliches, anwendbares Wissen ist netzartig organisiert. Dies kann auf die Verknüpfung der Stoffe untereinander bezogen werden. Die Stoffe sollten nicht lückenhaft und in linearer Reihenfolge ineinander umgewandelt werden, sondern in einem möglichst lückenlosen Synthesenetz organisiert sein, in dem die Lernenden sich zu bewegen lernen. Das Synthesenetz enthält individuelle Stoffe (nicht abstrakte Stoffklassen) und deren Reaktionen, die experimentell realisiert und analytisch kontrolliert werden.

1.2.2 Behandlung bifunktioneller Verbindungen als real existierende Verknüpfung zweier Funktionen in einem materiellen Träger

Bei der Untersuchung von Brenztraubensäure wird den Lernenden deutlich, daß die Eigenschaften verschiedener Stoffklassen (hier: Nachweis- und Syntheseverhalten von Ketonen und Carbonsäuren) in einem Stoff vereinigt sein können. Diese Erfahrungen können auf weitere bifunktionelle Verbindungen (z.B. Milchsäure, Citronensäure, Glucose) übertragen werden (siehe 1.1.3).

1.2.3 Herstellen einer Beziehung zwischen erarbeiteten chemischen Sachverhalten und Vorgängen, Phänomenen und Stoffen des Alltags

Soll die Verknüpfung von Schulchemie und Alltagserfahrung gefördert werden, so reicht ein oberflächlicher Hinweis auf Gebrauchsstoffe und Alltagsphänomene, ohne fachspezifische Methoden und Deutungen, nicht aus. Vielmehr muß ein Bezug zwischen den im Unterricht zuvor erarbeiteten chemischen Sachverhalten und Arbeitsweisen und dem Alltag erkennbar werden. Der Behandlung komplexer Alltagsphänomene muß daher in der Regel die Behandlung von Eigenschaften und Reaktionsmöglichkeiten entsprechender Reinstoffe vorangehen. Diese Erfahrungen können dann zur Erklärung der Alltagsphänomene herangezogen werden. So kann ein beziehungsreiches Wissen entstehen.

Mit Hilfe der zuvor erarbeiteten Analytik können z.B. Einzelstoffe wie Ethanol und Aceton oder Stoffklassen wie Kohlenhydrate in Alltagsprodukten nachgewiesen werden. In einem anderen Experiment können z.B. Palmin und Seife, zwei Alltagsstoffe, durch eine Synthese in Beziehung zueinander gesetzt werden. Dieser Vorgang kann auf der Grundlage der alkalischen Esterhydrolyse, die am Beispiel des Essigsäureethylesters erarbeitet wurde, verstanden werden.

Weiterhin kann durch Rückgriff auf die Erfahrungen mit dem Esterteilsystem (Essigsäureethylester ist in Ethanol und Essigsäure spaltbar und aus eben diesen Stoffen regenerierbar) die umweltrelevante Problematik des Recyclings experimentell erarbeitet werden. Durch eine quantitative Ermittlung der Stoff- und Energiebilanz aller Teilschritte kann erfahrbar gemacht werden, daß die Wiedergewinnung eines Stoffes durch chemisches Recycling grundsätzlich möglich ist, allerdings nur um den Preis von Energie und Hilfsstoffen, die ihrerseits zu Abfallgemischen entwertet werden. Auch das Recyclingprodukt selbst kann nur mit Verlusten regeneriert werden.

1.2.4 Herstellen einer Beziehung zwischen laborpraktisch durchgeführten Reaktionen und biochemischen Stoffwechselwegen

Zwischen den Stoffwechselvorgängen in lebenden Organismen und den Experimenten, die die Schüler im Chemieunterricht kennenlernen, können Beziehungen gestiftet werden, die dem „Ablegen in getrennten Schubladen" entgegenwirken.

So kann z.b. der Abbau von Alkohol im Körper durch Reaktionen erklärt werden, die mit authentischen Stoffen experimentell erarbeitet werden: Oxidation von Ethanol zu Acetaldehyd; Weiteroxidation zu Essigsäure; Abbau von Essigsäure zu Kohlendioxid und Wasser.

Die biologisch wichtige oxidative Decarboxylierung von Brenztraubensäure zu Essigsäure und Kohlendioxid kann z.b. mit Hilfe des Dichromatsynthesereagenzes realisiert werden.

Die Umwandlung von Fetten in Kohlenhydrate kann am Beispiel der Synthesesequenz „Vom Olivenöl zum Traubenzucker" experimentell erarbeitet werden.

Experimente dieser Art sollen dazu beitragen, die Kluft zwischen dem abstrakten Lehrbuchwissen über Reaktionsnetze der Biochemie und den konkreten laborpraktischen Erfahrungen der Lernenden zu verringern. Zugleich kann auch der Unterschied zwischen in-vivo- und in-vitro-Bedingungen bewußt gemacht werden.

1.2.5 Herstellen einer Beziehung zwischen Synthesen und Nachweisreaktionen als zwei Seiten einer Medaille

Im Rahmen des PIN-Konzepts kann den Lernenden bei vielen Gelegenheiten deutlich gemacht werden, daß Synthesen und Nachweisreaktionen häufig die gleiche chemische Reaktion zugrundeliegt und deren spezielle Ausgestaltung nur deshalb variiert, weil sie auf verschiedene Zwecksetzungen ausgerichtet sind.

So liegt z.b. dem Rojahntest die alkalische Esterhydrolyse zugrunde. Er unterscheidet sich von der entsprechenden Synthese im wesentlichen nur dadurch, daß die Hydrolyseprodukte nicht isoliert und untersucht werden.

Die Komplementarität des Dichromat-Nachweis- und Synthesereagenzes wird bereits in der Einstiegsphase konstruktiv genutzt, um phänomenologische Ordnungsbeziehungen zwischen den noch unbenannten Stoffen erfahrbar zu machen.

Dem positiven Ausfall des Dichromat-, Cernitrat- und Dinitrophenylhydrazintests mit Acetaldehyddiethylacetal liegt als einleitender Schritt die saure Hydrolyse des Acetals zugrunde. Dies schärft auch den Blick der Lernenden für die Bedeutung des pH-Werts. (Alle drei Reagenzien enthalten Mineralsäuren.) Das Fehling-Reagenz hingegen enthält Natronlauge und vermag daher das Acetal nicht zu spalten, was den negativen Ausfall des Fehlingtests erklärt.

1.2.6 Keine isolierte Behandlung von Stoffeigenschaften

Ein einzelner Stoff ist durch eine bestimmte Eigenschaftskombination charakterisiert. Im Rahmen des PIN-Konzepts richtet sich die Aufmerksamkeit deshalb stets auf das Muster *aller* positiven *und* negativen Verhaltensmöglichkeiten eines Einzelstoffs. Der Vergleich von

Einzelstoffen läuft also auf einen Mustervergleich hinaus, d.h. auf die Rekonstruktion übereinstimmender und differenzierender Merkmale aus dem Insgesamt aller Verhaltensmöglichkeiten.

Diese operative Begriffsbildung läßt sich graphisch unterstützen, indem die Schüler ihre ständig wachsenden Erfahrungen mit neuen Stoffen und mit deren Testverhalten fortlaufend in eine „Matrix der Phänomene" (HARSCH, HEIMANN u. JANSEN 1992a) eintragen. Eine solche Matrix repräsentiert ein Netz gleichgeordneter Elemente, d.h. ein System eingeebneter Begriffe im Sinne AEBLIs. Durch Spaltenvergleiche können daraus Eigenschaftsaussagen über Stoffe und Stoffklassen rekonstruiert werden. Zeilenvergleiche ermöglichen Aussagen über die Selektivität und Spezifität von Nachweisreaktionen, aber auch über Struktur-Eigenschafts-Beziehungen von Stoffen. Ein Beispiel soll das Gemeinte verdeutlichen:

Durch Kombination des Dichromat- und Fehlingtests können normal oxidierbare Stoffe (z.B. Ethanol) von schwer oxidierbaren/nicht oxidierbaren Stoffen (z.B. Aceton, Essigsäure), aber auch von sehr leicht oxidierbaren Stoffen (z.B. Acetaldehyd, Dihydroxyaceton) unterschieden werden.

1.3 Das Kriterium der schrittweise-systematischen Erarbeitung

Was besagt dieses Kriterium?

Begriffe, Arbeitsweisen, Denkmuster und Denkstrategien sollten systematisch aufgebaut werden. Es sollte in kleinen Schritten, die von den Lernenden nachvollzogen werden können, vorgegangen werden.

Wie läßt sich dieses Kriterium begründen?

Ein schrittweiser, systematischer Aufbau von Begriffen ist notwendig, um deren Beziehungsgefüge verständlich zu machen. Oft muß der Begriff erst am Ende dieses Prozesses benannt werden. Auf keinen Fall sollte vor der Erarbeitung eine formale Definition gegeben werden, die zu diesem Zeitpunkt unverständlich ist. Nach AEBLI (1981) muß der Lernende jeden Begriff für sich selbst konstruieren. Dafür muß ihm genügend Zeit und Gelegenheit zur Verfügung stehen. Aufgabe des Lehrers ist es, geschickte Teilschritte für diesen Aufbau auszuwählen.

NURRENBERN und PICKERING (1987) sowie SAWREY (1990) fanden bei einer Untersuchung, daß auch Probanden, die Rechenaufgaben nach erlernten Algorithmen gut lösen konnten, mit sogenannten „concept questions" (d.h. mit Aufgaben, die begriffliches Wissen erfordern) erhebliche Schwierigkeiten hatten. Andererseits konnten viele Probanden die Definitionen von Begriffen angeben, ohne sie verwenden zu können – ein leider häufig feststellbares Defizit (siehe z.B. SUMFLETH 1988). Dies deutet die Auswirkungen eines unzureichenden Begriffsaufbaus an.

Das Prinzip der kleinschrittig-systematischen Erarbeitung ergibt sich auch aus der Betrachtung entwicklungspsychologischer Theorien. Nach PIAGET (siehe MONTADA 1970) dürfen der zu erlernende Stoff oder die zu erlernenden Fähigkeiten nur einen mäßigen Neuwerden können, denn Denkstrukturen können sich nur durch Differenzierung oder Integration vorhandener Strukturen weiterentwickeln.

Nach PASCUAL-LEONE (1970) und CASE (1974 u. 1985) hängt der Erfolg beim Lösen einer Aufgabe nicht nur von der maximalen Informationsverarbeitungskapazität eines Individuums ab, sondern auch vom Ausmaß, in dem das Individuum diese Kapazität tatsächlich nutzt. Die aktuelle Nutzung ist z.B. dann herabgesetzt, wenn der Bekanntheitsgrad des entsprechenden Aufgabentyps oder Lerninhalts gering ist. Daraus leiten diese Autoren ab, daß bei der Behandlung einer neuen Thematik zunächst mit einfachen Beispielen und mit Aufgaben geringer Informationsverarbeitungsanforderungen begonnen werden sollte und erst nach Erreichen einer gewissen Vertrautheit die Anforderungen schrittweise gesteigert werden dürfen.

Wie wird dieses Kriterium im Rahmen des PIN-Konzepts realisiert?

1.3.1 Schaffung einer klaren Gesamtstruktur, in der jeder Lernschritt zum vorausgegangenen und folgenden Schritt in Beziehung steht

In der Phase des Einstiegs in die Organische Chemie werden z.B. alle Stoffe, um die es im folgenden Unterricht geht, durch ihr Verhalten gegenüber den Nachweisreagenzien vorgestellt. Diese nun kennengelernten Stoffe werden durch Behandlung mit Synthesereagenzien gruppiert und ineinander umgewandelt. Jede erarbeitete Reaktion wird in das wachsende Synthesenetz eingezeichnet. Das Synthesenetz wird systematisch aufgebaut.

Auch die schrittweise wachsende Matrix der analytischen Testausfälle dient der Schaffung eines kohärenten Ordnungsmusters, in dem alle Phänomene wechselseitig Licht aufeinander werfen. Je mehr Stoffe die Lernenden bereits kennen, um so besser gelingt es ihnen, unbekannte Stoffe aufgrund ihrer Verhaltensmuster zu integrieren.

1.3.2 Aufbau von Begriffen

Begriffe werden nicht über eine Definition eingeführt, sondern über das Lösen von Teilproblemen aufgebaut. Für den Begriff der homologen Reihe kann dies am Beispiel der Alkohole in folgenden Schritten erfolgen:

- In welchen Eigenschaften stimmen die untersuchten Alkohole überein und in welchen unterscheiden sie sich?

- Auf welche strukturellen Merkmale sind die Gemeinsamkeiten und Unterschiede zurückzuführen?

- Wie lassen sich die Alkohole ihren makroskopischen Eigenschaften und ihren submikroskopischen Strukturen entsprechend gruppieren und anordnen?

1.3.3 Aufbau neuer Denkmuster und Denkstrategien

Auch Denkfähigkeiten werden schrittweise und systematisch erarbeitet. So werden die Nachweisreaktionen zunächst nur auf solche Proben angewendet, deren Analyse zu *eindeutigen* Ergebnissen führt, und erst später werden komplexere Proben einbezogen, die höhere kognitive Anforderungen und das Aushalten und systematische Ausschöpfen von Mehrdeutigkeit erfordern.

1.3.4 Vermeidung von gedanklichen Sprüngen

Sachverhalte müssen aus den beobachteten oder angegebenen Phänomenen lückenlos erschließbar sein. Ist dies nicht möglich, erfolgt eine Setzung, die als solche klar erkennbar (bewußt) gemacht werden muß und im folgenden Unterricht ihre Tragfähigkeit erweisen muß. Dies gilt vor allem für die Integration der Strukturformeln.

1.4 Das Kriterium der Beschränkung

Was besagt dieses Kriterium?

Begriffe sollten exemplarisch, also an einem Musterbeispiel, erarbeitet werden. Im Anschluß daran muß allerdings eine Anwendung auf weitere Beispiele erfolgen, um funktionaler Gebundenheit entgegenzuwirken. Sowohl bei der Erarbeitung von Begriffen als auch von Arbeitsweisen, Denkmustern und Denkstrategien sollte außerdem darauf geachtet werden, daß unnötige Informationsquellen und unnötige Neuigkeiten ausgeschaltet werden. Durch Beschränkung auf die jeweils relevanten Aspekte können fehlleitende Reize vermieden werden.

Wie läßt sich dieses Kriterium begründen?

AEBLI (1981) wendet sich gegen die Abstraktionstheorien des Begriffsaufbaus, die davon ausgehen, daß in den wahrgenommenen Phänomenen *allgemeine* Eigenschaften erkannt werden; daß also eine Generalisierung zwangsläufig erfolgt, wenn nur genügend viele Beispiele angeboten werden. Hier sieht AEBLI das Problem, daß jemand, der noch keinen Begriff von einer Sache hat, nicht nach gemeinsamen Merkmalen bei verschiedenen Vertretern dieser Sache suchen kann. Vielmehr erfolgt der Begriffsaufbau durch das intensive Studium eines einzelnen Falles. Nur so kann das Beziehungsgefüge des Begriffes erkennbar werden. Allerdings muß anschließend eine Übertragung auf weitere Vertreter dieses Begriffes erfolgen, damit die obligatorischen und fakultativen Beziehungen des Begriffes hervortreten. Letztlich spielt sich also Begriffsbildung nach AEBLI auf der Ebene des Begriffsinhalts und nicht des Begriffsumfangs ab.

Nach PASCUAL-LEONE (1970) und CASE (1974 u. 1985) werden die kognitiven Fähigkeiten durch die zur Verfügung stehende Informationsverarbeitungskapazität, d.h. durch die Anzahl der „chunks", begrenzt. Nach PASCUAL-LEONE wird ihr Maximalwert bereits mit ca. 15 Jahren erreicht. Diese Einschätzung ist vermutlich zu optimistisch: NIAZ (1987) unter-

suchte nämlich Probanden im durchschnittlichen Alter von fast 19 Jahren und fand, daß nur
ungefähr die Hälfte von ihnen über die maximale Kapazität des Arbeitsspeichers (7 chunks)
verfügte. Daraus folgt die Forderung nach einer Begrenzung der Informationsflut.

Daß die Anforderungen an die Informationsverarbeitungskapazität einen entscheidenden
Faktor in Problemlösesituationen darstellen, zeigt auch eine Untersuchung von SCARDA-
MALIA (1977). Eine kombinatorische Aufgabe, bei der alle Möglichkeiten gefunden werden
sollten, wurde in Varianten mit abgestuften Verarbeitungsanforderungen ausgearbeitet. Gab
man den Probanden verschiedener Altersstufen jeweils eine Aufgabenvariante, deren Ver-
arbeitungsanforderung der Informationsverarbeitungskapazität der Probanden entsprach, so
wurden von den Probanden qualitativ gleiche Lösungen gefunden. Bereits 8-10-jährige Probanden entwickelten eine effektive kombinatorische Strategie. Ältere Probanden lösten die
Aufgabe dann sogar schlechter als jüngere, wenn ihre Informationsverarbeitungskapazität
überschritten wurde. Daraus folgt, daß das Arbeitsgedächtnis von Lernenden nicht mit un-
nötiger Information („noise") belastet werden sollte. Die Ausschaltung fehlleitender Reize
muß vor allem auch bei der Organisation von Praktikumsversuchen berücksichtigt werden.

Wie wird dieses Kriterium im Rahmen des PIN-Konzepts realisiert?

1.4.1 Exemplarische Erarbeitung der Reaktionsbeziehungen an Vertre-
tern der C_2-Ebene

Die einzelnen Stoffklassen und ihre Beziehungen zueinander werden exemplarisch an Vertretern der C_2-Ebene (d.h. an Stoffen, deren Moleküle zwei Kohlenstoffatome oder Gruppen
aus je zwei Kohlenstoffatomen enthalten) erarbeitet. Dem wachsenden Synthesenetz auf der
C_2-Ebene lassen sich später auch einige Vertreter der C_3-Ebene (Aceton, Milchsäure,
Brenztraubensäure) durch oxidative Decarboxylierungsreaktionen angliedern. Nur in der
Anfangsphase werden die C_2-Ebene und die C_3-Ebene parallelisiert, um Struktur- und Ver-
haltensanalogien aufzuzeigen. Vertreter anderer Ebenen (C_1, C_4, C_5...) sind nur dann von
Interesse, wenn Struktur-Eigenschafts-Beziehungen innerhalb einer exemplarisch ausge-
wählten Stoffklasse erarbeitet werden sollen (z.B. homologe Reihe der Alkohole; Löslichkeit
von Dicarbonsäuren).

Die einseitige Anbindung des erarbeiteten Wissens an die Stoffe der C_2-Ebene kann
durch die spätere Anwendung der hierbei exemplarisch erworbenen Einsichten auf Stoffe mit
polyfunktionellen Molekülen relativiert werden, um funktionaler Gebundenheit vorzubeugen
(siehe auch 1.1.3 und 1.2.2).

1.4.2 Beschränkung auf nicht-redundante Nachweisreaktionen, die pro-
duktiv genutzt werden

Auch die Nachweisreaktionen werden exemplarisch verwendet. Es reicht, wenn ein einziger
Nachweis auf Aldehyde eingeführt wird, anstatt den Fehling-, Schiff- und Tollens-(Silber-
spiegel-)test redundant vorzustellen, wie es häufig in der Schulbuchliteratur geschieht
(HARSCH u. HEIMANN 1993a). Außerdem sollte sich der Unterricht auf solche Nachweisre-

aktionen beschränken, die auch tatsächlich benötigt werden. Der Boraxtest sollte z.B. nur dann Berücksichtigung finden, wenn Methanol und Ethanol zur Klärung einer Fragestellung unterschieden werden müssen.

1.4.3 Verwendung einer möglichst geringen Zahl von Synthesereagenzien

Das Kriterium der Beschränkung gilt auch im Hinblick auf die Synthesereagenzien. Es sollten nicht alle möglichen Synthesereagenzien kennengelernt werden (z.B. Dichromat, Permanganat und Kupferoxid für die Alkoholoxidation; Wasserstoffperoxid und Braunstein für die Aldehydoxidation), sondern exemplarisch ein einziges Reagenz. Dieses sollte, soweit möglich, auch bei anderen Umsetzungen gleichen Typs Verwendung finden. Aus diesem Grund ist das Dichromatreagenz im PIN-Konzept von großer Bedeutung. Im Unterricht darf aufgrund des krebserzeugenden Potentials staubförmigen Dichromates nur mit Lösungen gearbeitet werden. Das Reagenz kann (in zwei Konzentrationen) immer dann eingesetzt werden, wenn Oxidationen durchgeführt werden sollen (z.B. Oxidation von Ethanol, Essigsäureethylester, Acetaldehyd, Acetaldehyddiethylacetal, 2-Propanol, Aceton, Brenztraubensäure). Es ist universell verwendbar wie wohl kein zweites Oxidationsmittel. Um der Abfallproblematik gerecht zu werden, kann mit sehr kleinen Ansätzen gearbeitet werden.

Immer wenn eine Säure benötigt wird, kann Schwefelsäure zum Einsatz kommen, die auch den Vorzug hat, daß sie nicht flüchtig ist und bei Destillationen im Rückstand bleibt.

So bleibt die Zahl der Synthesereagenzien gering. Ihre Bedeutung und Wirkung wird prägnant erkennbar. Neue Synthesen mit bekannten Reagenzien werden von den Lernenden nicht mehr als völlig fremd empfunden, sondern können eingeordnet werden. Die Anforderungen an die Informationsverarbeitungskapazität werden somit gesenkt, und es bleibt mehr Raum zum Nachdenken.

Hier wird auch ein Bezug zum Kriterium der Konkretheit erkennbar: Es wird nicht mit einem abstrakten Oxidationsmittel oder einer beliebigen Säure operiert, sondern konkret mit dem Dichromatreagenz und mit Schwefelsäure.

1.4.4 Beschränkung auf solche theoretischen Aspekte, die zu Phänomenen des Unterrichts in Beziehung gesetzt werden können

Beschränkung muß sich auch auf die zu behandelnden theoretischen Aspekte beziehen, von denen nur solche zum Tragen kommen sollten, die auch tatsächlich zu den im Unterricht beobachtbaren Phänomenen in Beziehung gesetzt werden können. Wenn z.B. Konstitutionsformeln zur Erklärung experimenteller Befunde ausreichen (was im Rahmen des PIN-Konzepts zumeist der Fall ist), sollte man auf Konfigurations- und Konformationsformeln verzichten. In Schulbüchern wird dies häufig nicht genügend beachtet.

1.5 Das Kriterium des intelligenten Übens

Was besagt dieses Kriterium?

Begriffe, Arbeitsweisen, Denkmuster und Denkstrategien, die zuvor exemplarisch aufgebaut wurden, sollten in verschiedenen Variationen und Kontexten einerseits gefestigt und andererseits für weitere Transferleistungen geschmeidig gemacht werden. Versprachlichung ist hierbei wesentlich. Nur was man mit eigenen Worten ausdrücken und begrifflich entfalten kann, hat man wirklich verstanden.

Wie läßt sich dieses Kriterium begründen?

Nach AEBLI (1981 u. 1985) ist das variationsreiche Üben zuvor erarbeiteter Begriffe notwendig, um sie anwendungsfähig zu machen. Begriffe sollten aus unterschiedlichen Perspektiven durchgearbeitet werden, um eine Dezentrierung und Beweglichkeit des Denkens in einem ahierarchischen, „eingeebneten" Wissensnetz zu ermöglichen. Durch Anwendung auf neue Sachverhalte werden Begriffe elaboriert, d.h. bestimmte Zusammenhänge werden nun erst sichtbar; der Begriff wird erschließungsmächtig.

Übung ist auch nach PASCUAL-LEONE und CASE (PASCUAL-LEONE 1970, CASE 1974 u. 1985) wichtig. Sie führt zu einer gesteigerten Effizienz von geistigen Operationen, die dadurch eine geringere Kapazität des insgesamt begrenzten Arbeitsgedächtnisses in Anspruch nehmen. So wird auch Kapazität zur Koordinierung von Operationen frei, was höhere Denkleistungen ermöglicht. Übung ist auch in allen *neuen* Situationen nötig, in denen die operative Effektivität gesenkt und somit die tatsächlich nutzbare Kapazität des Arbeitsspeichers verkleinert ist.

Intelligentes Üben fördert auch das „chunking", d.h. die Organisation zuvor unabhängiger Schemata zu einer neuen Einheit (siehe 1.2). Das Arbeitsgedächtnis faßt eine konstante Zahl an „chunks of information", wobei die Größe der chunks und die Art der enthaltenen Information in weiten Grenzen ohne Bedeutung zu sein scheint (MILLER 1956, SIMON 1974). PASCUAL-LEONE und CASE leiten daraus die besondere Bedeutung des „chunking" ab – eine Einschätzung, die auch BRUNER (1990, S. 121) teilt:

„Gäbe es einen retrospektiven Nobelpreis für Psychologie in den fünfziger Jahren, George Miller würde ihn mit Abstand gewinnen – und zwar aufgrund eines einzigen Artikels (obwohl er noch allerhand in petto hatte). Der Artikel trug den verführerischen Titel: The Magic Number Seven ± 2. Er beschreibt die Grenzen menschlichen Informationsverarbeitungsvermögens. Die magische Zahl war die Anzahl der Alternativen, die ein Mensch im Kurzzeitgedächtnis behalten konnte, 7 ± 2... Die sieben Fächer, die zur Verfügung standen, konnte man mit Gold oder mit Blech füllen. Man konnte ein paar Werte von unter verschiedenen Schwerkraftbedingungen fallenden Körpern behalten und benutzen, oder man konnte den vergleichbaren Raum mit der Formel, die jeden denkbaren Wert berechnen konnte, füllen:

$$s = g\,t^2\,/2\;."$$

Zum effektiven Problemlösen gehört allerdings auch die Fähigkeit, generalisierende chunks jederzeit wieder in kleinere, spezifischere Informationspakete zu zerlegen, d.h. sie aufzuschnüren, wenn die Problemsituation dies erfordert. Es ist daher nicht damit getan,

Lernende mit potentiell erschließungsmächtigen Abstrakta (z.B. Strukturformeln) zu „füttern", wenn sie nicht deren Herkunft aus experimentellen Befunden kennengelernt haben; weil sie die abstrakten Formeln sonst nicht auf konkrete Stoffe anwenden können (siehe 1.1).

Wie wird dieses Kriterium im Rahmen des PIN-Konzepts realisiert?

1.5.1 Üben zuvor erarbeiteter Lerninhalte

Ein wesentlicher Aspekt des intelligenten Übens betrifft die Lerninhalte: Die Eigenschaften der grundlegenden Stoffklassen (Alkohole, Carbonsäuren, Ester, Aldehyde, Ketone, Acetale) können geübt werden, indem eine Anwendung auf polyfunktionelle Stoffe erfolgt. Mit der Wiederholung und Festigung ist gleichzeitig eine Begriffserweiterung verbunden.

Stoffbeziehungen werden zwar in Form eines Synthesenetzes dargestellt, ihre Verwendung muß aber dennoch geübt werden, um Aufgaben- und Kontextunabhängigkeit zu erreichen. Hierzu eignen sich z.B. folgende Aufgabentypen:

- Edukte und Produkte sind vorgegeben; die benötigte Reaktionssequenz muß gefunden werden.
  Beispiel: Wie kann man aus Acetaldehyd Essigsäureethylester herstellen?
  Lösung: Ein Teil des Acetaldehyds wird mit dem Dichromatreagenz zu Essigsäure oxidiert, ein anderer Teil wird mit dem Natriumborhydridreagenz zu Ethanol reduziert; Essigsäure und Ethanol werden unter Mitwirkung von Schwefelsäure verestert. – So wird das Bewegen im Synthesenetz geübt.

- Für einen nicht benannten Stoff X, der identifiziert werden soll, werden verschiedene Umsetzungsmöglichkeiten und deren Produkte angegeben.
  Beispiel: Die Umsetzung von X mit dem Dichromatreagenz führt zu Essigsäure und Propionsäure; bei Umsetzung von X mit Essigsäure und Schwefelsäure entstehen Essigsäurepropylester und ein Stoff, der positiven Fehlingtest zeigt.
  Lösung: Der Stoff X ist Acetaldehyddipropylacetal.

1.5.2 Üben von Denk- und Arbeitsweisen

Ebenso wie das Üben von Lerninhalten ist auch das Üben von Denk- und Arbeitsweisen in verschiedenen Kontexten notwendig. So kann z.B. der Umgang mit Nachweisreaktionen, die zuvor der Identifizierung von Referenzstoffen in einer unbekannten Probe dienten, nun verwendet werden, um Hypothesen über die Molekülstruktur eines unbekannten polyfunktionellen Stoffes zu formulieren.
Beispiel: Bei der Untersuchung eines unbekannten Stoffes X fallen der Cernitrat- und Rojahntest negativ, der DNPH-, BTB- und Iodoformtest positiv aus.
Lösung: Die einfachste damit kompatible Molekülstruktur ist

$$H_3C-\overset{\overset{\displaystyle O}{\|}}{C}-\overset{\overset{\displaystyle O}{\|}}{C}-OH \quad \text{(Brenztraubensäure).}$$

Auch Denkhaltungen wie die Einbeziehung *aller* Möglichkeiten (vollständiges Vorgehen) müssen immer wieder geübt werden. Bei der Analyse von unbekannten Stoffproben kann z.b. erarbeitet werden, daß manchmal keine eindeutige Aussage über deren Zusammensetzung erhalten werden kann und daß dann aber *alle* nicht auszuschließenden Stoffe und Stoffkombinationen gesucht werden müssen, um den Grad der Unbestimmtheit zu erkennen (HARSCH u. HEIMANN 1995c).

In einem anderen Beispiel soll herausgefunden werden, ob die Zahl der Kohlenstoffatome im Molekül Einfluß auf die Polarität der jeweils betrachteten Alkohole hat (HARSCH u. HEIMANN 1996c und d). Hier müssen wiederum alle Möglichkeiten beachtet werden, d.h. *alle* Alkohole, die sich *nur* in der Zahl der Kohlenstoffatome unterscheiden, müssen verglichen werden, um festzustellen, ob eine allgemeingültige Regel existiert. Andere Vergleiche sind unstatthaft.

Desweiteren sei ein Beispiel für das intelligente Üben eines Denkmusters (Faktorenkontrolle) angeführt: Die Lernenden sollen Aussagen darüber machen, welche Strukturfaktoren die Hydrolysegeschwindigkeit von Estern beeinflussen. Folgende experimentellen Befunde stehen zur Verfügung: Ameisensäuremethylester ist leichter hydrolysierbar als Essigsäureethylester, und dieser ist leichter hydrolysierbar als Essigsäureisopropylester. Dürfen Schlüsse bezüglich der Wirkung der Kohlenstoffatomzahl und der Verzweigung in der Alkoholkomponente des Esters sowie bezüglich der Wirkung der Säurekomponente gemacht werden?

Lösung: Es können keine Schlüsse bezüglich der verursachenden Faktoren gezogen werden, da sich alle drei zu vergleichenden Ester jeweils in mehr als einem Strukturfaktor unterscheiden.

Solche Übungen in verschiedenen Kontexten sollen helfen, ein vom Kontext unabhängiges, abstraktes Denkmuster aufzubauen, das generell einsetzbar wird. Hierbei muß jedoch unbedingt beachtet werden, daß die zu bearbeitenden Aufgaben aus dem vorher Gelernten *lückenlos* ableitbar sind und keine weiteren Informationen vorausgesetzt werden. Nur so können die Lernenden Vertrauen in ihre eigenen Denkfähigkeiten gewinnen.

1.5.3 Epistemisches Schreiben

Übung kann auch in Form von epistemischem Schreiben erfolgen, das STORK (1993, S. 74) so definiert:

„Die kognitive Wissenschaft versteht unter „epistemischem Schreiben" ein solches, bei dem Wissen entwickelt, vielleicht sogar hervorgebracht wird, wobei (wohlgemerkt) das Wissen des Schreibenden selbst gemeint ist. Dieses Wissen ist ja nicht nur eine Voraussetzung für das Produzieren von Texten, sondern das Textproduzieren wirkt auf das Wissen zurück, weil es noch einmal durchdacht werden und in einen konsistenten Zusammenhang gebracht werden muß."

Es dürfen aber laut STORK zunächst keine längeren Texte gefordert werden; vielmehr ist ein langsames Hinführen, z.B. über das Begründen eigener Entscheidungen, nötig.

Das PIN-Konzept bietet viele Anlässe, epistemisches Schreiben zu fördern: So kann z.B. nach der Erarbeitung der homologen Reihe der Alkohole dazu aufgefordert werden, eine ebensolche Reihe für Carbonsäuren aufzustellen, Aussagen über vermutete physikalische und chemische Eigenschaften zu machen und diese zu begründen.

Nach der Erarbeitung der Ester und Acetale kann z.b. die Frage schriftlich geklärt werden, warum Essigsäureethylester positiven Dichromat- und Iodoformtest zeigt, während Acetaldehyddiethylacetal nur positiven Dichromattest, aber negativen Iodoformtest aufweist (Ester sind im sauren und alkalischen Milieu spaltbar, Acetale nur im sauren Milieu; der Dichromattest erfolgt im sauren Milieu, der Iodoformtest im alkalischen Milieu).

Vorstufen zum epistemischen Schreiben können in alle Übungen integriert werden, indem man die Lernenden auffordert, ihre Ergebnisse ausführlich zu begründen.

1.6 Das Kriterium der Förderung kognitiver Fähigkeiten

Was besagt dieses Kriterium?

Wenn die durch Reifung gesetzten Grenzen beachtet werden, können und sollen kognitive Fähigkeiten gefördert werden. Wichtig ist die Konfrontation mit konkreten Problemen in sinnstiftenden Kontexten, die den Einsatz dieser Fähigkeiten erfordern. Das Repertoire der Lernenden an Fakten, Operationen und Strategien hat großen Einfluß auf die kognitiven Leistungen und sollte daher vergrößert werden. Übung in wechselnden Kontexten und in Form unterschiedlicher Aufgabentypen ist auch hierfür wesentlich. Schüler sollten sich ihrer eigenen Denkmuster und Denkstrategien bewußt werden und sich bei deren Gebrauch von konkreten äußeren Stützen allmählich lösen können.

Wie läßt sich dieses Kriterium begründen?

Nach PIAGET und AEBLI ist für die kognitive Entwicklung aktives Handeln unabdingbar. Lernende müssen also mit Situationen konfrontiert werden, in denen die zu fördernden kognitiven Fähigkeiten tatsächlich auch benötigt werden und in denen Erfahrungen gesammelt werden können. Durch Wechselwirkung zwischen den eigenen kognitiven Strukturen und den Erfordernissen der Umwelt werden kognitive Denkschemata differenziert, koordiniert und damit weiterentwickelt.

Obwohl PIAGET davon ausging, daß Training nur dann erfolgreich sein kann, wenn die Prozesse der natürlichen Entwicklung nachgeahmt werden, gibt es eine Reihe von Untersuchungen mit gegenteiligen Befunden (siehe z.B. BRAINERD 1980). Viele dieser Untersuchungen erfolgten zwar in mehr oder weniger unterrichtsfernen Situationen, dennoch lassen sie die Hoffnung zu, daß auch im konventionellen Unterricht Denkmuster und Denkstrategien gefördert werden können.

Ein länger andauerndes, schulnahes Projekt, das diese Zielsetzung verfolgte, war das CASE-Projekt in Großbritannien (Cognitive Acceleration through Science Education). Über zwei Jahre lang wurde 11–12-jährigen Schülern alle zwei Wochen eine 60–80 Minuten lange Interventionsstunde erteilt, in der formal-operationale Denkschemata, die in Aufgaben mit naturwissenschaftlichem Kontext eingebettet waren, im Vordergrund standen: „Control of variables, and exclusion of irrelevant variables; ratio and proportionality; compensation and equilibrium; probability and correlation; the use of abstract models to explain and predict" (ADEY, SHAYER u. YATES 1992).

Um aktive Lernprozesse zu stimulieren, wurde von folgenden methodischen Möglichkeiten Gebrauch gemacht:

- „Cognitive Conflict": Gezielte Erzeugung von Diskrepanzen zwischen Beobachtungen und Erwartungen, um kognitive Umstrukturierungen („Akkomodation" im Sinne Piagets) auszulösen.

- „Metacognition": Lautes Überlegen und rückblickende Artikulation des Lösungswegs durch die Lernenden selbst.

- „Bridging": Verknüpfung der neu erworbenen Konzepte mit anderen Unterrichts- und Alltagserfahrungen.

Das CASE-Projekt hat folgende Ergebnisse erbracht (ADEY 1992, SHAYER u. ADEY 1992a und b u. 1993, ADEY u. SHAYER 1990 u. 1993):

Insgesamt wurde gegenüber den Kontrollklassen eine Steigerung der kognitiven Entwicklung erreicht, die allerdings relativ gering war. Weiterhin zeigten sich aber positive Auswirkungen der Intervention auf die Leistungen in den Naturwissenschaften, Mathematik und Englisch.

Man darf hieraus wohl den Schluß ziehen, daß eine Förderung der allgemeinen kognitiven Fähigkeiten zwar prinzipiell möglich, aber keineswegs so einfach zu leisten ist. Wahrscheinlich kann eine solche Förderung nur dann zum Erfolg führen, wenn sie kontinuierlich in einem Kontext betrieben wird, der die Anwendung der intendierten Denkmuster tatsächlich auch inhaltlich und methodisch erfordert. Additive Interventionsstunden ohne direkten und ständigen Bezug zu den Inhalten und Methoden des Normalunterrichts können integrative Bemühungen um die Förderung kognitiver Fähigkeiten nicht ersetzen.

Wie wird dieses Kriterium im Rahmen des PIN-Konzepts realisiert?

1.6.1 Konfrontation der Lernenden mit Aufgaben, die zu ihrer Lösung den Einsatz verschiedener Denkmuster, Denkstrategien und Denkhaltungen erfordern

Im Rahmen des PIN-Konzepts spielen nicht nur die oben genannten Denkmuster eine Rolle (z.B. Faktorenkontrolle, Kombinatorik, Mustererkennung). Auch Denkstrategien und geistige Einstellungen sollen positiv beeinflußt werden, z.B.:

- Die Fähigkeit, *systematisch* an eine Sache heranzugehen; zuerst nachzudenken, dann einen Plan zu entwickeln; Daten unter kontrollierten Bedingungen zu gewinnen, zu ordnen und kompakt darzustellen.

- Die Fähigkeit, *exakt* zu denken, d.h. in einer gegebenen Situation alle denkbaren Möglichkeiten zu betrachten und nicht nach der ersten gefundenen Möglichkeit abzubrechen; Informationen optimal zu nutzen, d.h. aus gegebenen Daten alle Informationen herauszuziehen; exakte, logische Schlüsse zu ziehen und Widerspruchsfreiheit zu beachten.

- Die Fähigkeit, *spekulativ* zu denken, d.h. Hypothesen zu bilden und zu überprüfen. (Die Fähigkeit zum hypothetisch-deduktiven Denken ist ein wichtiges Kriterium für das Erreichen der formal-operationalen Denkstufe im Sinne PIAGETS.)

Beispiele zur Förderung kognitiver Fähigkeiten sind in der Fachliteratur angegeben (HARSCH u. HEIMANN 1995c, 1996c und d, HEIMANN u. HARSCH 1996, 1997a).

1.6.2 Bewußtmachen des eigenen Denkens

Die Fähigkeit zum formalen Denken beinhaltet auch die kritische Reflexion der eigenen Gedanken (Metakognition). Um diese bewußt zu machen, ist Versprachlichung wesentlich. Die Realisierung kann z.B. im Rahmen der Übungen erfolgen. Die Aufgabe besteht dann nicht nur darin, die gegebene Fragestellung zu lösen, sondern auch die eigenen Überlegungen fortlaufend schriftlich festzuhalten und ggf. mit anderen Lernenden zu diskutieren. Jede gemachte Aussage muß begründet werden. Letztlich geht es also um epistemisches Schreiben im Sinn von STORK (1993), eingebettet in Problemlöseprozesse und in metakognitive Aktivitäten der Lernenden selbst.

1.7 Das Kriterium der fachgemäßen Enkulturation

Was besagt dieses Kriterium?

Schüler sollten im Chemieunterricht Inhalte und Methoden kennenlernen, die für das Fach Chemie repräsentativ und grundlegend sind und ihnen sowohl bei der Erschließung ihrer Lebenswelt als auch bei der Entwicklung ihrer eigenen kognitiven Fähigkeiten weiterhelfen. Sie sollten die Sprache und Argumentationskultur der Chemiker verstehen und dadurch zu einer empirischen, an Rationalität orientierten Einstellung geführt werden; und sie sollten sich der Aspekthaftigkeit und der Grenzen naturwissenschaftlicher Aussagen bewußt werden.

Wie läßt sich dieses Kriterium begründen?

Naturwissenschaftliche Bildung beschränkt sich nicht auf die Kenntnis von Inhalten, sondern impliziert auch ein vertieftes Verständnis der naturwissenschaftlichen Methode der Erkenntnisgewinnung mit ihrem charakteristischen Wechselspiel von Theorie und Empirie: Experimente sind theoriegeleitet, aber die Theorie bedarf auch notwendig der Falsifizierbarkeit durch das Experiment (STORK 1979).

Die Unterrichtswirklichkeit sieht vermutlich auch heute noch häufig so aus, wie WENINGER und DIERKS 1969 beschrieben haben:

„Viele Schüler ziehen es vor, (in mehr oder weniger unverbindlicher Weise) über die Dinge nur zu reden und in Zweifelsfällen den Lehrer oder das Lehrbuch zu fragen, anstatt sich wenigstens in einigen wichtigen Fällen so intensiv mit den Sachverhalten selbst auseinanderzusetzen, daß sie wirklich erfahren, wie empirische Forschung vorgeht... Sie verwenden unkritisch Prämissen, um aus ihnen Schlüsse zu ziehen, ohne zu bedenken, daß die Hauptaufgabe in allen empirischen Wissenschaften darin besteht, zu prüfen, ob die Prämissen zutreffende (und damit auch vollständige) Abbildungen der Sachverhalte sind oder nicht."

Zu diesen und anderen Defiziten im kognitiven Bereich (STORK 1988) sind inzwischen noch Akzeptanzschwellen im affektiven Bereich hinzugekommen (z.B. BECKER 1978 und 1983; MÜLLER-HARBICH, WENCK u. BADER 1990; WOEST 1997). Es ist somit keine einfache Aufgabe, Schüler zu einem Methodenbewußtsein zu führen, das sie davor bewahrt, an Tatbestände, die nur empirisch zu klären sind, mit einer oberflächlichen, nicht empirischen Einstellung heranzugehen. Der Chemieunterricht muß dennoch versuchen, eine entsprechende Einstellungsänderung längerfristig zu bewirken.

Eine Möglichkeit besteht darin, den Schülern an konkreten Beispielen zu zeigen, welche Probleme Chemiker zu lösen haben und wie sie dabei vorgehen. Nach FLADT (1991) besteht *eine* wesentliche Aufgabe der Chemiker darin, Reinstoffe herzustellen, die Zusammensetzung und Struktur ihrer Teilchen zu ermitteln und ihre chemischen Reaktionen zu studieren. Im Rahmen dieser Problemlösungsprozesse spielt das „Mosaikdenken" eine wichtige Rolle. FLADT kritisiert zu Recht Unterrichtsansätze, die nur lineares Denken erfordern, d.h. in denen im Regelfall ein einziges (meist bestätigendes) Experiment zur Klärung einer Frage herangezogen wird. Diese „Mausefalleninduktion" ist keine der Chemie angemessene Denkweise. Vielmehr sind neben mehrfachen Bestätigungen vor allem auch Widerlegungen von Hypothesen für den Erkenntnisfortschritt von Bedeutung. Viele Beobachtungen werden wie ein Mosaik zusammengesetzt, um eine bestimmte Aussage zu stützen:

„Der Erkenntnisfortschritt in der Chemie beruht, so will es scheinen, nicht auf linearen Beweisführungen, sondern auf der Verdichtung von Wahrscheinlichkeiten." (FLADT 1991, S. 351). Hierfür ist auch ein genügend breites Faktenwissen erforderlich, was häufig unterschätzt wird.

Wie wird dieses Kriterium im Rahmen des PIN-Konzepts realisiert?

1.7.1 Problemorientiertes Vorgehen

Um naturwissenschaftliche Denk- und Arbeitsweisen zu üben, ist das problemorientierte Vorgehen nach dem forschend-entwickelnden Unterrichtsverfahren von SCHMIDKUNZ und LINDEMANN (1992) die am besten geeignete Lehr- und Lernmethode. Es sieht ein methodisch variables Ineinandergreifen induktiver und deduktiver Erkenntnisschritte vor und ordnet dem Experiment spezifische Funktionen im Erkenntnisprozeß zu (z.B. Problemgewinnung, Hypothesenüberprüfung, Erweiterung der Erfahrungsbasis, Wissenssicherung).

Um im Rahmen des PIN-Konzepts möglichst selbständig zu einer Problemlösung zu gelangen, benötigen die Lernenden neben den Nachweisreaktionen als weiteres analytisches Hilfsmittel die ^{13}C-NMR-Spektroskopie und eine vereinfachte Form der Massenspektrometrie. Diese Methoden sind an sich nicht konkret, da die Schüler keine Messungen durchführen; sie beinhalten aber konkrete Operationen (Mustererkennung) an vorgegebenen Spektren, die sich stets auf diejenigen Stoffe beziehen, mit denen die Schüler auch anderweitig konkrete Erfahrungen gemacht haben oder noch machen werden. Ebenso wie die Nachweisreaktionen werden auch die spektroskopischen Methoden nicht nur punktuell, sondern im ganzen PIN-Konzept durchgehend verwendet.

1.7.2 Berücksichtigung von Falsifizierungsexperimenten

Um die Bedeutung des empirischen Vorgehens zu verdeutlichen, können und sollen auch solche Experimente eingesetzt werden, deren Ergebnisse plausiblen Hypothesen widersprechen. Hierzu ein Beispiel:

Bei der Behandlung der Alkohole wurde die Regel gefunden und begründet, daß bei ansonsten gleichen strukturellen Gegebenheiten die Löslichkeit in Wasser mit zunehmender Kohlenstoffatomzahl im Molekül sinkt. Nun sollen Hypothesen über die Löslichkeit der homologen Dicarbonsäuren in Wasser aufgestellt werden. Die Lernenden werden annehmen – und dies theoretisch plausibel begründen –, daß auch hier die Wasserlöslichkeit mit wachsender C-Zahl pro Molekül monoton sinkt. Ein Experiment erscheint fast unnötig. Überraschenderweise wird aber ein völlig anderes Ergebnis erhalten: Die Löslichkeit in Abhängigkeit von der C-Zahl ergibt einen „zickzackförmigen" Verlauf; Dicarbonsäuren mit einer geradzahligen Anzahl von C-Atomen im Molekül sind viel schlechter löslich als ungeradzahlige (Odd-Even-Effekt; BURROWS 1992). Die Notwendigkeit der experimentellen Überprüfung wird erkennbar.

1.7.3 Einbau von Unterrichtssequenzen, in denen eine Reihe von Phänomenen mosaikartig zur Lösung eines Problems führen (Indizienprozeß)

Das Mosaikdenken kann z.B. bei der Aufklärung der Molekülstruktur eines unbekannten Stoffes X (2-Propanol) angewendet werden. Die Nachweisreaktionen und das Löslichkeitsverhalten lassen keinen Unterschied zu Ethanol erkennen. Die Umsetzung mit dem Dichromatreagenz führt jedoch zu einem neuen Stoff, der sich ähnlich, aber nicht genauso wie Acetaldehyd verhält, und der (unter verschärften Bedingungen) weiter zu Essigsäure und Kohlendioxid oxidiert werden kann. Im einfachsten Fall besteht er also aus Molekülen mit drei Kohlenstoffatomen. Dafür gibt es zwei mögliche Strukturformeln (Aceton, Propionaldehyd) und dementsprechend für den Alkohol X zwei mögliche Formeln (1-Propanol oder 2-Propanol). 1-Propanol kommt nicht in Frage, weil dieser Alkohol keinen positiven Iodoformtest zeigt. Der unbekannte Stoff müßte demnach 2-Propanol sein. Mit Hilfe von stark vereinfachten Massenspektren des 2-Propanols und Acetons kann dieses Ergebnis bestätigt werden. Wissen entsteht also in einem Indizienprozeß, in dem viele Beobachtungen zusammengetragen und vergleichend zu einem in sich widerspruchsfreien Gesamtbild integriert werden.

1.8 Fachdidaktische und unterrichtsmethodische Überlegungen zum PIN-Konzept

Praktizierenden Chemielehrern, die Unterrichtseinheiten nach dem PIN-Konzept durchführen wollen, werden sich bereits in der Planungsphase einige Fragen aufdrängen, die wir vorwegnehmend beantworten wollen, um die Orientierung zu erleichtern.

Für welche Adressaten sind die Unterrichtseinheiten konzipiert?

Da das Anspruchsniveau der Unterrichtseinheiten je nach Zahl und Art der Setzungen und Schrittweiten in beträchtlichen Grenzen variiert werden kann, kommen als Adressaten sowohl Schüler als auch Lehramtsstudierende in Betracht. Wir haben uns in diesem Buch für eine mittlere Argumentationsebene entschieden, die auch von Schülern der gymnasialen Oberstufe gut nachvollzogen werden kann. Daher ist im folgenden zumeist von „Schülern" die Rede, obwohl sich auch Lehramtsstudierende angesprochen fühlen sollten, indem sie ihren eigenen fachlichen und fachdidaktischen Lernprozeß aus der Schülerperspektive reflektieren. Die dargestellten Unterrichtseinheiten sollten nicht als strikte Vorgaben für feststehende Lernsequenzen aufgefaßt werden, sondern als Konkretisierungshilfen auf dem Weg zu adressatenspezifischen Lösungen „vor Ort".

Wie erfolgt der Einstieg in die Organische Chemie?

Die phänomenologisch-handlungsorientierte Ausrichtung des PIN-Konzepts bedingt, daß der Einstieg in die Organische Chemie von der direkten Konfrontation der Schüler mit „anfaßbaren", jedoch zunächst noch unbekannten Stoffen ausgeht. Erst nach Schaffung einer breiten Basis aus konkreten Erfahrungen mit diesen Stoffen werden Strukturformeln erarbeitet, deren Sinn den Schülern dann unmittelbar einleuchtet, weil ein echtes *Bedürfnis* nach Erklärungen auf der Symbolebene aufgebaut wurde; und weil deren Erschließungsmächtigkeit durch konsequente Vernetzung zwischen den bereits kennengelernten und den neu hinzukommenden Stoffen ständig wächst.

Welche Stoffklassen sind besonders wichtig?

Im Rahmen des PIN-Konzepts sind diejenigen Stoffklassen besonders wichtig, die sich anhand konkreter Vertreter phänomenologisch-integrativ erarbeiten lassen. Die Wichtigkeit der zu behandelnden Stoffe und Stoffklassen bemißt sich also primär nach ihrem Stellenwert im Rahmen der Genese einer tragfähigen kognitiven Struktur. Grundlegend in diesem Sinne sind die Stoffklassen der Alkohole, Carbonsäuren und Ester sowie der Aldehyde, Ketone und Acetale. Die drei erstgenannten bilden die Voraussetzung für die Behandlung der Fette, die drei letztgenannten Stoffklassen sind für das Verständnis der Kohlenhydrate wichtig. Die Verknüpfung der Fette mit den Kohlenhydraten kann experimentell realisiert werden (siehe Kapitel 17 „Vom Olivenöl zum Traubenzucker"). Eine wesentliche Integrationsfunktion kommt auch den komplexen Carbonsäuren zu (z.B. Milchsäure, Brenztraubensäure, Citronensäure).

Können und sollen alle Vernetzungsmöglichkeiten ausgeschöpft werden?

In der Anfangsphase ist eine möglichst vollständige Vernetzung der behandelten Stoffe und Stoffklassen anzustreben. Da aber in einem Netzwerksystem die Zahl der Relationen sehr viel schneller wächst als die Zahl der Knoten, sind Einschränkungen dieses Prinzips erforderlich: Hat das wachsende System eine – nach pädagogischen Kriterien fallweise zu definierende – Mindestgröße erreicht, ist es nicht mehr nötig, den Vernetzungsgrad des Systems weiter zu steigern. Es genügt dann, die neu hinzukommenden Stoffe und Stoffklassen lockerer, d.h. unter Beschränkung auf einige ausgewählte Aspekte, an das Gesamtsystem anzugliedern. Dies trifft z.B. auf die Behandlung der Aromaten, Farbstoffe und Proteine zu.

Wie wichtig sind Alltagsbezüge und Anwendungsaspekte?

Die Genese der Fachsystematik stellt selbstverständlich keinen Selbstzweck dar. Sie dient dem Aufbau einer leistungsfähigen kognitiven Struktur, die Alltags- und Anwendungsaspekte einschließt und auch anderen Fächern (v.a. dem Biologieunterricht) weiterhilft. Bezüge dieser Art sind an vielen Stellen des PIN-Konzepts vorgesehen, sie lassen sich problemlos vermehren, da potentiell jeder Knoten und jede Relation des Systems als „Haken zum Andocken" in Betracht kommt. Tragfähig sind diese „Haken" allerdings nur, wenn sie im System selbst verankert sind. Wir teilen daher die Auffassung von H.R. CHRISTEN (1997, S. 178) hinsichtlich der Priorität der Fachsystematik:

„Die Alltags- oder Umweltchemie stellt .... keine Alternative zur Fachsystematik dar ... Der Alltagsbezug ist *ein* Aspekt unter anderen und darf die Auswahl der Unterrichtsgegenstände nicht bestimmen".

Dies schließt die verstärkte Berücksichtigung lebensweltlicher Aspekte keineswegs aus. Da nicht das fertige System, sondern die konstruktive Entdeckung dieses Systems durch die Lernenden selbst im Mittelpunkt des Chemieunterrichts stehen sollte, spielen auch die Alkane im Rahmen des PIN-Konzepts nur eine untergeordnete Rolle, trotz ihrer unbestrittenen Alltagsrelevanz.

Wie werden die Stoffe und Stoffklassen bezeichnet?

Baut man die Systematik, wie die meisten Schulbücher es tun, auf die Kohlenstoffgerüste der Alkanmoleküle auf, dann ist es nur folgerichtig, die Benennungen der „Alkansystematik" unterzuordnen. Man spricht gerne von Alkanolen, Alkanalen, Alkanonen und Alkansäuren. Wir ziehen die außerschulisch gebräuchlicheren Stoffklassenbezeichnungen (Alkohole, Aldehyde, Ketone, Carbonsäuren) vor.

Um die Individualität der Stoffe deutlich zu machen, werden im Rahmen des PIN-Konzepts auch häufig deren Trivialnamen benutzt (z.B. Acetaldehyd statt Ethanal, Aceton statt Propanon, Essigsäure statt Ethansäure, Milchsäure statt 2-Hydroxypropansäure). Hierdurch wird vermieden, daß bei der Benennung der Stoffe vorschnell Informationen über die Struktur ihrer Moleküle mitgeliefert wird. Aber auch unabhängig davon, gehören gut etablierte Trivialnamen zum Vokabular, das gelernt werden muß, um sich im Alltag zurechtzufinden. Dies schließt selbstverständlich nicht aus, daß auch die allgemeinen Nomenklaturregeln bekannt sein müssen; allerdings nur für Stoffe, die die Schüler auch real kennengelernt haben. Das Üben der Nomenklatur um ihrer selbst Willen ist schädlich.

Welchen Stellenwert haben klassische Methoden der Strukturaufklärung?

Im Rahmen des PIN-Konzepts spielen drei Methoden der Strukturaufklärung eine besonders wichtige Rolle:

- Nachweisreaktionen zur Ermittlung funktioneller Gruppen
- Synthesen mit Nachweis der gebildeten Produkte
- Spektroskopische Methoden mit Mustererkennung durch Spektrenvergleiche

Diese Methoden liefern Informationen, die einfach und ohne lange Rechnungen ausgewertet werden können. Die Nachweisreaktionen sind sehr aussagekräftig und können während des gesamten Curriculums schnell und standardisiert auf jede unbekannte Probe angewendet werden. Die Molekülmasse kann meistens direkt aus dem Massenspektrum entnommen werden; die Zahl der Kohlenstoffatome und die Symmetrie des Kohlenstoffskeletts ergeben sich aus dem ^{13}C-NMR-Spektrum. Ein Verbund dieser Methoden trägt in besonderer Weise zur Schulung des analytischen Denkens bzw. des „Mosaikdenkens" bei.

Die obigen Methoden tragen vor allem zum relationalen Verständnis bei. Klassische Methoden der Strukturaufklärung wie z.B. die qualitative und quantitative Elementaranalyse, die Bestimmung der molaren Masse von leicht verdampfbaren Flüssigkeiten (durch Messung der Dampfdichten) und die Ermittlung der Anzahl der Kohlenstoffatome im Molekül (durch Oxidation mit Kupferoxid und Beobachtung der Volumenänderung unter Anwendung des Satzes von Avogadro) – diese Methoden sind zwar im PIN-Konzept nicht obligatorisch vorgesehen; sie können aber ohne Probleme integriert werden. Bezüglich der experimentellen Details und der Auswertungsmethoden sei auf die Fachliteratur verwiesen (z.B. FICKENFRERICHS, JANSEN, KENN, PEPER und RALLE 1981; WEGNER 1993, 1994 a, 1994 b).

Die Strukturaufklärung des Ethanolmoleküls kann z.B. in folgenden Schritten erfolgen:

- Die phänomenologisch-integrative Erarbeitung erfolgt zunächst nach den Methoden des PIN-Konzepts.

- Zu einem späteren Zeitpunkt untersuchen die Schüler einen unbekannten Stoff X (von dem sie nicht wissen, daß es sich um Ethanol handelt) mit klassischen Methoden. Zuerst wird durch Messung des Gasvolumens einer abgewogenen Portion von X die molare Masse bestimmt. Es wird $M \approx 46$ g/mol gefunden.

- Mit Hilfe der Bindigkeitsregeln werden Hypothesen über mögliche Strukturformeln aufgestellt:

$$
\begin{array}{ccc}
& & \overset{\displaystyle O}{\underset{\displaystyle \|}{}} \\
H_3C—CH_2—OH & H_3C—O—CH_3 & H—C—OH \\
(1) & (2) & (3)
\end{array}
$$

- Bei der Oxidation mit Kupferoxid verdoppelt sich das Gasvolumen. Die Moleküle von X enthalten also nach Avogadro zwei Kohlenstoffatome, so daß (3) ausscheidet (in Übereinstimmung mit dem nun zur Bestätigung durchgeführten BTB-Test).

- Zwischen (1) und (2) kann schließlich durch Löslichkeitsversuche, Nachweisreaktionen und ggf. durch Einbeziehung spektroskopischer Daten unterschieden werden.

- Abschließend können die Beiträge der verschiedenen Methoden zur Erkenntnisgewinnung vergleichend diskutiert werden.

Welchen Stellenwert haben Reaktionsmechanismen?

Da das PIN-Konzept nur eine elementare Einführung in die Organische Chemie intendiert, sind Reaktionsmechanismen nicht explizit berücksichtigt. Sie können aber ohne weiteres einbezogen werden. Exemplarisch könnte z.B. der Mechanismus der säurekatalysierten Veresterung bzw. Esterhydrolyse sowie der alkalischen Esterhydrolyse besprochen werden. Vorstellungen über Elektronendichteverteilungen an Carbonylgruppen und über die Funktion freier Elektronenpaare sind wichtig, um mögliche Anknüpfungsstellen für nukleophile und elektrophile Wechselwirkungen zwischen den Reaktionspartnern abzuschätzen. Spekulationen dieser Art setzen allerdings eine breite Erfahrungsbasis mit experimentell bereits ermittelten Edukt-Produkt-Relationen voraus und sollten daher nicht vorschnell in den Vordergrund gerückt werden.

In Leistungskursen der Sekundarstufe II empfiehlt es sich, mechanistische Aspekte mit reaktionskinetischen Experimenten zu verknüpfen. Konkrete Unterrichtsvorschläge hierzu sind z.B. von RALLE und JANSEN (1981), JANSEN und RALLE (1984), RALLE und WILKE (1994) sowie STEINER, HÄRDTLEIN und GEHRING (1997) erarbeitet worden. Möglichkeiten zur Deutung reaktionskinetischer Kurvenverläufe mit Hilfe von statistischen Simulationsspielen können ebenfalls der Fachliteratur (HARSCH 1984 u. 1985) entnommen werden.

Alle diese Aspekte sind im Rahmen des PIN-Konzepts zwar als Bereicherung möglich und sinnvoll, aber nicht obligatorisch.

Welchen Stellenwert haben räumliche Strukturformeln?

Im Rahmen des PIN-Konzepts wird mit Strukturformeln gearbeitet, die als Verknüpfungsformeln ohne räumlichen Darstellungsanspruch interpretiert werden. Die Formeln sollen also lediglich ausdrücken, welche Atome im Molekül mit welchen anderen Atomen verknüpft sind, da dies zur Deutung der Eigenschaften und Reaktionen aller Stoffe, mit denen experimentell gearbeitet wird, ausreicht.

Mit Hilfe des Schalenmodells der Valenzelektronen und der Oktettregel kann begründet werden, weshalb Kohlenstoffatome vier Bindungen, Sauerstoffatome zwei Bindungen und Wasserstoffatome nur eine Bindung eingehen. Mit Hilfe des Konzepts der Elektronenpaarabstoßung kann darauf hingewiesen werden, daß die Moleküle nicht planar gebaut sind. Dies ist wichtig, um Fehlvorstellungen infolge der vereinfachten Schreibweise zu vermeiden und ggf. später Anknüpfungspunkte für stereochemische Betrachtungen zur Verfügung zu haben (z.B. im Anschluß an die Erarbeitung der Konstitution der Kohlenhydrate unter Einbeziehung polarimetrischer Untersuchungen).

Da das Orbitalmodell nicht als Erklärungsinstrument benötigt wird, bleibt es im Rahmen des PIN-Konzepts unbeachtet.

Welche Gesichtspunkte sind beim Experimentieren zu beachten?

Beim Experimentieren muß darauf geachtet werden, daß die Informationsverarbeitungskapazität der Lernenden nicht überlastet wird. JOHNSTONE und WHAM (1982) sehen in einer solchen Überlastung eine mögliche Ursache für die Ineffizienz experimenteller Arbeit in Bezug auf das Lernen in der kognitiven Dimension. Auf die Schüler strömen vielfältige Informationen ein, die z.B. die schriftlichen Anweisungen, zusätzliche mündliche Anweisungen, neue Namen für Stoffe und Reagenzien, neue und bekannte Arbeitstechniken, hörbare, sichtbare und riechbare Veränderungen beim Experimentieren umfassen. Um einer Informationsüberflutung zu entgehen, arbeiten die Schüler z.B. eine Versuchsvorschrift Satz für Satz ab, ohne die einzelnen Schritte miteinander in Beziehung zu setzen; sie orientieren sich an anderen Gruppen oder ziehen sich aufs Protokollschreiben zurück. Für eigenes Denken ist keine Kapazität vorhanden.

JOHNSTONE und WHAM (1982) geben Möglichkeiten an, wie solche negativen Auswirkungen verhindert werden können:

- klare Äußerungen zum Ziel des Experimentes,

- Unterscheidung zwischen zentralen und peripheren Versuchsschritten,

- komplexere Arbeitsoperationen üben, bevor sie in die Lösung einer Problemstellung integriert sind,

- Experimente nicht mit unnötigen Informationen überfrachten; Experimente mit klarer Struktur wählen.

Diese Aspekte sind im Rahmen des PIN-Konzepts berücksichtigt. Die Versuchsvorschriften in diesem Buch enthalten allerdings viele Informationen, die so nicht unbedingt als Anleitung für Schüler geeignet sind, die aber der Lehrer kennen muß, um eine reproduzierbare Durchführung zu gewährleisten und mögliche Fehlerquellen zu erkennen und zu vermeiden. Der Lehrer selbst muß situations- und adressatenspezifisch entscheiden, in welcher Form er jeweils die nötigen Hinweise an seine Schüler weitergibt.

Die Experimente des PIN-Konzepts werden mit möglichst kleinen Stoffmengen unter Wahrung ihrer maximalen Aussagefähigkeit durchgeführt. Die Halbmikrotechnik wird allerdings nicht verwendet, da bei den Synthesen soviel Produkt gewonnen werden muß, daß alle nötigen Nachweisreaktionen darauf angewendet werden können. Es wird mit einfachen Geräten gearbeitet, die in verschiedener Weise kombinierbar sind. Zum Heizen wird ein Öl- oder Wasserbad verwendet, das zwar eine relativ lange Aufheizzeit erfordert, mit dem aber die gewünschte Temperatur (im Gegensatz zur Pilzheizhaube) viel genauer eingestellt werden kann. Die Aufheizzeit kann von den Lernenden sinnvoll genutzt werden, indem z.B. ein Beobachtungsprotokoll angelegt wird und später durchzuführende Nachweisreaktionen vorbereitet werden.

Alle beschriebenen Experimente wurden in unserem Labor durch systematische Untersuchungen entwickelt, im Hinblick auf ihre Aussagekraft, Reproduzierbarkeit und den erforderlichen Material- und Zeitaufwand optimiert und in zahlreichen Praktika mit Lehramtsstudierenden erfolgreich erprobt. Nach unseren Erfahrungen kommen auch Schüler der gymnasialen Oberstufe mit den Experimenten gut zurecht. Sorgfältiges Einhalten der Versuchsbedingungen ist allerdings unbedingt erforderlich. Wir sehen darin auch einen erzieherischen Wert.

1.9 Zusammenfassung: Die Philosophie des PIN-Konzepts

Chemieunterricht, der einen Bildungsanspruch einlösen will, muß nach bestimmten inhaltlichen und methodischen Grundsätzen organisiert sein; nach welchen, ist eine didaktische Entscheidung.

Für das PIN-Konzept sind von Anfang an die Kriterien der Konkretheit und der Verknüpfung konstituierend. In dem Maße, in dem das Erkenntnissystem wächst, gewinnen auch die lernprozeßsteuernden Kriterien der schrittweisen systematischen Erarbeitung, der Beschränkung und des intelligenten Übens eine zunehmend tragende Bedeutung. Die globaleren Kriterien der Förderung kognitiver Fähigkeiten und der fachgemäßen Enkulturation erfordern langfristig angelegte, kontinuierliche Anstrengungen in einem sinnstiftenden Kontext.

Wir realisieren diese Kriterien also nicht an beliebig austauschbaren Lerninhalten, sondern im Zuge von schrittweise und lückenlos aufeinander aufbauenden Problemlösungs- und Begriffsbildungsprozessen, die vom wachsenden Erkenntnissystem selbst gefordert werden. Das gesamte Curriculum ist auf eine kontinuierliche Denkschulung und auf die Etablierung einer empirischen Einstellung hin angelegt. Dies kann nur erreicht werden, wenn man versucht, allen genannten Kriterien in gleicher Weise, nicht aber dem einen, zum Nachteil der anderen, Genüge zu tun. Zusammengenommen bilden sie eine didaktische Struktur, die dem PIN-Konzept Richtung, Weg und Ziel weisen.

2 Die Sprache der Phänomene: Einstieg in die Organische Chemie im Vorfeld der Formelsprache

Es gibt gute Gründe für die Annahme, daß sich der Chemieunterricht durch eine frühzeitige Behandlung der Organischen Chemie attraktiver gestalten läßt. Man denke nur an die vielfältigen Anknüpfungsmöglichkeiten an die Lebenswelt der Schüler, an die fächerübergreifenden Bezüge zum Biologieunterricht, aber auch an den intellektuellen Reiz einer klaren, übersichtlichen Fachsystematik: „Ein Wesensmerkmal dieser Systematik liegt in der Variation und Kombination der Elementsymbole C, H, O unter Beachtung der Regeln ihrer Bindigkeit ..., so daß der Schüler weniger Vokabeln als vielmehr Spielregeln präsent haben muß" (WENCK u. KRUSKA 1989, S. 5).

Unterrichtspraktische Erfahrungen (MÜLLER u. PASTILLE 1992) bestätigen, daß Schüler bereits gegen Ende der Sekundarstufe I in der Lage sind, diese operativen Regeln auf gegenständliche Molekülmodelle anzuwenden und abstrakten Symbolen (Konstitutionsformeln) zuzuordnen. Das eigentliche Problem ist also nicht die Formelsprache an sich, sondern der empirische Gehalt, den die Schüler damit verbinden. In dieser Hinsicht sind Defizite zu vermuten.

Diese Mängel lassen sich durch das Einüben von Spielregeln und Algorithmen nicht beheben, sie rühren an tiefere Schichten. Max BORN, der theoretische Physiker und Nobelpreisträger, hat in seiner Schul- und Studienzeit wohl ähnliche Erfahrungen gemacht. In einem Vortrag über „Symbol und Wirklichkeit" (BORN 1964; BORN 1981) erwähnt er:

„Später hat es mich interessiert zu analysieren, wo das Hindernis lag, das mich von der Chemie fernhielt. Es hat etwas mit der weiten Kluft zwischen wahrgenommener Wirklichkeit und Symbol zu tun. Das Wasser, das ich trinke oder in dem ich bade, und das Symbol H_2O schienen mir keine direkte Beziehung zu haben; sie sind durch einen langen Weg der Analyse verbunden, der ohne Erfahrungen über viele andere Substanzen und Symbole nicht gangbar ist."

Das von BORN zu Recht beklagte Sinndefizit läßt sich im Chemieunterricht vermeiden, wenn wir zumindest in der Anfangsphase die Formeln den Phänomenen strikt unterordnen. Es gilt, was Justus von LIEBIG (1844, S. 11 ff.) schon vor über 150 Jahren in seinen Chemischen Briefen wie folgt ausdrückte:

„Wir studiren die Eigenschaften der Körper, die Veränderungen, die sie in Berührung mit andern erleiden. Alle Beobachtungen zusammengenommen bilden eine Sprache; jede Eigenschaft, jede Veränderung, die wir an den Körpern wahrnehmen, ist ein Wort in dieser Sprache. Die Körper zeigen in ihrem Verhalten gewisse Beziehungen zu andern, sie sind ihnen ähnlich in der Form, in gewissen Eigenschaften, oder weichen darin von ihnen ab. Diese Abweichungen sind ebenso mannichfaltig, wie die Worte der reichsten Sprache; in ihrer Bedeutung, in ihren Beziehungen zu unsern Sinnen sind sie nicht minder verschieden ...

Um aber in dem mit unbekannten Chiffern geschriebenen Buche lesen zu können, um es zu verstehen, ... muß man nothwendig erst das Alphabet kennenlernen."

LIEBIG rät also, zunächst das „ABC der Phänomene" gründlich zu studieren und erst dann Symbole einzuführen, wenn die Phänomene in ihrer Mannigfaltigkeit von sich aus nach Ordnung und Abstraktion verlangen.

1. SCHRITT: Einführung erster Stoffe und einiger Reagenzien

Sechs Flaschen mit farblosen Flüssigkeiten stehen auf dem Lehrertisch; sie sind mit den Buchstaben A bis F beschriftet. (Es handelt sich dabei um folgende Stoffe: A = Ethanol p.a., B = Essigsäure, C = Essigsäureethylester, D = 1-Propanol, E = Propionsäure, F = Propionsäurepropylester.) Außerdem hat der Lehrer noch zwei Alltagsprodukte in ihren Originalflaschen mitgebracht: „Klosterfrau Melissengeist" und „Fleckenteufel". Zwei Leitprobleme werden herausgearbeitet, die im weiteren Verlauf des Chemieunterrichts gelöst werden sollen:

- Sind in den beiden Alltagsprodukten einer oder mehrere oder keiner der Stoffe A–F enthalten?

- Gibt es irgendwelche Gemeinsamkeiten zwischen den Stoffen A–F oder sind sie völlig unterschiedlich?

Die Schüler erkennen rasch, daß man die erste Frage nicht ohne die zweite lösen kann. Ein Indikatorsystem wird benötigt, mit dem man die Stoffe unterscheiden kann. Das entsprechende Handwerkszeug – ein Reagenziensatz für sechs Nachweisreaktionen – wird zur Verfügung gestellt und konkret-operational erläutert.

Die Schüler wenden nun arbeitsteilig alle sechs Nachweisreaktionen (Experiment 25; Stoff B kann in der Verdünnung 49 Volumenteile Wasser + 1 Volumenteil Eisessig, Stoff E in der Verdünnung 19 Volumenteile Wasser + 1 Volumenteil konz. Propionsäure eingesetzt werden; bei den späteren Synthesen müssen aber unverdünnte Säuren verwendet werden) auf je einen der Stoffe A–F sowie auf die beiden Alltagsprodukte an. Die Ergebnisse, die sie jeweils mit ihren Stoffen erhalten haben, werden gesammelt und in Matrixform dargestellt; zunächst verbal (Tabelle 2.1) und dann in abstrakterer Notation (Tabelle 2.2), um den Überblick zu erleichtern.

Tabelle 2.1 Testausfälle der untersuchten Stoffe

Test	A	B	C	D	E	F	Melissengeist	Fleckenteufel	Aussehen des Reagenzes
Dichromat-	grün	–	grün	grün	–	grün	grün	grün	orange
Cernitrat-	rot	–	–	rot	–	–	rot	rot	gelb
BTB-	–	gelb	–	–	gelb	–	–	–	blau
Rojahn-	–	–	farblos	–	–	farblos	–	farblos	rosa
Iodoform-	gelb↓	–	gelb↓	–	–	–	gelb↓	gelb↓	klare Lösung
Eisenchlorid-	–	farblos rot	–	–	rot farblos	–	–	–	obere Phase: farblos untere Phase: gelb

↓ bedeutet: Niederschlag oder Trübung   – bedeutet: Es ist keine Veränderung beobachtbar.

Tabelle 2.2   Abstrahierte Testausfälle und Gruppenzuordnung

Test	Alkohol A	Carbonsäure B	Ester C	Alkohol D	Carbonsäure E	Ester F	Melissengeist	Fleckenteufel
Dichromat-	+	−	+	+	−	+	+	+
Cernitrat-	+	−	−	+	−	−	+	+
BTB-	−	+	−	−	+	−	−	−
Rojahn-	−	−	+	−	−	+	−	+
Iodoform-	+	−	+	−	−	−	+	+
Eisenchlorid-	−	$+_u$	−	−	$+_o$	−	−	−

+ bedeutet: positiver Testausfall
− bedeutet: negativer Testausfall
u bedeutet: untere Phase
o bedeutet: obere Phase

In der Unterrichtspraxis hat sich auch eine Kopiervorlage und/oder Folie mit Reagenzglassymbolen (Bild 2.1) bewährt, die von den Schülern mit Buntstiften phänomennah gestaltet werden kann, und in die anschließend eingetragen wird, was als positiver bzw. als negativer Testausfall anzusehen ist. Dies erleichtert den Übergang zur abstrakten Plus-Minus-Notation, die für konkret-operational denkende Schüler gewöhnungsbedürftig ist und assoziativer Stützen bedarf. Als Bindeglied zwischen den Darstellungsformen ist auch eine Matrix geeignet, in die die positiven Testausfälle phänomennah eingezeichnet werden, die negativen Testausfälle jedoch nur durch ein Minuszeichen (siehe Farbtafel 1 nach Kapitel 11).

Die sechs Flaschen werden auf dem Lehrertisch entsprechend den experimentellen Befunden gruppiert. Das Ergebnis wird auch graphisch festgehalten (Bild 2.2).

In der Unterrichtspraxis hat es sich bewährt, die drei gefundenen Stoffgruppen durch Stoffklassennamen zu bezeichnen. Dies erleichtert die Kommunikation ganz erheblich. Außerdem wird herausgearbeitet, welche Gruppentests für welche Stoffklassen charakteristisch sind:

- Die Stoffe der Gruppe A/D werden als Alkohole bezeichnet. Sie sind durch einen positiven Ausfall des Cernitrattests charakterisiert.
- Die Stoffe der Gruppe B/E werden als Carbonsäuren bezeichnet. Sie sind durch einen positiven Ausfall des BTB-Tests charakterisiert.
- Die Stoffe der Gruppe C/F werden als Ester bezeichnet. Sie sind durch einen positiven Ausfall des Rojahntests charakterisiert.

Nun werden die für die beiden Alltagsprodukte erhaltenen Testausfälle ausgewertet:

Melissengeist

- Der Gruppentest auf Alkohole (Cernitrattest) fällt positiv aus. Die Gruppentests auf Carbonsäuren (BTB-Test) und Ester (Rojahntest) fallen beide negativ aus. Melissengeist kann demnach nur Alkohole enthalten.

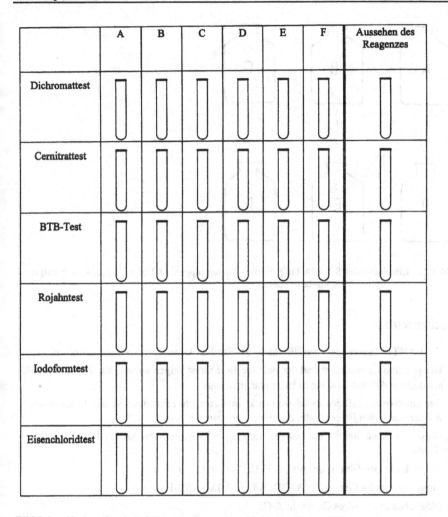

	A	B	C	D	E	F	Aussehen des Reagenzes
Dichromattest							
Cernitrattest							
BTB-Test							
Rojahntest							
Iodoformtest							
Eisenchloridtest							

Bild 2.1 Vorlage für eine phänomennah gestaltete Matrix der Testausfälle

- Der Iodoformtest fällt positiv aus. Das bedeutet, daß Melissengeist auf jeden Fall den Alkohol A enthält (wenn man davon ausgeht, daß nur die Stoffe A-F in Frage kommen).
- Der Ester C zeigt zwar auch einen positiven Iodoformtest, ist aber durch den negativen Ausfall des Rojahntests bereits ausgeschlossen.
- Alkohol D kann nur als Reinstoff ausgeschlossen werden (da D den positiven Iodoformtest nicht erklären kann). Im Gemisch mit A ist der Alkohol D möglich, da der durch A verursachte positive Ausfall des Iodoformtests (gelber Niederschlag) den für D zu erwartenden negativen Ausfall dieses Tests überdeckt.

Ergebnis: Melissengeist enthält entweder nur den Alkohol A oder ein Gemisch der beiden Alkohole A/D, aber weder Carbonsäuren noch Ester.

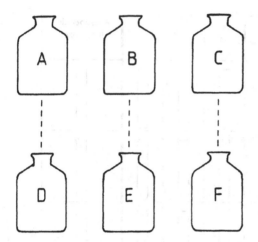

Bild 2.2   Einteilung der Stoffe A bis F in drei Zweiergruppen A/D bzw. B/E bzw. C/F aufgrund analytischer Ordnungsbeziehungen

Fleckenteufel

- Da der BTB-Test negativ ausfällt, kann das Produkt keine Carbonsäuren enthalten.
- Der positive Cernitrattest und der positive Rojahntest zeigen an, daß das Produkt mindestens einen Alkohol und einen Ester enthalten muß.
- Der positive Ausfall des Iodoformtests kann verursacht sein entweder durch den Alkohol A oder durch den Ester C oder durch A/C gemeinsam.

Ergebnis: Fleckenteufel ist ein binäres, ternäres oder quaternäres Gemisch aus Alkoholen und Estern.

- Mögliche binäre Gemische: A/C, A/F, C/D (nicht D/F!)
- Mögliche ternäre Gemische: A/C/D, A/C/F, A/D/F, C/D/F
- Mögliches quaternäres Gemisch: A/C/D/F

Zwischen diesen acht Möglichkeiten kann nicht unterschieden werden.

Da Schüler mit dieser Art des Denkens und Argumentierens in der Regel nicht vertraut sind, können zunächst deutliche Schwierigkeiten auftreten, zumal nach unseren Erfahrungen viele Schüler gar nicht erst erwarten, daß man auch im Chemieunterricht durch eigene Denkleistungen zu logisch schlüssigen Problemlösungen kommen kann. Daher empfiehlt es sich, die analytischen Aufgaben ohne Zeitdruck auszuwerten, gründlich auf alle Schülervorschläge einzugehen und den Lernerfolg durch weitere Übungen mit abgestuftem Anspruchsniveau zu konsolidieren (siehe Kapitel 28, Übung 1).

Für den Aufbau tragfähiger kognitiver Strukturen ist auch die Nachbesinnung wichtig:

„Der Schüler merkt nun, was er getan hat, um zu den Erkenntnissen der vorangehenden Lektion zu gelangen. Damit werden die Auffassungstätigkeiten auf neue Gegenstände übertragbar ... Man darf sich keine Illusionen über die Leichtigkeit solcher Arbeitsbesinnungen machen. Sie sind schwieriger als die Arbeit am Gegenstand selber. Es sind sozusagen Überlegungen zweiten Grades, Besinnungen nicht mehr über eine Sache, sondern über Erkenntnisakte, die zur Erfassung der Sache geführt haben. Wir nennen sie metakognitive Überlegungen" (AEBLI 1985, S. 369).

Die folgenden Fragen bieten Anregungen für metakognitive Überlegungen:

- Warum waren die Testausfälle beim Melissengeist einfacher auszuwerten als beim Flekkenteufel?
  Antwort: Das Verhaltensmuster der beiden Proben unterscheidet sich nur beim Rojahntest. Da dieser beim Melissengeist negativ ausfällt, können die Ester C und F ausgeschlossen werden, so daß viel weniger Kombinationsmöglichkeiten übrigbleiben als beim Fleckenteufel.

- Wie kann man beim Fleckenteufel systematisch vorgehen, um alle denkbaren Zusammensetzungen zu finden?
  Antwort: Ist Alkohol A vorhanden, so erklärt dies sowohl den positiven Cernitrattest als auch den positiven Iodoformtest. Der Alkohol A kann daher mit einem beliebigen Ester kombiniert werden:
  → A/C (positiver Iodoformtest wird von A und C verursacht).
  → A/F (positiver Iodoformtest wird nur von A verursacht).
  Andererseits könnte aber auch der Alkohol D vorliegen, der allerdings den positiven Ausfall des Iodoformtests nicht erklären kann. Daher kann der Alkohol D nur mit einem Ester kombiniert werden, der einen positiven Iodoformtest zeigt:
  → C/D (positiver Iodoformtest wird nur von C verursacht).
  Weiterhin sind alle Dreierkombinationen möglich, die A oder C oder beide enthalten:
  → A/C/D, A/C/F, A/D/F, C/D/F.
  Diese Dreierkombinationen kann man auch aus den drei gefundenen Zweierkombinationen (A/C, A/F, C/D) durch Hinzufügen des jeweils noch fehlenden Alkohols oder des jeweils noch fehlenden Esters erhalten.
  Schließlich ist als letzte Möglichkeit noch die Viererkombination zu berücksichtigen, die beide Alkohole und beide Ester enthält:
  → A/C/D/F.

- Welche Schlüsse kann man ziehen, wenn der Cernitrattest positiv ausfällt? Welche, wenn er negativ ist?
  Antwort: Fällt der Cernitrattest positiv aus, dann kann gefolgert werden, daß die Probe einen oder mehrere Alkohole enthält:
  → A oder D oder A/D
  Dies schließt allerdings das zusätzliche Vorhandensein von Carbonsäuren und Estern nicht aus, da der durch Alkohole verursachte positive Cernitrattest (Rotfärbung) durch die Anwesenheit von Carbonsäuren und Estern nicht gestört wird.
  Generell geht man davon aus, daß sich in Gemischen aus positiv und negativ reagierenden Prüfstoffen der positive Testausfall stets durchsetzt. (Dies hängt in Einzelfällen vom Verhältnis der Prüfstoffe im Gemisch ab; so fällt der Iodoformtest mit einem 1:1-Gemisch von Ethanol und 1-Propanol fast negativ aus und mit einem 3:1-Gemisch deutlich positiv. Auf solche Feinheiten wird aber nicht eingegangen.)

Fällt der Cernitrattest negativ aus, dann können alle positiv reagierenden Prüfstoffe (Alkohole) mit Sicherheit ausgeschlossen werden. Über die mögliche Anwesenheit negativ reagierender Stoffe (Carbonsäuren, Ester) kann allerdings keine Aussage gemacht werden.

- Beim Melissengeist ist der BTB-Test negativ ausgefallen. Ist es nach Feststellung dieses Befunds noch sinnvoll, den Eisenchloridtest durchzuführen?
  Antwort: Der Eisenchloridtest ist unnötig, da durch den negativen BTB-Test die Carbonsäuren B und E bereits ausgeschlossen werden konnten.
  Verallgemeinernd kann man sagen, daß ein differenzierender Test nur dann sinnvoll ist, wenn der entsprechende Gruppentest positiv ausgefallen ist.

2. SCHRITT: Entdeckung erster Synthesebeziehungen zwischen den Stoffen A–F

Die Schüler wissen nun, wie die Stoffe A–F durch analytische Ordnungsbeziehungen zu gruppieren sind (Bild 2.2) und in welchem Zusammenhang sie mit einigen Haushaltsstoffen stehen. Zur Vorbereitung des zweiten Schrittes wird die Frage aufgeworfen, wie die sechs Stoffe wohl in die Flaschen hineingekommen sind: Wie kann man sie herstellen oder gewinnen?

Bei Alkohol A, der im Melissengeist, aber auch in anderen alkoholischen Getränken enthalten ist (vgl. Kapitel 12), handelt es sich offensichtlich um „Trinkalkohol". Auch der Fachterminus Ethanol kann an dieser Stelle bereits genannt werden. Die Gewinnung von Ethanol durch Vergären von Früchten oder Zucker mit Hefe ist den Schülern im Prinzip bekannt, kann aber ggf. an dieser Stelle auch experimentell erarbeitet werden (Experiment 17).

Kann man vielleicht aus dem Alkohol A einen der anderen Stoffe herstellen?

Dazu bräuchte man – so es denn überhaupt möglich sein sollte – ein geeignetes Synthesereagenz.

Die Aufmerksamkeit wird nun auf das Dichromatreagenz gelenkt: Beim Dichromattest wurde bei den positiv reagierenden Prüfstoffen (zu denen auch A gehörte) eine Umfärbung von orange nach grün festgestellt. Farbänderungen zeigen in der Regel chemische Reaktionen an. Daher soll nun untersucht werden, ob der Alkohol A nach Einwirken des Dichromatreagenzes tatsächlich verschwunden ist und ob sich dabei ein neuer Stoff gebildet hat, der sich mit den bekannten analytischen Tests nachweisen läßt. Da auch der Alkohol D sowie die Ester C und F mit Dichromat positiv reagierten (Tabelle 2.2), werden auch diese gleich mituntersucht (Experiment 1, Varianten A und B). Eine geeignete Versuchsapparatur wird mit den Schülern gemeinsam entwickelt.

Praktische Tips: Die vier Stoffe werden in kombinierten Lehrer-Schüler-Experimenten arbeitsteilig untersucht. Die Schüler bauen die Apparaturen zusammen und füllen jeweils ihren Probestoff (A, C, D oder F) ein. Damit sie nicht in Kontakt mit dem Dichromat*synthese*reagenz kommen – es hat eine höhere Dichromatkonzentration als das entsprechende analytische Reagenz und muß daher sprachlich und laborpraktisch von diesem unterschieden werden – wird das Reagenz vom *Lehrer* zugegeben, der die Apparatur sofort verschließt. (Die höhere Dichromatkonzentration ist erforderlich, um *vollständige* Oxidation zu gewähr-

Tabelle 2.3 Reaktion der Stoffe A, C, D, F mit dem Dichromatsynthesereagenz. Die dabei als Destillate erhaltenen Produkte sind mit P(A), P (C), P(D), P(F) bezeichnet.

	Referenzstoffe						Destillate			
	A	B	C	D	E	F	P(A)	P(C)	P(D)	P(F)
Cernitrattest	+	−	−	+	−	−	−	−	−	−
BTB-Test	−	+	−	−	+	−	+	+	+	+
Rojahntest	−	−	+	−	−	+	−	−	−	−
Eisenchloridtest	−	$+_u$	−	−	$+_o$	−	$+_u$	$+_u$	$+_o$	$+_o$

leisten.) Während der Destillation können die Schüler über sinnvolle Nachweisreaktionen nachdenken und das Versuchsprotokoll anlegen. Nach Abschluß des Experiments werden die chromhaltigen Rückstände vom Lehrer entsorgt. Die Schüler untersuchen ihre jeweils erhaltenen Destillate mit den Standardtests. Es ist sinnvoll, zunächst nur die drei Gruppentests durchzuführen und dann erst zu entscheiden, welche weiteren Tests erforderlich sind. Wir wollen damit erreichen, daß die Schüler sich der Aussagekraft der Tests bewußt werden. Die Ergebnisse der Tabelle 2.3 werden erhalten.

Da als einziger Gruppentest der BTB-Test positiv ausfällt, können nur Carbonsäuren entstanden sein. Der Eisenchloridtest zeigt, daß sich der Alkohol A und der Ester C in die Carbonsäure B umgewandelt haben; aus dem Alkohol D und dem Ester F hingegen wurde die Carbonsäure E erhalten. Die Gruppierung der Stoffe aufgrund der nun entdeckten Synthesebeziehungen wird graphisch dargestellt (Bild 2.3).

Praktischer Tip: Wir haben die Erfahrung gemacht, daß Schüler beim Eisenchloridtest bisweilen nicht sorgfältig genug arbeiten, wenn man sie nicht explizit darauf hinweist, daß die Zugabe von Natronlauge und Salzsäure exakt dosiert werden muß (tropfenweise zugeben und nach jedem Tropfen schütteln); andernfalls kann der Testausfall v.a. bei den Destillaten P(D) und P(F) gestört sein.

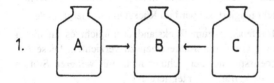

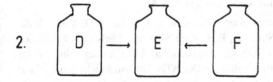

Bild 2.3 Einteilung der Stoffe A bis F in zwei Dreiergruppen aufgrund des Verhaltens der Stoffe gegenüber dem Dichromatsynthesereagenz

Fragen für die Nachbesinnung:

- Warum konnte bei der Untersuchung der Destillate auf den Iodoformtest verzichtet werden?
  Antwort: Im Rahmen der betrachteten Referenzstoffe fällt der Iodoformtest nur mit dem Alkohol A und dem Ester C positiv aus. Da aber die Destillate weder Alkohole noch Ester enthalten (negativer Cernitrat- und Rojahntest), kann erwartet werden, daß der Iodoformtest mit allen vier Destillaten negativ ausfällt (was auch tatsächlich der Fall ist).
- Warum konnte beim Destillat auf den Dichromattest verzichtet werden?
  Antwort: Da die Destillate nur Carbonsäuren enthalten, kann erwartet werden, daß der Dichromattest jeweils negativ ausfällt (was auch tatsächlich der Fall ist).

3. SCHRITT: Aufbau eines Synthesenetzes

Die Aufmerksamkeit wird nun auf das Teilsystem A/B/C konzentriert:

Lassen sich außer den bereits gefundenen Synthesebeziehungen A → B und C → B vielleicht noch weitere entdecken, wenn man andere Synthesereagenzien einsetzt?

Da man nicht wissen kann, welche Reagenzien geeignet sind, spricht nichts dagegen, es einfach einmal mit der wohlbekannten, leicht verfügbaren Natronlauge zu versuchen, zumal diese auch bei einigen Nachweisreaktionen (Iodoform- und Rojahntest) als Hilfsreagenz eine Rolle spielt. Eine geeignete Versuchsapparatur für die mögliche Reaktion von A, B, C mit Natronlauge wird gemeinsam mit den Schülern entwickelt (Experiment 5, Variante A). Die Phase der Destillation ist recht lang. In dieser Zeit kann das Versuchsprotokoll angelegt werden, und weitere analytische Übungen (Übung 1) können bearbeitet werden. Nach Anwendung der Nachweisreaktionen auf Destillat und Rückstand werden die Ergebnisse der Tabelle 2.4 erhalten.

Hieraus kann folgendes geschlossen werden:

- Der Alkohol A hat nicht mit Natronlauge reagiert; er wird im Destillat wiedergefunden.
- Die Carbonsäure B hat ebenfalls nicht reagiert, sie wird im Rückstand wiedergefunden.
  Anmerkung: Die Zugabe von Schwefelsäure zum Rückstand ermöglicht es an dieser Stelle, auf die zusätzliche Einführung von Carbonsäuresalzen zu verzichten. Diese Beschränkung ist wichtig, da der Arbeitsspeicher der Schüler nicht mit weiteren Stoffen überlastet werden darf, bevor die sechs Stoffe A–F integriert sind.
- Der Ester C ist verschwunden (negativer Rojahntest). Im Destillat läßt sich der Alkohol A, im Rückstand die Carbonsäure B nachweisen. Offensichtlich ist die Reaktion C → A + B abgelaufen. Das Reaktionsschema wird ergänzt (Bild 2.4).

Hinweis: In einer vereinfachten Versuchsvariante (Experiment 5, Variante D) läßt sich die Einwirkung von Natronlauge auf die Stoffe A, B, C auch *ohne* anschließende Destillation untersuchen. Die Zahl der anwendbaren Nachweise und damit auch die Aussagefähigkeit des Experiments ist dadurch allerdings deutlich reduziert: Der BTB-Test wird nicht durchgeführt (alkalisches Milieu), und auch der Iodoformtest versagt aufgrund der Verdünnung des Reaktionsgemisches. Damit entfällt aber das entscheidende Kriterium zur Differenzierung zwi-

Tabelle 2.4 Reaktion der Stoffe A, B, C mit verdünnter Natronlauge. Die dabei erhaltenen Produkte sind mit P(A), P(B), P(C) bezeichnet.

	Referenzstoffe			P(A)		P(B)		P(C)	
	A	B	C	Rü	De	Rü	De	Rü	De
Cernitrattest	+	–	–	–	+	–	0	–	+
BTB-Test	–	+	–	–	–	+	0	+	–
Rojahntest	–	–	+	–	–	–	0	–	–
Iodoformtest	+	–	+	–	+	–	0	–	+
Eisenchloridtest	–	+$_u$	–	–	–	+$_u$	0	+$_u$	–

Rü bedeutet: Rückstand (mit Schwefelsäure versetzt!)
De bedeutet: Destillat
0 bedeutet: Es wird kein Destillat erhalten.

schen den Alkoholen A und D. Wir raten daher von dieser zwar zeitsparenden, aber letztlich unbefriedigenden Variante ab; es sei denn, man will nur auf dem Stoffklassenniveau zeigen, daß sich Ester mit Natronlauge in Carbonsäuren und Alkohole umwandeln lassen.

Nachbesinnung:

• Konnte man schon vor der Durchführung der Nachweisreaktionen vermuten, daß der Ester C mit Natronlauge reagiert hat?
   Antwort: Ja. Der Ester C löste sich zunächst nicht in Natronlauge, doch beim Schütteln verschwand die Esterphase, und das Gemisch erwärmte sich spürbar. Auch der typische Estergeruch war nicht mehr feststellbar.

• Warum wurde die Carbonsäure B nicht im Destillat, sondern im Rückstand gefunden?
   Antwort: Dies ist in der Tat merkwürdig, denn bei den Dichromatsynthesen (Tabelle 2.3)

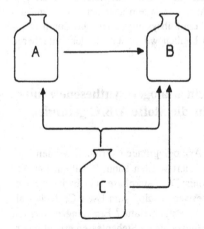

Bild 2.4 Synthesenetz für die Stoffe A, B, C nach Umsetzung mit dem Dichromatsynthesereagenz und Natronlauge

erwies sich die Carbonsäure B als flüchtig; sie wurde in den Destillaten P(A) und P(C) gefunden. Allerdings enthielt das Dichromatsynthesereagenz nicht Natronlauge, sondern Schwefelsäure. Offensichtlich bewirkt Natronlauge, daß die an sich flüchtige Carbonsäure B im Rückstand bleibt. (Auf den Neutralisationsbegriff und die Salzbildung kann ggf. hingewiesen werden.)

- Auf welche Nachweisreaktionen hätte man verzichten können?
Antwort: Bei P(A) hätte man im Destillat und im Rückstand auf den Eisenchloridtest verzichten können, da durch den negativen Ausfall des BTB-Tests Carbonsäuren bereits auszuschließen waren. Dasselbe gilt auch für das Destillat P(C). Außerdem hätte man bei den Rückständen von P(A) und P(C) auf den Iodoformtest verzichten können, da aufgrund der Gruppentests bereits vorhersehbar war, daß der Iodoformtest jeweils negativ ausfallen würde. Redundante Ergebnisse schaden zwar nicht und sind für konkret-operational denkende Schüler vielleicht sogar notwendig, doch sollte möglichst frühzeitig auch das Bewußtsein geschärft werden, welche Tests aussagefähige Ergebnisse erwarten lassen und welche nicht. Damit kann auch der häufig zu beklagenden Einstellung vorgebeugt werden, das Denken müsse nicht schon vor und während des Experimentierens einsetzen, sondern erst hinterher.

- Kann man sicher sein, daß sich in den Destillaten P(A) und P(C) nur der nachgewiesene Alkohol A befindet?
Antwort: Nein. Der positive Cernitrat- und Iodoformtest kann nicht nur durch A allein verursacht sein, sondern auch durch ein Gemisch der beiden Alkohole A und D (aber nicht durch D allein!).
Das bedeutet, daß die Esterspaltung C → A + B auch durch die komplexere Hypothese C → A + B + D gedeutet werden kann. Bei leistungsschwächeren Klassen wird man dies vielleicht verschweigen wollen, um die Schüler nicht zu irritieren. Im Regelfall sollte der Lehrer allerdings diese Gelegenheit nutzen, die Schüler zu kritischem Denken zu erziehen, damit sie im Kleinen erfahren, wie wissenschaftliches Erkennen im Großen und Ganzen funktioniert: Als ein Prozeß der Konsensfindung unter Skeptikern. Für die Hypothese C → A + B spricht die größere Einfachheit, vor allem aber der bereits gut gestützte empirische Befund, daß die Stoffe A/B/C ein Subsystem bilden, das durch D gesprengt würde. Bis zum Beweis des Gegenteils bleiben wir daher bei der einfacheren Deutung C → A + B.

4. SCHRITT: Sind die Stoffe D/E/F durch ein analoges Synthesenetz miteinander verknüpft, wie es für die Stoffe A/B/C gefunden wurde?

Ist die Deutung C → A + B richtig, dann kann aus Analogiegründen vermutet werden, daß auch die Reaktion F → D + E mit Natronlauge realisiert werden kann. Schütteln mit Natronlauge führt allerdings nicht zum erwarteten Ergebnis: Die Esterphase verschwindet nicht. In dieser Hinsicht verhält sich der Ester F also keineswegs analog zum Ester C; doch vielleicht hilft Erhitzen oder längeres Stehenlassen bei Raumtemperatur? Ein Langzeitversuch (Experiment 5, Variante C) wird angesetzt und nach einwöchigem Stehenlassen erneut untersucht. (Destillation ist nicht nötig!)

Folgende Ergebnisse werden erhalten:

- Es ist nach wie vor eine Esterphase sichtbar und riechbar; sie ist aber viel kleiner geworden. Sie zeigt erwartungsgemäß einen positiven Rojahntest (dieser Nachweis ist entbehrlich), vor allem aber einen positiven Cernitrattest und einen negativen Iodoformtest, was die Anwesenheit des Alkohols D beweist.
- In der unteren (wässrigen) Phase läßt sich mit Hilfe des Eisenchloridtests die Carbonsäure E nachweisen.

Demnach ist tatsächlich die Reaktion F → D + E abgelaufen. Allerdings ist der Ester F durch Natronlauge deutlich schwerer spaltbar als der Ester C. Die Idee der beiden analogen Subsysteme A/B/C und D/E/F hat sich bewährt.

5. SCHRITT: Kann man aus Carbonsäuren und Alkoholen auch wieder Ester herstellen?

Bis jetzt wurde noch keine Möglichkeit zur Herstellung von Estern gefunden. Da die Esterspaltung mit Natronlauge gelungen ist, schlagen die Schüler für die Umkehrung dieser Reaktion meist spontan Schwefelsäure als Reagenz vor – eine durchaus vernünftige, antagonistische Hypothese, die der bisherigen Erfahrung der Schüler mit Säuren und Basen als „Gegenspielern", die sich in ihren Wirkungen aufheben, Rechnung trägt. An dieser Stelle besteht auch die Möglichkeit, die *Bedingungen* der Estersynthese im Reagenzglasmaßstab zu untersuchen und daraus die Experimentiervorschrift für die Synthese im größeren Maßstab abzuleiten (Abschnitt 23.2).

Folglich werden die Gemische A + B sowie D + E mit Schwefelsäure versetzt (Experiment 4) und mindestens fünf Minuten lang stehengelassen. Eine spürbare Selbsterwärmung der Gemische ist feststellbar. Inzwischen kann diskutiert werden, auf welche Weise man die eventuell sich bildenden Ester von der Schwefelsäure wieder abtrennen könnte. Destillation wäre möglich, noch einfacher aber Zugabe von Wasser; denn Ester sind in Wasser weitgehend unlöslich, das haben die Schüler ja bereits mit (wässriger) Natronlauge erfahren.

Nach Zugabe von Wasser scheidet sich tatsächlich aus beiden Reaktionsgemischen eine wasserunlösliche Phase mit typischem Estergeruch ab. Nach Reinigung mit Natriumcarbonatlösung werden die Produkte anhand sinnvoller Nachweisreaktionen identifiziert (Tabelle 2.5).

Tabelle 2.5 Umsetzung der Gemische A + B bzw. D + E unter Einwirkung von konzentrierter Schwefelsäure. Die dabei erhaltenen Produkte sind mit P (A + B) bzw. P (D + E) bezeichnet.

	Referenzstoffe						gereinigte obere Phase	
	A	B	C	D	E	F	P(A + B)	P(D + E)
Cernitrattest	+	–	–	+	–	–	–	–
BTB-Test	–	+	–	–	+	–	–	–
Rojahntest	–	–	+	–	–	+	+	+
Iodoformtest	+	–	+	–	–	–	+	–

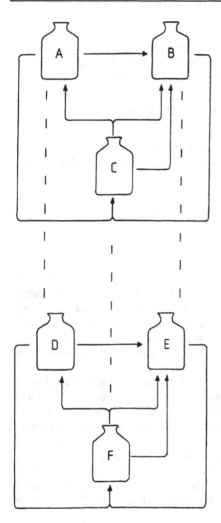

Bild 2.5 Vollständige Synthesenetze für die Stoffe A, B, C bzw. D, E, F

Der positive Rojahntest zeigt, daß in beiden Fällen tatsächlich Ester entstanden sind. Aus dem Alkohol D und der Carbonsäure E hat sich eindeutig der Ester F gebildet, denn der negative Iodoformtest schließt die Anwesenheit des anderen Esters C aus.

Analog wurden der Alkohol A und die Carbonsäure B in den Ester C umgewandelt. Allerdings kann in diesem Fall die Bildung eines Estergemisches C/F analytisch nicht ausgeschlossen werden, da der positive Iodoformtest sowohl von C allein, als auch von C/F verursacht sein kann. Doch die Hypothese A + B → C + F ist viel unwahrscheinlicher als A + B → C, da sie das Subsystem A/B/C und die Analogie zu D + E → F durchbrechen würde.

Die entdeckten Estersynthesen A + B → C und D + E → F werden in das Reaktionsschema (Bild 2.5) eingetragen, das sich nun zu einem stattlichen, zweistöckigen Synthesenetz entwickelt hat.

Hinweis: In einer vereinfachten Versuchsvariante kann man die Estersynthese A + B →
C auch als Reagenzglasversuch von den Schülern durchführen lassen und auf die Produkt-
reinigung verzichten (Experiment 48). Es kann dann allerdings nur der Rojahntest zur Pro-
duktidentifizierung angewendet werden. Auf diese Weise kann nur festgestellt werden, daß
ein Ester entstanden ist, nicht aber welcher.

Die Synthese D + E → F kann dann vom Lehrer im großen Maßstab als Demonstrations-
experiment durchgeführt werden; die gereinigte Esterphase wird an die Schüler verteilt und
kann arbeitsteilig mit sämtlichen Nachweisreagenzien untersucht werden.

Nachbesinnung:

- Wie und warum wurde die gebildete Esterphase gereinigt?
  Antwort: Bei der Estersynthese A + B → C mußte damit gerechnet werden, daß der gebildete Ester C noch mit Schwefelsäure und (bei unvollständiger Reaktion) mit den
  Edukten A + B verunreinigt ist. Da sowohl die Schwefelsäure als auch der Alkohol A als
  auch die Carbonsäure B gut in Wasser löslich sind, der Ester C aber nicht, konnten die
  Verunreinigungen durch Schütteln mit Wasser oder (noch besser) mit wässriger Sodalö-
  sung extrahiert werden. Da Soda (Natriumcarbonat) in Wasser alkalisch reagiert, wird
  die Schwefelsäure neutralisiert, was den Extraktionserfolg begünstigt.

- Welche Testausfälle sind zu erwarten, wenn man auf die Reinigung der Esterphase ver-
  zichtet?
  Antwort: Es sind durchweg positive Testausfälle zu erwarten:
  - Positiver Cernitrattest, verursacht durch den Alkohol A.
  - Positiver BTB-Test, verursacht durch die Carbonsäure B (oder durch Schwefelsäure
    oder durch beide).
  - Positiver Rojahntest, verursacht durch den Ester C.
  - Positiver Iodoformtest, verursacht durch den Ester C oder durch den Alkohol A oder
    durch beide.

Wegen der vielen positiven Befunde müßte man sich mit ungewissen Schlußfolgerungen
begnügen, zumal nicht von vornherein auszuschließen ist, daß auch die Stoffe D, E, F als
mögliche Mitverursacher der positiven Testausfälle in Betracht kommen.

6. SCHRITT: Zusammenfassung

Zum Abschluß werden die bisher gefundenen Eigenschaften der Stoffe A/D (Alkohole), der
Stoffe B/E (Carbonsäuren) und der Stoffe C/F (Ester) zusammengestellt:

Alkohole sind durch folgende Merkmale charakterisiert:

- Positiver Cernitrattest (spezifisch für Alkohole)
- Reaktion mit dem Dichromatsynthesereagenz zu Carbonsäuren
- Reaktion mit Carbonsäuren (und Schwefelsäure) zu Estern
- Bildung aus Estern mit Natronlauge

Carbonsäuren sind durch folgende Merkmale charakterisiert:

- Positiver BTB-Test (spezifisch für Carbonsäuren nur in Abwesenheit von Mineralsäuren)

- Negativer Dichromattest
- Reaktion mit Alkoholen (und Schwefelsäure) zu Estern
- Bildung aus Estern mit Natronlauge (→ Carbonsäuresalze)

Ester sind durch folgende Merkmale charakterisiert:

- Positiver Rojahntest (spezifisch für Ester)
- Reaktion mit dem Dichromatsynthesereagenz zu Carbonsäuren
- Reaktion mit Natronlauge zu Alkoholen und Carbonsäuren (→ Carbonsäuresalze)

Diese Merkmalskataloge stellen konkret-operationale Definitionen der jeweiligen Stoffklassenbegriffe dar, bezogen auf das untersuchte Referenzsystem. Sie sind erfahrungsabhängig und daher nie endgültig. Im Lichte weiterer Erfahrungen müssen sie später ggf. ergänzt oder modifiziert werden.

Nun kann man die Frage, wie die sechs Stoffe A–F erhalten werden können, noch einmal abschließend betrachten. Aus den Alkoholen A und D können alle anderen untersuchten Stoffe gewonnen werden. Alkohol A kann durch Vergärung von Zuckern hergestellt werden, Alkohol D aus Erdgas oder Erdöl (über Propan).

3 Erarbeitung erster Strukturformeln mit Hilfe spektroskopischer Befunde

Ein zeitgemäßer Chemieunterricht sollte den Schülern auch eine Vorstellung von modernen spektroskopischen Methoden vermitteln; allerdings nicht zum Selbstzweck, sondern als Werkzeug zur Lösung von Problemen, die sich aus dem Unterricht selbst ergeben. So können sie als echte Hilfsmittel erfahren werden.

Aus dem vorhergehenden Kapitel drängen sich den Schülern folgende Fragen auf:

- Warum zeigen die Stoffe A–F je paarweise (A/D, B/E, C/F) stoffklassenspezifische analytische Verhaltensmuster?

- Warum lassen sich die Stoffe A–F je gruppenweise (A/B/C, D/E/F) durch Synthesen ineinander umwandeln?

Diese Fragen lassen sich nur auf der Teilchenebene klären. Daher ist nun der geeignete Zeitpunkt gekommen, sich mit der Formelermittlung der Stoffe A–F zu befassen.

Im folgenden beschreiben wir eine Konzeption zum problemlösenden Einsatz der ^{13}C-NMR-Spektroskopie und der Massenspektrometrie im Unterricht. Wir sind uns natürlich bewußt, daß die entsprechenden Meßgeräte an Schulen nicht verfügbar sind; dennoch halten wir die Auswertung vorgegebener, sinnvoll vereinfachter Spektren im Rahmen des PIN-Konzepts für wertvoll, und zwar aus folgenden Gründen:

- Die Spektren, mit denen die Methoden eingeführt werden, beziehen sich nicht auf unbekannte Einzelfälle, sondern auf die bereits miteinander vernetzten Stoffe A–F. Eine breite Erfahrungsbasis ist somit gewährleistet.

- Auf die Darstellung des theoretischen und technischen Hintergrunds der Methoden wird weitgehend verzichtet, zumal hierfür Spezialliteratur zur Verfügung steht (z.B. HESSE, MEIER u. ZEEH 1987; WILLIAMS u. FLEMING 1971). Die Schüler sollen vielmehr lernen, aus vorgegebenen, didaktisch reduzierten Spektren Informationen herauszufiltern und im Zuge eines Indizienprozesses zu einem in sich stimmigen Mosaik zusammenzufügen, das die bereits durch andere Methoden entdeckten Ordnungsbeziehungen erklärt. Hierbei können wichtige kognitive Fähigkeiten geschult werden, z.B. Mustererkennung, Kombinatorik und logisch-schlußfolgerndes Denken.

- Für die spätere Konfrontation mit neuen, unbekannten Stoffen stehen den Schülern dann durch Kombination von Spektren, Nachweisreaktionen, Synthesen und Formelsprache mächtige Werkzeuge zur Verfügung. Dies ermöglicht ihnen eine aktive Teilhabe an der Integration dieser Stoffe und an der Erklärung ihrer Verhaltensmuster im Lichte des bereits erarbeiteten, ständig wachsenden Systems.

1. SCHRITT: Qualitative Elementaranalyse der Stoffe A–F

In einem einleitenden Schritt wird erarbeitet, welche Atomsorten in den Molekülen der Stoffe A–F enthalten sind. Auf quantitative Elementaranalysen und Molmassenbestimmungen wird bewußt verzichtet, da die anschließenden spektroskopischen Methoden sie an dieser Stelle überflüssig machen.

Das Prinzip des qualitativen Nachweises von Kohlenstoff- und Wasserstoffatomen in einem unbekannten Molekül $C_xH_yO_z$ wird besprochen:

$$C_xH_yO_z + CuO \text{ (im Überschuß)} \rightarrow x\,CO_2 + \tfrac{1}{2}y\,H_2O + ... Cu + CuO \text{ (Rest)}$$

- Enthalten die Moleküle des Prüfstoffes (gebundene) C-Atome, dann entsteht beim Erhitzen mit Kupferoxid gasförmiges Kohlendioxid, das mit Barytwasser nachgewiesen werden kann.

- Sind (gebundene) H-Atome enthalten, dann entsteht Wasser, das durch eine Umfärbung von Cobaltchloridpapier angezeigt wird.

- Ob (gebundene) O-Atome enthalten sind, kann auf diese Weise nicht festgestellt werden, da der im gebildeten CO_2 und H_2O gebundene Sauerstoff sowohl aus dem Prüfstoff als auch aus dem Kupferoxid stammen kann.

Der Versuch (Experiment 34a) wird arbeitsteilig durchgeführt. In allen Fällen tritt eine Trübung des Barytwassers und eine Umfärbung des Cobaltchloridpapiers ein. Die Moleküle der Stoffe A–F enthalten also sowohl (gebundene) Kohlenstoff- als auch Wasserstoffatome.

Unterscheiden sich die Moleküle vielleicht durch das Vorhandensein oder Fehlen (gebundener) Sauerstoffatome?

Hinweis: Der Lehrer sollte hier noch einmal ganz deutlich machen, daß es nicht um den Nachweis von freien Sauerstoffmolekülen geht, wie sie im reinen Sauerstoffgas oder auch in der Luft vorkommen. Nach unseren Erfahrungen schlagen nämlich Schüler an dieser Stelle nicht selten die Glimmspanprobe vor.

Als Mittel zum Nachweis gebundener Sauerstoffatome wird das Cobalthiocyanat-Reagenz eingeführt und zunächst vom Lehrer auf einen „sauerstoffhaltigen" und einen „sauerstofffreien" Referenzstoff (Setzungen!) angewendet: Blaufärbung der Flüssigkeit zeigt gebundene Sauerstoffatome an.

Anschließend wird der Test von den Schülern auf die Stoffe A–F angewendet (Experiment 34b). Es zeigt sich, daß die Moleküle aller sechs Stoffe Sauerstoffatome enthalten.

Unterscheiden sich die Moleküle vielleicht hinsichtlich der Anzahl und/oder der Verknüpfung der Atome? Spektroskopische Methoden sollen hierüber Aufschluß erbringen.

2. SCHRITT: Einführung spektroskopischer Methoden

Die spektroskopischen Methoden können zwar operativ und weitgehend theoriefrei genutzt werden; dies schließt allerdings nicht aus, einige Hintergrundinformationen anzugeben, um die gedankliche Einordnung der Methoden zu erleichtern.

^{13}C-NMR-Spektroskopie

Die NMR-Spektroskopie (NMR = nuclear magnetic resonance) setzt das Vorliegen magnetischer Atomkerne voraus, die sich wie winzig kleine Stabmagneten verhalten. Magnetisch sind diejenigen Kerne, die eine ungerade Zahl von Protonen oder Neutronen besitzen. Will man also Informationen über das Kohlenstoffgerüst einer organischen Substanz erhalten, so können die ^{12}C-Atome nicht erfaßt werden, dafür aber die mit 1,1 % natürlich vorkommenden ^{13}C-Isotope. Ein magnetischer ^{13}C-Kern kann in einem angelegten Magnetfeld zwei Orientierungen einnehmen, in Richtung des angelegten Feldes und in der Gegenrichtung. Durch Aufnahme von elektromagnetischer Strahlung geeigneter Energie, d.h. durch Absorption eines Lichtquants, dessen Energiegehalt exakt der Energiedifferenz zwischen den beiden Orientierungen entspricht, kann Umorientierung in die energiereichere Gegenrichtung zum Magnetfeld erfolgen.

Praktisch geht man so vor, daß elektromagnetische Strahlung definierter Frequenz (Radiowellen) eingestrahlt wird und die Stärke des äußeren, angelegten Magnetfeldes solange variiert wird, bis die Energiedifferenz zwischen zwei Kernorientierungen der Energie der eingestrahlten Lichtquanten entspricht. Ein Signal wird sichtbar.

Nun liegen die ^{13}C-Kerne im Molekül allerdings nicht isoliert vor, sondern sind von Elektronen umgeben, die das angelegte Magnetfeld abschwächen. Das Signal ist also zu einer höheren äußeren Feldstärke verschoben. Wie stark diese Verschiebung ist, hängt von der elektronischen Umgebung des einzelnen Kerns ab, so daß die Signale von zwei Kohlenstoffatomen im Molekül nur dann zusammenfallen, wenn beide die gleichen Substituenten aufweisen.

Für die phänomenologische Nutzung der ^{13}C-NMR-Spektroskopie reichen folgende operationale Vorgaben aus:

- Die ^{13}C-NMR-Spektroskopie ist eine Methode, mit der man Informationen über die Anzahl und Verknüpfung der Kohlenstoffatome im Molekül erhalten kann.

- Voraussetzung für die problemlose Auswertung der Spektren ist das Vorliegen von Reinstoffen.

- Prinzipiell liefert jedes C-Atom eines Moleküls im ^{13}C-NMR-Spektrum ein Signal; bei gleich substituierten (äquivalenten) C-Atomen fallen allerdings die Signale aus Symmetriegründen zusammen (Beispiele siehe Bild 3.1).

Massenspektrometrie

Bei der Massenspektrometrie werden Stoffproben verdampft und mit einem Elektronenstrahl beschossen. Ein Teil der Moleküle wird dadurch ionisiert und fragmentiert. Die positiv geladenen Molekülionen und Molekülfragmente werden durch ein elektrisches Feld beschleunigt und durch ein Magnetfeld nach ihrer Masse (genauer nach ihrem Masse-Ladungs-Verhältnis, aber die Ladung ist meistens 1) getrennt und registriert.

Der Massenspektrometrie ist meist eine Gaschromatographie vorgeschaltet, die eine Auftrennung von Stoffgemischen bewirkt, so daß Massenspektren von Reinstoffen erhalten werden.

Im Spektrum sind außer den Molekül- und Fragmentpeaks auch Isotopenpeaks mit geringerer Intensität sowie Peaks, die durch Umlagerungsprozesse entstehen, vorhanden (vgl. Bild 3.2).

Name	Strukturformel	Anzahl der Signale
Ethan		1
Propan		2
Butan		2
Butanol		4
Butanon		4
Ether		2

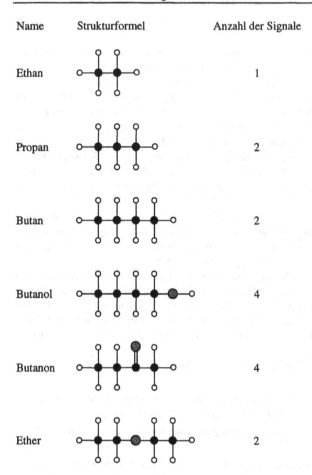

Bild 3.1 Zusammenhang zwischen der Molekülstruktur und der Anzahl der Signale im ^{13}C-NMR-Spektrum

In der Schule kann die Massenspektrometrie phänomenologisch und in stark vereinfachter Form eingesetzt werden. Nur die auszuwertenden Signale werden (ohne Berücksichtigung der Intensität) ins Spektrum eingezeichnet. Den Massen werden nicht die entsprechenden Molekülionen, sondern die Strukturelemente des Moleküls, aus denen diese Ionen entstehen, zugeordnet. Die Strukturformel wird durch Kombination solcher Fragmente zusammengesetzt.

Für die phänomenologische Nutzung der Massenspektrometrie reichen folgende operationale Vorgaben aus:

- Mit Hilfe der Massenspektrometrie können die Massen von Molekülen und Molekülbruchstücken (Fragmenten) ermittelt werden.

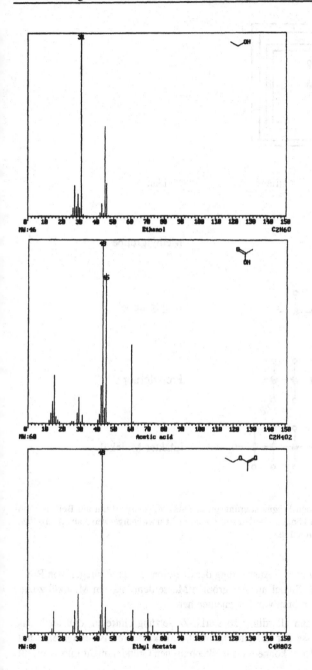

Bild 3.2   Originale Massenspektren von Ethanol, Essigsäure und Essigsäureethylester

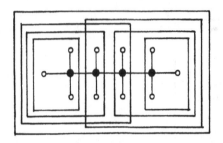

Masse	Strukturfragment	Name
15 u		Methylgruppe
29 u		Ethylgruppe
43 u		Propylgruppe
58 u		intaktes Molekül

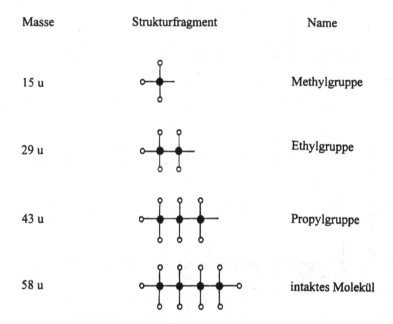

Bild 3.3 Zusammenhang zwischen Fragmentierungsmuster und Massenspektrum am Beispiel von Butan. Die Fragmente können überlappen, da sie nicht notwendigerweise aus *demselben* Butanmolekül stammen müssen.

- Voraussetzung für die problemlose Auswertung der Spektren ist das Vorliegen von Reinstoffen. In der Regel ist das Signal mit der größten Masse dem intakten Molekül zuzuordnen; die übrigen Signale rühren von Fragmenten her.

- Bei größeren Molekülen kann allerdings so starke Zersetzung eintreten, daß auch das Signal mit der größten Masse nur auf ein Fragment zurückzuführen ist. Fragmente mit sehr kleinen Massen (z.B. 15 u) können aus meßtechnischen Gründen nicht immer erfaßt werden.

Massen   Mögliche Strukturelemente

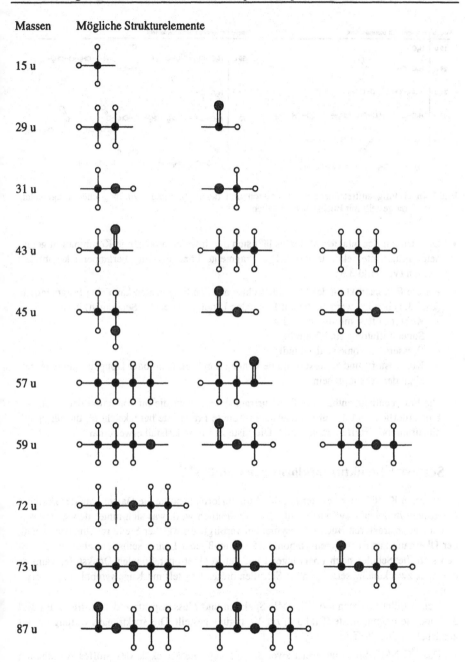

Bild 3.4a Häufig auftretende relative Massen und deren Zuordnung zu möglichen Fragmenten, dargestellt mit Kugelsymbolen

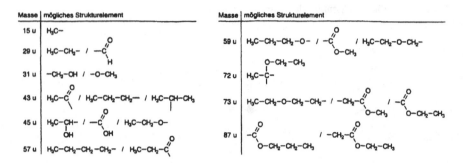

Bild 3.4b Häufig auftretende relative Massen und deren Zuordnung zu möglichen Fragmenten, dargestellt mit Buchstabensymbolen

- Die Struktur des intakten Moleküls läßt sich durch widerspruchsfreie Kombination geeigneter Fragmente rekonstruieren. Die Fragmente können auch überlappend kombiniert werden (vgl. Bild 3.3).
- Für die Rekonstruktion der Molekülstruktur aus den Fragmenten kann eine Fragmentliste (Bild 3.4) benutzt werden, die auf folgenden Bindigkeitsregeln (Setzungen) basiert:
  - Kohlenstoffatome sind 4-bindig
  - Sauerstoffatome sind 2-bindig
  - Wasserstoffatome sind 1-bindig
  - Kohlenstoff- und Sauerstoffatome können durch Einfach- oder Doppelbindungen miteinander verknüpft sein
- Die Fragmentliste enthält alle Strukturfragmente, die für die Interpretation der Stoffe A–F erforderlich sind. Darüber hinaus sind weitere Fragmente berücksichtigt, die für später einzuführende Stoffe relevant sind. Die Liste ist im Bedarfsfall erweiterbar.

3. SCHRITT: Strukturaufklärung des Stoffes A

Beim ersten Kontakt der Schüler mit den Strukturformeln sollte die Darstellung der Formeln mit Kugelsymbolen verwendet werden, damit deutlich wird, was sich hinter den später verwendeten, abstrakteren Buchstabensymbolen verbirgt. An welcher Stelle im Unterrichtsgang der Übergang zur Buchstabensymbolik erfolgt, muß jeder Lehrer selbst entscheiden. Befinden sich die Schüler noch überwiegend auf der konkret-operationalen Denkstufe, kann es durchaus zweckmäßig sein, bei allen Schritten dieses Kapitels mit Kugelsymbolen zu operieren.

Den Schülern werden die ^{13}C-NMR-Spektren und Massenspektren der Stoffe A–F (Bild 3.5) und die Fragmentliste (Bild 3.4) zur Verfügung gestellt. Die Spektrenauswertung erfolgt zunächst für den Stoff A:

- Das ^{13}C-NMR-Spektrum weist zwei Signale auf. Die Moleküle des Stoffes A enthalten somit mindestens zwei Kohlenstoffatome.

- Im Massenspektrum kann man zunächst probeweise die größte Masse (46 u) dem intakten Molekül zuordnen. Mögliche Molekülstrukturen (Hypothesen) können der Fragmentliste (Bild 3.4) entnommen werden, indem man die Fragmente der Masse 45 u mit je einem Wasserstoffatom (1 u) kombiniert (die folgenden Überlegungen werden nur in der Buchstabensymbolik dargestellt):

$$H_3C-\overset{\overset{\displaystyle H}{|}}{\underset{\underset{\displaystyle OH}{|}}{C}}-H \qquad H-\overset{\overset{\displaystyle O}{\|}}{C}-OH \qquad H_3C-CH_2-OH$$

H1   H2   H3

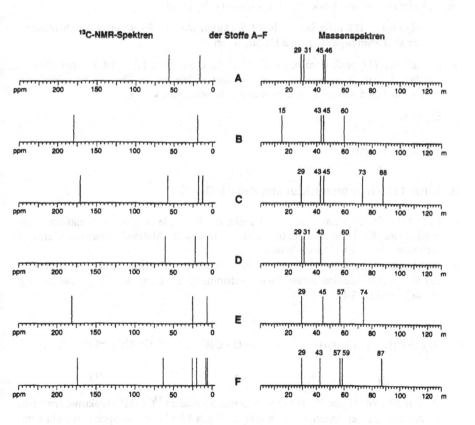

Bild 3.5 ^{13}C-NMR-Spektren und Massenspektren der Stoffe A bis F

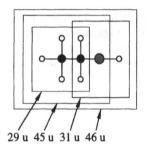

29 u 45 u 31 u 46 u

Bild 3.6　Fragmentierungsmuster der Moleküle des Stoffes A

Die Hypothesen H1 und H3 sind identisch (nur andere Schreibweise), weil die Formeln zunächst nur die Verknüpfung der Atome im Molekül ausdrücken sollen, aber keine Bindungswinkel oder räumliche Anordnungen. Die Einführung des Tetraedermodells (Setzung) ist an dieser Stelle zwar möglich, aber sachlogisch nicht erforderlich.

- Die Hypothese H2 ließe im ^{13}C-NMR-Spektrum nur ein Signal erwarten; beobachtet wurden aber zwei Signale, so daß H2 falsifiziert ist.

- Es muß nun überprüft werden, ob die Hypothese H1 (bzw. H3) auch mit den übrigen Bruchstücken im Massenspektrum in Einklang zu bringen ist. Dies ist tatsächlich der Fall, wenn man das in Bild 3.6 dargestellte Fragmentierungsmuster annimmt.

Ergebnis:

A = $H_3C{-}CH_2{-}OH$

4. SCHRITT: Strukturaufklärung des Stoffes B

- Das ^{13}C-NMR-Spektrum zeigt zwei Signale; die Moleküle des Stoffes B enthalten vermutlich zwei Kohlenstoffatome; bei einem symmetrischen Molekül könnten es allerdings auch mehr als zwei Kohlenstoffatome sein.
- Dem intakten Molekül wird die Masse 60 u zugeordnet. Mögliche Strukturformeln ergeben sich durch Addition eines Wasserstoffatoms (1 u) an die drei Fragmente mit der Masse 59 u (Bild 3.4):

$$H_3C{-}CH_2{-}CH_2{-}OH \qquad \underset{\displaystyle H{-}\overset{\textstyle O \atop \|}{C}{-}O{-}CH_3}{} \qquad H_3C{-}CH_2{-}O{-}CH_3$$

H1　　　　　　　　　H2　　　　　　　　　H3

- Die Hypothesen H1 und H3 ließen jeweils drei Signale im ^{13}C-NMR-Spektrum erwarten; sie sind also mit der Anzahl der beobachteten Signale im ^{13}C-NMR-Spektrum nicht kompatibel und können daher ausgeschlossen werden.

Hinweis: Aus einer vorgegebenen Strukturformel kann eindeutig auf die Zahl der Signale im ^{13}C-NMR-Spektrum geschlossen werden, nicht aber umgekehrt!

• Die Hypothese H2 muß auch mit den übrigen Fragmenten kompatibel sein, z.B. mit der Masse 45 u. Hierfür findet man in der Fragmentliste (Bild 3.4) folgende Vorschläge:

$$H_3C-\overset{\overset{\displaystyle H}{|}}{\underset{\underset{\displaystyle OH}{|}}{C}}- \qquad -\overset{\overset{\displaystyle O}{\|}}{C}-OH \qquad H_3C-CH_2-O-$$

a   b   c

Da aber keines dieser drei Fragmente in H2 enthalten ist, können sie auch nicht aus H2 entstanden sein. Die Hypothese H2 ist falsifiziert.

• Die Moleküle des Stoffes B enthalten mit Sicherheit Methylgruppen (15 u). Zwischen der Masse 60 u (die vermutlich dem intakten Molekül zuzuordnen ist) und der Masse 45 u (dem vermutlich größten Fragment) besteht eine Massendifferenz von 15 u, die wohl nur so zu erklären ist, daß vom intakten Molekül eine Methylgruppe (15 u) abgesprengt wurde. Daher kann man durch Addition von jeweils einer Methylgruppe an die Fragmente a, b, c auf mögliche Molekülstrukturen kommen:

$$H_3C-\overset{\overset{\displaystyle H}{|}}{\underset{\underset{\displaystyle OH}{|}}{C}}-CH_3 \qquad H_3C-\overset{\overset{\displaystyle O}{\|}}{C}-OH \qquad H_3C-CH_2-O-CH_3$$

H4   H5   H6 = H3

Da H3 bereits falsifiziert wurde, bleiben nur noch H4 und H5 übrig. Beide Hypothesen ließen im ^{13}C-NMR-Spektrum zwei Signale erwarten (H4 aus Symmetriegründen), was ja auch tatsächlich der Fall ist.

• Nun muß überprüft werden, ob H4 und H5 auch mit einem Fragment der Masse 43 u kompatibel sind. Hierfür findet man in Bild 3.4 folgende Vorschläge:

$$H_3C-\overset{\overset{\displaystyle O}{\|}}{C}- \qquad H_3C-CH_2-CH_2- \qquad H_3C-\overset{\overset{\displaystyle H}{|}}{\underset{\underset{\displaystyle }{|}}{C}}-CH_3$$

d   e   f

Das Fragment d ist in H5 enthalten, das Fragment f in H4. Beide Hypothesen sind demnach möglich. Zwischen H4 und H5 kann an dieser Stelle nicht entschieden werden.

$$\text{Ergebnis: B} = \quad H_3C-\overset{\overset{\displaystyle H}{|}}{\underset{\underset{\displaystyle OH}{|}}{C}}-CH_3 \quad \text{oder} \quad H_3C-\overset{\overset{\displaystyle O}{\|}}{C}-OH$$

5. SCHRITT: Strukturaufklärung des Stoffes C

- Die Moleküle des Stoffes C enthalten mindestens vier Kohlenstoffatome, da im ^{13}C-NMR-Spektrum vier Signale beobachtet werden.

- Die Masse 88 u wird versuchsweise dem intakten Molekül zugeordnet. Durch Addition eines Wasserstoffatoms an die Fragmente mit der Masse 87 u (Bild 3.4) ergeben sich folgende Hypothesen:

$$\underset{\text{H 1}}{H-\overset{\overset{\displaystyle O}{\|}}{C}-O-CH_2-CH_2-CH_3} \qquad \underset{\text{H 2}}{H_3C-CH_2-\overset{\overset{\displaystyle O}{\|}}{C}-O-CH_3}$$

$$\underset{\text{H 3}}{H_3C-\overset{\overset{\displaystyle O}{\|}}{C}-O-CH_2-CH_3}$$

Alle drei Hypothesen sind mit dem ^{13}C-NMR-Spektrum (vier Signale) kompatibel.

- Die Masse 73 u = 88 u – 15 u könnte durch Abspaltung einer Methylgruppe aus dem intakten Molekül entstanden sein, so daß sich umgekehrt durch Addition von jeweils einer Methylgruppe an die Fragmente mit der Masse 73 u (Bild 3.4) folgende Hypothesen ergeben:

$$\underset{\text{H 4}}{H_3C-CH_2-O-CH_2-CH_2-CH_3} \qquad \underset{\text{H 5 = H 2}}{H_3C-CH_2-\overset{\overset{\displaystyle O}{\|}}{C}-O-CH_3}$$

$$\underset{\text{H6 = H3}}{H_3C-\overset{\overset{\displaystyle O}{\|}}{C}-O-CH_2-CH_3}$$

Die Hypothese H4 ließe im ^{13}C-NMR-Spektrum fünf (statt vier) Signale erwarten und ist daher falsifiziert.

- Es muß überprüft werden, ob H1 bis H3 geeignet sind, das Fragment mit der Masse 45 u zu erklären. Aus Bild 3.4 ergeben sich hierfür folgende Strukturvorschläge:

$$\underset{\text{a}}{H_3C-\overset{\overset{\displaystyle H}{|}}{\underset{\underset{\displaystyle OH}{|}}{C}}-} \qquad \underset{\text{b}}{-\overset{\overset{\displaystyle O}{\|}}{C}-OH} \qquad \underset{\text{c}}{H_3C-CH_2-O-}$$

Keines dieser Fragmente kann aus H1 oder H2 entstanden sein. Diese Hypothesen sind somit falsifiziert.

Die Hypothese H3 hingegen ist mit dem Fragment c kompatibel. Außerdem kann H3 das Fragment mit der Masse 29 u (Ethylgruppe) erklären.

$$\text{Ergebnis: C} = \underset{\displaystyle H_3C-\overset{\displaystyle O}{\overset{\displaystyle \|}{C}}-O-CH_2-CH_3}{}$$

6. SCHRITT: Strukturaufklärung der Stoffe D, E, F

In entsprechender Weise lassen sich auch die Strukturformeln der Stoffe D, E, F eindeutig ableiten. Bei der Interpretation des Massenspektrums von F muß allerdings beachtet werden, daß das Signal mit der größten Masse (87 u) von einem Fragment herrührt. Diese Hypothese wird durch das ^{13}C-NMR-Spektrum ($\rightarrow$ mind. sechs Kohlenstoffatome) und die Elementaranalyse ($\rightarrow$ mind. ein Sauerstoffatom) gestützt, da allein schon diese sieben Atome eine Masse von 88 u einbringen und die restlichen zwölf Valenzen mindestens mit Wasserstoffatomen abgesättigt sein müssen, so daß die minimal mögliche Molekülmasse 100 u beträgt.

$$\text{Ergebnis: D} = H_3C-CH_2-CH_2-OH \qquad E = H_3C-CH_2-\overset{\displaystyle O}{\overset{\displaystyle \|}{C}}-OH$$

$$F = H_3C-CH_2-\overset{\displaystyle O}{\overset{\displaystyle \|}{C}}-O-CH_2-CH_2-CH_3$$

4 Formelsprache und Fachsystematik

Im folgenden werden die im Kapitel 2 entdeckten analytischen und synthetischen Ordnungsbeziehungen zwischen den Stoffen A–F mit den im Kapitel 3 erarbeiteten spektroskopischen
Befunden und den daraus abgeleiteten Strukturformeln zu einem integrativen System verknüpft. Das so gewonnene Beziehungsgefüge dient als Organisationsrahmen für alle später
darauf aufbauenden Lernprozesse.

1. SCHRITT: Verknüpfung der Strukturformeln mit dem analytischen Verhalten der Stoffe

Die Stoffe A/D, B/E, C/F zeigten paarweise gleiches analytisches Verhalten bei den Gruppentests. Die Vermutung liegt nahe, dies auf paarweise gleiche funktionelle Gruppen im
Molekülbau zurückzuführen. Diese Hypothese läßt sich tatsächlich bestätigen; allerdings nur
dann, wenn man für die Moleküle des Stoffes B die Formel

$$H_3C-\overset{\overset{\displaystyle O}{\|}}{C}-OH \qquad \text{statt} \qquad H_3C-\overset{\overset{\displaystyle H}{|}}{\underset{\underset{\displaystyle OH}{|}}{C}}-CH_3$$

annimmt. Die Zusammenschau aller Befunde (Bild 4.1) läßt eine konsistente Systematik mit
folgenden funktionellen Gruppen erkennen:

$-\overset{\displaystyle |}{\underset{\displaystyle |}{C}}-O-H$	$-\overset{\overset{\displaystyle O}{\|}}{C}-O-H$	$-\overset{\overset{\displaystyle O}{\|}}{C}-O-\overset{\displaystyle |}{\underset{\displaystyle |}{C}}-$
Alkohole	Carbonsäuren	Ester
A/D	B/E	C/F

Würde man für die Moleküle des Stoffes B eine alkoholische OH-Gruppe annehmen, wäre die gefundene Systematik durchbrochen. Es muß den Schülern deutlich bewußt gemacht
werden, daß eine OH-Gruppe als Bestandteil einer COOH-Gruppe *keine* alkoholischen Eigenschaften entfaltet. (Die Stoffe B/E reagieren beim Cernitrattest negativ.)

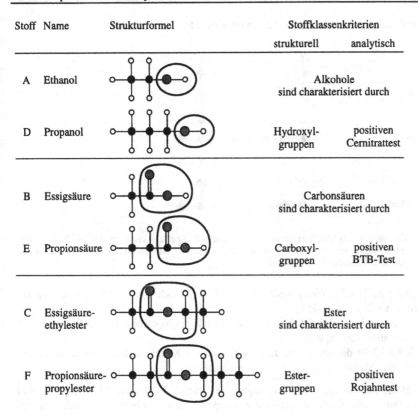

Stoff	Name	Strukturformel	Stoffklassenkriterien	
			strukturell	analytisch
A	Ethanol		Alkohole sind charakterisiert durch	
D	Propanol		Hydroxyl- gruppen	positiven Cernitrattest
B	Essigsäure		Carbonsäuren sind charakterisiert durch	
E	Propionsäure		Carboxyl- gruppen	positiven BTB-Test
C	Essigsäure- ethylester		Ester sind charakterisiert durch	
F	Propionsäure- propylester		Ester- gruppen	positiven Rojahntest

Bild 4.1 Namen, Formeln und analytisches Verhalten der Stoffe A bis F

2. SCHRITT: Verknüpfung der Strukturformeln mit dem spektroskopischen Verhalten der Stoffe

Es wird nun überprüft, ob sich die funktionellen Gruppen, die den Molekülen der Stoffe A/D, B/E und C/F zugeordnet wurden, auch in den ^{13}C-NMR-Spektren widerspiegeln. Durch Vergleich der sechs Spektren (Bild 3.5) können die Schüler durch Mustererkennung zu folgenden Erkenntnissen kommen:

- • Die *Stoffe* B/C/E/F verursachen im Bereich von 165–185 ppm jeweils ein Signal, das in den Spektren der Stoffe A/D an dieser Stelle fehlt.
  Die *Moleküle* der Stoffe B/C/E/F besitzen alle ein strukturell auffälliges Kohlenstoffatom, das mit *zwei* Sauerstoffatomen verknüpft ist. Dieses ist offensichtlich für das beobachtete Signal verantwortlich.
  Die Moleküle der Stoffe A/D enthalten dagegen kein Kohlenstoffatom dieser Art, im Einklang mit dem Fehlen eines Signals in diesem Bereich.

Spektralbereich   Mögliche Strukturelemente

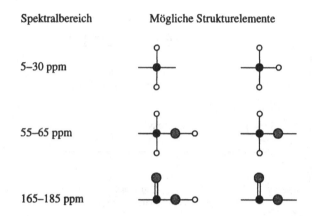

5–30 ppm

55–65 ppm

165–185 ppm

Bild 4.2 Zuordnung von Strukturelementen zu bestimmten Spektralbereichen des ^{13}C-NMR-Spektrums. Die freien Valenzen können mit Kohlenstoff- oder Wasserstoffatomen (nicht mit Sauerstoffatomen) verknüpft sein.

- Die *Stoffe* A/C/D/F liefern jeweils ein Signal im Bereich von 55–65 ppm, das in den Spektren der Stoffe B/E fehlt.
  Die *Moleküle* der Stoffe A/C/D/F besitzen jeweils ein Kohlenstoffatom, das mit *einem* Sauerstoffatom verknüpft ist.
  Da die Moleküle der Stoffe B/E kein so gebundenes Kohlenstoffatom enthalten, ist das Fehlen eines Signals in diesem Bereich verständlich.

- Alle Stoffe liefern mindestens ein Signal im Bereich 5–30 ppm. Diese Signale sind offensichtlich den Kohlenstoffatomen zuzuordnen, die mit keinem Sauerstoffatom verknüpft sind.

- Die gefundenen Zuordnungsregeln (Bild 4.2) stützen das Konzept der funktionellen Gruppen und können in den folgenden Unterrichtssequenzen als Werkzeug benutzt werden, um unbekannte Stoffe in das Erkenntnissystem zu integrieren. Im Lichte dieser Erfahrungen müssen die Zuordnungsbereiche dann noch etwas erweitert werden.

3. SCHRITT: Verknüpfung der Strukturformeln mit dem Syntheseverhalten der Stoffe

Die Strukturformeln werden nun genutzt, um die Estersynthese und alkalische Esterhydrolyse (am Beispiel von Essigsäureethylester) zu erläutern:

- Da das Estermolekül zwei Wasserstoffatome und ein Sauerstoffatom weniger enthält als die beiden Eduktmoleküle zusammengenommen, kann vermutet werden, daß bei der Estersynthese auch Wasser gebildet wird, obwohl es analytisch nicht nachgewiesen worden ist:

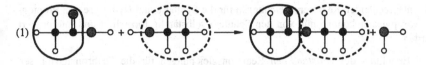

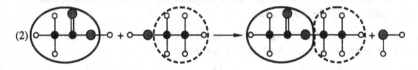

Bild 4.3 Denkbare Reaktionsschemata für die Synthese von Essigsäureethylester

$$\underset{\text{H}_3\text{C}-\overset{\displaystyle\text{O}}{\overset{\displaystyle\|}{\text{C}}}-\text{OH}}{} + \text{HO}-\text{CH}_2-\text{CH}_3 \longrightarrow \text{H}_3\text{C}-\overset{\displaystyle\text{O}}{\overset{\displaystyle\|}{\text{C}}}-\text{O}-\text{CH}_2-\text{CH}_3 + \text{H}_2\text{O}$$

- Für die Verknüpfung der beiden Eduktmoleküle kommen zwei Möglichkeiten in Betracht (Bild 4.3), zwischen denen zunächst nicht unterschieden werden kann. Der Lehrer kann darauf hinweisen, daß man durch zusätzliche Experimente (Markierungsversuche mit Sauerstoffisotopen) festgestellt hat, daß das Sauerstoffatom des Wassermoleküls aus dem Essigsäuremolekül stammt. Das Reaktionsschema (1) ist im Einklang mit diesem Befund.

- Die Funktion der Schwefelsäure geht weder aus den experimentellen Daten noch aus dem diskutierten Reaktionsschema hervor. Eine Erklärung ist an bestimmte begriffliche Voraussetzungen gebunden (Katalysebegriff; Gleichgewichtsbegriff, Prinzip von Le Chatelier). Das Verständnis der folgenden Schritte hängt jedoch nicht von einer Entfaltung dieser Begriffe im Kontext der Estersynthese ab. (Die *säurekatalysierte* Esterhydrolyse wird später experimentell behandelt.)

- Die *alkalische* Esterhydrolyse wird durch folgende stöchiometrische Reaktionsgleichung gedeutet:

$$\text{H}_3\text{C}-\overset{\displaystyle\text{O}}{\overset{\displaystyle\|}{\text{C}}}-\text{O}-\text{CH}_2-\text{CH}_3 + \text{OH}^- \longrightarrow \text{H}_3\text{C}-\overset{\displaystyle\text{O}}{\overset{\displaystyle\|}{\text{C}}}-\text{O}^- + \text{HO}-\text{CH}_2-\text{CH}_3$$

Die Schüler sollten bei dieser Gelegenheit noch einmal ihre eigenen experimentellen Befunde im Lichte dieser Reaktionsgleichung rekonstruieren:

- Destillat und Rückstand zeigen negativen Rojahntest ($\rightarrow$ vollständige Esterhydrolyse).
- Das Destillat zeigt positiven Cernitrat- und negativen BTB-Test ($\rightarrow$ Destillat enthält Ethanol, aber keine Essigsäure).
- Der Rückstand zeigt positiven Eisenchloridtest ($\rightarrow$ Rückstand enthält nichtflüchtiges Acetat).

- Die entsprechenden Reaktionsgleichungen für die Synthese und Hydrolyse von Propionsäurepropylester können nun von den Schülern selbständig formuliert und interpretiert werden.

Auf eine Erstellung der *vollständigen* Reaktionsgleichungen für die Dichromatsynthesen wird an dieser Stelle verzichtet. Als Argumentationsbehelf im Sinne einer didaktischen Reduktion ist es aber vertretbar, die zugrundeliegende Redoxreaktion mit einem vereinfachten Oxidationsbegriff vorläufig wie folgt zu deuten: „Das Dichromatreagenz wirkt als sauerstoffreiches Oxidationsmittel." Eine solche Setzung ermöglicht es, die Dichromatsynthesen bereits an dieser Stelle verständlich zu machen:

- Alkoholmoleküle werden zu Essigsäuremolekülen oxidiert, die sich im Destillat durch positiven BTB- und Eisenchloridtest nachweisen lassen:

$$H_3C-CH_2-OH \ + \ 2\,O \ \longrightarrow \ H_3C-\overset{\displaystyle O}{\overset{\displaystyle \|}{C}}-OH \ + \ H_2O$$
$$\uparrow$$
$$\text{aus } K_2Cr_2O_7/H_2SO_4$$

- Estermoleküle werden ebenfalls zu Carbonsäuremolekülen oxidiert:

$$H_3C-\overset{\displaystyle O}{\overset{\displaystyle \|}{C}}-O-CH_2-CH_3 \ + \ 2\,O \ \longrightarrow \ H_3C-\overset{\displaystyle O}{\overset{\displaystyle \|}{C}}-OH \ + \ HO-\overset{\displaystyle O}{\overset{\displaystyle \|}{C}}-CH_3$$
$$\uparrow$$
$$\text{aus } K_2Cr_2O_7/H_2SO_4$$

- Carbonsäuremoleküle werden nicht mehr weiter oxidiert; sie werden im Destillat wiedergefunden (→ positiver BTB- und Eisenchloridtest). Der Rückstand bleibt orange gefärbt (→ unverändertes Dichromatreagenz).

Es sollte darauf hingewiesen werden, daß die Carbonsäuremoleküle zwar unter *diesen* experimentellen Bedingungen (Dichromatreagenz im siedenden Wasserbad) nicht oxidiert wurden; daß man aber nicht berechtigt ist, hieraus auf eine generelle Nichtoxidierbarkeit zu schließen. Zwei Gegenbeispiele haben die Schüler bereits im Kapitel 3 bei der qualitativen Elementaranalyse (1. Schritt) kennengelernt:

$$H_3C-\overset{\displaystyle O}{\overset{\displaystyle \|}{C}}-OH \ + \ 4\,CuO \ \longrightarrow \ 2\,CO_2 \ + \ 2\,H_2O \ + \ 4\,Cu$$

$$H_3C-CH_2-\overset{\displaystyle O}{\overset{\displaystyle \|}{C}}-OH \ + \ 7\,CuO \ \longrightarrow \ 3\,CO_2 \ + \ 3H_2O \ + \ 7\,Cu$$

- Analog können die Schüler nun auch die Oxidation von Ethanol und von Essigsäureethylester mit heißem Kupferoxid selbständig formulieren:

$$H_3C-CH_2-OH + 6\,CuO \longrightarrow 2\,CO_2 + 3\,H_2O + 6\,Cu$$

$$H_3C-\overset{\overset{\displaystyle O}{\|}}{C}-O-CH_2-CH_3 + 10\,CuO \longrightarrow 4\,CO_2 + 4\,H_2O + 10\,Cu$$

4. SCHRITT: Integration der Strukturformeln in das phänomenologisch bereits entdeckte Synthesenetz

Nun wird das im Kapitel 2 phänomenologisch erarbeitete Synthesenetz der Stoffe A–F noch einmal betrachtet. Die Chemikalienflaschen werden aus dem Schema entfernt und durch Strukturformeln ersetzt. Das so erhaltene abstrakte Synthesenetz (Bild 4.4) repräsentiert die Summe aller bisherigen Erfahrungen und zugleich deren Erklärung auf der Teilchenebene.

Übungen zum Bewegen im Synthesenetz schließen sich an, um die erarbeiteten Strukturformeln dynamisch zu konsolidieren. (Weitere Beispiele siehe Übung 10).

Frage: Propionsäureethylester soll hergestellt werden. Als organische Edukte stehen nur Essigsäurepropylester und Ethanol, aber beliebige anorganische Hilfsstoffe zur Verfügung. Wie läßt sich das Syntheseziel experimentell realisieren?

Lösung:

• Alkalische Esterhydrolyse und anschließende Destillation:

$$H_3C-\overset{\overset{\displaystyle O}{\|}}{C}-O-CH_2-CH_2-CH_3 + OH^-$$

$$\longrightarrow H_3C-\overset{\overset{\displaystyle O}{\|}}{C}-O^- + HO-CH_2-CH_2-CH_3$$

Propanol kann als Destillat isoliert werden; Natriumacetat bleibt im Rückstand.

• Propanol wird mit dem Dichromatsynthesereagenz oxidiert:

$$H_3C-CH_2-CH_2-OH + 2\,O \longrightarrow H_3C-CH_2-\overset{\overset{\displaystyle O}{\|}}{C}-OH + H_2O$$
$$\uparrow$$
$$\text{aus } K_2Cr_2O_7/H_2SO_4$$

Propionsäure (und Wasser) werden abdestilliert. Chromsalze und Schwefelsäure bleiben im Rückstand.

• Propionsäure wird mit Ethanol (und Schwefelsäure) verestert:

$$H_3C-CH_2-\overset{\overset{\displaystyle O}{\|}}{C}-OH + HO-CH_2-CH_3$$

$$\xrightarrow{\text{konz. } H_2SO_4} H_3C-CH_2-\overset{\overset{\displaystyle O}{\|}}{C}-O-CH_2-CH_3 + H_2O$$

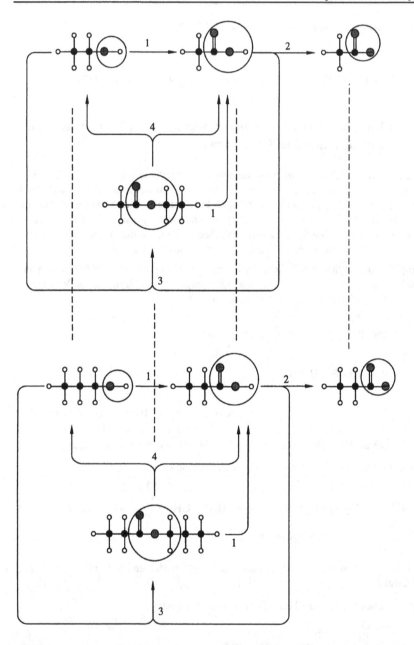

Bild 4.4 Synthesenetz der Stoffe A bis F auf der molekularen Ebene. Die gestrichelten vertikalen Linien repräsentieren analytische Ordnungsbeziehungen aufgrund gleichartiger funktioneller Gruppen. Die Nummern an den Synthesepfeilen repräsentieren folgende Hilfsstoffe: 1 = $K_2Cr_2O_7/H_2SO_4/H_2O$, 2 = $NaOH/H_2O$, 3 = H_2SO_4, 4 = H_2O (mit NaOH oder mit H_2SO_4)

Das Reaktionsgemisch wird auf Wasser gegossen. Die Esterphase scheidet sich ab und kann abpipettiert werden. Schwefelsäure und nicht umgesetzte Edukte lösen sich in der wässrigen Phase.

Zur weiteren Konsolidierung und Flexibilisierung der erarbeiteten Wissensstruktur ist es wichtig, an dieser Stelle auch vielfältige Übungen zum Zusammenhang zwischen Strukturformeln, Signallagen im ^{13}C-NMR-Spektrum und Verhalten bei den Nachweisreaktionen einzuschalten (Beispiele siehe Übungen 6-8).

Erfahrungsgemäß fällt es Schülern leichter, aus vorgegebenen Strukturformeln auf die zugehörigen ^{13}C-NMR-Spektren (Anzahl und ungefähre Lagen der Signale) zu schließen, als die umgekehrte Operation durchzuführen. Man sollte daher mit der einfacheren Operation beginnen, aber dann auch deren Reversibilität durch intensives Üben sicherstellen.

5. SCHRITT: Die homologe Reihe der Alkohole

Das Konzept der homologen Reihe wird zuerst konkret erfahrbar gemacht und erst dann abstrakt definiert:

Fünf Flaschen mit farblosen Flüssigkeiten stehen auf dem Lehrertisch; sie sind mit den Ziffern 1 bis 5 beschriftet. Die Schüler sollen herausfinden, ob es sich um Alkohole, Carbonsäuren, Ester oder um Vertreter einer neuen Stoffklasse handelt.

Nach entsprechenden Sicherheitshinweisen werden die Stoffe arbeitsteilig untersucht (Experimente 25 und 48):

- Es stellt sich heraus, daß bei allen Stoffen der Cernitrat- und Dichromattest positiv, der BTB- und Rojahntest negativ ausfällt. Es handelt sich also um Alkohole.

- Zur Erhärtung dieser Hypothese wird in Reagenzglasversuchen getestet, ob sich die Stoffe 1–5 mit Essigsäure in Anwesenheit von konzentrierter Schwefelsäure verestern lassen. In allen Fällen läßt sich eine wasserunlösliche Phase abscheiden, die positiven Rojahntest zeigt; es sind also tatsächlich Ester entstanden.

- Zur Differenzierung der Alkohole werden Löslichkeitsversuche mit Wasser und Hexan durchgeführt (2 ml Alkohol + 2 ml Lösungsmittel). Es zeigt sich:
  - Mit Ausnahme des Stoffes 1 sind alle Alkohole in Hexan löslich.
  - Mit Ausnahme der Stoffe 4 und 5 sind alle Alkohole in Wasser löslich.

Anhand der nun erst verteilten ^{13}C-NMR-Spektren können die Schüler problemlos die Strukturformeln der fünf Alkohole ableiten (Bild 4.5). Aus den Etiketten der Originalflaschen werden die Namen und die Siedetemperaturen der untersuchten Alkohole entnommen. Die Ergebnisse werden tabellarisch zusammengestellt (Tabelle 4.1).

Die beobachteten Phänomene werden nun zu den abgeleiteten Strukturformeln in Beziehung gesetzt:

- Die allen Alkoholen gemeinsamen Eigenschaften (Verhalten bei den Gruppentests; Oxidierbarkeit; Veresterbarkeit) sind auf die alkoholische OH-Gruppe zurückzuführen.

- Die Löslichkeit in Wasser nimmt mit wachsender Länge der Kohlenwasserstoffkette ab, während die Löslichkeit in Hexan dem umgekehrten Trend folgt. Diese Verhaltensmuster werden durch zwischenmolekulare Kräfte (Bild 4.6) erklärt. Bei den kurzkettigen Alkoholen dominiert die polare OH-Gruppe, die durch Wasserstoffbrückenbindung eine Wasserlöslichkeit bewirkt; bei langkettigen Alkoholen dominiert die unpolare Kohlenwasserstoffgruppe, die durch van-der-Waals-Wechselwirkung Hexanlöslichkeit begünstigt. Alkohole mittlerer Kettenlängen (Ethanol, Propanol) sind sowohl in Wasser als auch in Hexan löslich.

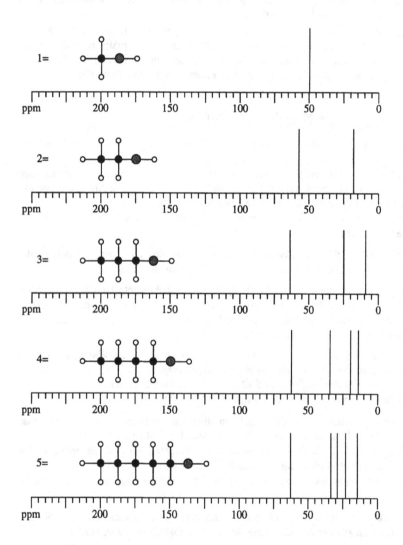

Bild 4.5 ^{13}C-NMR-Spektren der untersuchten Alkohole 1–5

Tabelle 4.1 Eigenschaften der Alkohole 1–5

	1 Methanol	2 Ethanol	3 Propanol	4 Butanol	5 Pentanol
Cernitrattest	+	+	+	+	+
BTB-Test	–	–	–	–	–
Rojahntest	–	–	–	–	–
Dichromattest	+	+	+	+	+
Veresterbarkeit	+	+	+	+	+
Löslichkeit in Wasser	+	+	+	–	–
Löslichkeit in Hexan	–	+	+	+	+
Siedetemperatur (°C)	65	78	97	117	138
^{13}C-NMR-Signale	1	2	3	4	5

- Mit wachsender Kettenlänge der Alkoholmoleküle nimmt die Siedetemperatur um jeweils ca. 20 Grad pro CH_2-Gruppe zu, wenn man von der Anomalie des Methanols einmal absieht.

Auch dieser Befund ist durch das Konzept der zwischenmolekularen Kräfte (Bild 4.6) gut zu verstehen: Mit wachsender Kettenlänge nimmt die Kontaktfläche zwischen den Molekülen und damit die Stärke der van-der-Waals-Kräfte zu, was den Übertritt der Alkoholmoleküle in die Gasphase beim Sieden erschwert. Der Beitrag der Wasserstoffbrückenbindung bleibt jeweils konstant.

- Die Alkohole 1–5 erzeugen im ^{13}C-NMR-Spektrum jeweils *ein* Signal im Bereich von 49–63 ppm, das dem Kohlenstoffatom der funktionellen Gruppe zuzuordnen ist (vgl. Bild 4.2). Die übrigen Signale werden nicht differenziert zugeordnet.

Auf der Grundlage aller Erfahrungen kann nun der Begriff der homologen Reihe makroskopisch und submikroskopisch definiert werden:

- *Stoffe*, die eine homologe Reihe bilden, gehören derselben Stoffklasse an; sie zeigen weitgehend übereinstimmende chemische Eigenschaften (Verhalten gegenüber Nachweis- und Synthesereagenzien). In ihren physikalischen Eigenschaften (z.B. Siedetemperaturen) zeigen sie einen monotonen Trend, aufgrund dessen sie in eine Rangfolge eingeordnet werden können.

- *Moleküle*, die eine homologe Reihe bilden, haben gleiche funktionelle Gruppen, aber unterschiedlich lange Kohlenwasserstoffketten, die sich von Glied zu Glied um eine CH_2-Einheit (Methylen-Gruppe) unterscheiden.

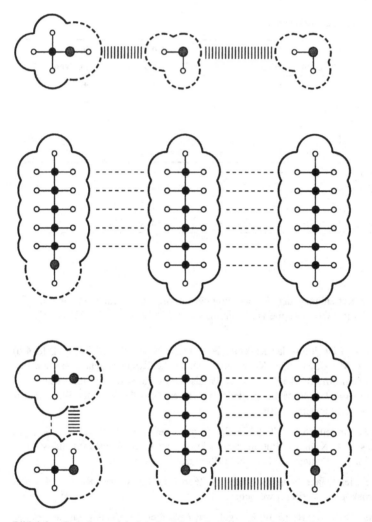

Bild 4.6   Zwischenmolekulare Anziehungskräfte am Beispiel von Methanol/ Pentanol/Hexan/Wasser. (die durchgezogenen Linien umfassen die unpolaren Gruppen, die gestrichelten die polaren Gruppen)

|||||| bedeutet: Wasserstoffbrückenbindung
----- bedeutet: Van-der-Waals-Wechselwirkung

Das Konzept der homologen Reihe kann nun auch auf die Carbonsäuren und auf die Ester übertragen werden (Tabelle 4.2). Die Schüler sollten in der Lage sein, die Eigenschaften (Syntheseverhalten, analytisches Verhalten, Siedetemperaturen, Wasserlöslichkeit) abzuschätzen. Auf Anomalien (z.B. Oxidierbarkeit der Ameisensäure beim Dichromattest) kann ggf. experimentell hingewiesen werden. Besonders bemerkenswert ist der Geruch der Buttersäure (ranzig) im Vergleich zur Propionsäure (stechend). Die Geruchsrezeptoren der menschlichen Nase stellen ein empfindliches Reagenz dar, das zwischen Molekülen, die sich nur um eine Methylengruppe unterscheiden, sehr wohl differenzieren kann. (Dies gilt allerdings nicht generell.)

Interessant ist auch, daß in beiden homologen Reihen die Siedetemperatur-Regel (ca. 20 Grad Differenz pro CH_2-Gruppe) recht gut erfüllt ist. Dieser Befund stärkt das Vertrauen in die gefundene und durch Strukturformeln ausgedrückte Systematik.

Tabelle 4.2 Homologe Reihen der Carbonsäuren und Ester (exemplarisch); Kp. = Siedetemperatur

Trivialname	Systematischer Name	Strukturformel	Kp. (°C)
Ameisensäure	Methansäure	$H-\overset{\overset{\displaystyle O}{\|\|}}{C}-OH$	101
Essigsäure	Ethansäure	$H_3C-\overset{\overset{\displaystyle O}{\|\|}}{C}-OH$	118
Propionsäure	Propansäure	$H_3C-CH_2-\overset{\overset{\displaystyle O}{\|\|}}{C}-OH$	141
Buttersäure	Butansäure	$H_3C-CH_2-CH_2-\overset{\overset{\displaystyle O}{\|\|}}{C}-OH$	163
Essigsäuremethylester	Ethansäuremethylester	$H_3C-\overset{\overset{\displaystyle O}{\|\|}}{C}-O-CH_3$	57
Essigsäureethylester	Ethansäureethylester	$H_3C-\overset{\overset{\displaystyle O}{\|\|}}{C}-O-CH_2-CH_3$	77
Essigsäurepropylester	Ethansäurepropylester	$H_3C-\overset{\overset{\displaystyle O}{\|\|}}{C}-O-CH_2-CH_2-CH_3$	101
Essigsäurebutylester	Ethansäurebutylester	$H_3C-\overset{\overset{\displaystyle O}{\|\|}}{C}-O-CH_2-CH_2-CH_2-CH_3$	126

5 Weiteren unbekannten Stoffen auf der Spur

Der Zusammenhang zwischen den Eigenschaften der Stoffe und dem Bau der Moleküle ist für ein vertieftes Verständnis der Chemie grundlegend. Die Fähigkeit zum ständigen Perspektivenwechsel zwischen diesen beiden Ebenen ist allerdings nicht abstrakt vermittelbar; sie ist an konstruktive Leistungen gebunden, die von den Schülern selbst an konkreten Beispielen zu erbringen sind. Die Schüler sollen daher im folgenden ihr methodisches Wissen an weiteren unbekannten Stoffen erproben, um es zu konsolidieren. Im Zuge dieser Integrations- und Transferleistungen werden auch neue Konzepte (Bifunktionalität; Isomeriebegriff) phänomenorientiert erarbeitet.

1. Schritt: Strukturaufklärung einer bifunktionellen Verbindung

Hinweis: Dieser Schritt kann entfallen, wenn die umfassendere Konzeption zur Behandlung polyfunktioneller Verbindungen (Kapitel 8) vom Lehrer später avisiert wird. Es ist aber auch möglich, beide Konzeptionen zu kombinieren.

Zur Problemeröffnung händigt der Lehrer den Schülern Proben eines unbekannten Stoffes X aus. Dieser Stoff, so erläutert er, komme in einigen Pflanzen vor, z.B. in den grünen Blättern des wilden Weins. Chemikern sei es auch gelungen, die Struktur der Moleküle dieses Stoffes aufzuklären. Dieser Forschungsprozeß solle nun in didaktisch reduzierter Form nachvollzogen werden. Folgende Hilfsmittel stehen dafür zur Verfügung:

- Stoffprobe X (mit der Zusatzinformation, daß es sich um einen Reinstoff handelt)

- Spektroskopische Daten des Stoffes X (Bild 5.1 sowie die Fragmentliste Tabelle 29.1); zunächst wird nur das Massenspektrum zur Verfügung gestellt.

- Liste mit neun denkbaren Strukturformeln, um die Komplexität des Problems dem Erkenntnisvermögen der Schüler anzupassen (Bild 5.2)

- Reagenzien zur Durchführung des Cernitrat-, BTB- und Rojahntests.

Die Lösungsstrategie wird den Schülern freigestellt. Nach unseren Erfahrungen nutzen die Schüler diesen Freiraum tatsächlich auch individuell unterschiedlich:
Manche Schüler bevorzugen zunächst die Auswertung des Massenspektrums:

- Die einzigen Formeln aus Bild 5.2, die Fragmente mit den Massen 31 u und 45 u enthalten, sind:

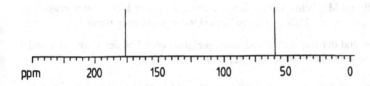

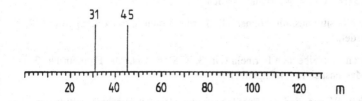

Bild 5.1   Spektroskopische Daten des Stoffes X (= Glycolsäure) Oben: ^{13}C-NMR-Spektrum, Unten:
Massenspektrum

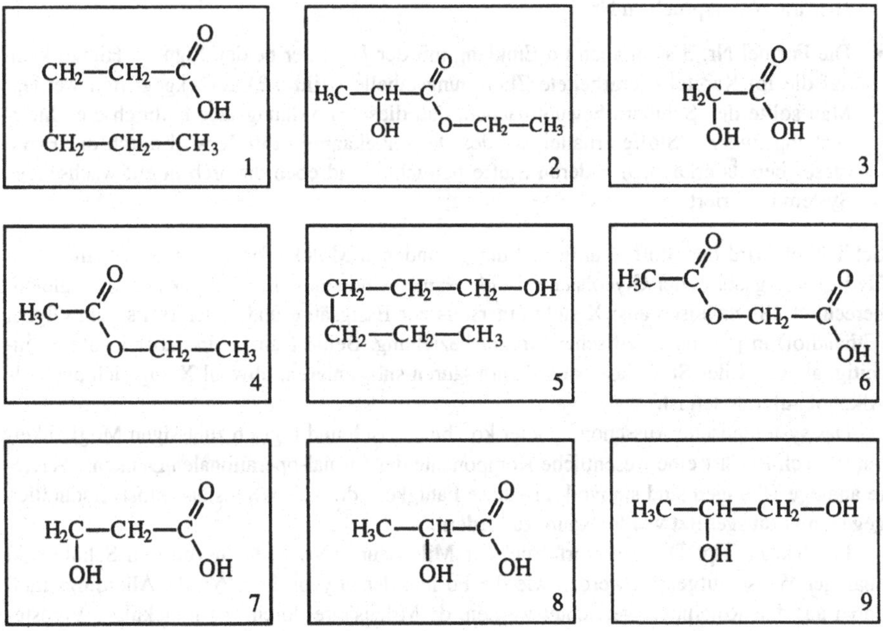

Bild 5.2   Mögliche Strukturformeln der unbekannten Stoffprobe X

- Um zwischen diesen Möglichkeiten zu differenzieren, kann der BTB-Test durchgeführt werden. Er fällt positiv aus. Daher kann die Formel 9 ausgeschlossen werden.

- Der Cernitrattest und der Rojahntest sind nicht geeignet, zwischen den Formeln 3 und 7 zu differenzieren; auf beide Tests kann daher verzichtet werden.

Andere Schüler beginnen mit den Nachweisreaktionen und kommen zu folgenden Ergebnissen:

- Da der Cernitrattest mit dem Stoff X positiv ausfällt, können die Formeln ohne alkoholische OH-Gruppe (Nr. 1, 4, 6) gestrichen werden.

- Da der BTB-Test positiv ausfällt, können alle Formeln ohne Carboxylgruppe (Nr. 2, 5, 9) eliminiert werden.

- Von den nun noch verbleibenden Formeln (Nr. 3, 7, 8) sind nur die Formeln Nr. 3 und Nr. 7 mit dem Massenspektrum kompatibel.

Auf unterschiedlichen Wegen sind die Schüler so zum gleichen Ergebnis gekommen: die Moleküle des unbekannten Stoffes X haben entweder die Struktur Nr. 3 oder Nr. 7.
Nun wird das ^{13}C-NMR-Spektrum zur Verfügung gestellt, um das Problem vollends zu klären:

- Das Spektrum zeigt zwei Signale. Dieser Befund steht im Einklang mit der Formel Nr. 3, aber im Widerspruch zu Nr. 7.

- Die Formel Nr. 3 steht auch im Einklang mit der *Lage* der beiden Signale. Hierzu kann auf die im Kapitel 4 erarbeitete Zuordnungstabelle (Bild 4.2) zurückgegriffen werden. Man sollte den Schülern bewußtmachen, daß diese Zuordnungstabelle durch die Untersuchung *anderer* Stoffe erhalten wurde: Der unbekannte Stoff X wird durch die Brille dieser bereits erkannten anderen Stoffe betrachtet und eben dadurch in ein wachsendes System integriert.

Schließlich wird der Stoff X aufgrund der gefundenen Molekülformel Nr. 3 benannt: X ist Hydroxyessigsäure oder Glycolsäure. Beide Namen sind sinnvoll, sie drücken formal gleichberechtigte Sichtweisen aus: X steht einerseits zur Essigsäure und andererseits zum Glycol (Ethandiol) in jeweils spezifischer Strukturbeziehung. Beide Namen sind aber insofern einseitig, als sie X der Stoffklasse der Carbonsäuren subsumieren, obwohl X zugleich auch als Alkohol aufzufassen ist.
Das systematische Ausschöpfen aller kombinatorisch und logisch zulässigen Möglichkeiten ist nach PIAGET eine wesentliche Komponente des formal-operationalen Denkens. Wietere analoge Übungen sind sinnvoll, um diese Fähigkeit, die keineswegs als selbstverständlich gegeben vorausgesetzt werden kann, zu fördern.
Praktischer Tip: Die Strukturformel der Milchsäure (Nr. 8) kann von den Schülern in analoger Weise aufgeklärt werden wie die Formel der Glycolsäure (Nr. 3). Allerdings muß dabei auf den Rojahntest verzichtet werden, da Milchsäure durch intermolekulare Veresterung Lactide bildet und daher positiven Rojahntest zeigt. Dies würde die Schüler an dieser Stelle verwirren.

2. SCHRITT: Eine Übungsaufgabe zum analytischen Denken

Von einer unbekannten Stoffprobe P sei bekannt, daß es sich um einen Einzelstoff oder eine Zweierkombination der Stoffe handelt, deren Molekülformeln in Bild 5.2 angegeben sind. P zeigt positiven Cernitrat- und Rojahntest, aber negativen BTB-Test. Welche Zusammensetzung kann die Probe P haben?

Lösungserwartung:

- Da der BTB-Test negativ ausfällt, können alle Formeln gestrichen werden, die eine Carboxylgruppe aufweisen (Nr. 1, 3, 6, 7, 8).

- Die einzige Formel, die sowohl einen positiven Cernitrat- als auch einen positiven Rojahntest erklären könnte, ist Nr. 2 (Milchsäureethylester).

- Eine Kombination aus Milchsäureethylester mit irgendeinem anderen der noch zulässigen Stoffe, d.h. 2/4, 2/5, 2/9, würde aber auch positiven Cernitrat- und Rojahntest zeigen. Diese drei Kombinationen sind daher ebenfalls möglich.

- Andererseits muß aber nicht unbedingt Milchsäureethylester in der Probe enthalten sein. Der positive Rojahntest könnte auch durch Nr. 4 (Essigsäureethylester) verursacht sein, der positive Cernitrattest durch Nr. 5 (Hexanol) oder Nr. 9 (Propandiol); also sind auch die Kombinationen 4/5 und 4/9 möglich.

3. SCHRITT: Der Weg zum Isomeriebegriff

Im folgenden wird eine Konzeption beschrieben, die am Beispiel der beiden Propanole zum Begriff der (Konstitutions-)Isomerie führt. Im Zuge des Problemlöseprozesses wird das Aceton als Vertreter einer neuen Stoffklasse (Ketone) entdeckt.

Der Isomeriebegriff kann alternativ auch im Anschluß an die umfassendere Erarbeitung der Carbonylverbindungen (Kapitel 7) erfolgen. Beide Konzeptionen sind interessant, da sie aufgrund unterschiedlicher Ausgangspunkte auch unterschiedlichen Argumentationslinien folgen. Der Weg über das Aceton bietet den Vorteil, daß der Isomeriebegriff frühzeitiger erarbeitet werden kann.

Die Schüler erhalten die Aufgabe, möglichst viele Informationen über einen unbekannten Stoff Y (2-Propanol) zu sammeln. Sie führen die bekannten Nachweisreaktionen durch und kommen zu folgenden Ergebnissen:

- Der BTB- und Rojahntest fallen negativ aus. Y ist also weder eine Carbonsäure noch ein Ester.

- Der Cernitrattest fällt positiv aus. Der Stoff Y ist demnach ein Alkohol. Mit Experiment 48 wird die Fähigkeit des Alkohols zur Veresterung untersucht. Stoff Y läßt sich im Gegensatz zu Ethanol und 1-Propanol nur bei erhöhter Temperatur in nennenswertem Umfang verestern.

- Da der Alkohol Y positiven Dichromattest zeigt, ist er oxidierbar. Nach den bisherigen Erfahrungen ist zu erwarten, daß er sich dabei in eine Carbonsäure umwandelt.

Zur Überprüfung dieser Hypothese wird Y mit dem Dichromatsynthesereagenz erhitzt. Das dabei entstehende Produkt Z wird abdestilliert und den Standardtests unterworfen (Experiment 1, Variante A). Es zeigt sich, daß alle Gruppentests (BTB-, Cernitrat-, Rojahntest) und auch der Dichromattest negativ ausfallen. Daraus kann geschlossen werden, daß der Alkohol Y vollständig in Z umgewandelt worden ist, und daß Z weder eine Carbonsäure noch ein Alkohol noch ein Ester ist. Der Stoff Z ist offensichtlich ein Vertreter einer neuen, nicht oxidierbaren Stoffklasse.

Den Schülern werden nun die spektroskopischen Daten des Stoffes Z zur Verfügung gestellt (Bild 5.3). Hieraus können folgende Schlüsse gezogen werden:

- Das ^{13}C-NMR-Spektrum läßt zwei Signale erkennen. Die Z-Moleküle enthalten demnach mindestens zwei Kohlenstoffatome. Das Signal bei 205 ppm liegt in einem Bereich, der offensichtlich für die neue Stoffklasse typisch ist.

- Das Massenspektrum von Z zeigt drei Signale, die mit folgender Strukturformel kompatibel sind:

15u = Methylgruppe
43u = Acetylgruppe
58u = Molekül Z

- Der neue Stoff wird nun benannt: Z = Aceton. Das Praefix verweist auf die Acetylgruppe, das Suffix „on" drückt die Zugehörigkeit zur Stoffklasse der Ketone aus.

- Als Nachweisreagenz für Ketone wird der DNPH-Test eingeführt (Experiment 25) und auf alle bisher kennengelernten Stoffe angewendet. Folgende Ergebnisse werden erhalten: Nur authentisches Aceton und das Produkt Z reagieren positiv; alle übrigen Stoffe (Alkohole, Carbonsäuren, Ester, Stoff Y) zeigen einen negativen DNPH-Test.

Nun wird die Aufmerksamkeit wieder auf den Alkohol Y gelenkt. Da sich Y mit dem Dichromatreagenz zu Z oxidieren ließ, kann folgender struktureller Zusammenhang vermutet werden:

Moleküle des Alkohols Y   Moleküle des Ketons Z

Zur Überprüfung dieser Hypothese erhalten die Schüler die Spektren des Alkohols Y ausgehändigt (Bild 5.4), die zu einer Bestätigung der postulierten Molekülstruktur führen. Der nun strukturell aufgeklärte Alkohol Y wird als 2-Propanol bezeichnet und dem bereits bekannten 1-Propanol tabellarisch gegenübergestellt (Tabelle 5.1):

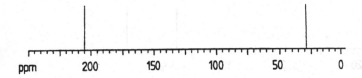

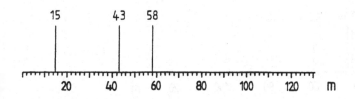

Bild 5.3 Spektroskopische Daten des Stoffes Z (=Aceton) Oben: ^{13}C-NMR-Spektrum Unten: Massenspektrum

Tabelle 5.1 Eigenschaften der beiden Propanole

	1-Propanol	2-Propanol
Strukturformel	$H_3C- CH_2 - CH_2 -OH$	$H_3C-\underset{\underset{H}{\mid}}{\overset{\overset{OH}{\mid}}{C}}-CH_3$
Cernitrattest	+	+
Dichromattest	+	+
Stoffklassentypisches ^{13}C-NMR-Signal	63 ppm	63 ppm
Zahl der Signale im ^{13}C-NMR-Spektrum	3	2
Siedetemperatur	97 °C	82 °C
Veresterbarkeit	+ bei Raumtemperatur	+ im siedenden Wasserbad
Produkt bei Umsetzung mit dem Dichromat-synthesereagenz	$H_3C- CH_2 -\overset{\overset{O}{\|}}{C}-OH$ Propionsäure (Carbonsäure)	$H_3C-\overset{\overset{O}{\|}}{C}-CH_3$ Aceton (Keton)

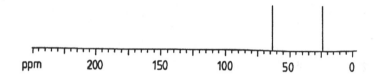

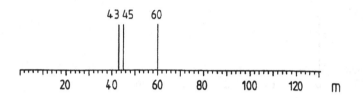

Bild 5.4 Spektroskopische Daten des Alkohols Y (= 2-Propanol). Oben: ^{13}C-NMR-Spektrum. Unten: Massenspektrum

Der Isomeriebegriff kann nun konkret-operational definiert werden:

* Die Stoffe 1-Propanol und 2-Propanol sind isomer, weil ihren Molekülen gleiche Summenformeln, aber unterschiedliche Strukturformeln zuzuordnen sind. Beide Molekülsorten enthalten die gleiche Art und Anzahl von Atomen, aber in jeweils unterschiedlicher Verknüpfung.

* Da die beiden isomeren Moleküle gleiche funktionelle Gruppen enthalten (alkoholische OH-Gruppen), stimmen sie in einigen Eigenschaften überein. Eigenschaftsunterschiede sind auf ihren unterschiedlichen Molekülbau zurückzuführen.

Im Lichte dieser Erkenntnisse können die Schüler nun auch selbständig die Reaktionsgleichungen für die Synthesen formulieren, die sie mit 1-Propanol (Kapitel 2) und 2-Propanol (Kapitel 5) durchgeführt haben:

* Veresterung:

1-Propanol läßt sich leichter verestern als 2-Propanol. Es kann vermutet werden, daß die OH-Gruppe im 2-Propanol durch die beiden benachbarten Methylgruppen stärker abgeschirmt ist und sich deshalb der 2-Propylester nicht so leicht bildet wie der 1-Propylester.

• Oxidation:

$$H_3C{-}CH_2{-}CH_2{-}OH \; + \; 2 \; O \; \xrightarrow{\;100\,°C\;} \; H_3C{-}CH_2{-}\overset{\displaystyle O}{\overset{\|}{C}}{-}OH \; + \; H_2O$$

aus $K_2Cr_2O_7/H_2SO_4$

$$H_3C{-}\underset{\underset{H}{|}}{\overset{\overset{OH}{|}}{C}}{-}CH_3 \; + \; O \; \xrightarrow{\;100\,°C\;} \; H_3C{-}\overset{\displaystyle O}{\overset{\|}{C}}{-}CH_3 \; + \; H_2O$$

aus $K_2Cr_2O_7/H_2SO_4$

Für die Oxidation von 1-Propanol wird doppelt soviel Dichromat benötigt wie für die Oxidation von 2-Propanol. Weitere Befunde können diese Aussage einschränken, da Aceton unter schärferen Bedingungen durch Dichromat weiteroxidiert wird zu Essigsäure und Kohlendioxid (Experiment 1, Variante C).

4. SCHRITT: Ein kleiner Exkurs zum räumlichen Bau der Moleküle

Die bisher verwendeten Verknüpfungsformeln reichen aus, um sämtliche Phänomene, die die Schüler im Rahmen des PIN-Konzepts kennenlernen, hinreichend zu erklären. Räumliche Formeln unter Berücksichtigung von Bindungslängen und -winkeln sind nicht erforderlich. Dennoch sollte kurz darauf eingegangen werden, daß die Verknüpfungsformeln eine Vereinfachung darstellen.

In der Mittelstufe haben die Schüler bereits einige Grundlagen des Atombaus kennengelernt (Schalenmodell der Elektronenkonfiguration; Oktettregel). Darauf aufbauend werden die Bindigkeitsregeln erläutert: Kohlenstoffatome können vier Bindungen eingehen, Sauerstoffatome zwei, Wasserstoffatome eine. Dann wird nach dem Elektronenpaarabstoßungsmodell die räumliche Struktur des Methanolmoleküls erarbeitet. Die Strukturen von Ethanol, 1-Propanol, 1-Butanol und 1-Pentanol können dann mit Hilfe von Modellbaukästen veranschaulicht werden. Die „Zickzackstruktur" der Kohlenstoffkette, aber auch deren Flexibilität durch Drehungen um Einfachbindungen wird deutlich. Die Setzung räumlicher Molekülvorstellungen kann selbstverständlich auch zu einem früheren Zeitpunkt erfolgen. Eine solche Vorgehensweise bietet sich vor allem dann an, wenn man frühzeitiger auf Molekülbaukästen als Veranschaulichungshilfen zurückgreifen möchte.

5. SCHRITT: Die Erarbeitung klassischer Methoden der Formelermittlung

An dieser Stelle können die Schüler weitere Methoden zur Ermittlung von Strukturformeln kennenlernen und mit den bisherigen Methoden vergleichen. Am Beispiel von Ethanol kann die Ermittlung der molaren Masse und der Anzahl der Kohlenstoffatome im Molekül erarbeitet werden (Experimente 35, 36).Voraussetzung ist die Kenntnis des Satzes von Avogadro (siehe auch Abschnitt 1.8). Auch die quantitative Elementaranalyse kann behandelt werden, wenn genügend Zeit zur Verfügung steht. Da diese Methoden in der Literatur hinreichend beschrieben sind, wird auf eine nähere Darstellung verzichtet, zumal sie im Rahmen des PIN-Konzepts entbehrlich sind.

6 Andere Einstiegsvarianten

Das PIN-Konzept ist kein starres Curriculum, das in einer ganz bestimmten, unveränderlichen Sequenz von Lernschritten erarbeitet sein will. Seine vernetzte inhaltliche und methodische Struktur läßt viele Wege offen, Landkarten der Organischen Chemie zu konstruieren und sich darin zu bewegen. Lediglich in der Einstiegsphase, in der die Schüler das kognitive und manuelle Handwerkszeug für alle folgenden Operationen und Entdeckungen kennenlernen sollen, sind den Variationsmöglichkeiten sachlogisch und methodisch bedingte Grenzen gesetzt. Dennoch stehen für die Organisation des Lernprozesses bedeutende Gestaltungsmöglichkeiten zur Verfügung, da das Anforderungsniveau durch die Art und Anzahl der Setzungen, durch die Schrittweiten und durch den Abstraktionsgrad der Argumente und Erkenntnisse gehoben oder gesenkt und somit den jeweils spezifischen Lernvoraussetzungen angepaßt werden kann.

In der Zeitschrift Chemkon (HARSCH u. HEIMANN 1995a) haben wir eine kognitiv anspruchsvollere Variante dargestellt, bei der die Einführung der Strukturformeln erst sehr spät erfolgt. Dies zwingt die Lernenden dazu, lange Zeit mit den durch Buchstaben benannten Stoffen zu arbeiten, ohne deren molekularen Aufbau zu kennen, was hohe Anforderungen an die widerspruchsfreie Integration aller Befunde stellt. Im Zuge eines sich ständig verdichtenden Indizienprozesses kann das logisch-schlußfolgernde Denken im Dienste der Chemie geübt werden.

Für die Unterrichtspraxis ist es aber sehr wichtig, auch Varianten mit deutlich geringerem, aber dennoch respektablem Anspruchsniveau verfügbar zu haben. Um die Variationsbreite des PIN-Konzepts zu verdeutlichen, soll daher im folgenden eine *vereinfachte* Variante für den Einstieg in die Organische Chemie beschrieben werden.

1. SCHRITT: Einführung erster Stoffe und Reagenzien

Die Schüler erhalten drei unbekannte Reinstoffe A, B und C (Ethanol p.a., Essigsäure, Essigsäureethylester) und eine Probe X, die A oder B oder C, aber auch eine Zweier- oder Dreierkombination dieser Stoffe enthalten kann.

Hinweis: Nicht alle Kombinationen sind problemlos realisierbar. Als Einstieg ist verdünnte Essigsäure (1 Volumenteil Eisessig und 49 Volumenteile Wasser) besonders geeignet.

Um die Stoffe A–C zu charakterisieren und die Probe X eindeutig identifizieren zu können, werden vier Nachweisreagenzien eingeführt – der Cernitrat-, BTB-, Rojahn- und Dichromattest (Experiment 25). Die Ergebnisse werden so, wie in Tabelle 6.1 dargestellt, erhalten.

Ein Minuszeichen bedeutet, daß sich die Farbe des Reagenzes bei der Durchführung des Tests mit dem betreffenden Stoff nicht verändert hat.

Es wird deutlich, daß jeder Stoff ein typisches Verhaltensmuster zeigt und die unbekannte Probe den Stoff B enthält.

Tabelle 6.1 Verhaltensmuster der Reinstoffe A–C und der Probe X bei vier Tests

	A	B	C	Probe X	Farbe des Reagenzes
Cernitrattest	rot	–	–	–	gelb
BTB-Test	–	gelb	–	gelb	blau
Rojahntest	–	–	farblos	–	rosa
Dichromattest	grün	–	grün	–	orange

2. SCHRITT: Systemerweiterung

Die vier Tests werden nun auf drei neue Reinstoffe D–F (1-Propanol, Propionsäure, Propionsäurepropylester) angewendet. Außerdem werden zwei unbekannte Proben Y1 und Y2 ausgeteilt (je eine Probe pro Gruppe). Die Proben können die Stoffe A–F einzeln oder als Zweierkombinationen enthalten. Folgende Ergebnisse werden erhalten:

Tabelle 6.2 Verhaltensmuster der Reinstoffe A–F sowie der Proben Y1 und Y2 bei vier Tests

	A	B	C	D	E	F	Probe Y1	Probe Y2
Cernitrattest	rot	–	–	rot	–	–	rot	rot
BTB-Test	–	gelb	–	–	gelb	–	gelb	gelb
Rojahntest	–	–	farblos	–	–	farblos	–	–
Dichromattest	grün	–	grün	grün	–	grün	grün	grün

Die Analytik ist offensichtlich nicht leistungsfähig genug, um die Stoffe A/D, B/E und C/F zu unterscheiden. Daher kann auch nicht angegeben werden, was die Proben enthalten, oder ob sie identisch sind; wohl aber, was sie *nicht* enthalten (weder C noch F).

Die Analytik wird nun um den Iodoformtest und den Eisenchloridtest erweitert (Experiment 25; Tabelle 6.3).

Tabelle 6.3 Verhaltensmuster der Reinstoffe A–F sowie der Proben Y1 und Y2 bei der erweiterten Analytik

	A	B	C	D	E	F	Probe Y1	Probe Y2
Cernitrattest	rot	–	–	rot	–	–	rot	rot
BTB-Test	–	gelb	–	–	gelb	–	gelb	gelb
Rojahntest	–	–	farblos	–	–	farblos	–	–
Dichromattest	grün	–	grün	grün	–	grün	grün	grün
Iodoformtest	gelb$\downarrow$	–	gelb$\downarrow$	–	–	–	gelb$\downarrow$	–
Eisenchloridtest	–	rot$_u$	–	–	rot$_o$	–	rot$_u$	rot$_o$

$\downarrow$ bedeutet: Niederschlag/Trübung

$_u$ bedeutet: untere Phase

$_o$ bedeutet: obere Phase

Alle Stoffe zeigen nun wieder ein unterschiedliches Verhaltensmuster. Die unbekannten Proben können identifiziert werden (Y1 = A/B; Y2 =D/E).

3. SCHRITT: Entdeckung erster Stoffgruppierungen

Anhand der bisherigen Ergebnisse können die Stoffe phänomenologisch gruppiert werden:

- B und E bilden gut erkennbar eine Gruppe, da beide positiven BTB- und Eisenchloridtest zeigen und bei allen übrigen Tests zu keiner Veränderung führen.

- Die übrigen Stoffe (A, C, D, F) sind durch den positiven Dichromattest miteinander verknüpft. Die Einteilung in Untergruppen ist allerdings nicht ganz eindeutig: Der Rojahntest und der Cernitrattest legen die Gruppierungen A/D und C/F nahe, der Iodoformtest die Gruppierungen A/C und D/F.

- Da A und C nur in 4 von 6 Nachweisen übereinstimmen, A und D aber in 5 von 6 Nachweisen, wird deutlich, daß die Ähnlichkeit zwischen A und D am größten ist. Ebenso sind C und F sich ähnlicher als D und F.

   Die aufgrund dieser Indizien erhaltenen Gruppen B/E, A/D und C/F können bereits an dieser Stelle als Carbonsäuren, Alkohole und Ester bezeichnet werden; dies kann aber auch an späterer Stelle erfolgen.

4. SCHRITT: Entdeckung eines Synthesenetzes

Bisher wurden als unbekannte Proben die Kombinationen A/B und D/E analysiert. Es hatte sich gezeigt, daß in den Mischungen additives Verhalten auftrat, wobei sich positive Effekte durchsetzten.

   Nun wird die Frage aufgeworfen, ob diese Stoffe sich nur *mischen* lassen oder ob sie auch miteinander zu Stoffen mit neuen Eigenschaften *reagieren* können.

   Um diese Frage zu klären, werden zum einen A und B und zum anderen D und E in Reagenzglasversuchen mit verschiedenen Reagenzien (Wasser, Natriumhydroxidplätzchen, Natronlauge, konzentrierte Schwefelsäure, verdünnte Schwefelsäure) versetzt (Abschnitt 23.2). Durch Zugabe von Wasser nach abgelaufener Reaktionszeit wird überprüft, ob sich ein Produkt abscheidet. (Hier ist die Setzung impliziert, daß das Produkt wasserunlöslich sein könnte.)

   Eine Zweiphasenbildung, die eine Umsetzung anzeigt, ist nur bei Einwirkung von konzentrierter Schwefelsäure zu erkennen. Ob in den anderen Fällen ein mit Wasser mischbares Produkt entsteht, ist nicht nachzuweisen.

   Es soll nun untersucht werden, ob bei der Reaktion von A mit B und von D mit E ein bereits bekannter Stoff oder zumindest ein Stoff, der Ähnlichkeit mit den bekannten Stoffen hat, entstanden ist. Um genügend Ausbeute für eine Produktanalyse zu erhalten, werden die Reaktionen im großen Maßstab durchgeführt (Experiment 4).

   Die Darstellung der Versuchsergebnisse in Tabelle 6.4 enthält die Testausfälle nur noch in der abstrahierten Form.

Tabelle 6.4 Ergebnisse der Einwirkung von konzentrierter Schwefelsäure auf die Gemische A/B bzw. D/E

	A	B	C	D	E	F	P (A/B)	P (D/E)
Cernitrattest	+	–	–	+	–	–	–	–
BTB-Test	–	+	–	–	+	–	–	–
Rojahntest	–	–	+	–	–	+	+	+
Dichromattest	+	–	+	+	–	+	+	+
Iodoformtest	+	–	+	–	–	–	+	–
Eisenchloridtest	–	$+_u$	–	–	$+_o$	–	–	–

P (A/B) bedeutet: Produkt bei Durchführung von Experiment 4 mit den Stoffen A und B
–   bedeutet: negativer Testausfall
+   bedeutet: positiver Testausfall
$+_u$ bedeutet: untere Phase rot
$+_o$ bedeutet: obere Phase rot

Als Produkte können demnach die Stoffe C bzw. F identifiziert werden. Die gefundenen Synthesebeziehungen (A + B $\rightarrow$ C bzw. D + E $\rightarrow$ F) können graphisch dargestellt werden (Bild 6.1).

Es zeigt sich, daß sich die Stoffe in die Dreiergruppen A/B/C und D/E/F ordnen lassen. Die Stoffe C und F nehmen analoge Positionen in den beiden Synthesediagrammen ein, was die im 3. Schritt festgestellte Gruppierung untermauert. Ebenso gehören A und D zu einer Gruppe, die mit den Stoffen der Gruppe B/E zu Stoffen der Gruppe C/F reagieren.

Die bisher erhaltenen Ergebnisse lassen also vermuten, daß die beiden Teilgruppen A/B/C bzw. D/E/F aus paarweise ähnlichen Stoffen bestehen, wobei sich die Paare A/D bzw. B/E bzw. C/F sowohl in synthetischer als auch in analytischer Hinsicht analog verhalten. (Der günstig gewählte Ausgang von den Kombinationen A/B und D/E ist Voraussetzung für das Auffinden dieser Ordnungsbeziehungen.)

Die Frage, ob die Stoffe A und B aus C (bzw. D und E aus F) wieder zurückgewonnen werden können, wird zunächst am Teilsystem A/B/C untersucht.

Im Reagenzglasversuch wird C mit verschiedenen Reagenzien versetzt (Wasser, Natriumhydroxid, Natronlauge, konzentrierte Schwefelsäure, verdünnte Schwefelsäure). Es wird festgestellt, ob der unlösliche Stoff C, der jeweils die obere Phase bildet, verschwindet oder nicht (Experiment 37).

Ergebnis: Nur mit Natronlauge tritt eine schnelle Reaktion ein. Die übrigen Ansätze bleiben 2–7 Tage lang stehen.

Die Reaktion wird nun im großen Maßstab durchgeführt (Experiment 5, Variante A). Eine Destillation zur Isolierung möglicher Produkte wird angeschlossen. Im Destillat kann Stoff A nachgewiesen werden, im Rückstand Stoff B. Eine Rückgewinnung von A und B ist also tatsächlich möglich. Das Synthesediagramm kann ergänzt werden (Bild 6.2).

Es stellt sich nun die Frage, ob Stoff F gegenüber Natronlauge ein dem Stoff C analoges Verhalten zeigt und ob damit die erhaltenen Gruppeneinteilungen bestätigt werden.

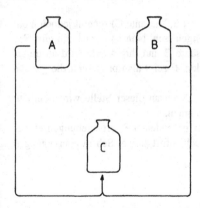

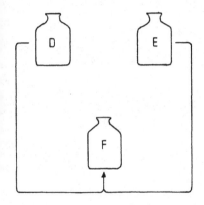

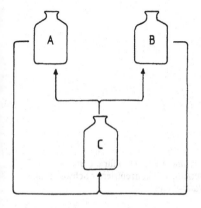

Bild 6.1 Synthesediagramm für die Stoffe A bis F nach Umsetzung mit konzentrierter Schwefelsäure

Bild 6.2 Synthesediagramm für die Stoffe A bis C nach Umsetzung mit konzentrierter Schwefelsäure und mit Natronlauge

Die Rückgewinnung von D und E aus F (Experiment 5, Variante C) scheint jedoch nicht zu gelingen. Der Ansatz wird eine Woche lang stehengelassen. Nun ist tatsächlich eine Reaktion festzustellen. D und E (zwischen der Carbonsäure E und ihrem Salz wird an dieser Stelle nicht differenziert) können nachgewiesen werden. F zeigt also prinzipiell die gleiche Reaktion wie C, braucht aber mehr Zeit dazu.

Das Synthesenetz wird vervollständigt (Bild 6.3). Auch an dieser Stelle wird deutlich, daß C und F analoge Positionen im Synthesenetz einnehmen.

Das nächste Experiment kann zur Bestätigung der gefundenen Stoffbeziehungen einbezogen werden, ist aber nicht obligatorisch. Es kann auch sofort zum 5. Schritt übergegangen werden.

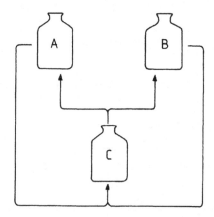

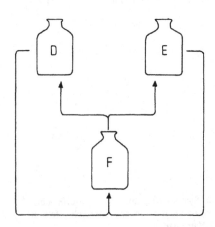

Bild 6.3 Synthesediagramm für die Stoffe A bis F nach Umsetzung mit konzentrierter Schwefelsäure und mit Natronlauge

Tabelle 6.5 Ergebnisse der Reaktion der Stoffe A–F mit schwefelsaurer Dichromatlösung

	A	B	C	D	E	F	P(A)	P(B)	P(C)	P(D)	P(E)	P(F)
Cernitrattest	+	–	–	+	–	–	–	–	–	–	–	–
BTB-Test	–	+	–	–	+	–	+	+	+	+	+	+
Rojahntest	–	–	+	–	–	+	–	–	–	–	–	–
Dichromattest	+	–	+	+	–	+	–	–	–	–	–	–
Iodoformtest	+	–	+	–	–	–	–	–	–	–	–	–
Eisenchloridtest	–	$+_u$	–	–	$+_o$	–	$+_u$	$+_u$	$+_u$	$+_o$	$+_o$	$+_o$

P(A) bedeutet: Produkt bei der Durchführung von Experiment 1 mit dem Stoff A

Alle sechs Stoffe können (arbeitsteilig) auf ihr Verhalten gegenüber dem Dichromatsynthesereagenz hin untersucht werden (Experiment 1, Varianten A und B).

Aufgrund des krebserzeugenden Potentials staubförmigen Dichromates wird ausschließlich mit Lösungen gearbeitet. An dieser Stelle kann die Abfallproblematik aufgegriffen werden. Dabei wird bewußt gemacht, daß zur Abfallverminderung mit möglichst kleinen Ansätzen gearbeitet werden sollte. Um dennoch ausreichend Produkt für dessen Untersuchung zu erhalten, muß sehr sorgfältig vorgegangen werden.

Es werden die in Tabelle 6.5 dargestellten Ergebnisse erhalten.

Die zuvor gefundenen Ordnungsbeziehungen werden bestätigt: B bzw. E reagieren nicht mit dem Dichromatsynthesereagenz. A und C bzw. D und F können in B bzw. E umgewandelt werden (Bild 6.4).

5. SCHRITT: Benennung der Stoffe

Die phänomenologisch herausgearbeiteten Stoffklassen werden – soweit noch nicht erfolgt – nun benannt und ihre Merkmale zusammengestellt. A und D sind Alkohole, B und E Carbonsäuren und C und F Ester.

Auch die Einzelstoffe werden benannt. Die Namen Essigsäureethylester und Propionsäurepropylester erscheinen nun sinnvoll, denn sie geben an, aus welchen Stoffen ein bestimmter Ester hergestellt werden kann bzw. welche Stoffe aus ihm durch Spaltung gewonnen werden können. 1-Propanol wird nur als Propanol bezeichnet.

Es wird im folgenden der Frage nachgegangen, ob sich die Gruppeneinteilungen auch im Bau der kleinsten Teilchen dieser Stoffe, also im Molekülbau, widerspiegeln.

6. SCHRITT: Zuordnung von Strukturformeln

Als Methode, die Aussagen über den Molekülbau zuläßt, wird rein phänomenologisch die ^{13}C-NMR-Spektroskopie eingeführt. Die Zahl der Signale gibt die Zahl der Kohlenstoffatome im Molekül an. Die Spektren der sechs Stoffe A–F (Bild 6.5) werden ausgeteilt und unter der Fragestellung analysiert, ob sich die durch Anwendung der Analytik und durch die Synthesen gefundenen Gruppierungen auch in den Spektren abbilden.

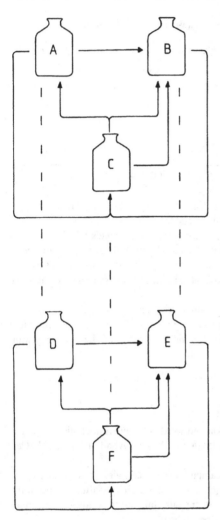

Bild 6.4 Vollständiges Synthesenetz für die Stoffe A, B, C bzw. D, E, F

Es zeigt sich, daß die beiden Alkohole ein Signal bei 55–65 ppm aufweisen, die beiden Carbonsäuren ein Signal bei 170–185 ppm und die beiden Ester sowohl ein Signal bei 55–65 ppm als auch ein Signal bei 170–185 ppm. Dies stimmt mit der Beobachtung überein, daß sich Ester aus Alkoholen und Carbonsäuren herstellen lassen.

Die beiden Alkohole und Carbonsäuren haben pro Molekül zwei bzw. drei C-Atome; die Zahl der C-Atome in den Molekülen der beiden Ester ergibt sich aus der Summe der C-Zahlen der entsprechenden Säuremoleküle und der entsprechenden Alkoholmoleküle, die ein Estermolekül aufbauen.

Experimentelle Befunde und spektroskopische Daten stimmen überein.

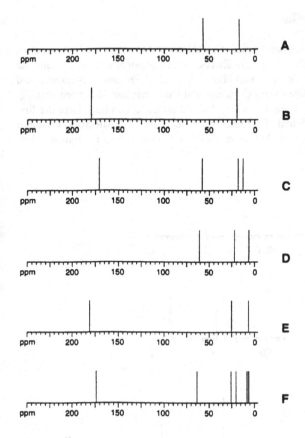

Bild 6.5 ^{13}C-NMR-Spektren der Stoffe A bis F

Nach dieser Vorbereitung werden die sechs Formeln angegeben und als Verknüpfungsformeln charakterisiert. Die funktionellen Gruppen werden herausgearbeitet. Das den Alkoholen gemeinsame Strukturelement –CH$_2$–OH führt zu dem exponierten Signal bei 55–65
ppm, aber auch zu den gemeinsamen Eigenschaften beider Alkohole.

Den Carbonsäuren ist die COOH-Gruppe gemeinsam, die zum Signal bei 170–185 ppm
führt und für die gemeinsamen Eigenschaften der Carbonsäuren verantwortlich ist.

Die Ester zeigen zwar die typischen Signale der Alkohole und Carbonsäuren, weisen
aber eine neue funktionelle Gruppe auf. Durch Ableitung der Reaktionsgleichung für die
Estersynthese wird die Entstehung der neuen funktionellen Gruppe erklärbar:

$$H_3C-\overset{\overset{\displaystyle O}{\|}}{C}-OH \ + \ HO-CH_2-CH_3 \ \longrightarrow \ H_3C-\overset{\overset{\displaystyle O}{\|}}{C}-O-CH_2-CH_3 \ + \ H_2O$$

7. SCHRITT: **Homologe Reihe**

Es soll nun untersucht werden, welchen Einfluß die Zahl der C-Atome auf die Eigenschaften innerhalb einer Stoffklasse ausübt. Zu diesem Zweck werden physikalische und chemische Eigenschaften der Alkohole Methanol (p.a.), Ethanol (p.a.), 1-Propanol, 1-Butanol und 1-Pentanol hinzugezogen: Verhalten beim Cernitrat- und Dichromattest, Veresterungsfähigkeit, Löslichkeit in Wasser und Hexan (2 ml Alkohol + 2 ml Lösungsmittel), Lage der Siedetemperaturen (Experimente 25 und 48). Außerdem werden die ^{13}C-NMR-Spektren dieser Alkohole betrachtet (Bild 6.6). Es werden die in Tabelle 6.6 dargestellten Ergebnisse erhalten.

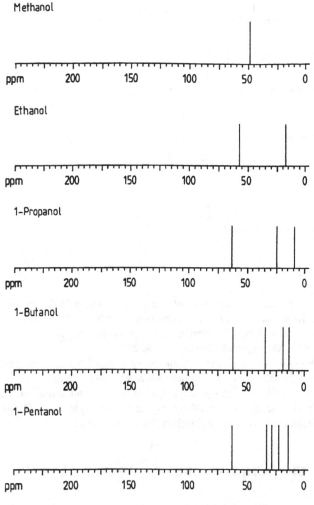

Bild 6.6 ^{13}C-NMR-Spektren der homologen Alkohole Methanol bis Pentanol

Tabelle 6.6 Eigenschaften homologer Alkohole

	Methanol	Ethanol	Propanol	Butanol	Pentanol
Cernitrattest	+	+	+	+	+
Dichromattest	+	+	+	+	+
Veresterungsfähigkeit	+	+	+	+	+
Löslichkeit in					
Wasser	+	+	+	–	–
Hexan	–	+	+	+	+
Siedetemperatur in °C	65	78	97	117	138

- Alle Alkohole haben gemeinsame, aber auch unterschiedliche Eigenschaften. Die gemeinsamen Eigenschaften werden durch die gemeinsame funktionelle Gruppe bedingt, die unterschiedlichen Eigenschaften durch die unterschiedliche Zahl der C-Atome.

- Alkohole mit niedriger C-Zahl sind gut im polaren Wasser und schlecht im unpolaren Hexan löslich. Alkohole mit mehr als drei C-Atomen in ihren Molekülen sind wasserunlöslich.

- Mit jeder hinzukommenden CH_2-Gruppe steigt die Siedetemperatur um ca. 20 Grad an (Ausnahme Methanol – Ethanol).

- Alle Alkohole ergeben ein exponiertes Signal im ^{13}C-NMR-Spektrum und eine jeweils unterschiedliche Zahl an Signalen im Bereich der CH_3/CH_2-Gruppen.

Der Begriff der homologen Reihe kann nun phänomenologisch und strukturell definiert werden.

Es können auch die Siedetemperaturen der Carbonsäuren und Ester hinzugezogen werden. Löslichkeitsverhalten und Lage der Siedetemperaturen können theoretisch (d.h. durch Rückführung auf nicht direkt beobachtbare, hypothetisch gesetzte Kräfte zwischen den Molekülen) gedeutet werden.

8. SCHRITT: Erweiterung der Synthesemöglichkeiten um die saure Esterhydrolyse

Die Reagenzglasversuche aus dem 4. Schritt (Experiment 37) haben gezeigt, daß Essigsäureethylester bei genügend langer Reaktionszeit nicht nur im alkalischen, sondern auch im wäßrigen sauren Milieu eine Reaktion eingeht. Sollen die dabei entstehenden Produkte identifiziert werden, kann die Reaktion im großen Maßstab wiederholt werden (Experiment 5, Variante B). Nach 2–7 Tagen läßt sich im Destillat neben Ethanol und Essigsäure noch Essigsäureethylester nachweisen. Der Ester hat also nicht vollständig reagiert (im Gegensatz zur Umsetzung im alkalischen Milieu). Gründe können diskutiert werden. Es kann ein Abschnitt über das Estergleichgewicht eingeschoben werden.

7 Das Synthesenetz wächst weiter: Integration der Carbonylverbindungen

Auch diese Sequenz soll in zwei sehr unterschiedlichen Alternativen vorgestellt werden. Die Variante 1 ist sehr ausführlich und kann auch um das eine oder andere Experiment gekürzt werden. Die Variante 2 entspricht einer stark vereinfachten Fassung. In beiden Darstellungen wird davon ausgegangen, daß die Ketone noch nicht bekannt sind. Ansonsten sind leichte Veränderungen nötig.

Variante 1 (anspruchsvoll)

7.1 Einführung in die Aldehyde und Acetale

(HEIMANN und HARSCH 1997b)

1. SCHRITT: Einführung neuer Stoffe und Reagenzien

Im Mittelpunkt stehen zwei neue Stoffe G und H (G = Acetaldehyd, c (Aldehyd) = 2,5 mol/l, H = Acetaldehyddiethylacetal). Mit Hilfe der sechs bekannten Nachweisreaktionen wird untersucht, ob diese Stoffe in Beziehung zu den bereits kennengelernten Stoffen (Ethanol, 1-Propanol, Essigsäure, Propionsäure, Essigsäureethylester, Propionsäurepropylester) stehen (Tabelle 7.1, oberer Teil).

Tabelle 7.1 Matrix der Testausfälle

	Ethanol	Propanol	Essig-säure	Propion-säure	Essigsäure-ethylester	Propion-säurepropyl-ester	G	H
Cernitrattest	+	+	–	–	–	–	–	+
BTB-Test	–	–	+	+	–	–	–	–
Rojahntest	–	–	–	–	+	+	–	–
Dichromattest	+	+	–	–	+	+	+	+
Iodoformtest	+	–	–	–	+	–	+	–
Eisenchloridtest	–	–	+u	+o	–	–	–	–
DNPH-Test	–	–	–	–	–	–	+	+
Fehlingtest	–	–	–	–	–	–	+	–

Stoff G reagiert bei keinem der drei Gruppentests (Cernitrattest, BTB-Test, Rojahntest), muß also zu einer neuen Stoffklasse gehören, Stoff H reagiert beim Cernitrattest, also beim Gruppentest auf Alkohole, positiv. Er zeigt das analytische Verhalten von Propanol, ist aber schlechter in Wasser löslich.

Um zu einer besseren Unterscheidung der Stoffe zu gelangen, werden zwei neue Nachweisreaktionen eingeführt, der DNPH-Test und der Fehlingtest (Experiment 25). Sie werden zunächst auf G und H angewendet. Das Verhalten der sechs bekannten Stoffe gegenüber den neuen Nachweisen kann schnell arbeitsteilig untersucht werden. Die Matrix wird vervollständigt. Alle Stoffe haben wieder ein spezifisches Testmuster. Es zeigt sich, daß Stoff H sowohl in Beziehung zu den Alkoholen als auch zu Stoff G steht.

2. SCHRITT: Entdeckung von Synthesebeziehungen und deren Deutung durch Strukturformeln

In diesem Schritt soll überprüft werden, ob sich der Stoff H tatsächlich wie ein Alkohol verhält. Als typische Reaktion von Alkoholen haben die Schüler die Fähigkeit zur Veresterung kennengelernt. Daher wird nun untersucht, ob sich der Stoff H mit Essigsäure verestern läßt (Experiment 7). Nach mehrtägigem Stehenlassen bei Raumtemperatur wird das Reaktionsgemisch untersucht. Alle Tests mit Ausnahme des Cernitrattests fallen positiv aus. Wegen der vielen positiven Testausfälle stellt die Auswertung bereits hohe Ansprüche an die Schüler. Analytisches Denken kann geschult werden:

Da der Cernitrattest negativ ausfällt, können Ethanol, Propanol und Stoff H auf jeden Fall ausgeschlossen werden. Beim Eisenchloridtest ist die untere Phase rot gefärbt, es liegt also noch überschüssige Essigsäure, aber keine Propionsäure vor. Aufgrund des positiven DNPH- und Fehlingtests muß auch Stoff G vorhanden sein, denn kein anderer Stoff könnte diese Testausfälle erklären. Aufgrund des positiven Rojahntests ist auch ein Ester nachgewiesen. Allerdings kann nicht entschieden werden, ob Essigsäureethylester oder Propionsäurepropylester oder beide Ester gebildet wurden, da der Iodoformtest wegen der Anwesenheit des Stoffes G in jedem Fall positiv ausfallen muß und somit keine Entscheidungshilfe darstellt.

Es kann also folgende Synthesebeziehung aufgestellt werden:

$$H + \text{Essigsäure} \xrightarrow{\text{konz. Schwefelsäure}} \text{Ester} + G \qquad (1)$$

Erwartet wurde aber folgende Synthesebeziehung:

$$H + \text{Essigsäure} \xrightarrow{\text{konz. Schwefelsäure}} \text{Ester} \ (+ \text{Wasser}) \qquad (2)$$

Woher kommt der Stoff G? Er muß (außer dem zur Veresterung benötigten Alkohol) in irgendeiner Weise am Aufbau des Stoffes H beteiligt sein. Wenn dies zutrifft, müßte man H auch aus G und einem Alkohol wieder zurückgewinnen können. Es wird also versucht, G mit einem Alkohol (z.B. Ethanol) zur Reaktion zu bringen (Experiment 6). Mit dem Produkt fallen nur der Cernitrattest und der DNPH-Test positiv aus (auf den Dichromattest kann verzichtet werden.)

Bei dem Produkt handelt es sich also tatsächlich um den Stoff H. (Das zusätzliche Vorhandensein von 1-Propanol kann mit Hilfe der Analytik allerdings nicht ausgeschlossen werden). Somit kann folgende Synthesebeziehung formuliert werden:

$$\text{G + Ethanol} \xrightarrow{\text{konz. Schwefelsäure}} \text{H} \tag{3}$$

Die entdeckten Syntheserelationen (1) und (3) werden zusammengefaßt, um den Schülern das Zwischenergebnis deutlich vor Augen zu stellen:

Ethanol

H_2SO_4

G   H

H_2SO_4

Ester   Essigsäure

Zur weiteren Klärung werden ^{13}C-NMR-Spektren der Stoffe G und H diskutiert (Bild 7.1). Die Signale bei ca. 100 ppm (Stoff H) bzw. ca. 200 ppm (Stoff G) sind neu und müssen mit den Strukturformeln, die nun *gesetzt* werden, in Einklang gebracht werden. Es ergibt sich folgende Zuordnung:

$$H_3C-C\overset{O}{\underset{H}{\diagdown}}$$

$$H_3C-\underset{\underset{O-CH_2-CH_3}{|}}{\overset{\overset{O-CH_2-CH_3}{|}}{C}}-H$$

G   H

Die Formeln können durch Kombination von ^{13}C-NMR- und Massenspektren der Stoffe G und H auch *abgeleitet* werden (Bild 7.1 und Bild 7.2). Die Strukturaufklärung der Moleküle des Stoffes G, der als Acetaldehyd bezeichnet wird, ist unproblematisch. Im ^{13}C-NMR-Spektrum ist das Kohlenstoffatom der Carbonylgruppe dem Signal bei ca. 200 ppm zuzuordnen. Es entsteht aber ein Widerspruch zwischen dem ^{13}C-NMR-Spektrum des Stoffes H und der obigen Formel: Die Zahl der Signale ist kleiner als die Zahl der C-Atome. Durch Symmetriebetrachtungen wird herausgearbeitet, daß für H nur vier Signale zu erwarten sind. Das Kohlenstoffatom im Zentrum des Moleküls ist dem Signal bei ca. 100 ppm zuzuordnen. Der Stoff wird als Acetaldehyddiethylacetal oder kurz als Acetal bezeichnet.

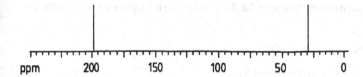

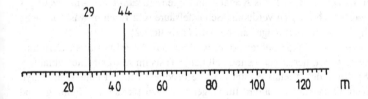

Bild 7.1 ^{13}C-NMR-Spektren der Stoffe G und H. Oben: Spektrum des Stoffes G. Unten: Spektrum des Stoffes H

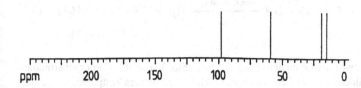

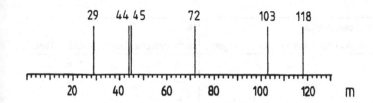

Bild 7.2   Massenspektren der Stoffe G und H. Oben: Spektrum des Stoffes G. Unten: Spektrum des Stoffes H

Nun können die Reaktionsgleichungen für die durchgeführten Synthesen aufgestellt werden:

$$H_3C-\underset{\underset{\displaystyle O-CH_2-CH_3}{|}}{\overset{\overset{\displaystyle O-CH_2-CH_3}{|}}{C}}-H \quad + \quad 2\;H_3C-\overset{\overset{\displaystyle O}{||}}{C}-OH$$

$$\xrightarrow{\text{konz. } H_2SO_4} 2\;H_3C-\overset{\overset{\displaystyle O}{||}}{C}-O-CH_2-CH_3 \; + \; H_3C-\overset{\overset{\displaystyle O}{||}}{C}-H \quad (1)$$

$$H_3C-\overset{\overset{\displaystyle O}{||}}{C}-H \; + \; 2\;H_3C-CH_2-OH \xrightarrow{\text{konz. } H_2SO_4} H_3C-\underset{\underset{\displaystyle O-CH_2-CH_3}{|}}{\overset{\overset{\displaystyle O-CH_2-CH_3}{|}}{C}}-H \quad + \; H_2O \quad (3)$$

Der DNPH-Test wird als Gruppentest auf die neue Stoffklasse der Carbonylverbindungen, zu denen Acetaldehyd gehört, eingeordnet. Unklar ist zu diesem Zeitpunkt, warum das Acetal trotz fehlender Alkoholgruppe einen positiven Cernitrattest und trotz fehlender Carbonylgruppe einen positiven DNPH-Test ergibt.

Es wird nun zunächst untersucht, unter welchen Bedingungen das Acetal spaltbar ist (Experiment 38). Die Ergebnisse werden mit den Bedingungen der Esterspaltung (Experiment 37) verglichen. Es zeigt sich, daß das Acetal – im Gegensatz zum Ester – mit wäßriger Natronlauge nicht reagiert, aber durch verdünnte Schwefelsäure sehr rasch in wasserlösliche Produkte (Acetaldehyd und Ethanol) umgewandelt wird (Tabelle 7.2).

Jetzt wird noch einmal die Frage aufgeworfen, weshalb das Acetal positiven Cernitrat- und DNPH-Test zeigt. Es wird herausgearbeitet, daß beide Tests im *sauren* Milieu ablaufen, wobei eine rasche Spaltung des Acetals erfolgt und die Produkte Ethanol und Acetaldehyd dann zu den positiven Testausfällen führen. Im Gegensatz dazu werden der Fehling- und Iodoformtest im *alkalischen* Milieu durchgeführt, in dem keine Acetalspaltung erfolgt und damit kein Acetaldehyd und Ethanol gebildet werden. Die Testausfälle sind also aus dem pH-abhängigen Hydrolyseverhalten des Acetals heraus erklärbar.

Tabelle 7.2 Verhalten von Essigsäureethylester und Acetaldehyddiethylacetal gegenüber verschiedenen Reagenzien

	Essigsäureethylester		Acetal	
	nach wenigen Minuten	nach 7 Tagen	nach wenigen Minuten	nach 7 Tagen
Wasser	–	–	–	+
festes NaOH	–	–	–	–
wäßrige NaOH	+	+	–	–
wäßrige H$_2$SO$_4$	–	+	+	+

3. SCHRITT: Stellung des Acetaldehyds im Synthesenetz

Es wird nun noch einmal die Beobachtung aufgegriffen, daß Acetaldehyd positiven Dichromattest zeigt. Welches Produkt wird gebildet? Zur Klärung dieser Frage wird Acetaldehyd nach derselben Vorschrift mit dem Dichromatsynthesereagenz umgesetzt, die schon auf die sechs früher kennengelernten Stoffe beim Einstieg in die Organische Chemie angewendet wurde (Experiment 1, Variante A). Nur der BTB-Test und der Eisenchloridtest (untere Phase rot) fallen mit dem Produkt positiv aus. Es ist also Essigsäure entstanden.

An dieser Stelle können Oxidationszahlen eingeführt werden. Die Reaktion wird als Oxidation von Acetaldehyd gedeutet:

$$\underset{-3\ +1}{H_3C-\overset{\overset{\displaystyle O}{\|}}{C}-H} \quad \xrightarrow{\text{Ox}} \quad \underset{-3\ +3}{H_3C-\overset{\overset{\displaystyle O}{\|}}{C}-OH}$$

Die Formulierung der vollständigen Redoxgleichung kann ggf. auch auf später verschoben werden (siehe Kapitel 11, Dichromattest).

Nachdem Essigsäure als *Oxidations*produkt des Acetaldehyds festgestellt wurde, kann nun untersucht werden, welches Produkt bei der *Reduktion* von Acetaldehyd mit Natriumborhydrid entsteht (Experiment 9a): Es wird eindeutig Ethanol erhalten (positiver Cernitrat- und Iodoformtest, negativer Rojahn-, DNPH- und BTB-Test). Acetaldehyd nimmt offensichtlich eine Zwischenstellung zwischen Ethanol und Essigsäure ein.

Bei der schon früher durchgeführten Synthese von Essigsäure aus Ethanol ist vermutlich als Zwischenprodukt Acetaldehyd entstanden, der sofort weiteroxidiert wurde. Es kann nun überlegt werden, wie die Reaktionsbedingungen geändert werden müßten, um Acetaldehyd, und nicht Essigsäure, bei der Umsetzung von Ethanol mit Dichromat zu erhalten. Die Reaktion wird dann im Lehrerversuch durchgeführt (Experiment 2). Als Produkt wird tatsächlich Acetaldehyd gefunden (nur DNPH-Test, Fehlingtest und Iodoformtest positiv).

Liegt also Dichromat im Unterschuß vor, der durch Zutropfen des Reagenzes zum Ethanol noch verschärft wird, arbeitet man bei niedrigerer Temperatur und destilliert entstehendes Produkt sofort ab; so wird nur Acetaldehyd erhalten. Liegt dagegen Dichromat von Anfang an in großem Überschuß vor und wird bei hoher Reaktionstemperatur gearbeitet, wird nur Essigsäure gewonnen.

Die hier dargestellten Synthesen können natürlich auch in einer kleineren Auswahl durchgeführt werden. Wenn nicht alle Synthesen im Unterricht durchgeführt werden können, das Konzept aber trotzdem in der angegebenen Weise realisiert werden soll, besteht auch die Möglichkeit, die Synthesen und die mit den Produkten erhaltenen Testergebnisse vorzugeben und von den Lernenden auswerten zu lassen. Die Lernwirksamkeit nimmt aber vermutlich stark ab, wenn die Anzahl der Experimente zu sehr verringert wird.

Auf weitere Eigenschaften der Aldehyde (Siedetemperaturen, auch im Vergleich zu den Alkoholen; Löslichkeitsverhalten) kann eingegangen werden. Die erarbeiteten Synthesebeziehungen werden kontinuierlich in das wachsende Synthesenetz eingezeichnet. Es wird schließlich das in Bild 7.3 dargestellte Diagramm erhalten.

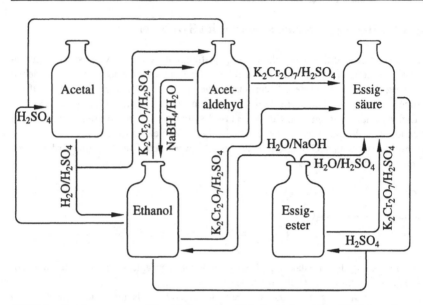

Bild 7.3   Synthesenetz unter Einschluß von Acetaldehyd und Acetaldehyddiethylacetal

4. SCHRITT: Ein lebensweltlicher Bezug

An dieser Stelle können Auswirkungen von Alkoholkonsum besprochen werden (nicht nur, aber auch aus chemischer Sicht): Wenn mehr Alkohol vom Körper aufgenommen wird, als metabolisiert oder abgegeben werden kann, steigt der Blutalkoholgehalt. Das Ethanol kann als wasserlösliche Flüssigkeit im Blut gelöst und transportiert werden. Da es aber andererseits auch lipophil ist, kann es Lipidbestandteile aus Zellmembranen herauslösen und so z.b. die Tätigkeit von Nerven-, Sinnes- und Muskelzellen verändern.

Der Abbau des Ethanols erfolgt vor allem in der Leber. Aus Ethanol entsteht zunächst Acetaldehyd, der sehr reaktionsfreudig ist. Er wird weiter zu Essigsäure umgesetzt. Dies sind Reaktionen, die die Schüler zuvor in Experimenten kennengelernt haben. Der vorsichtige Umgang mit Acetaldehyd beim Experimentieren läßt sein Gefährdungspotential beim Alkoholabbau im Körper erahnen. Essigsäure kann im Körper zu Kohlendioxid und Wasser abgebaut werden.

Informationen über die Ethanolwirkung sind z.B. bei LÖWE (1991) und SHOREY (1979) zu finden.

Ein Teil des Ethanols wird über die Atemluft ausgeschieden. Ein Nachweis ist z.B. mit Alcoteströhrchen möglich, die Dichromat enthalten: Bei der Oxidation des Ethanols wird orangefarbenes Dichromat im Teströhrchen zu grünen Chromsalzen reduziert. Diesen Farbwechsel, den die Schüler im Laborkontext selbst beobachtet haben, können sie nun problemlos auf den Straßenverkehrskontext übertragen.

7.2 Einführung in die Ketone

(HEIMANN und HARSCH 1997b)

Diese Sequenz ist nur dann von Bedeutung, wenn der Isomeriebegriff nicht schon zuvor am Beispiel von 2-Propanol eingeführt wurde (siehe Kapitel 5, 3. Schritt).

1. SCHRITT: Untersuchung eines neuen Stoffes mit bekannten Methoden

Die Einheit beginnt damit, daß ein neuer Stoff I (2-Propanol) präsentiert wird, über den die Lernenden möglichst weitgehende Informationen gewinnen sollen. Zu diesem Zweck werden zuvor kennengelernte Experimente auf den neuen Stoff angewendet.

Im Schülerversuch können die acht Nachweisreaktionen, die Löslichkeit in Wasser und Hexan (je 2 ml Alkohol + 2 ml Lösungsmittel) und die Veresterungsfähigkeit (Experimente 25, 48) untersucht werden. Parallel dazu kann die Umsetzung von I mit dem Dichromatsynthesereagenz nach derselben Vorschrift angesetzt werden, nach der im früheren Unterricht aus Alkoholen Carbonsäuren erhalten wurden (Experiment 1, Variante A). Für den Stoff I ergibt sich folgender Steckbrief:

- Cernitrattest, Iodoformtest und Dichromattest jeweils positiv
- BTB-Test, Rojahntest, DNPH-Test, Fehlingtest und Eisenchloridtest jeweils negativ
- löslich in Wasser und in Hexan
- Siedetemperatur 82°C
- bei höheren Temperaturen veresterbar

Es handelt sich bei dem Stoff I also um einen Alkohol (positiver Cernitrattest).

Bis hierher stimmt das Verhaltensmuster weitgehend mit dem von Ethanol überein. Ethanol ist allerdings im Gegensatz zu Stoff I schon bei Raumtemperatur veresterbar. Ein gravierender Unterschied zeigt sich bei der Umsetzung mit dem Dichromatsynthesereagenz. Ethanol wird zu Essigsäure umgesetzt, Stoff I dagegen zu einem neuen Stoff J, der sicherlich keine Carbonsäure ist (negativer BTB-Test), dafür aber mit Acetaldehyd Ähnlichkeit aufweist (positiver DNPH-Test). Im Gegensatz zum Acetaldehyd fallen aber der Fehlingtest und der Dichromattest negativ aus.

Zur weiteren Information werden die ^{13}C-NMR-Spektren der Stoffe I und J hinzugenommen (Bild 7.4).

Sie haben große Ähnlichkeit mit denjenigen von Ethanol und Acetaldehyd. Um diese beiden Stoffe kann es sich aber aufgrund des insgesamt anderen Verhaltensmusters nicht handeln. Es bleibt also nur die Möglichkeit, daß die Moleküle der Stoffe I und J äquivalente C-Atome enthalten. Folgende Hypothesen sind am besten mit allen Befunden im Einklang:

$$H_3C-\underset{\underset{\displaystyle OH}{|}}{CH}-CH_3 \quad \text{und} \quad H_3C-\underset{\underset{\displaystyle O}{\|}}{C}-CH_3$$

$$I \qquad\qquad\qquad J$$

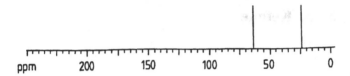

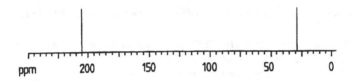

Bild 7.4 ^{13}C-NMR-Spektren der Stoffe I und J. Oben: Spektrum des Stoffes I. Unten: Spektrum des Stoffes J

Theoretisch wären auch die Formeln denkbar:

$$H_3C-\underset{\underset{\displaystyle OH}{|}}{CH}-\underset{\underset{\displaystyle OH}{|}}{CH}-CH_3 \quad \text{und} \quad H_3C-\underset{\underset{\displaystyle O}{\|}}{C}-\underset{\underset{\displaystyle O}{\|}}{C}-CH_3 \, .$$

Da die Häufung von funktionellen Gruppen noch nicht besprochen wurde, sollte der Lehrer nicht auf diese Möglichkeit hinweisen. Kommt der Vorschlag von den Schülern, sollte er selbstverständlich aufgegriffen werden. Dann kann erst später zwischen diesen Hypothesen entschieden werden.

Im Normalfall können jedoch bereits an dieser Stelle die Stoffe I (2-Propanol) und J (Aceton) benannt und durch eine Syntheserelation miteinander verknüpft werden:

$$\underset{\displaystyle I}{\underset{\displaystyle OH}{H_3C-\underset{|}{CH}-CH_3}} + \underset{\underset{\displaystyle aus}{\uparrow}}{O} \longrightarrow \underset{\displaystyle J}{\underset{\displaystyle O}{H_3C-\underset{\|}{C}-CH_3}} + H_2O$$

$$\underset{\displaystyle K_2Cr_2O_7/H_2SO_4}{}$$

2. SCHRITT: Verknüpfung des neuen Stoffes J mit einem bereits bekannten Stoff

Es wird nun die Frage aufgeworfen, ob die Carbonylgruppe von J unter *schärferen* Bedingungen doch noch in eine Carboxylgruppe umgewandelt werden kann. Die Lernenden werden dies vermutlich verneinen, da das mittlere C-Atom des Moleküls fünfbindig werden müßte. Zur Überprüfung wird Experiment 1, Variante C durchgeführt. Die Farbänderung des Dichromatsynthesereagenzes läßt bereits erkennen, daß tatsächlich eine Reaktion stattgefunden hat.

Im Destillat lassen sich Essigsäure (positiver BTB- und Eisenchloridtest) sowie nicht umgesetzte Reste des Stoffes J (positiver DNPH- und Iodoformtest, negativer Dichromattest) nachweisen. Außerdem ist Kohlendioxid entstanden (dicker, weißer Niederschlag mit Barytwasser). Da der Rojahn-, Cernitrat- und Fehlingtest negativ ausfallen, können Ester, Alkohole und Aldehyde sowie das Acetal als Produkte ausgeschlossen werden. Somit lautet die Synthesebeziehung:

$$H_3C-\underset{\underset{O}{\|}}{C}-CH_3 \; + 4 \; O \; \longrightarrow \; H_3C-\underset{\underset{O}{\|}}{C}-OH \; + \; CO_2 \; + \; H_2O$$

aus
$K_2Cr_2O_7/H_2SO_4$
unter verschärften
Bedingungen

In der Bezeichnung „Aceton", die auf Essigsäure (engl. acetic acid) verweist, steckt genealogisch eben diese Reaktionsbeziehung. Der bereits früher als Propanol kennengelernte Stoff wird nun präzisierend 1-Propanol genannt, um ihn von 2-Propanol zu unterscheiden.

3. SCHRITT: Synthesenetz und operationale Stoffklassenbegriffe

Auf der Grundlage aller experimentellen Befunde wird das ursprüngliche Synthesediagramm (Bild 7.3) weiter vernetzt (Bild 7.5). Auch die Reduktion von Aceton zu 2-Propanol mit Natriumborhydrid ist an dieser Stelle möglich, um die Analogie zu der bereits bekannten Reduktion von Acetaldehyd zu Ethanol aufzuzeigen.

Die nun phänomenologisch-integrativ erschlossenen Einzelstoffe werden schließlich (erst jetzt!) abstrakten Stoffklassen zugeordnet, die *operational* wie folgt definiert sind:

- Primäre Alkohole (z.B. Ethanol, 1-Propanol) lassen sich mit dem Dichromatsynthesereagenz zu Aldehyden (und weiter zu Carbonsäuren) oxidieren.

- Sekundäre Alkohole (z.B. 2-Propanol) lassen sich mit dem Dichromatsynthesereagenz zu Ketonen oxidieren.

- Sowohl primäre als auch sekundäre Alkohole zeigen positiven Cernitrattest und lassen sich mit Carbonsäuren (in Anwesenheit von H_2SO_4) verestern.

- Aldehyde (z.B. Acetaldehyd) lassen sich mit dem Dichromatsynthesereagenz zu Carbonsäuren oxidieren und mit Natriumborhydrid zu primären Alkoholen reduzieren. Mit Alkoholen lassen sie sich (in Anwesenheit von H_2SO_4) in Acetale umwandeln.

- Ketone (z.B. Aceton) lassen sich mit dem Dichromatsynthesereagenz nur unter verschärften Bedingungen zu Carbonsäuren oxidativ decarboxylieren; mit Natriumborhydrid lassen sie sich leicht zu sekundären Alkoholen reduzieren.

- Sowohl Aldehyde als auch Ketone zeigen positiven DNPH-Test, sie lassen sich aber durch den Fehlingtest, der nur für Aldehyde positiv ausfällt, unterscheiden.

- Acetale (z.B. Acetaldehyddiethylacetal) lassen sich aus Aldehyden und primären Alkoholen (in Anwesenheit von H_2SO_4) synthetisieren. Mit verdünnten Säuren lassen sie sich auch wieder leicht in diese Komponenten spalten. Daher zeigen sie positiven DNPH- und Cernitrattest (saures Milieu), aber negativen Fehlingtest (alkalisches Milieu).

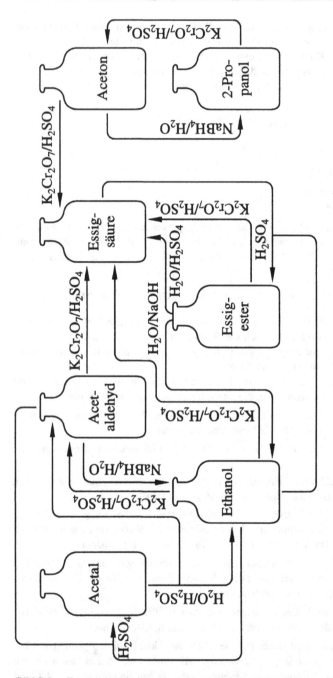

Bild 7.5   Erweitertes Synthesenetz unter Einschluß von 2-Propanol und Aceton

4. SCHRITT: Isomeriebegriff

1-Propanol und 2-Propanol haben die gleiche Summenformel, aber unterschiedliche Strukturformeln. Moleküle mit diesen Eigenschaften werden als isomer bezeichnet. Die gemeinsamen Eigenschaften der beiden Isomere sind auf die alkoholische OH-Gruppe zurückzuführen, die unterschiedlichen Eigenschaften (Siedetemperaturen, Zahl der Signale im ^{13}C-NMR-Spektrum, Verhalten beim Iodoformtest) auf die unterschiedliche Position der OH-Gruppe im Kohlenstoffgerüst des jeweiligen Moleküls.

Die Ausschärfung des Isomeriebegriffs (Konstitutions- versus Stereoisomerie) kann später erfolgen, nachdem in völliger Analogie zur Relation Aceton/2-Propanol die Relation Brenztraubensäure/Milchsäure experimentell entdeckt worden ist (siehe Kapitel 8). Die Milchsäure ist ein geeigneter Stoff, um das Phänomen der optischen Aktivität zu demonstrieren und auf der Basis des Tetraedermodells (asymmetrisches C-Atom, Spiegelbildisomerie) zu erklären. Wir wollen auf diese Möglichkeit zwar hinweisen, aber nicht näher darauf eingehen.

5. SCHRITT: Nähere Beschäftigung mit dem Iodoformtest

Nun besteht die Möglichkeit, mit den Lernenden zu erarbeiten, auf welche Strukturelemente die Iodoformprobe anspricht. Zu diesem Zweck können zunächst alle bisher bekannten Stoffe mit positivem und negativem Testausfall hinsichtlich ihrer Strukturformeln verglichen werden. Es sollten aber auch noch weitere Stoffe einbezogen werden.

In allen Stoffklassen werden die Molekülformeln derjenigen Stoffe, die einen positiven Iodoformtest zeigen, miteinander verglichen, um aus den übereinstimmenden Merkmalen die notwendigen und hinreichenden Strukturelemente herauszufiltern, die für den positiven Testausfall verantwortlich sind. Es ergibt sich (mit Hilfestellung des Lehrers für die Klasse der Ester):

positiver Iodoformtest   *negativer Iodoformtest*

<u>Alkohole</u>

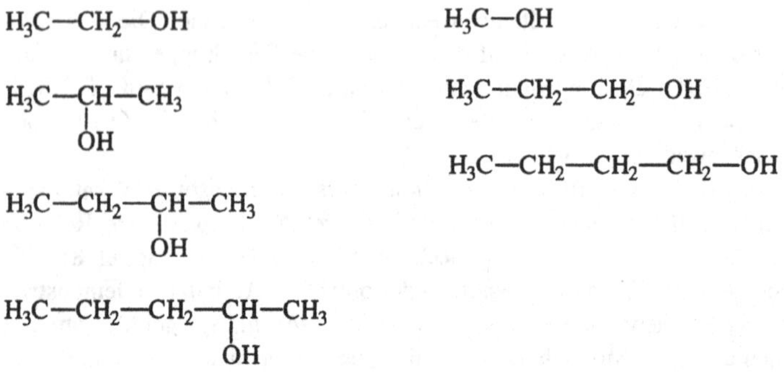

H_3C-CH_2-OH H_3C-OH

$H_3C-\underset{\underset{OH}{|}}{CH}-CH_3$ $H_3C-CH_2-CH_2-OH$

$H_3C-CH_2-\underset{\underset{OH}{|}}{CH}-CH_3$ $H_3C-CH_2-CH_2-CH_2-OH$

$H_3C-CH_2-CH_2-\underset{\underset{OH}{|}}{CH}-CH_3$

<u>Aldehyde/Ketone</u>

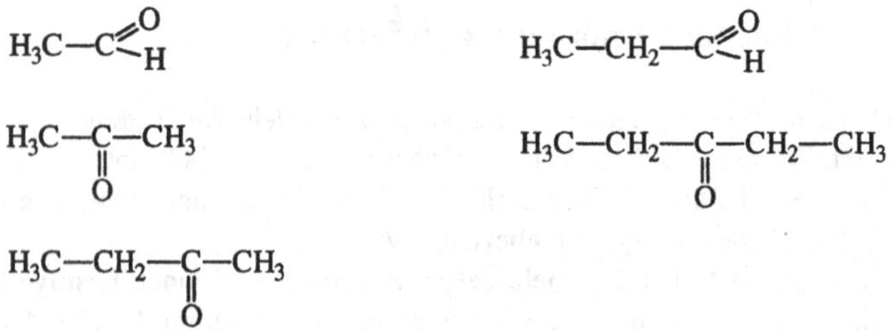

$H_3C-C{\overset{O}{\diagdown}}_H$ $H_3C-CH_2-C{\overset{O}{\diagdown}}_H$

$H_3C-\underset{\underset{O}{\|}}{C}-CH_3$ $H_3C-CH_2-\underset{\underset{O}{\|}}{C}-CH_2-CH_3$

$H_3C-CH_2-\underset{\underset{O}{\|}}{C}-CH_3$

<u>Ester</u>

$H_3C-C{\overset{O}{\diagup}}_{O-CH_2-CH_3}$ $H_3C-CH_2-C{\overset{O}{\diagup}}_{O-CH_2-CH_2-CH_3}$

$H_3C-CH_2-C{\overset{O}{\diagup}}_{O-CH_2-CH_3}$ $H_3C-C{\overset{O}{\diagup}}_{O-CH_2-CH_2-CH_3}$

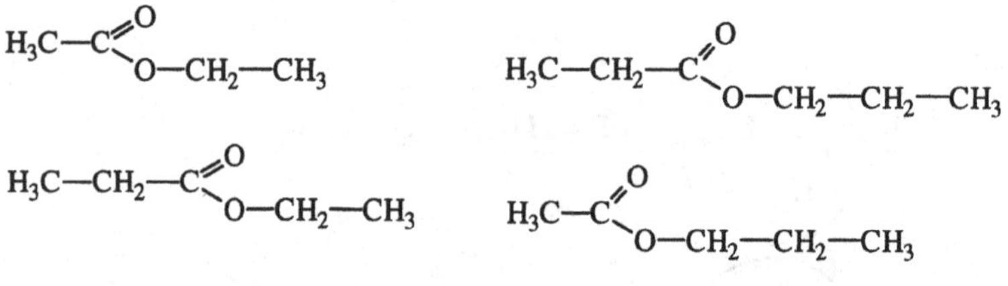

Zwischen den drei gefundenen Strukturelementen kann nun eine Beziehung hergestellt werden. Das eigentlich wirksame Strukturelement ist die Acetylgruppe der Aldehyde/Ketone. Unter den Bedingungen des Iodoformtests können Alkohole der oben angegebenen Struktur zu Aldehyden bzw. Ketonen mit dem erforderlichen Strukturelement oxidiert werden. Ester können im alkalischen Milieu des Iodoformtests zunächst hydrolysiert werden. Der entstehende Alkohol wird dann zu einem Aldehyd bzw. Keton oxidiert.

Das folgende Schema verdeutlicht diese Beziehungen:

$$R-\overset{\underset{\displaystyle O}{\|}}{C}-CH_3 \xrightarrow{\text{Iod/NaOH}} \text{gelber Niederschlag (Iodoform)}$$

Oxidation
durch
Iod/NaOH

$$R-\overset{\underset{\displaystyle OH}{|}}{CH}-CH_3 \xleftarrow[\text{Esterhydrolyse}]{\text{alkalische}} R-\overset{\underset{\displaystyle}{|}}{CH}-CH_3 \\ R-\overset{\underset{\displaystyle O}{\|}}{C}-O$$

Diese Beziehungen müssen überwiegend durch Setzung mitgeteilt werden.

Es hat sich gezeigt, daß das Erkennen der Strukturelemente in neuen Formeln zunächst deutliche Schwierigkeiten bereitet. Es sollten also entsprechende Übungen durchgeführt werden (z.B. Übung 15). Nach hinreichender Konsolidierung können auch vollständige stöchiometrische Gleichungen formuliert werden (siehe Kapitel 11, Iodoformtest).

6. Schritt: Weitere Übungen und Anwendungen

Um einen Alltagsbezug herzustellen, können z.b. verschiedene Nagellackentferner auf ihre Inhaltsstoffe hin untersucht werden. Nähere Informationen sind dem Kapitel 12 zu entnehmen.

Weiterhin sind Übungen zu den Synthesebeziehungen sinnvoll (Übung 10).

Angeregt durch die Tatsache, daß für die Synthese von Essigsäure-2-propylester höhere Temperaturen erforderlich sind als für die Synthese von Essigsäure-1-propylester, wird nun die Frage aufgeworfen, ob die Ester primärer und sekundärer Alkohole auch unterschiedlich gut wieder zu spalten sind. Geeignet ist z.B. Übung 12, die auf das Problem aufmerksam macht, daß nicht einfach beliebige Ester miteinander verglichen werden dürfen, um die relevanten Einflußfaktoren zu erkennen.

Im Anschluß daran sollen Vorschläge von den Lernenden gemacht werden, welche Ester zur Untersuchung des Einflusses der einzelnen Strukturfaktoren sinnvoll herangezogen werden können. Ihre Hydrolysierbarkeit (Hydrolysegeschwindigkeit) wird durch die Entfärbungsdauer beim Rojahntest festgestellt. Die beobachteten Effekte können konsistent gedeutet werden. Zur Festigung des Prinzips der Faktorenkontrolle und der vollständigen Faktorenanalyse kann Übung 13 bearbeitet werden.

Variante 2 (einfach)

7.3 Einführung der Aldehyde

Der Lehrer stellt den Schülern einen Versuchsaufbau vor, der zur Umsetzung von Ethanol mit dem Dichromatsynthesereagenz dienen soll (Bild 7.6). Die Schüler vermuten sofort, daß dabei Essigsäure entsteht. Während der Versuch läuft (Experiment 2), fertigen die Schüler eine Versuchsskizze an und stellen Unterschiede zur früher kennengelernten Versuchsdurchführung (Experiment 1, Kapitel 2) zusammen. Die Unterschiede werden diskutiert: Hier wird das Reagenz zum Ethanol getropft, Ethanol liegt also im Überschuß vor – bei der früheren Durchführung wurde eine geringe Portion Ethanol sofort mit einer großen Portion Reagenz versetzt. Die Ethanol-Dichromat-Mengenverhältnisse können folgendermaßen abgeschätzt werden: im früheren Versuch wurden 12 Tropfen Ethanol, die ca. 0,25 ml entsprechen, mit 14 ml Reagenz versetzt, was einem Volumenverhältnis von 1:56 entspricht; in diesem Versuch werden 7,2 ml Ethanol mit 42 ml Reagenz derselben Konzentration versetzt, was ein Verhältnis von 1:5,8 ergibt. Der Lehrer gibt an, daß für die vollständige Reaktion von Ethanol zu Essigsäure ein Volumenverhältnis von 1:22,7 benötigt wird. (Dies können die Schüler nicht selbständig ermitteln, da ein Ausbalancieren der Reaktionsgleichung an dieser Stelle wegen des hohen Schwierigkeitsgrades nicht geeignet ist und die Berechnungen relativ komplex sind.)

Außerdem sind im jetzigen Versuch die Versuchstemperatur geringer und die Einwirkungsdauer des Reagenzes kürzer (das Produkt wird sofort abdestilliert). Die Schüler werden vermutlich den Schluß ziehen, daß in dieser zweiten Versuchsvariante weniger Essigsäure entsteht und noch viel Ethanol zurückbleibt. Im Destillat befindet sich also möglicherweise auch Ethanol.

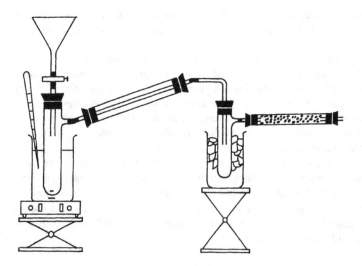

Bild 7.6   Versuchsaufbau zur Umsetzung von Ethanol mit dem Dichromatsynthesereagenz

Das sofort mit Wasser verdünnte Destillat wird im Lehrerversuch mit Hilfe der Nachweisreaktionen untersucht. Da der Cernitrat-, BTB- und Rojahntest negativ ausfallen, ist kein Stoff der bisher bekannten Stoffklassen entstanden, auch keine Essigsäure. Bei Zeitmangel kann auf den Rojahntest verzichtet werden, da die Wasserlöslichkeit des Produktes die Anwesenheit eines Esters ausschließt. Der Dichromattest fällt mit dem Produkt positiv aus, ebenso der Iodoformtest. Offensichtlich ist ein Stoff entstanden, der zu einer neuen Stoffklasse gehört, wobei der Stoff zwar ein Oxidationsprodukt des Ethanols ist, selbst aber noch weiter (vermutlich zu Essigsäure) oxidiert werden kann. Dies stimmt mit der Anwendung insgesamt milderer Reaktionsbedingungen überein.

Es stellt sich nun die Frage nach der Strukturformel des Reaktionsproduktes. Erste Hinweise gibt das ^{13}C-NMR-Spektrum (Bild 7.7).

Die 2 Signale zeigen, daß der Stoff mindestens 2 C-Atome in seinen Molekülen enthält (wahrscheinlich nur 2 C-Atome, da der neue Stoff aus Ethanol gebildet wird). Es müssen eine CH_3/CH_2-Gruppe und eine neue Gruppe vorhanden sein. Kennen die Schüler an dieser Stelle bereits die Oxidationszahlen, so können sie selbst eine Strukturformel aufstellen, bei der das C-Atom der neuen funktionellen Gruppe eine Oxidationszahl zwischen − I (Ethanol) und + III (Essigsäure) einnimmt. Ansonsten kann das Massenspektrum des neuen Stoffes (Bild 7.7) hinzugezogen werden.

Es wird die Formel von Acetaldehyd $H_3C-C{\overset{O}{\underset{H}{\nwarrow}}}$ gefunden. Damit ist die Stoffklasse der Aldehyde mit ihrer funktionellen Gruppe eingeführt. Nun wird ein Gruppentest für die Aldehyde vorgestellt, der Fehling-Test. Mit den bisher bekannten Alkoholen, Carbonsäuren und Estern werden Blindproben durchgeführt. Dabei wird nur mit dem Aldehyd ein positiver Testausfall erhalten. Es kann besprochen werden, daß der Aldehyd beim Fehlingtest zur Carbonsäure weiteroxidiert wird, und daß der Nachweis nur mit Aldehyden und nicht mit Alkoholen positiv ausfällt, da erstere besonders leicht weiterreagieren.

Rückblickend sollte noch einmal die Zweckmäßigkeit der Versuchsapparatur betrachtet werden. Der aufsteigende Kühler bewirkt ein Zurückfließen von nicht umgesetztem Ethanol.

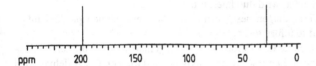

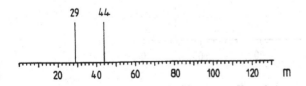

Bild 7.7 Spektroskopische Daten des Reaktionsproduktes der Umsetzung von Ethanol mit dem Dichromatreagenz. Oben: ^{13}C-NMR-Spektrum. Unten: Massenspektrum

Acetaldehyd gelangt aber in die Vorlage, da er sehr flüchtig ist. Gründe dafür können besprochen werden (keine Wasserstoffbrückenbindungen zwischen den Aldehydmolekülen, im Gegensatz zu den Ethanolmolekülen).

Als Anwendung kann die Versilberung von Gegenständen mit Hilfe von Aldehyden angeschlossen werden.

7.4 Einführung der Ketone

Die Untersuchung eines Nagellackentferners (acetonhaltig; z.B. Margaret Astor) zeigt, daß alle Gruppentests negativ ausfallen, also weder Alkohole noch Carbonsäuren, Ester oder Aldehyde enthalten sind. Es tritt ein charakteristischer lösungsmittelartiger Geruch auf. Um welchen Stoff handelt es sich ?

Das ^{13}C-NMR-Spektrum des Stoffes (Bild 7.8) ist fast identisch mit demjenigen von Acetaldehyd, trotzdem zeigt der Stoff keinen positiven Fehlingtest. Bei Annahme eines symmetrisch gebauten Moleküls käme die Formel $H_3C-\underset{\underset{O}{\|}}{C}-CH_3$ infrage.

Die fehlende Reaktivität beim Fehlingtest ließe sich dadurch erklären, daß am mittleren C-Atom aufgrund der Vierbindigkeit des Kohlenstoffatoms keine Carboxylgruppe gebildet werden kann. Wenn die vermutete Formel zutrifft, müßte aber durch Reduktion aus dem unbekannten Stoff ein Alkohol entstehen, dessen Moleküle folgendermaßen aufgebaut sind:

$$H_3C-\underset{\underset{OH}{|}}{CH}-CH_3$$

Der Stoff müßte positiven Cernitrattest und positiven Iodoformtest zeigen. Das entsprechende Experiment (Experiment 9a) wird durchgeführt.

Die zuvor aufgestellten Vermutungen bestätigen sich. Mit dem Reaktionsprodukt fallen der Dichromat-, Cernitrat- und Iodoformtest positiv aus.

Die Begriffe sekundäre Alkohole und Ketone werden eingeführt und mit primären Alkoholen bzw. Aldehyden verglichen. Die jeweiligen funktionellen Gruppen der Aldehyde und Ketone werden herausgestellt. Der DNPH-Test als Gruppentest auf Aldehyde *und* Ketone wird eingeführt.

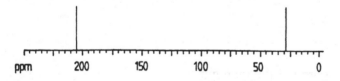

Bild 7.8 ^{13}C-NMR-Spektrum eines Inhaltsstoffes des Nagellackentferners

8 Polyfunktionelle Verbindungen: Bausteine zum Verständnis von Stoffwechselprozessen

Polyfunktionelle Verbindungen sind Stoffe, deren Moleküle mehr als eine funktionelle Gruppe enthalten. In manchen Fällen handelt es sich um funktionelle Gruppen derselben Art (z.b. OH-Gruppen im Glycerinmolekül), in anderen Fällen sind unterschiedliche funktionelle Gruppen im selben Molekül vereinigt (z.b. OH-Gruppe und COOH-Gruppe im Glycolsäuremolekül; vgl. Kapitel 5). Viele biologisch relevante Stoffe sind polyfunktionell (z.b. Citronensäure, Milchsäure, Brenztraubensäure, Glycerinaldehyd, Glucose) und daher auch für den Chemie- und Biologieunterricht sehr bedeutsam.

Bei der Behandlung polyfunktioneller Verbindungen kann man allerdings nicht selbstverständlich davon ausgehen, daß Erkenntnisse, die an monofunktionellen Verbindungen erarbeitet wurden, problemlos auf polyfunktionelle Verbindungen übertragen werden können. Dies zeigen Erfahrungen mit Lehramtsstudenten (HARSCH und HEIMANN 1996 b):

- Die Studierenden hatten am Beispiel von Brenztraubensäure, Citronensäure und Hydroxyaceton im Praktikum kennengelernt, daß diese Stoffe die Gruppentests ihrer jeweiligen funktionellen Gruppen zeigen (additives Verhalten). Es wurde darauf hingewiesen, daß sich diese Stoffe auch bei Synthesen in der Regel additiv verhalten, d.h. daß sämtliche Reaktionen realisierbar sind, die aufgrund der funktionellen Gruppen erwartet werden.

- Im Nachtest wurde den Studierenden die Aufgabe gestellt, für einen Stoff mit der Strukturformel

$$H_3C-\overset{\overset{\displaystyle H}{|}}{\underset{\underset{\displaystyle OH}{|}}{C}}-\overset{\overset{\displaystyle O}{\|}}{C}-H$$

die Ergebnisse der analytischen Standardtests sowie sämtliche Synthesemöglichkeiten dieses Stoffes vorherzusagen. Die möglichen Synthesereagenzien und zusätzliche organische Stoffe (die z.B. für eine Veresterung benötigt werden) waren in einer Liste angegeben.

Denkbar sind die Oxidation der Carbonylgruppe, die Oxidation der Hydroxylgruppe, die Reduktion der Carbonylgruppe, die Veresterung an der Hydroxylgruppe und die Acetalbildung an beiden Gruppen. Alle genannten Reaktionstypen waren im Praktikum an monofunktionellen Verbindungen experimentell erarbeitet und im Begleitseminar geübt worden.

- Es zeigte sich, daß zwar drei Viertel der Studierenden alle Testausfälle richtig vorhersagen konnten und somit die funktionellen Gruppen des Moleküls erkannt hatten, daß aber niemand in der Lage war, sämtliche Synthesemöglichkeiten anzugeben. Von 17 Studierenden waren nur 5 in der Lage, mehr als zwei Synthesen zu formulieren. Ähnliche Erfahrungen wurden auch in anderen Kursen gemacht.

Es kann daher vermutet werden, daß auch im Chemieunterricht bei der Behandlung poly-funktioneller Verbindungen mit ähnlichen Transferschwächen zu rechnen ist. Dieses Defizit hat Auswirkungen auf das Verständnis biochemischer Stoffwechselwege: Wie sollen Stoff-wechselvorgänge auf der molekularen Ebene nachvollzogen werden, wenn die Umwand-lungsmöglichkeiten polyfunktioneller Moleküle nicht verstanden werden?

Die nun folgende Konzeption (HARSCH und HEIMANN 1996 b) ermöglicht einen phä-nomenologisch-integrativen Zugang zu den polyfunktionellen Verbindungen.

1. SCHRITT: Strukturaufklärung eines biologisch relevanten Stoffes X

Den Schülern wird ein unbekannter Stoff X vorgestellt. Es handelt sich um eine nahezu farb-lose (schwach gelbliche) Flüssigkeit. Der Lehrer erläutert, daß dieser Stoff biologisch sehr wichtig sei, da er in vielen Lebewesen – auch beim Menschen – als entscheidendes Zwi-schenprodukt bei der Energiegewinnung durch Abbau von Nährstoffen auftrete. Bevor seine biologische Funktion verstanden werden könne, müsse man erst seine Eigenschaften ken-nenlernen und seine Molekülstruktur erarbeiten.

Es bietet sich an, zunächst die Nachweisreaktionen (Experiment 25) auf die unbekannte Flüssigkeit anzuwenden. Bei den Gruppentests werden folgende Ergebnisse erhalten:

- Cernitrat-, Rojahn- und Fehlingtest fallen negativ aus. Das gelborange gefärbte Cernitrat-reagenz wird allerdings nach kurzer Zeit entfärbt, was erst später erklärt werden kann.

- BTB- und DNPH-Test fallen positiv aus.

Bei dem Stoff X handelt es sich demnach um eine Carbonsäure und zugleich um ein Ke-ton; seine Moleküle müssen folgende funktionelle Gruppen enthalten:

$$\begin{array}{ccc} & \overset{\text{O}}{\underset{\|}{}} & \qquad\qquad & \overset{\text{O}}{\underset{\|}{}} \\ -\text{C}-\text{OH} & & -\overset{|}{\underset{|}{\text{C}}}-\overset{}{\text{C}}-\overset{|}{\underset{|}{\text{C}}}- \end{array}$$

Ist die Reichweite des Iodoformtests zuvor schon erarbeitet worden (siehe Kapitel 7, Schritt 5), so kann auch dieser differenzierende Test eingesetzt werden. Er fällt positiv aus. Hieraus kann auf die Anwesenheit einer Methylgruppe in direkter Nachbarschaft zu der ketonischen Carbonylgruppe geschlossen werden:

$$\text{H}-\overset{\overset{\text{H}}{|}}{\underset{\underset{\text{H}}{|}}{\text{C}}}-\overset{\overset{\text{O}}{\|}}{\text{C}}-$$

Nun kann das ^{13}C-NMR-Spektrum des Stoffes X betrachtet werden (Bild 8.1).

- Es zeigt drei Signale (25 ppm, 161 ppm, 194 ppm), die durch Vergleich mit den bereits erarbeiteten Spektren (Bild 3.5 und Bild 7.1/7.4) und den daraus abgeleiteten Zuord-nungsregeln folgende Schlüsse ermöglichen: Das Molekül X enthält mindestens eine Ketogruppe (194 ppm), mindestens eine Carboxylgruppe (161 ppm) und mindestens eine Methyl- oder Methylengruppe (25 ppm).

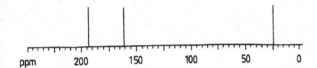

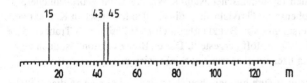

Bild 8.1   Spektroskopische Daten des unbekannten Stoffes X (= Brenztraubensäure). Oben: ^{13}C-NMR-Spektrum. Unten: Massenspektrum

- Es wird erarbeitet, daß folgende Strukturformeln im Einklang mit diesen Befunden sind:

$$\underset{(1)}{\overset{\overset{\displaystyle O \quad\; O}{\;\;||\;\;\; ||}}{H_3C—C—C—OH}} \qquad\qquad \underset{(2)}{\overset{\overset{\displaystyle O \quad\; O \qquad\qquad O \quad\; O}{\;||\;\;\; ||\qquad\qquad\;\;||\;\;\; ||}}{HO—C—C—CH_2—C—C—OH}}$$

$$\underset{(3)}{\overset{\overset{\displaystyle O \quad\; O \qquad\qquad\qquad O \quad\; O}{\;\;||\;\;\; ||\qquad\qquad\qquad\;\;||\;\;\; ||}}{HO—C—C—CH_2—CH_2—C—C—OH}} \qquad \underset{(4)}{\overset{\overset{\displaystyle O \qquad\quad O \qquad\qquad O}{\;\;||\qquad\quad\;\;||\qquad\qquad\;\;||}}{HO—C—CH_2—C—CH_2—C—OH}}$$

$$\underset{(5)}{\overset{\overset{\displaystyle O \qquad\quad O \quad\; O \qquad\quad O}{\;\;||\qquad\quad\;\;||\;\;\; ||\qquad\quad\;\;||}}{HO—C—CH_2—C—C—CH_2—C—OH}}$$

(6)

- Bei Kenntnis der Aussagekraft des Iodoformtests kann die Hypothese (1) als einzig zutreffende Strukturformel erkannt werden. Andernfalls kann das Massenspektrum des Stoffes X (Bild 8.1) hinzugezogen werden, was ebenfalls zur Formel (1) führt. Die drei Signale (45 u, 43 u, 15 u) lassen sich wie folgt zuordnen:

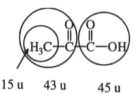

15 u   43 u   45 u

- Der Stoff X wird nun benannt. Aufgrund seiner Strukturformel könnte man ihn als 2-Oxo-Propansäure bezeichnen (systematischer Name). Wichtiger, da gebräuchlicher, ist die Bezeichnung Brenztraubensäure (Trivialname), die auf den historischen Kontext verweist: Der Stoff X wurde erstmalig von BERZELIUS durch Destillation von Traubensäure mit Kaliumhydrogensulfat als Reinstoff hergestellt. Diese „Brenzreaktion" ist auch heute noch die beste Methode, um Brenztraubensäure zu synthetisieren.

Da auch die Salze der Brenztraubensäure biologisch wichtig sind, sollte man an dieser Stelle gleich deren Trivialnamen (Pyruvate) einführen.

2. SCHRITT: Syntheseeigenschaften der Brenztraubensäure

Auf der Grundlage der bisher erarbeiteten Erkenntnisse sollen die Schüler Voraussagen über das Syntheseverhalten der Brenztraubensäure machen. Folgende Hypothesen können aufgestellt werden:

H1 Brenztraubensäure sollte sich (wie Essigsäure) mit einem Alkohol unter Mitwirkung von konzentrierter Schwefelsäure verestern lassen.

H2 Brenztraubensäure sollte sich (wie Aceton) mit Natriumborhydrid zu einem sekundären Alkohol reduzieren lassen.

H3 Brenztraubensäure sollte (wie Essigsäure und Aceton) einen negativen Dichromattest zeigen, d.h. unter diesen Bedingungen nicht oxidierbar sein.

Die entsprechenden Experimente (zunächst Experimente 49 und 9c, sowie später der Dichromattest) werden gemeinsam geplant und ausgeführt. Folgende Ergebnisse werden erhalten:

- Bei der Reaktion von Brenztraubensäure mit Ethanol und Schwefelsäure entsteht nach Zugabe von Natriumsulfatlösung tatsächlich eine unlösliche Phase, die positiven Rojahntest zeigt. Es ist Brenztraubensäureethylester entstanden:

$$H_3C-\overset{O}{\overset{\|}{C}}-\overset{O}{\overset{\|}{C}}-OH + HO-CH_2-CH_3 \xrightarrow{\text{konz. } H_2SO_4} H_3C-\overset{O}{\overset{\|}{C}}-\overset{O}{\overset{\|}{C}}-O-CH_2-CH_3 + H_2O$$

- Die Formulierung der Hypothese 2 setzt voraus, daß die Schüler im vorherigen Unterricht die Reduktion von Aceton zu 2-Propanol bereits kennengelernt haben (Kapitel 7, Experiment 9a). Andernfalls sollte dieser Versuch nun als Parallelversuch zur Umsetzung von Brenztraubensäure mit NaBH₄ zusätzlich durchgeführt werden. In beiden Fällen werden Produkte erhalten, die positiven Cernitrat- und negativen DNPH-Test zeigen –

ein Verhaltensmuster, das den Testausfällen der Edukte entgegengesetzt ist. Daraus folgt, daß die Ketogruppen der Eduktmoleküle verschwunden sind und die Produktmoleküle alkoholische OH-Gruppen enthalten:

$$
\begin{array}{ccc}
\overset{\displaystyle O}{\underset{\displaystyle \Vert}{}} & & \overset{\displaystyle OH}{\underset{\displaystyle \vert}{}} \\
H_3C-C-CH_3 + 2\,H & \longrightarrow & H_3C-C-CH_3 \\
\uparrow & & \vert \\
\text{aus } NaBH_4/H_2O & & H
\end{array}
$$

$$
\begin{array}{ccc}
\overset{\displaystyle O}{\Vert}\;\;\overset{\displaystyle O}{\Vert} & & \overset{\displaystyle OH}{\vert}\;\;\overset{\displaystyle O}{\Vert} \\
H_3C-C-C-OH + 2\,H & \longrightarrow & H_3C-C-C-OH \\
\uparrow & & \vert \\
\text{aus } NaBH_4/H_2O & & H
\end{array}
$$

Das Reduktionsprodukt der Brenztraubensäure wird benannt: Es ist 2-Hydroxypropansäure oder Milchsäure. Die Salze der Milchsäure heißen Lactate.

Hinweis: Das bei der Reduktion von Brenztraubensäure mit $NaBH_4$ erhaltene Produkt (Milchsäure) zeigt nur kurzzeitig einen positiven Cernitrattest (Rotfärbung) und führt dann zur Entfärbung. Dieser Befund kann erst später erklärt werden.

• Da die Hypothesen H1 und H2 bestätigt werden konnten, erwarten die Schüler, daß sich auch H3 als zutreffend erweist. Eigentlich könne man sich den Versuch sparen, meinen sie. Überraschenderweise fällt der Dichromattest mit Brenztraubensäure jedoch positiv aus. Dieser Befund ist zunächst unerklärlich und bedarf weiterer Untersuchungen. An der abgeleiteten Strukturformel der Brenztraubensäure, die sich ansonsten bewährt hat, wird weiterhin festgehalten.

Es schließt sich nun ganz natürlich die Frage an, welches Produkt bei der Oxidation von Brenztraubensäure im Zuge des positiv verlaufenen Dichromattests entstanden ist. Daher wird dieselbe Reaktion nun mit Hilfe des Dichromatsynthesereagenzes im Synthesemaßstab durchgeführt (Experiment 1, Variante C). Hierbei werden folgende Ergebnisse erhalten:

• Mit Barytwasser in der Vorlage tritt Trübung ein. Es ist demnach Kohlendioxid entstanden.

• Mit dem Destillat fallen nur der BTB-Test und der Eisenchloridtest (untere Phase rot) positiv aus, alle anderen Tests sind negativ. Als einziges Produkt (neben CO_2) ist demnach Essigsäure entstanden:

$$
\begin{array}{ccc}
\overset{\displaystyle O}{\Vert}\;\;\overset{\displaystyle O}{\Vert} & & \overset{\displaystyle O}{\Vert} \\
H_3C-C-C-OH + O & \longrightarrow & H_3C-C-OH + CO_2 \\
\uparrow & & \\
\text{aus } K_2Cr_2O_7/H_2SO_4 & &
\end{array}
$$

• Die Reaktion wird als oxidative Decarboxylierung bezeichnet. Weder Alkohole noch Ketone zeigen für sich allein unter den gegebenen Bedingungen diese Reaktion. Brenztraubensäure weist zwar grundlegende Eigenschaften der Carbonsäuren und Ketone auf, darüber hinaus aber aufgrund der Häufung funktioneller Gruppen in ihren Molekülen auch neue Eigenschaften. Das Ganze ist mehr als die Summe seiner Teile. Das Additivitätsprinzip der funktionellen Gruppen bleibt zwar heuristisch wertvoll, bedarf aber stets der Überprüfung durch das Experiment und muß im Lichte dieser Befunde gegebenenfalls eingeschränkt werden.

3. SCHRITT: Die Entfärbung des Cernitratreagenzes durch Brenztraubensäure und Milchsäure

In den vorhergehenden Schritten wurden beim Cernitrattest Anomalien festgestellt. Der Cernitrattest wird mit authentischen Proben wiederholt, um die Phänomene wieder unmittelbar vor Augen zu haben:

• Mit Brenztraubensäure entfärbt sich das gelborange gefärbte Reagenz.

• Mit Milchsäure tritt kurzzeitig Rotfärbung ein, dann entfärbt sich das Reagenz ebenfalls.

• In beiden Fällen tritt starkes Schäumen auf. Es findet also eine Gasentwicklung statt.

Die Vermutung liegt nahe, daß es sich bei dem Gas um Kohlendioxid handelt, das aus den Eduktmolekülen abgespalten wurde (Decarboxylierung).

Zunächst werden am Beispiel der Brenztraubensäure Hypothesen für mögliche Reaktionsgleichungen entwickelt:

$$\text{H1:} \quad H_3C-\overset{O}{\underset{\|}{C}}-\overset{O}{\underset{\|}{C}}-OH \longrightarrow H_3C-\overset{O}{\underset{\|}{C}}-H + CO_2$$

$$\text{H2:} \quad H_3C-\overset{O}{\underset{\|}{C}}-\overset{O}{\underset{\|}{C}}-OH + \underset{\uparrow}{O} \longrightarrow H_3C-\overset{O}{\underset{\|}{C}}-OH + CO_2$$

aus Cernitrat/HNO$_3$

$$\text{H3:} \quad H_3C-\overset{O}{\underset{\|}{C}}-\overset{O}{\underset{\|}{C}}-OH + 2\,H \longrightarrow H_3C-\overset{OH}{\underset{H}{C}}-H + CO_2$$

aus Cernitrat/HNO$_3$

Da die Schüler die Funktion des Cernitratreagenzes nicht kennen, sind alle drei Hypothesen sinnvoll. Zur Überprüfung kann ein einfacher Versuch durchgeführt werden (Experiment 10). Folgende Ergebnisse werden erhalten:

- Mit Barytwasser (Trübung) kann CO_2 nachgewiesen werden.

- Auf das entfärbte Reaktionsgemisch können nur der DNPH- und der Cernitrattest angewendet werden; beide fallen negativ aus. Daraus kann geschlossen werden, daß das Gemisch weder Ketone noch Aldehyde noch Alkohole enthält. Das bedeutet:
  - Die Brenztraubensäure wurde vollständig umgesetzt.
  - Die Hypothese H1 (Acetaldehydsynthese) ist falsifiziert.
  - Die Hypothese H2 (Essigsäuresynthese) kann weder bestätigt noch widerlegt werden, weil der BTB-Test keinen Informationsgewinn brächte: Er würde in jedem Fall positiv ausfallen, weil das Cernitratreagenz Salpetersäure enthält.
  - Die Hypothese H3 (Ethanolsynthese) ist falsifiziert.

- Bis zum Beweis des Gegenteils wird H2 beibehalten. Demgemäß ist die Entfärbungsreaktion auf eine oxidative Decarboxylierung der Brenztraubensäure zurückzuführen, wobei das Cernitratreagenz als Oxidationsmittel wirkt, also selbst reduziert wird.

Nun erfolgt eine Übertragung auf die Milchsäure. Eine reduktive Decarboxylierung (analog zu H3) wird nun allerdings nicht mehr in Betracht gezogen, da dies der erkannten oxidierenden Wirkung des Cernitratreagenzes widerspräche. Folgende Hypothesen erscheinen sinnvoll:

H4:
$$H_3C-\underset{\underset{H}{|}}{\overset{\overset{OH}{|}}{C}}-\overset{\overset{O}{\|}}{C}-OH \longrightarrow H_3C-\underset{\underset{H}{|}}{\overset{\overset{OH}{|}}{C}}-H + CO_2$$

H5:
$$H_3C-\underset{\underset{H}{|}}{\overset{\overset{OH}{|}}{C}}-\overset{\overset{O}{\|}}{C}-OH \underset{\underset{\text{aus Cernitrat/HNO}_3}{\uparrow}}{+O} \longrightarrow H_3C-\overset{\overset{O}{\|}}{C}-H + CO_2 + H_2O$$

H6:
$$H_3C-\underset{\underset{H}{|}}{\overset{\overset{OH}{|}}{C}}-\overset{\overset{O}{\|}}{C}-OH \underset{\underset{\text{aus Cernitrat/HNO}_3}{\uparrow}}{+2O} \longrightarrow H_3C-\overset{\overset{O}{\|}}{C}-OH + CO_2 + H_2O$$

Die Überprüfung dieser Hypothesen (Experiment 10) erbringt folgende Ergebnisse:

- Das entstehende Gas wird als CO_2 identifiziert.

- Mit dem entfärbten Reaktionsgemisch fällt der Cernitrattest negativ aus. Die Hypothese H4 ist falsifiziert.

- Der DNPH-Test hingegen fällt positiv aus. Außerdem ist ein deutlicher Geruch nach Acetaldehyd wahrnehmbar. Die Hypothese H5 ist bestätigt.

- Die Hypothese H6 läßt sich aus den oben diskutierten Gründen weder bestätigen noch widerlegen.

Zusammenfassend kann festgestellt werden, daß die Hypothesen H2 und H5 alle beobachteten Befunde erklären und sich auch gegenseitig stützen, da sie dem Cernitratreagenz die gleiche Funktion (Oxidationsmittel) zuordnen, so daß beide Reaktionen in ein einheitliches Erklärungsschema (oxidative Decarboxylierung) integriert werden können. Die Hypothese H6 wird bis zum Beweis des Gegenteils ignoriert.

Hinweis: Durch Zusatzversuche (Experiment 10) können sich die Schüler auch direkt davon überzeugen, daß das Cernitratreagenz oxidierend wirkt und dabei selbst zu einer farblosen Cersalzlösung reduziert wird.

4. SCHRITT: Das analytische Verhalten der Milchsäure

Nachdem die Schüler das Verhalten der Milchsäure beim Cernitrattest kennengelernt und verstanden haben, sollen sie nun anhand der Strukturformel die Ausfälle der übrigen analytischen Tests voraussagen, experimentell überprüfen (Experiment 25) und – soweit möglich – deuten. Folgende Ergebnisse werden erhalten:

• Positiver BTB-Test, im Einklang mit der Präsenz einer Carboxylgruppe.

• Das Ergebnis des Eisenchloridtests kann nicht vorhergesagt werden; er fällt negativ aus. Dieser empirische Befund – der auch für Brenztraubensäure so ausfällt – ist auch retrospektiv wichtig, weil er zwischen dem Verhalten der einfachen Carbonsäuren (Essigsäure/Propionsäure) und der polyfunktionellen Carbonsäuren differenziert.

• Der Fehling- und DNPH-Test fallen negativ aus, im Einklang mit dem Fehlen einer Aldehyd- oder Ketogruppe (Carbonylgruppe) im Molekül.

• Das Ergebnis des Iodoformtests kann nur vorhergesagt werden, wenn dessen Reichweite bereits erfahrbar gemacht und besprochen wurde. Er fällt positiv aus.

• Der Dichromattest fällt positiv aus. Dies ist verständlich, da das Dichromatreagenz ein starkes Oxidationsmittel ist, so daß folgende Reaktionen zu erwarten sind:

$$\text{H7:} \quad H_3C-\underset{\underset{H}{|}}{\overset{\overset{OH}{|}}{C}}-\overset{\overset{O}{\|}}{C}-OH + O \longrightarrow H_3C-\overset{\overset{O}{\|}}{C}-\overset{\overset{O}{\|}}{C}-OH + H_2O$$

aus $K_2Cr_2O_7/H_2SO_4$

$$\text{H8:} \quad H_3C-\underset{\underset{H}{|}}{\overset{\overset{OH}{|}}{C}}-\overset{\overset{O}{\|}}{C}-OH + O \longrightarrow H_3C-\overset{\overset{O}{\|}}{C}-H + CO_2 + H_2O$$

aus $K_2Cr_2O_7/H_2SO_4$

$$\text{H9:} \quad H_3C-\underset{\underset{H}{|}}{\overset{\overset{OH}{|}}{C}}-\overset{\overset{O}{\|}}{C}-OH + 2\,O \longrightarrow H_3C-\overset{\overset{O}{\|}}{C}-OH + CO_2 + H_2O$$

aus $K_2Cr_2O_7/H_2SO_4$

Aufgrund der bisherigen Erfahrungen (Brenztraubensäure und Acetaldehyd werden durch Dichromat leicht weiteroxidiert, nicht aber Essigsäure; Dichromat ist ein stärkeres Oxidationsmittel als Cernitrat, denn es vermag – im Gegensatz zu diesem – auch Ethanol zu oxidieren) wird der positive Testausfall mit hoher Wahrscheinlichkeit durch die Hypothese H9 zutreffend erklärt.

- Für den Rojahntest wird ein negativer Testausfall erwartet, da das Milchsäuremolekül keine Estergruppe besitzt. Überraschenderweise wird aber ein positiver Testausfall festgestellt. Als Hilfestellung zur Klärung des Problems kann den Schülern die Information gegeben werden, daß sich in einer konzentrierten Milchsäurelösung nach einiger Zeit mit geeigneten Analysemethoden (z.b. Chromatographie) mehrere organische Stoffe nachweisen lassen (BUCH, MONTGOMERY und PORTER 1952). Wie können diese Stoffe entstehen?

Es wird herausgearbeitet, daß Milchsäuremoleküle die funktionellen Gruppen der Alkohole *und* der Carbonsäuren besitzen, also beide für eine Veresterung notwendigen Gruppen. Zwei oder mehrere Milchsäuremoleküle können miteinander zu Estermolekülen reagieren, die für den positiven Rojahntest verantwortlich sind:

Nach BAUER und MOLL (1960) wird das erhaltene polyfunktionelle Estermolekül als Lactylmilchsäure bezeichnet. Es enthält noch eine Alkoholgruppe und eine Carboxylgruppe in geeignetem Abstand, so daß durch intramolekulare Veresterung ein stabiler sechsgliedriger Ring gebildet werden kann:

- Die Ringbildung sollte mit Hilfe von Molekülmodellen erarbeitet werden. Das entstehende cyclische Estermolekül (Lactid) wird von BEYER und WALTER (1988, S. 280) als 3,6-Dimethyl-1,4-dioxan-2,5-dion bezeichnet. Falls man mit Schülern überhaupt solche Nomenklaturprobleme besprechen möchte, sollte man auf folgende Problematik hinweisen: Das der Nomenklatur zugrundeliegende Ringgerüst (Dioxan) gehört zur Stoffklasse der Ether; das Suffix „dion" suggeriert (rein formal) die Präsenz von zwei Ketogruppen, während es sich doch (funktional) um zwei Estergruppen handelt.

5. SCHRITT: Bezüge zum Biologieunterricht

Es kann nun auf die biologische Bedeutung der erarbeiteten Stoffe und Reaktionen eingegangen werden:

Brenztraubensäure ist ein wichtiges Zwischenprodukt im Kohlenhydratstoffwechsel von Mikroorganismen, Pflanzen, Tieren und Menschen. Zuckermoleküle werden zunächst mit Hilfe von Enzymen über mehrere Zwischenprodukte in Brenztraubensäuremoleküle (bzw. in Pyruvat-Ionen) umgewandelt. Die dabei freiwerdende Energie dient als „Triebkraft" für andere, energieverbrauchende (endergonische) Reaktionen. Je nach den äußeren Bedingungen gibt es für die Brenztraubensäuremoleküle folgende Möglichkeiten zur Weiterreaktion:

- Oxidative Decarboxylierung:

$$H_3C-\overset{\overset{O}{\|}}{C}-\overset{\overset{O}{\|}}{C}-OH + O \longrightarrow H_3C-\overset{\overset{O}{\|}}{C}-OH + CO_2$$

$$\uparrow$$

letztlich aus Luftsauerstoff

Ist genügend Sauerstoff vorhanden, wird Brenztraubensäure oxidativ zu Essigsäure und Kohlendioxid abgebaut. Die Essigsäure tritt dabei nicht in freier Form auf, sondern ist an das Coenzym A gebunden. Das Acetyl Coenzym A wird über den Citronensäurecyclus weiter abgebaut, letztendlich zu Kohlendioxid und Wasser unter Freisetzung nutzbarer Energie.

- Reduktion:

$$H_3C-\overset{\overset{O}{\|}}{C}-\overset{\overset{O}{\|}}{C}-OH + 2\,H \longrightarrow H_3C-\overset{\overset{OH}{|}}{\underset{\underset{H}{|}}{C}}-\overset{\overset{O}{\|}}{C}-OH$$

$$\uparrow$$

aus NADH

Liegt kein oder nur wenig Sauerstoff vor, so kann keine oxidative Decarboxylierung erfolgen. Manche Organismen reduzieren die Brenztraubensäure in diesem Fall zu Milchsäure, wobei als Reduktionsmittel NADH (Nicotinsäureamid-Adenin-Dinucleotid in der reduzierten Form) benutzt wird. Das NADH übernimmt also im Organismus die Funktion, die das $NaBH_4$ (Natriumborhydrid) im Schulversuch (Experiment 9c) hatte.

Diese sogenannte Milchsäuregärung läuft z.B. bei starker körperlicher Anstrengung im Muskel ab.

Milchsäuregärung spielt auch eine Rolle bei der Sauerkraut- und Joghurtherstellung, beim „Sauerwerden" der Milch (hierbei wird Milchzucker in Milchsäure umgewandelt), aber auch beim Zuckerabbau im Mund. Hierbei bauen Bakterien Zucker zu Milchsäure ab; diese greift dann den Zahnschmelz an. Daher müssen Bakterienbeläge auf den Zähnen (Plaque) mit der Zahnbürste entfernt werden, vor allem unmittelbar nach dem Genuß von Süßigkeiten.

● Decarboxylierung mit anschließender Reduktion:

$$H_3C-\overset{\overset{O}{\|}}{C}-\overset{\overset{O}{\|}}{C}-OH \longrightarrow H_3C-\overset{\overset{O}{\|}}{C}-H + CO_2$$

$$H_3C-\overset{\overset{O}{\|}}{C}-H + \underset{\underset{\text{aus NADH}}{\uparrow}}{2\,H} \longrightarrow H_3C-\overset{\overset{OH}{|}}{\underset{\underset{H}{|}}{C}}-H$$

Bei Hefezellen findet in Abwesenheit von Sauerstoff eine Decarboxylierung von Brenztraubensäure zu Acetaldehyd und eine anschließende Reduktion zu Ethanol statt. Diese sogenannte alkoholische Gärung läßt sich im Schulversuch leicht mit Glucose, Fructose oder Saccharose und Bäckerhefe realisieren (Experiment 17). Schon nach 15-minütigem Stehenlassen des Ansatzes bei Raumtemperatur werden einzelne Gasblasen erkennbar; nach zwei Stunden hat sich im Barytwasser ein dicker, weißer Niederschlag abgesetzt (CO_2-Nachweis). Nach einer Woche wird das Reaktionsgemisch destilliert. Mit dem Destillat fallen der Cernitrat-, Iodoform- und Dichromattest positiv aus, was mit Ethanol als Produkt zu vereinbaren ist (allerdings auch mit 2-Propanol). Alle anderen Tests fallen negativ aus.

Hinweis: Stärke läßt sich auf diese Weise nicht direkt vergären. Es tritt keine Gasentwicklung ein; nach einer Woche zeigt sich Schimmelbildung.

9 Weitere Erkenntnisse über polyfunktionelle Verbindungen

Um die neuen Lerninhalte zu festigen und Beziehungen zu früheren Erkenntnissen herzustellen und bewußt zu machen, können verschiedene Typen von Übungsaufgaben gestellt werden. Für den Lernerfolg ist wichtig, daß die Schüler sich zunächst selbständig mit den Aufgaben befassen, auch wenn sie vielleicht nur zu Teillösungen kommen, da durch Nachvollzug und Reproduktion allein keine flexible Wissensstruktur erworben werden kann, die auch auf neue Situationen anwendbar ist. Die folgenden Aufgaben können in abgewandelter Form teilweise auch schon an früherer Stelle in den Unterrichtsgang integriert werden. Die Reihenfolge der Schritte ist veränderbar.

1. SCHRITT: Ausschöpfen aller Synthesemöglichkeiten

Die Schüler sollen Hypothesen über alle Reaktionsmöglichkeiten der Acetessigsäure formulieren. Die dazu erforderlichen Stoffe (Synthesereagenzien und ggf. andere organische Edukte) und die Formeln der erwarteten Produkte sollen angegeben werden. Folgende Möglichkeiten kommen in Betracht:

• Neutralisation der Carboxylgruppe

$$H_3C-\underset{\underset{O}{\|}}{C}-CH_2-\underset{\underset{O}{\|}}{C}-OH + OH^- \longrightarrow H_3C-\underset{\underset{O}{\|}}{C}-CH_2-\underset{\underset{O}{\|}}{C}-O^- + H_2O$$

• Veresterung der Carboxylgruppe

$$H_3C-\underset{\underset{O}{\|}}{C}-CH_2-\underset{\underset{O}{\|}}{C}-OH + HO-CH_2-CH_3$$

$$\xrightarrow{\text{konz. } H_2SO_4} H_3C-\underset{\underset{O}{\|}}{C}-CH_2-\underset{\underset{O}{\|}}{C}-O-CH_2-CH_3 + H_2O$$

• Decarboxylierung

$$H_3C-\underset{\underset{O}{\|}}{C}-CH_2-\underset{\underset{O}{\|}}{C}-OH \longrightarrow H_3C-\underset{\underset{O}{\|}}{C}-CH_3 + CO_2$$

• Reduktion der Carbonylgruppe

$$H_3C-\underset{\underset{O}{\|}}{C}-CH_2-\underset{\underset{O}{\|}}{C}-OH + 2H \longrightarrow H_3C-\underset{\underset{H}{|}}{\overset{\overset{OH}{|}}{C}}-CH_2-\underset{\underset{O}{\|}}{C}-OH$$

aus NaBH$_4$

Hinweis: Zuvor muß die Acetessigsäure neutralisiert werden, da sich sonst das Natriumbor-hydridreagenz unter Wasserstoffbildung zersetzt.

• Umwandlung der Carbonylgruppe in eine Ketalgruppe

$$
\underset{\substack{\text{O} \\ \|}}{H_3C-C}-CH_2-\underset{\substack{\text{O} \\ \|}}{C}-OH \;+\; 2\,H_3C-CH_2-OH
$$

$$
\xrightarrow{\;H_2SO_4\;}
\begin{array}{l}
H_3C-CH_2-O \\
\quad\quad\quad\;\; | \\
H_3C-\underset{|}{\overset{}{C}}-CH_2-\underset{\substack{\text{O} \\ \|}}{C}-OH \\
H_3C-CH_2-O
\end{array}
$$

Hinweis: Ebenso wie sich Aldehyde mit Alkoholen in Acetale umwandeln lassen, können auch Ketone in Ketale überführt werden (und aus diesen durch saure Hydrolyse wieder frei-gesetzt werden). Auf diese Weise können Carbonylgruppen reversibel blockiert werden (Schutzgruppenfunktion).

2. SCHRITT: Zielgerichtete Verknüpfung mehrerer Syntheseschritte zu einer Synthesekette

Die Schüler sollen eine Synthesestrategie erarbeiten, um Buttersäureethylester (= Butan-säureethylester) herzustellen. Als einziger organischer Ausgangsstoff steht Brenztrauben-säurebutylester zur Verfügung.

Lösungserwartung:

• Alkalische Esterhydrolyse

$$
H_3C-\underset{\substack{\text{O} \\ \|}}{C}-\underset{\substack{\text{O} \\ \|}}{C}-O-CH_2-CH_2-CH_2-CH_3 \;+\; OH^-
$$

$$
\longrightarrow H_3C-\underset{\substack{\text{O} \\ \|}}{C}-\underset{\substack{\text{O} \\ \|}}{C}-O^- \;+\; HO-CH_2-CH_2-CH_2-CH_3
$$

• Oxidation von 1-Butanol zu Buttersäure

$$
H_3C-CH_2-CH_2-CH_2-OH \;+\; 2\,O \;\longrightarrow\; H_3C-CH_2-CH_2-\underset{\substack{\text{O} \\ \|}}{C}-OH \;+\; H_2O
$$

aus $K_2Cr_2O_7/H_2SO_4$

• Reduktion von Pyruvat zu Lactat

$$
H_3C-\underset{\substack{\text{O} \\ \|}}{C}-\underset{\substack{\text{O} \\ \|}}{C}-O^- \;+\; 2\,H \;\longrightarrow\; H_3C-\underset{\substack{| \\ H}}{\overset{\substack{OH \\ |}}{C}}-\underset{\substack{\text{O} \\ \|}}{C}-O^-
$$

aus $NaBH_4$

- Umwandlung von Lactat in Milchsäure

$$\underset{\substack{| \\ H}}{\overset{\substack{OH \\ |}}{H_3C-C}}\underset{}{\overset{\substack{O \\ \|}}{-C}}-O^- + H^+ \longrightarrow \underset{\substack{| \\ H}}{\overset{\substack{OH \\ |}}{H_3C-C}}\underset{}{\overset{\substack{O \\ \|}}{-C}}-OH$$

aus H_2SO_4

- Oxidative Decarboxylierung der Milchsäure

$$\underset{\substack{| \\ H}}{\overset{\substack{OH \\ |}}{H_3C-C}}\underset{}{\overset{\substack{O \\ \|}}{-C}}-OH + O \longrightarrow H_3C\overset{\substack{O \\ \|}}{-C}-H + CO_2 + H_2O$$

aus Cernitrat/HNO_3

- Reduktion des Acetaldehyds

$$H_3C\overset{\substack{O \\ \|}}{-C}-H + 2\,H \longrightarrow \underset{\substack{| \\ H}}{\overset{\substack{OH \\ |}}{H_3C-C}}-H$$

aus $NaBH_4$

- Veresterung von Buttersäure und Ethanol

$$H_3C-CH_2-CH_2\overset{\substack{O \\ \|}}{-C}-OH + HO-CH_2-CH_3$$

$$\xrightarrow{\text{konz. } H_2SO_4} H_3C-CH_2-CH_2\overset{\substack{O \\ \|}}{-C}-O-CH_2-CH_3 + H_2O$$

Hinweis: Das diskutierte Beispiel ist für Schüler nicht einfach zu lösen. Es wurde bewußt gewählt, um an einem relativ komplexen Problem den Möglichkeitsraum für die Reaktivierung vieler bekannter Einzelschritte aufzuzeigen. In der Unterrichtspraxis sollte mit einer leichteren Aufgabe begonnen werden (z.B. mit der Synthese von Ethanol aus Milchsäure oder Brenztraubensäure). Der Schwierigkeitsgrad läßt sich je nach den pädagogischen Erfordernissen in weiten Grenzen variieren.

3. SCHRITT: Struktur-Eigenschafts-Beziehungen am Beispiel der Acidität verschiedener Carbonsäuren

Die Schüler erhalten gleichkonzentrierte ($c = 0,1$ mol/l) wässrige Lösungen verschiedener Säuren (Ameisensäure, Essigsäure, Propionsäure, Milchsäure, Brenztraubensäure, Oxalsäure, Glycolsäure, Malonsäure, Schwefelsäure, Salzsäure). Sie messen die pH-Werte dieser Lösungen mit Teststäbchen (Experiment 47) und sollen dann Aussagen über die Abhängigkeit der Säurestärke von der Molekülstruktur machen. Folgende Ergebnisse, geordnet nach steigenden pH-Werten, werden erhalten:

$$HO-\overset{\displaystyle O}{\underset{\displaystyle O}{\overset{\|}{\underset{\|}{S}}}}-OH \qquad H-Cl \qquad HO-\overset{\displaystyle O}{\overset{\|}{C}}-\overset{\displaystyle O}{\overset{\|}{C}}-OH \qquad HO-\overset{\displaystyle O}{\overset{\|}{C}}-CH_2-\overset{\displaystyle O}{\overset{\|}{C}}-OH$$

$$(0,7) \qquad\qquad 1,0 \qquad\qquad 1,3 \qquad\qquad\qquad 1,6$$

$$H_3C-\overset{\displaystyle O}{\overset{\|}{C}}-\overset{\displaystyle O}{\overset{\|}{C}}-OH \qquad H_3C-\overset{\displaystyle OH}{\underset{\displaystyle H}{\overset{|}{\underset{|}{C}}}}-\overset{\displaystyle O}{\overset{\|}{C}}-OH \qquad H-\overset{\displaystyle OH}{\underset{\displaystyle H}{\overset{|}{\underset{|}{C}}}}-\overset{\displaystyle O}{\overset{\|}{C}}-OH$$

$$1,6 \qquad\qquad\qquad 2,2 \qquad\qquad\qquad 2,2$$

$$H-\overset{\displaystyle O}{\overset{\|}{C}}-OH \qquad H_3C-\overset{\displaystyle O}{\overset{\|}{C}}-OH \qquad H_3C-CH_2-\overset{\displaystyle O}{\overset{\|}{C}}-OH$$

$$2,2 \qquad\qquad 3,0 \qquad\qquad\qquad 3,0$$

Hieraus können folgende Aussagen abgeleitet werden:

• Die organischen Säuren sind schwächere Säuren als vergleichbare anorganische Säuren.
  Vergleichbar sind:
  – Salzsäure / Monocarbonsäuren
  – Schwefelsäure / Dicarbonsäuren
      Wegen der beschränkten Meßgenauigkeit der Teststäbchenmethode wird für Schwefelsäure und Salzsäure jeweils pH = 1 gemessen, obwohl für Schwefelsäure (unter der Annahme einer vollständigen Protolyse) ein pH-Wert von 0,7 zu erwarten wäre. Die obige Aussage bleibt davon allerdings unberührt.

• Die organischen Säuren sind nur unvollständig protolysiert:

$$R-\overset{\displaystyle O}{\overset{\|}{C}}-OH + H_2O \; \rightleftharpoons \; R-\overset{\displaystyle O}{\overset{\|}{C}}-O^- + H_3O^+$$

Definiert man als Protolysegrad den Quotienten aus der gemessenen Konzentration der H_3O^+-Ionen und deren maximal möglichem Wert ($c = 0,100$ mol/l; dieser Wert gilt auch für Dicarbonsäuren, wenn man nur die oben formulierte Erstprotolyse betrachtet), so ergeben sich folgende Protolysegrade (in Prozent):

1 % für Essigsäure, Propionsäure

6 % für Ameisensäure, Glycolsäure, Milchsäure

25 % für Brenztraubensäure, Malonsäure

50 % für Oxalsäure

Das bedeutet, daß z.B. von je 100 Molekülen Brenztraubensäure, die zur Herstellung der Lösung eingesetzt wurden, 25 als Pyruvat-Ionen und 75 als Brenztraubensäuremoleküle vorliegen.

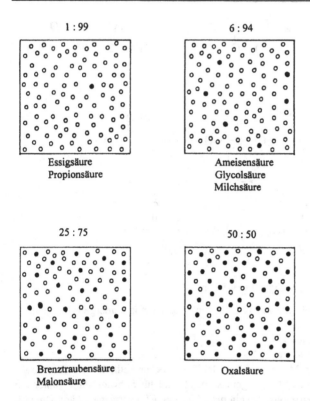

1 : 99

Essigsäure
Propionsäure

6 : 94

Ameisensäure
Glycolsäure
Milchsäure

25 : 75

Brenztraubensäure
Malonsäure

50 : 50

Oxalsäure

Bild 9.1   Veranschaulichung des unterschiedlichen Protolysegrads der Carbonsäuren durch Punktmuster Symbolik: o = undissoziiertes Säuremolekül ● = Säure-Anion (oder H_3O^+-Ion)

Es empfiehlt sich, die Protolysegleichgewichte durch Punktmuster (Bild 9.1) zu ver-
anschaulichen und anhand dieser Bilder auch die dynamische Natur des chemischen
Gleichgewichts zu diskutieren: Die Brenztraubensäuremoleküle wandeln sich ständig in
Pyruvat-Ionen um und umgekehrt; aber ungeachtet der individuellen Teilchenschicksale
kommen in jedem Augenblick auf je 75 Brenztraubensäuremoleküle jeweils 25 Pyruvat-
Ionen (von statistischen Schwankungen abgesehen, die sich bei großen Teilchenzahlen
nicht bemerkbar machen).

- Bei strukturell vergleichbaren Säuren nimmt der pH-Wert mit wachsender Kettenlänge
  zu oder bleibt unverändert. Vergleichbar sind:
  – Ameisensäure / Essigsäure / Propionsäure
  – Glycolsäure / Milchsäure
  – Oxalsäure / Malonsäure

- Dicarbonsäuren sind acider als Monocarbonsäuren mit gleicher Kettenlänge. Vergleich-
  bar sind:
  – Oxalsäure / Essigsäure
  – Malonsäure / Propionsäure

Wäre die Wirkung der beiden Carboxylgruppen nur additiv, müßte man für Oxalsäure (verglichen mit Essigsäure) folgenden pH-Wert erwarten:

$c (H_3O^+) = 2 \cdot 10^{-3}$ mol/l $\rightarrow$ pH = 2,7 (statt 1,3).

Entsprechend wäre für Malonsäure ein pH-Wert von 2,7 (statt 1,6) zu erwarten.

Die zweite Carboxylgruppe beeinflußt demnach die Acidität der Carbonsäuren überadditiv, wenngleich in unterschiedlichem Maße.

- Oxalsäure ist eine stärkere Säure als Malonsäure. Offensichtlich erleichtert die zweite Carboxylgruppe die Protolyse der ersten in besonderem Maße, wenn sie ihr direkt benachbart ist. Die geringere Acidität der Malonsäure ist nicht durch die größere Kettenlänge erklärbar, weil sonst auch bei den Paaren Propionsäure/Essigsäure bzw. Milchsäure/Glycolsäure analoge Aciditätsdifferenzen feststellbar sein müßten, was nicht der Fall ist.

- Eine Hydroxylgruppe oder Ketogruppe in direkter Nachbarschaft zur protolysierenden Carboxylgruppe steigert deren Acidität. Vergleichbar sind:
  - Glycolsäure/Essigsäure
  - Milchsäure/Propionsäure
  - Brenztraubensäure/Propionsäure

- Eine Ketogruppe steigert die Acidität stärker als eine Hydroxylgruppe. Vergleichbar sind:
  - Brenztraubensäure/Milchsäure

Es sollte deutlich herausgearbeitet werden, welche Säuren mit welchen vergleichbar sind und in welcher Hinsicht verglichen wird:

Die zu vergleichenden Moleküle dürfen sich nur in einem einzigen strukturellen Merkmal unterscheiden, da man andernfalls die beobachtete pH-Wert-Differenz nicht eindeutig diesem einen Einflußfaktor zuordnen könnte. Dieses wichtige methodische Prinzip (Faktorenkontrolle) muß immer wieder in wechselndem Kontext geübt werden, damit die Schüler lernen, es als abstraktes Werkzeug der Erkenntnisgewinnung zu nutzen.

Hierzu gehört auch, daß die Schüler in der Lage sind, aus dem jeweils verfügbaren Datensatz *alle* vergleichbaren Daten herauszusuchen, und daß sie die Notwendigkeit der vollständigen Datenausschöpfung einsehen, da der Geltungsbereich einer Regel entscheidend davon abhängt. Werden widersprüchliche Daten gefunden, muß die Regel – auch wenn sie durch einen Teil der Daten gestützt wird – eingeschränkt oder möglicherweise ganz aufgegeben werden.

Eine theoretische Erklärung der empirisch gefundenen Regeln kann sich auf vereinfachtem Niveau anschließen:

- Sauerstoffatome sind elektronegativer als Kohlenstoffatome. Daher sind in den Strukturelementen C=O und C–OH die Bindungselektronen zu den Sauerstoffatomen hin verschoben, so daß die Kohlenstoffatome eine positive Teilladung erhalten. Sie wirken deshalb auf die ihnen benachbarten Gruppen R_1 und R_2 elektronenziehend:

$$R_1 \rightarrow \overset{\displaystyle O}{\underset{\displaystyle \parallel}{C}} \leftarrow R_2 \qquad R_1 \rightarrow \overset{\displaystyle OH}{\underset{\displaystyle |}{C}} \leftarrow R_2$$

Dieser induktive Effekt pflanzt sich in der benachbarten Carboxylgruppe fort und erleichtert deren Deprotonierung:

$$R_1 \rightarrow \overset{O}{\underset{}{C}} \leftarrow \overset{O}{\underset{}{C}} \leftarrow O \leftarrow H \qquad\qquad R_2 \rightarrow \overset{OH}{\underset{}{C}} \leftarrow \overset{O}{\underset{}{C}} \leftarrow O \leftarrow H$$

- Eine Ketogruppe zeigt einen stärkeren induktiven Effekt als eine Hydroxylgruppe, weil die Elektronen der Doppelbindung leichter beweglich (polarisierbar) sind als die Elektronen der Einfachbindung.

- Der induktive Effekt ist am stärksten ausgeprägt, wenn die induzierende Gruppe der protolysierenden Carboxylgruppe direkt benachbart ist; er schwächt sich mit wachsendem Abstand der funktionellen Gruppen ab.

4. SCHRITT: Struktur-Eigenschaftsbeziehungen am Beispiel der Löslichkeit von Dicarbonsäuren

Im vorhergehenden Unterricht ist die Löslichkeit der primären Alkohole in Wasser bereits erarbeitet worden. Im Zusammenhang mit der homologen Reihe (Kapitel 4, Schritt 5) wurde festgestellt, daß die Löslichkeit mit wachsender Kettenlänge der Alkoholmoleküle abnimmt.

Nun wird die Aufgabe gestellt, die Wasserlöslichkeit von fünf Dicarbonsäuren (Oxal-, Malon-, Bernstein-, Glutar-, Adipinsäure) vorherzusagen. Die Strukturformeln der Dicarbonsäuren werden gegeben.

Die Schüler stellen vermutlich die Hypothese auf, daß die Löslichkeit mit wachsender Kettenlänge irgendwie monoton, vielleicht sogar linear, abnimmt. Dies wird nun experimentell überprüft (Experiment 46), indem bereitgestellte gesättigte Lösungen dieser Säuren mit Natronlauge titriert werden. Es genügt, die Natronlauge mit Tropfpipetten zuzugeben und die Tropfenanzahl bis zum Indikatorumschlag zu zählen. Überraschenderweise wird die Hypothese widerlegt:

Ein ausgeprägter Alternanzeffekt wird gefunden (Bild 9.2). Die geradzahligen Dicarbonsäuren sind viel schlechter in Wasser löslich als die ungeradzahligen. Die Notwendigkeit zur Überprüfung von (auch gut begründeten) Hypothesen wird in spektakulärer Weise erkennbar.

BURROWS (1992) bezeichnet das Phänomen als „Odd-Even-Effect" und weist darauf hin, daß auch die Schmelzpunkte der Dicarbonsäuren analog zu deren Löslichkeiten alternieren. Er schreibt (S. 71):

„This effect also leads to the observed solubility differences because solubility and fusion both involve breaking up the crystal lattice and thus are related theoretically."

Als allgemeines Erklärungsmuster für das Phänomen können demnach unterschiedlich starke, zwischenmolekulare Kräfte im Kristallgitter postuliert werden, die ihrerseits wohl auf unterschiedliche Packungen der geradzahligen und ungeradzahligen Dicarbonsäuren im Kristallgitter zurückzuführen sind.

Als weitere Aktivitäten kommen folgende Möglichkeiten in Betracht:

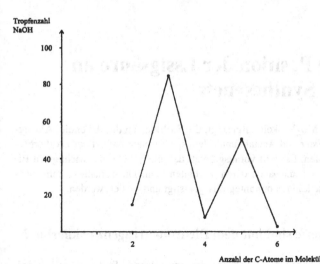

Bild 9.2 Alternanzphänomen bei der Löslichkeit von Dicarbonsäuren in Wasser. Abszisse: Kettenlänge der Dicarbonsäuremoleküle, Ordinate: Tropfenanzahl an Natronlauge (c = 3 mol/l) für die Neutralisation von je 10 ml kaltgesättigter Dicarbonsäurelösung

- Die Schüler sollen auf der Grundlage ihrer eigenen experimentellen Daten die Löslichkeiten der Dicarbonsäuren in Gramm pro Liter Lösung ausrechnen.

- Aus Nachschlagewerken können die entsprechenden Stoffdaten (Löslichkeiten, Schmelzpunkte) herausgesucht werden. Auch die Preise, die aus Chemikalienkatalogen entnommen werden können, sind interessant: Geradzahlige Dicarbonsäuren sind wesentlich wohlfeiler als ungeradzahlige. Da auch in der Natur geradzahlige Carbonsäuren im Vergleich zu den ungeradzahligen bevorzugt vorkommen (z.B. bei den Fettsäuren), kann ein zumindest indirekter Zusammenhang vermutet werden.

- Die experimentellen Daten können mit den Literaturdaten verglichen werden. Der Literaturwert für die Löslichkeit der Pimelinsäure (Heptandisäure) kann mit dem durch Extrapolation der experimentellen Daten abgeschätzten Wert verglichen werden.

Tabelle 9.1 Schmelztemperaturen, Löslichkeiten und Preise einiger Dicarbonsäuren

	Anzahl der C-Atome	FP (°C)	Preis[1] DM/kg
Oxalsäure	2	188–191	71
Malonsäure	3	132–135	138
Bernsteinsäure	4	185–188	46
Glutarsäure	5	96–99	228
Adipinsäure	6	151–154	18
Pimelinsäure	7	103–105	734

[1] gerundete Preise, Qualität purum (außer Adipinsäure purissimum), aus Katalog Fluka 1997/98

10 Die zentrale Position der Essigsäure im wachsenden Synthesenetz

In diesem Kapitel wird eine Möglichkeit aufgezeigt, die Stoffklassen der Alkohole, Aldehyde, Ketone, Carbonsäuren, Ester und Acetale unter dem spezifischen Aspekt der Oxidierbarkeit miteinander zu verknüpfen. Es wird vorausgesetzt, daß die Schüler die wichtigsten Eigenschaften dieser Stoffklassen, u.a. auch deren Verhalten beim Dichromattest, kennengelernt haben. Diese Kenntnisse können nun integrativ gefestigt und vertieft werden.

1. SCHRITT: Welche Stoffe sind mit dem Dichromatreagenz oxidierbar?

Auf dem Lehrertisch stehen neben dem Dichromatreagenz folgende Stoffproben: Ethanol, Acetaldehyd (als wäßrige Lösung; $c = 2,5$ mol/l), Essigsäure, Essigsäureethylester, Acetaldehyddiethylacetal (kurz: Acetal), Aceton, Milchsäure, Brenztraubensäure.

Die Schüler sollen aufgrund ihrer bisherigen Erfahrungen angeben, welche dieser Stoffe leicht, schwer oder ggf. überhaupt nicht oxidierbar sind. Anschließend wird der Dichromattest (Experiment 25) noch einmal wiederholend mit den acht Stoffen durchgeführt. Es zeigt sich, daß sich das Dichromatreagenz nur bei Essigsäure und Aceton nicht verfärbt. Die sechs anderen Stoffe ergeben einen positiven Ausfall des Dichromattests; sie sind also unter diesen Bedingungen (siedendes Wasserbad) oxidierbar. Am leichtesten oxidierbar ist Brenztraubensäure; sie reagiert bereits bei Raumtemperatur.

2. SCHRITT: Welche Oxidationsprodukte sind entstanden?

Es werden die Ergebnisse der im bisherigen Unterricht experimentell durchgeführten Oxidationen zusammengetragen; über die noch nicht experimentell ermittelten Oxidationsprodukte werden Hypothesen aufgestellt.

$$(1) \quad H_3C-CH_2-OH \xrightarrow{Ox.} H_3C-\overset{\overset{\displaystyle O}{\|}}{C}-H \quad \text{und/oder} \quad H_3C-\overset{\overset{\displaystyle O}{\|}}{C}-OH$$

$$(2) \quad H_3C-\overset{\overset{\displaystyle O}{\|}}{C}-H \xrightarrow{Ox.} H_3C-\overset{\overset{\displaystyle O}{\|}}{C}-OH$$

Falls die Schüler die säurekatalysierte Ester- und Acetalspaltung bereits kennengelernt haben, können folgende Schemata aufgestellt werden:

(3) $\quad H_3C-\overset{\overset{\displaystyle O}{\|}}{C}-O-CH_2-CH_3 + H_2O \xrightarrow{(H_2SO_4)} H_3C-\overset{\overset{\displaystyle O}{\|}}{C}-OH + HO-CH_2-CH_3$

$$\downarrow Ox$$

$$HO-\overset{\overset{\displaystyle O}{\|}}{C}-CH_3$$

(4) $\quad H_3C-\overset{\overset{\displaystyle O-CH_2-CH_3}{|}}{\underset{\underset{\displaystyle O-CH_2-CH_3}{|}}{C}}-H + H_2O \xrightarrow{(H_2SO_4)} H_3C-\overset{\overset{\displaystyle O}{\|}}{C}-H + 2\ HO-CH_2-CH_3$

$$\downarrow Ox \qquad\qquad\qquad \downarrow Ox$$

$$H_3C-\overset{\overset{\displaystyle O}{\|}}{C}-OH \qquad 2\ HO-\overset{\overset{\displaystyle O}{\|}}{C}-CH_3$$

Falls die Schüler die Eigenschaften der Milch- und Brenztraubensäure bei der Erarbeitung der polyfunktionellen Verbindungen (Kapitel 8) bereits kennengelernt haben, können weitere Schemata formuliert werden:

(5) $\quad H_3C-\overset{\overset{\displaystyle HO}{|}}{\underset{\underset{\displaystyle H}{|}}{C}}-\overset{\overset{\displaystyle O}{\|}}{C}-OH \xrightarrow{\quad CO_2\quad} H_3C-\overset{\overset{\displaystyle HO}{|}}{\underset{\underset{\displaystyle H}{|}}{C}}-H \xrightarrow{Ox} H_3C-\overset{\overset{\displaystyle O}{\|}}{C}-OH$

(6) $\quad H_3C-\overset{\overset{\displaystyle O}{\|}}{C}-\overset{\overset{\displaystyle O}{\|}}{C}-OH \xrightarrow{\quad CO_2\quad} H_3C-\overset{\overset{\displaystyle O}{\|}}{C}-H \xrightarrow{Ox} H_3C-\overset{\overset{\displaystyle O}{\|}}{C}-OH$

Letztendlich sollten sich also alle sechs positiv reagierenden Prüfstoffe in Essigsäure umgewandelt haben. Diejenigen Oxidationen, die im vorhergehenden Unterricht noch nicht experimentell durchgeführt wurden, werden nun in arbeitsteiligen Schülerversuchen (Experiment 1, Varianten A und C) untersucht. Es können auch alle Stoffe noch einmal vergleichend eingesetzt werden.

Hinweis: Falls die Schüler nicht über die entsprechenden Vorkenntnisse verfügen, um begründete Hypothesen zu formulieren, haben die Schülerexperimente – ausgedrückt in der Terminologie des forschend-entwickelnden Unterrichtsverfahrens – natürlich nicht die Funktion von Überprüfungsexperimenten (oder von „Bestätigungsexperimenten", wie oft einseitig unter Ignorierung des möglichen Widerlegungsaspekts in der fachdidaktischen Literatur gesagt wird), sondern die Funktion von weiterführenden Experimenten, die zur Beschaffung von Erfahrungstatsachen für den weiteren Erkenntnisprozeß dienen.

Auf die Destillate werden geeignete Nachweisreaktionen angewendet. Folgende Ergebnisse werden erhalten:

Edukte → Tests ↓	Ethanol	Acetaldehyd	Essigsäure- ethylester	Acetal	Milchsäure	Brenztrau- bensäure
Cernitrattest	–	–	–	–	–	–
DNPH-Test	–	–	–	–	–	–
BTB-Test	+	+	+	+	+	+
Eisenchloridtest	$+_u$	$+_u$	$+_u$	$+_u$	$+_u$	$+_u$

$+_u$ bedeutet: untere Phase rot (= typisch für Essigsäure, im Gegensatz z.B. zu Propionsäure, Milchsäure oder Brenztraubensäure)

Das Ergebnis ist überaus einfach: In allen sechs Fällen kann als Reaktionsprodukt Essigsäure nachgewiesen werden. Bei Milchsäure und Brenztraubensäure läßt sich zusätzlich auch
noch Kohlendioxid nachweisen (Trübung mit Barytwasser).

3. SCHRITT: Lassen sich die anderen Stoffe unter verschärften Bedingungen doch oxidieren?

Es wird nun untersucht, ob sich Essigsäure und Aceton (an späterer Stelle im Unterrichtsgang kann auch Diethylether einbezogen werden) unter verschärften Bedingungen vielleicht
doch mit Dichromat oxidieren lassen (Experiment 1, Varianten B und C).
Die Experimente werden in zwei Varianten durchgeführt:

• Variante B für Essigsäure (und evtl. Diethylether)

• Variante C für Aceton.

Es zeigt sich, daß sich das Dichromatreagenz im Falle von Aceton (und Ether) tatsächlich
verfärbt, nicht aber beim Einsatz von Essigsäure.

Die Untersuchung der Destillate ergibt folgende Testausfälle:

Edukte → Tests ↓	Essigsäure	Aceton	Diethylether
Cernitrattest	–	–	–
DNPH-Test	–	+	–
BTB-Test	+	+	+
Eisenchloridtest	$+_u$	$+_u$	$+_u$

Hieraus läßt sich folgendes schließen:

• Essigsäure hat nicht reagiert; sie wird unverändert im Destillat wiedergefunden.

• Aceton hat sich in Essigsäure umgewandelt. Es erscheint plausibel, hierfür folgenden
  Reaktionsablauf anzunehmen:

$$(7)\quad H_3C-\overset{\overset{\displaystyle O}{\|}}{C}-CH_3 \xrightarrow{Ox} H_3C-\overset{\overset{\displaystyle O}{\|}}{C}-\overset{\overset{\displaystyle O}{\|}}{C}-OH \xrightarrow{\quad\overset{CO_2}{}\quad} H_3C-\overset{\overset{\displaystyle O}{\|}}{C}-H$$

$$\downarrow Ox$$

$$H_3C-\overset{\overset{\displaystyle O}{\|}}{C}-OH$$

Mit Barytwasser (Trübung) läßt sich tatsächlich CO_2 nachweisen.

Der positive Ausfall des DNPH-Tests könnte durch nicht umgesetztes Aceton und/ oder intermediär gebildete Brenztraubensäure und/oder Acetaldehyd verursacht sein. Da aber Brenztraubensäure und Acetaldehyd schon unter milderen Bedingungen vollständig oxidiert werden (siehe 2. Schritt), kann das Ergebnis nur im Sinne einer unvollständigen Umsetzung des Acetons gedeutet werden. Die Reaktion wird als oxidative Decarboxylierung bezeichnet.

- Diethylether hat sich ebenfalls in Essigsäure umgewandelt. Dieser Befund läßt sich verstehen, wenn man eine säurekatalysierte Etherspaltung annimmt, die der Oxidation vorgelagert ist:

$$(8)\quad H_3C-CH_2-O-CH_2-CH_3 + H_2O \xrightarrow{(H_2SO_4)} 2\ H_3C-CH_2-OH$$

$$\downarrow Ox$$

$$2\ H_3C-\overset{\overset{\displaystyle O}{\|}}{C}-OH$$

Mit allen diesen Erklärungsmustern (1) bis (8) ist allerdings kein Darstellungsanspruch bezüglich der tatsächlichen Reaktionsmechanismen verbunden. Dies ist auch gar nicht nötig, da es nur um die rationale Rekonstruktion von Edukt-Produkt-Verknüpfungen geht, nicht aber um detaillierte Reaktionswege. Man muß den Schülern bewußt machen, daß (1) bis (8) auch deshalb sinnvoll sind, weil die in diesen Schemata vorkommenden Hilfsstoffe (Wasser, Schwefelsäure, Oxidationsmittel) im Dichromatreagenz tatsächlich enthalten sind.

4. SCHRITT: Läßt sich Essigsäure überhaupt nicht oxidieren?

Die bisherigen Erkenntnisse werden schematisch zusammengefaßt, um die zentrale Stellung der Essigsäure als Knoten eines Synthesenetzes hervorzuheben:

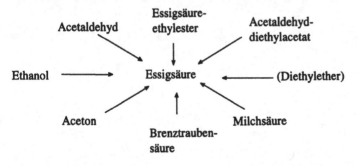

Kann man daraus schließen, daß die Essigsäure grundsätzlich nicht oxidierbar ist? Ein Blick in die Biologie zeigt, daß dies nicht zutreffen kann. Beim Kohlenhydratabbau entsteht aus Glucose zunächst (über mehrere Zwischenprodukte) Brenztraubensäure, die oxidativ zu Essigsäure decarboxyliert wird. Die Essigsäure liegt allerdings nicht frei vor, sondern ist als Thioester an das Coenzym A gebunden. Über einen komplexen, enzymatisch katalysierten Stoffwechselprozeß (Citronensäure-Cyclus und Atmungskette) wird die Essigsäure unter Energiegewinnung letztlich zu Kohlendioxid und Wasser abgebaut.

Vereinfachtes Schema:

$$C_6H_{12}O_6 \xrightarrow{\text{Ox.}} 2\ H_3C-\overset{\overset{\displaystyle O}{\|}}{C}-\overset{\overset{\displaystyle O}{\|}}{C}-OH \xrightarrow{\text{Ox.}} 2\ H_3C-\overset{\overset{\displaystyle O}{\|}}{C}-OH$$

$$2\ CO_2 \qquad \xrightarrow{\text{Ox.}}\ 4\ CO_2\ +\ 4\ H_2O$$

Dieser Abbau zu stabilen, energiearmen, anorganischen Reaktionsprodukten kann mit einem geeigneten Oxidationsmittel (Kupferoxid) auch als Schülerversuch durchgeführt werden (Experiment 34a; evtl. aus Kapitel 3 bekannt). Kohlendioxid und Wasser können als Produkte nachgewiesen werden:

$$H_3C-\overset{\overset{\displaystyle O}{\|}}{C}-OH\ +\ 4\ CuO \longrightarrow 2\ CO_2\ +\ 2\ H_2O\ +\ 4\ Cu$$

Die dargestellten Experimente zeigen eine abgestufte Oxidierbarkeit organischer Stoffe. Alle untersuchten Stoffe werden letztlich in Essigsäure umgewandelt, die ihrerseits wiederum unter speziellen Bedingungen (in Lebewesen, aber auch im Labor) zu den energiearmen Endprodukten Kohlendioxid und Wasser weiteroxidiert werden kann. Somit sind CO_2 und H_2O letztlich auch die Endprodukte der vollständigen Oxidation aller untersuchten organischen Stoffe. Diese Produkte erhält man auch, wenn man die organischen Stoffe direkt verbrennt. Beispiel Essigsäure:

$$H_3C-\overset{\overset{\displaystyle O}{\|}}{C}-OH\ +\ 2\ O_2 \longrightarrow 2\ CO_2\ +\ 2\ H_2O$$

11 Zum Verständnis der Nachweisreaktionen

Nachweisreaktionen spielen im Rahmen des PIN-Konzepts eine entscheidende Rolle: Sie dienen einerseits als Werkzeuge zur phänomenologischen Gruppierung von Reinstoffen, und andererseits – aufbauend auf diesen Erkenntnissen – als Mittel zum Nachweis dieser Stoffe in unbekannten Proben, z.B. in Synthesegemischen und Alltagsprodukten. Die Identifizierung unbekannter Proben erfolgt durch Vergleich ihres analytischen Verhaltensmusters mit dem Verhaltensmuster von Referenzproben. Ein theoretisches Verständnis der Nachweisreaktionen auf der molekularen Ebene ist hierzu *nicht* erforderlich.

Das Bedürfnis nach Erklärung (und auch die Fähigkeit dazu) wächst jedoch in dem Maße, in dem die Nachweisreaktionen mit dem bereits erarbeiteten Synthesenetz verknüpft werden können. Die Besprechung des Dichromattests setzt z.b. Erfahrungen mit präparativ durchgeführten Dichromatsynthesen voraus; die Deutung des Rojahntests ist erst möglich, wenn Syntheseerfahrungen mit der alkalischen Esterhydrolyse vorliegen, usw.

Deshalb sollten die im folgenden systematisch dargestellten Nachweisreaktionen nicht als Gesamtblock im Unterricht besprochen, sondern schrittweise in das genetisch wachsende Synthesenetz integriert werden, so daß Analytik und Synthesen wechselseitig Licht aufeinander werfen und als zwei Seiten derselben Medaille begriffen werden können. Diese Vorgehensweise trägt nicht nur dem Kriterium der Verknüpfung Rechnung, sondern auch dem Kriterium des intelligenten Übens.

11.1 Dichromattest

Das Dichromatreagenz enthält Kaliumdichromat (0,03 mol/l) in verdünnter Schwefelsäure (0,1 mol/l). Es wirkt bei 100°C (siedendes Wasserbad) als *starkes* Oxidationsmittel. Bei positivem Testausfall erfolgt eine Umfärbung von orange ($Cr_2O_7^{2-}$-Ionen) nach grün/braungrün (Cr^{3+}-Ionen).

Positiv reagieren z.B.: Ethanol, 1-Propanol, 2-Propanol, Acetaldehyd, Propionaldehyd, Essigsäureethylester, Propionsäurepropylester, Acetaldehyddiethylacetal, Milchsäure, Brenztraubensäure.

Ein positiver Testausfall läßt auf leicht oder mittelschwer oxidierbare Prüfstoffe schließen, die unterschiedlichen Stoffklassen angehören können.

Hierbei laufen folgende Redoxreaktionen ab:

(1) $3\,H_3C-CH_2-OH + 2\,Cr_2O_7^{2-} + 16\,H^+$

$$\longrightarrow 3\,H_3C-\overset{\overset{\textstyle O}{\|}}{C}-OH + 4\,Cr^{3+} + 11\,H_2O$$

(2) $3\,H_3C-\overset{\overset{\textstyle OH}{|}}{\underset{\underset{\textstyle H}{|}}{C}}-CH_3 + Cr_2O_7^{2-} + 8\,H^+$

$$\longrightarrow 3\,H_3C-\overset{\overset{\textstyle O}{\|}}{C}-CH_3 + 2\,Cr^{3+} + 7\,H_2O$$

(3) $3\,H_3C-\overset{\overset{\textstyle O}{\|}}{C}-H + Cr_2O_7^{2-} + 8\,H^+$

$$\longrightarrow 3\,H_3C-\overset{\overset{\textstyle O}{\|}}{C}-OH + 2\,Cr^{3+} + 4\,H_2O$$

(4) $3\,H_3C-\overset{\overset{\textstyle O}{\|}}{C}-O-CH_2-CH_3 + 2\,Cr_2O_7^{2-} + 16\,H^+$

$$\longrightarrow 6\,H_3C-\overset{\overset{\textstyle O}{\|}}{C}-OH + 4\,Cr^{3+} + 8\,H_2O$$

(5) $3\,H_3C-\overset{\overset{\textstyle O-CH_2-CH_3}{|}}{\underset{\underset{\textstyle O-CH_2-CH_3}{|}}{C}}-H \quad + 5\,Cr_2O_7^{2-} + 40\,H^+$

$$\longrightarrow 9\,H_3C-\overset{\overset{\textstyle O}{\|}}{C}-OH + 10\,Cr^{3+} + 23\,H_2O$$

(6) $3\,H_3C-\overset{\overset{\textstyle OH}{|}}{\underset{\underset{\textstyle H}{|}}{C}}-\overset{\overset{\textstyle O}{\|}}{C}-OH + 2\,Cr_2O_7^{2-} + 16\,H^+$

$$\longrightarrow 3\,H_3C-\overset{\overset{\textstyle O}{\|}}{C}-OH + 4\,Cr^{3+} + 3\,CO_2 + 11\,H_2O$$

(7) $3\,H_3C-\overset{\overset{\textstyle O}{\|}}{C}-\overset{\overset{\textstyle O}{\|}}{C}-OH + Cr_2O_7^{2-} + 8\,H^+$

$$\longrightarrow 3\,H_3C-\overset{\overset{\textstyle O}{\|}}{C}-OH + 2\,Cr^{3+} + 3\,CO_2 + 4\,H_2O$$

Zum Aufstellen der stöchiometrischen Gleichungen ist das Konzept der Oxidationszahlen und die gedankliche Zerlegung der Gesamtreaktion in eine Oxidations- und eine Reduktions-Teilreaktion hilfreich, z.B.:

$$\text{Ox:} \quad \underset{-1}{H_3C-CH_2-OH} \longrightarrow \underset{+1}{H_3C-\overset{\overset{\displaystyle O}{\|}}{C}-H} + 2\,H^+ + 2\,e^- \qquad \Big| \cdot 3$$

$$\text{Red:} \quad \left[\underset{+6}{|\overline{O}-\overset{\Updownarrow}{\underset{\Updownarrow}{Cr}}-O}-\underset{+6}{\overset{\Updownarrow}{\underset{\Updownarrow}{Cr}}-\overline{O}|} \right]^{2-} + 14\,H^+ + 6\,e^- \longrightarrow \underset{+3}{2\,Cr^{3+}} + 7\,H_2O \qquad \Big| \cdot 1$$

$$\text{Redox:} \ 3\,H_3C-CH_2-OH + Cr_2O_7^{2-} + 8\,H^+$$
$$\longrightarrow 3\,H_3C-\overset{\overset{\displaystyle O}{\|}}{C}-H + 2\,Cr^{3+} + 7\,H_2O$$

Es ist allerdings nicht die Aufgabe eines allgemeinbildenden Chemieunterrichts, diesen Formalismus um seiner selbst Willen zu kultivieren. Es spricht nichts dagegen, die stöchiometrischen Gleichungen komplexerer Redoxreaktionen durch Setzung einzuführen und im Nachvollzug zu überprüfen. So kann z.B. die Gleichung (5) durch die Annahme rekonstruiert werden, daß das Acetal im sauren Milieu zunächst in Ethanol und Acetaldehyd gespalten wird, und daß dann die Spaltprodukte oxidiert werden. Diese Annahme ist in Einklang mit den Syntheseerfahrungen der Schüler und macht die Zuordnung einer formalen Oxidationszahl für das zentrale Kohlenstoffatom des Acetalmoleküls unnötig.

11.2 Fehlingtest

Das Fehlingreagenz I enthält Kupfersulfat (0,14 mol/l) in Wasser. Das Fehlingreagenz II enthält Kalium-Natrium-Tartrat (0,62 mol/l) in verdünnter Natronlauge (1,25 mol/l).

Die Reagenzien werden getrennt aufbewahrt, da Kupferionen durch Hydroxidionen als hellblaues Kupferhydroxid ausgefällt werden. Das Tartrat dient als Komplexbildner, um die Kupferionen in Lösung zu halten.

Das Fehlingreagenz wirkt bei 100°C (siedendes Wasserbad) als *mildes* Oxidationsmittel. Bei positivem Testausfall erfolgt eine Umfärbung des tiefblauen Kupfer-Tartrat-Komplexes (nach hellblau oder farblos) und eine Ausfällung von rotbraunem Kupfer(I)-oxid.

Positiv reagieren z.B.: Acetaldehyd, Propionaldehyd, Glycerinaldehyd, Dihydroxyaceton, Glucose, Fructose.

Allgemein spricht der Fehlingtest auf leicht oxidierbare Stoffe an, v.a. auf Aldehyde, aber auch auf reduzierend wirkende Kohlenhydrate (siehe Kapitel 15/16).

Hierbei laufen Redoxreaktionen ab, wie sie auf der nächsten Seite in Gl. (1)–(3) abgebildet sind.

Wichtig ist, daß die Schüler die wesentliche Funktion des alkalischen Milieus beim Fehlingtest erkennen:

- Die Hydroxidionen sind als Edukte der Redoxreaktionen stöchiometrisch notwendig.

(1) $H_3C-\overset{\overset{\displaystyle O}{\|}}{C}-H + 2\,Cu^{2+} + 5\,OH^- \longrightarrow H_3C-\overset{\overset{\displaystyle O}{\|}}{C}-O^- + Cu_2O\downarrow + 3\,H_2O$

(2) $\underset{\underset{\displaystyle OH}{|}}{H_2C}-\underset{\underset{\displaystyle OH}{|}}{CH}-\overset{\overset{\displaystyle O}{\|}}{C}-H + 2\,Cu^{2+} + 5\,OH^-$

$\longrightarrow \underset{\underset{\displaystyle OH}{|}}{H_2C}-\underset{\underset{\displaystyle OH}{|}}{CH}-\overset{\overset{\displaystyle O}{\|}}{C}-O^- + Cu_2O\downarrow + 3\,H_2O$

$\updownarrow (OH^-)$

$\underset{\underset{\displaystyle OH}{|}}{H_2C}-\overset{\overset{\displaystyle O}{\|}}{C}-\underset{\underset{\displaystyle OH}{|}}{CH_2}$

(3) Fructose $\underset{(OH^-)}{\overset{}{\rightleftharpoons}}$ Glucose $\overset{Ox.}{\longrightarrow}$ Gluconat + $Cu_2O\downarrow$

- Sie ermöglichen die Ausfällung der gebildeten Cu^{1+}-Ionen und die Neutralisation der gebildeten Carbonsäuren, so daß die Gesamtreaktion praktisch irreversibel wird:

$2\,Cu^{1+} + 2\,OH^- \rightarrow 2\,Cu(OH)\downarrow \rightarrow Cu_2O\downarrow + H_2O$

$R-\overset{\overset{\displaystyle O}{\|}}{C}-OH + OH^- \longrightarrow R-\overset{\overset{\displaystyle O}{\|}}{C}-O^- + H_2O$

- Sie ermöglichen die Isomerisierung der Ketosen (Dihydroxyaceton, Fructose) in die entsprechenden Aldosen (Glycerinaldehyd, Glucose).

Die Schüler sollten auch erkennen, weshalb z.B. Acetaldehyddiethylacetal beim Fehlingtest negativ reagiert, obwohl ein mögliches Spaltprodukt (Acetaldehyd) einen positiven Testausfall verursachen würde. Der Grund ist, daß die Acetalspaltung nur säurekatalysiert abläuft, nicht aber im alkalischen Milieu:

$H_3C-\underset{\underset{\displaystyle O-CH_2-CH_3}{|}}{\overset{\overset{\displaystyle O-CH_2-CH_3}{|}}{C}}-H + H_2O \overset{(OH^-)}{-\!/\!\!/\!\!\rightarrow} H_3C-\overset{\overset{\displaystyle O}{\|}}{C}-H + 2\,HO-CH_2-CH_3$

Aus demselben Grund zeigt Haushaltszucker (Saccharose) einen negativen Ausfall des Fehlingtests. Saccharose besteht aus einem Glucose- und einem Fructosebaustein, die acetalartig miteinander verknüpft sind (s. Kapitel 15).

Die Schüler sollten auch erkennen, daß Essigsäureethylester zwar einen negativen Fehlingtest zeigt, aber unter diesen Bedingungen hydrolysiert wird:

$H_3C-\overset{\overset{\displaystyle O}{\|}}{C}-O-CH_2-CH_3 + OH^- \longrightarrow H_3C-\overset{\overset{\displaystyle O}{\|}}{C}-O^- + HO-CH_2-CH_3$

Die tiefblaue Farbe des Kupfer-Tartrat-Komplexes wird durch die alkalische Esterhydrolyse nicht beeinflußt, da die Cu^{2+}-Ionen nicht reduziert werden und der pH-Wert trotz des Verbrauchs an OH^--Ionen im alkalischen Bereich bleibt. Es läuft also submikroskopisch sehr wohl eine Reaktion ab, aber man merkt makroskopisch nichts davon.

11.3 Cernitrattest

Das Reagenz besteht aus Ammoniumcernitrat (0,24 mol/l) in verdünnter Salpetersäure (0,66 mol/l) und wird bei Raumtemperatur eingesetzt. Bei positivem Testausfall erfolgt eine Umfärbung von gelborange nach rot.

Positiv reagieren z.B.: Ethanol, 1-Propanol, 2-Propanol, Milchsäure, Acetaldehyddiethylacetal, Ameisensäureethylester.

Ein positiver Testausfall läßt auf Alkohole oder auf Stoffe schließen, die im Zuge der Testdurchführung Alkoholmoleküle freisetzen.

Die Farbreaktion beruht auf einer Ligandenaustauschreaktion, die sich (vereinfacht) wie folgt formulieren läßt:

$$(1) \quad [Ce(NO_3)_6]^{2-} + ROH \; \rightleftharpoons \; [Ce(NO_3)_5(ROH)]^- + NO_3^-$$

gelboranger Komplex	Alkohol- molekül	dunkelroter Komplex	verdrängter Ligand

Ein Teil der Nitrat-Liganden kann auch durch weitere Alkohol- und Wassermoleküle ausgetauscht werden. Die Oxidationsstufe des Cer-Ions (+4) wird durch die Ligandenaustauschreaktion nicht verändert.

Milchsäuremoleküle gehen mit ihrer alkoholischen OH-Gruppe ebenfalls die Reaktion (1) ein; die Rotfärbung verschwindet aber nach wenigen Sekunden wieder, da folgende Redoxreaktion eintritt:

$$(2) \quad \underset{\underset{H}{|}}{H_3C{-}C}{-}\overset{O}{\overset{||}{C}}{-}OH \; + \; 2\,Ce^{4+} \longrightarrow H_3C{-}\overset{O}{\overset{||}{C}}{-}H \; + \; CO_2\uparrow \; + \; 2\,Ce^{3+} + 2\,H^+$$

Acetaldehyddiethylacetal wird bei Raumtemperatur durch Säurekatalyse hydrolytisch gespalten:

$$(3) \quad \underset{\underset{O{-}CH_2{-}CH_3}{|}}{\overset{O{-}CH_2{-}CH_3}{|}}{H_3C{-}C{-}H} \; + \; H_2O \; \xrightarrow{(HNO_3)} \; H_3C{-}\overset{O}{\overset{||}{C}}{-}H \; + \; 2\,HO{-}CH_2{-}CH_3$$

siehe (1)

Ameisensäureethylester (nicht aber Essigsäureethylester!) wird bei Raumtemperatur ebenfalls relativ rasch hydrolysiert.

$$(4) \quad H{-}\overset{O}{\overset{||}{C}}{-}O{-}CH_2{-}CH_3 + H_2O \; \xrightarrow{(HNO_3)} \; H{-}\overset{O}{\overset{||}{C}}{-}OH \; + \; HO{-}CH_2{-}CH_3$$

siehe (1)

Stoffe wie z.B. Brenztraubensäure oder Oxalsäure, deren Moleküle keine alkoholischen OH-Gruppen besitzen (oder durch Hydrolyse freisetzen können), zeigen mit dem Cernitratreagenz keine Rotfärbung. Sie werden aber oxidativ decarboxyliert, so daß sich das gelborange Reagenz entfärbt:

(5) $H_3C-\overset{O}{\overset{\|}{C}}-\overset{O}{\overset{\|}{C}}-OH + 2\,Ce^{4+} + H_2O \longrightarrow H_3C-\overset{O}{\overset{\|}{C}}-OH + CO_2\uparrow + 2\,Ce^{3+} + 2\,H^+$

(6) $HO-\overset{O}{\overset{\|}{C}}-\overset{O}{\overset{\|}{C}}-OH + 2\,Ce^{4+} \longrightarrow 2\,CO_2\uparrow + 2\,Ce^{3+} + 2\,H^+$

11.4 Eisenchloridtest

Das Reagenz besteht aus mehreren Komponenten, die in getrennten Gefäßen aufbewahrt werden:

- Eisenchlorid in Wasser (0,3 mol/l)

- Amylalkohol = 1-Pentanol (wasserunlöslich)

- Phenolphthalein (ca. 0,1 %ig in Ethanol) sowie Natronlauge (3 mol/l) und Salzsäure (0,5 mol/l) zum Neutralisieren der Probelösung

Der Test wird mit der neutralisierten Probelösung bei Raumtemperatur durchgeführt. Bei positivem Testausfall erfolgt Rotfärbung.

Positiv reagieren z.B.: Essigsäure und Acetate (untere Phase rot), Propionsäure und Propionate (obere Phase rot).

Im Rahmen des PIN-Konzepts wird der Eisenchloridtest nur zur Unterscheidung von Essigsäure und Propionsäure eingesetzt. Es sei aber darauf hingewiesen, daß auch Ameisensäure, Essigsäureanhydrid und einfache Aminosäuren (Glycin, Alanin) Rotfärbung ergeben.

Die Rotfärbung wird durch Komplexbildung verursacht. Im Falle der Essigsäure handelt es sich nach BUKATSCH und GLÖCKNER (1974, Bd. 5, S. 87) vermutlich um einen basischen Eisenacetatkomplex mit der Formel:

$$\left[Fe_3(OH)_2(CH_3COO)_6\right]^+(CH_3COO)^-$$

Wir halten es nicht für sinnvoll, die Schüler damit zu belasten, zumal der Eisenchloridtest im Rahmen des PIN-Konzepts nur phänomenologisch ausgewertet wird. Es ist aber vielleicht vertretbar, die Komplexbildung in Analogie zum Cernitrattest vereinfacht, wie auf der nächsten Seite dargestellt, zu formulieren.

Das Acetat-Ion ist aufgrund seiner erhöhten Elektronendichte ein stärkerer Komplexbildner als das Essigsäuremolekül und als das Wassermolekül. Die Notwendigkeit der Neutralisation und die anschließende Ligandenaustauschreaktion können so verständlich gemacht werden. Für die Neutralisation wird Phenolphthalein als Indikator benutzt, weil Salze schwacher Säuren (z.B. Acetate) infolge Hydrolyse schwach alkalisch reagieren und die farblose Form des Indikators die Beobachtung des roten Eisenkomplexes nicht stört.

$$H_3C-\overset{\overset{\text{O}}{\|}}{C}-OH + OH^- \longrightarrow H_3C-\overset{\overset{\text{O}}{\|}}{C}-O^- + H_2O$$

$$\underset{\text{gelb}}{[Fe(H_2O)_6]^{3+}} + CH_3COO^- \longrightarrow \underset{\text{rot}}{[Fe(H_2O)_5(CH_3COO)]^{2+}} + H_2O$$

11.5 Dinitrophenylhydrazintest

Das DNPH-Reagenz enthält 2,4-Dinitrophenylhydrazin (0,025 mol/l) in verdünnter Salzsäure (2 mol/l). Es wird bei Raumtemperatur eingesetzt. Bei positivem Testausfall fällt aus der klaren, gelben Lösung ein gelbgefärbter Niederschlag aus.

Positiv reagieren z.b.: Acetaldehyd, Propionaldehyd, Aceton, Brenztraubensäure, Acetaldehyddiethylacetal.

Hierbei reagiert die Carbonylgruppe der Aldehyde oder Ketone mit der Aminogruppe des Dinitrophenylhydrazins unter Bildung eines in Wasser schwerlöslichen, gelben Hydrazons. Die Salzsäure wirkt als Katalysator:

(1) gelbe Lösung   gelber Niederschlag

Acetaldehyddiethylacetal wird unter diesen Bedingungen durch Säurekatalyse hydrolysiert:

siehe (1)

Den Schülern sollte bewußt gemacht werden, daß Carbonsäure- und Estermoleküle zwar auch Carbonylgruppen (im weiteren Sinne) enthalten, aber ganz andere Reaktionen zeigen als die Carbonylverbindungen im engeren Sinne (Aldehyde, Ketone). Weder Carboxyl- noch Estergruppen reagieren gemäß (1).

Wichtig ist auch der Hinweis auf die unterschiedlichen Reichweiten des DNPH-Tests (Gruppentest auf Aldehyde/Ketone) und des Fehlingtests (Gruppentest auf Aldehyde).

11.6 Bromthymolblautest

Das BTB-Reagenz enthält den Triphenylmethanfarbstoff Bromthymolblau (0,0003 mol/l) in ethanolischer Natronlauge (0,15 mol/l). BTB wirkt als Säure-Base-Indikator, der bei einem pH-Wert von ungefähr 7 umschlägt. In der schwach alkalischen Reagenzlösung liegt der

Indikator in der blauen Form (als Anion) vor. Bei positivem Testausfall erfolgt ein Farbumschlag nach gelb.

Positiv reagieren: Carbonsäuren, aber auch Mineralsäuren.

Folgende Säure-Base-Reaktionen laufen dabei ab:

(1) Ind — H + OH⁻ $\rightleftharpoons$ Ind⁻ + H_2O
     gelb   blau

$$\text{(2) R} - \overset{\displaystyle O}{\overset{\|}{C}} - \text{OH} + \text{OH}^- \rightleftharpoons \text{R} - \overset{\displaystyle O}{\overset{\|}{C}} - \text{O}^- + H_2O$$

Durch den Verbrauch der Hydroxidionen gemäß (2) wird das Indikatorgleichgewicht (1) nach links verschoben. In ausführlicherer Form läßt sich der Indikatorumschlag strukturell wie folgt darstellen:

gelb   blau

Die Gruppe R ist jeweils $-\overset{\displaystyle CH_3}{\underset{\displaystyle CH_3}{C}}-H$ (= Isopropylgruppe)

Den Schülern muß bewußt gemacht werden, daß ein positiver Ausfall des BTB-Tests nur dann auf Carbonsäuren schließen läßt, wenn Mineralsäuren ausgeschlossen werden können. Daher kann z.B. bei Syntheseversuchen mit dem Dichromatreagenz, das Schwefelsäure enthält, nicht direkt mit dem BTB-Test überprüft werden, ob Carbonsäuren entstanden sind. In solchen Fällen muß zuvor destilliert werden, da gewöhnliche Carbonsäuren flüchtig sind, Schwefelsäure aber im Rückstand bleibt. Mit dem Destillat läßt sich dann ein aussagefähiger BTB-Test durchführen.

11.7 Rojahntest

Das Rojahn-Reagenz enthält den Triphenylmethanfarbstoff Phenolphthalein (0,003 mol/l) in Ethanol. Durch tropfenweise Zugabe von Natronlauge wird der Indikator in die anionische Form (rosa) gebracht. Bei positivem Testausfall tritt innerhalb weniger Minuten bei 40°C Entfärbung ein. Positiv reagieren: Ester.

Folgende Reaktionen erklären die Entfärbung:

(1) $\text{Ind} - \text{H} + \text{OH}^- \rightleftharpoons \text{Ind}^- + H_2O$
     farblos   rosa

(2) $\text{R} - \overset{\overset{\textstyle O}{\|}}{\text{C}} - \text{O} - \text{R}' + \text{OH}^- \rightleftharpoons \text{R} - \overset{\overset{\textstyle O}{\|}}{\text{C}} - \text{O}^- + \text{HO} - \text{R}'$

Infolge der alkalischen Esterhydrolyse gemäß (2) verringert sich die Hydroxidionenkonzentration, so daß sich das Gleichgewicht (1) nach links verschiebt. Die Analogie zwischen dem BTB-Test und dem Rojahntest ist offensichtlich und sollte auch den Schülern bewußt gemacht werden.

Bei leicht hydrolysierbaren Estern (z.B. Ameisensäureethylester) läuft die Reaktion (2) so rasch ab, daß es zunächst nicht gelingt, den Indikator mit Natronlauge dauerhaft in die anionische Form zu bringen. Erst wenn sich die Esterkonzentration – und damit auch die Geschwindigkeit der Reaktion (2) – deutlich verringert hat, ist das normale Rojahn-Phänomen (allmähliche Entfärbung) zu beobachten.

In ausführlicherer Form läßt sich der Indikatorumschlag wie folgt darstellen:

    farblos   rosa

Die Strukturformel von Phenolphthalein (und von Bromthymolblau) sollte erst im Zusammenhang mit der Erarbeitung der Aromaten und Farbstoffe (Kapitel 20) diskutiert werden.

11.8 Iodoformtest

Das Reagenz enthält Iod (1 mol/l) in wässriger Kaliumiodidlösung (1,53 mol/l). Das Kaliumiodid erhöht die Löslichkeit des Iods außerordentlich stark durch Triiodidbildung.

$$I_2 + I^- \rightleftharpoons I_3^-$$

Durch Zugabe von Natronlauge (3 mol/l) wird die dunkle Iod-Triiodidlösung hellgelb und klar. Hierbei bildet sich Hypoiodige Säure, Iodid und Hypoiodit:

$$I_2 + OH^- \rightleftharpoons IOH + I^-$$

$$IOH + OH^- \rightleftharpoons IO^- + H_2O$$

Bei positivem Testausfall bildet sich nach kurzem Schütteln ein gelber Niederschlag (Iodoform CHI_3) oder eine Trübung. Positiv reagieren z.B.: Acetaldehyd, Aceton, Ethanol, 2-Propanol, Essigsäureethylester.

Hierbei laufen folgende Reaktionen ab:

(1) $H_3C-\overset{\overset{\displaystyle O}{\|}}{C}-H + 3\,I_2 + 4\,OH^- \longrightarrow CHI_3\downarrow + H-\overset{\overset{\displaystyle O}{\|}}{C}-O^- + 3\,I^- + 3\,H_2O$

    Acetaldehyd   Iodoform   Formiat

(2) $H_3C-\overset{\overset{\displaystyle O}{\|}}{C}-CH_3 + 3\,I_2 + 4\,OH^- \longrightarrow CHI_3\downarrow + H_3C-\overset{\overset{\displaystyle O}{\|}}{C}-O^- + 3\,I^- + 3\,H_2O$

      Aceton   Iodoform   Acetat

(3) $H_3C-CH_2-OH + IO^- \longrightarrow H_3C-\overset{\overset{\displaystyle O}{\|}}{C}-H + I^- + H_2O$

    Ethanol   Acetaldehyd

                              $\downarrow$
                          siehe (1)

(4) $H_3C-\overset{\overset{\displaystyle OH}{|}}{\underset{\underset{\displaystyle H}{|}}{C}}-CH_3 + IO^- \longrightarrow H_3C-\overset{\overset{\displaystyle O}{\|}}{C}-CH_3 + I^- + H_2O$

    2-Propanol   Aceton

                            siehe (2)

(5) $H_3C-\overset{\overset{\displaystyle O}{\|}}{C}-O-CH_2-CH_3 + OH^- \longrightarrow H_3C-\overset{\overset{\displaystyle O}{\|}}{C}-O^- + HO-CH_2-CH_3$

                                           siehe (3)

Allgemein spricht der Iodoformtest auf Moleküle an, die einem der drei folgenden Typen zu subsumieren sind (R = H oder Alkylgruppe):

- Aldehyde oder Ketone, die eine Acetylgruppe enthalten: $H_3C-\overset{\overset{\displaystyle O}{\|}}{C}-R$ (6)

- Alkohole, die durch Oxidation mit Hypoiodit in Aldehyde/Ketone des Typs (6) umgewandelt werden: $H_3C-\overset{\overset{\displaystyle OH}{|}}{\underset{\underset{\displaystyle H}{|}}{C}}-R$ (7)

Hinweis: Auch das Milchsäuremolekül läßt sich diesem Strukturtyp subsumieren.

- Ester, aus denen durch alkalische Hydrolyse Alkohole des Typs (7) entstehen können:

$$H_3C-\overset{\overset{\displaystyle O-\overset{\displaystyle O}{\overset{\|}{C}}-R}{|}}{\underset{H}{C}}-R \qquad (8)$$

Hinweis: Hierzu gehören z.B. Ethylester und 2-Propylester beliebiger Carbonsäuren.

Das Verständnis des Iodoformtests setzt vertiefte Kenntnisse der Organischen Chemie voraus. Eben deshalb bietet sich aber hierbei auch reichlich Gelegenheit zum intelligenten Üben und zum vernetzten Denken.

11.9 Eine Überblicksmatrix zum analytischen Verhalten von 43 relevanten Prüfstoffen

Die Reichweiten der analytischen Tests können nur dann angemessen beurteilt werden, wenn sie unter konstanten Bedingungen auf ein hinreichend großes Ensemble von Prüfstoffen angewendet werden. Da in der fachdidaktischen Literatur entsprechende systematische Untersuchungen bislang fehlten, haben wir 11 schulrelevante Tests an 43 Prüfsubstanzen erprobt und optimiert, darunter auch die bereits besprochenen, PIN-relevanten Basistests. Die Ergebnisse dieser Untersuchungen (HARSCH, HEIMANN u. JANSEN 1992; HARSCH u. HEIMANN 1993b) stellen einen großen Erfahrungsschatz dar, der nicht nur die Validität der Testaussagen im Rahmen des PIN-Konzepts sichert, sondern der auch von praktizierenden Chemielehrern genutzt werden kann, um nahezu *alle* schulrelevanten Stoffe der C_2- und C_3-Ebene phänomenologisch-integrativ in ihren eigenen Unterricht einzubinden. Hierbei handelt es sich um die Stoffe der Tabelle 11.1.

Diese Stoffe wurden folgenden Tests unterworfen (Exp. 25, 28)

- Löslichkeit in Wasser und Hexan
- Dichromattest
- Cernitrattest (Beobachtung sofort und nach 5 Minuten)
- Dinitrophenylhydrazintest
- Fehlingtest (Reagenzglas- und Tüpfelvariante)
- Schifftest
- Bromthymolblautest
- Eisenchloridtest
- Rojahntest
- Iodoformtest
- Ninhydrintest

Die Ergebnisse dieser Tests sind in Form einer abstrahierten Matrix (siehe Farbtafel 2 nach diesem Kapitel) dargestellt. In dieser Matrix steckt „viel Chemie", die sich durch systematisches Vergleichen und Deuten der Phänomene erschließen läßt. Hierzu sei auf die Originalliteratur (siehe oben) verwiesen.

Tabelle 11.1

1	=	Bromethan	2	=	1,2-Dibromethan (cancerogen!)
3	=	1-Brompropan	4	=	2-Brompropan
5	=	Methanol	6	=	Ethanol
7	=	1-Propanol	8	=	2-Propanol
9	=	Ethylenglycol	10	=	Glycerin
11	=	Dihydroxyaceton	12	=	Glycolaldehyd
13	=	Glycerinaldehyd	14	=	Glycolsäure
15	=	Milchsäure	16	=	Ameisensäure
17	=	Essigsäure	18	=	Propionsäure
19	=	Glyoxylsäure	20	=	Brenztraubensäure
21	=	Oxalsäure	22	=	Chloressigsäure
23	=	2-Chlorpropionsäure	24	=	Glycin
25	=	Alanin	26	=	Aceton
27	=	Formaldehyd (in H_2O)	28	=	Acetaldehyd (in H_2O)
29	=	Propionaldehyd (in H_2O)	30	=	Diethylether
31	=	Dipropylether	32	=	Formaldehyddimethylacetal
33	=	Acetaldehyddiethylacetal	34	=	Ameisensäuremethylester
35	=	Essigsäureethylester	36	=	Propionsäurepropylester
37	=	Essigsäureanhydrid	38	=	Propionsäureanhydrid
39	=	Formamid	40	=	Acetamid
41	=	Propionamid	42	=	Acetylchlorid (Vorsicht!)
43	=	Propionylchlorid (Vorsicht!)			

Es versteht sich von selbst, daß ein so großes System nicht als Ganzes im Unterricht eingesetzt werden kann. Das wäre nicht nur langweilig, sondern würde einen viel zu großen Vorrat an unverstandenen Phänomenen im Unterricht anhäufen. Wir stellen uns vor, daß die Überblicksmatrix Chemielehrern als Referenzsystem dient, aus dem – je nach den Erfordernissen des Unterrichts – beliebige Teilsysteme herausgegriffen und miteinander kombiniert werden können. Auch Systemerweiterungen sind durchaus möglich; allerdings nicht um den Preis veränderter Testbedingungen. Diese wurden nämlich durch systematische Reihenversuche im Hinblick auf ihre Aussagekraft für das *Gesamtsystem* optimiert, so daß es ein methodischer Rückschritt wäre, prägnanten Einzelphänomenen zuliebe die Bedingungen fallweise je nach Bedarf zu ändern; denn jedes Phänomen hat sich in das Insgesamt aller damit vergleichbaren Phänomene einzuordnen.

Das baukastenartige Wachstum des Systems bietet den Lernenden die Chance, überschaubare Phänomenkomplexe systematisch zu beobachten, zu ordnen und schließlich auch geistig zu durchdringen. Die Lernenden können dabei konkret erfahren, daß die Befunde von gestern auch heute und morgen interessant und wichtig bleiben, weil das bereits Vorhandene und das neu Hinzukommende sich wechselseitig beleuchten und ergänzen. Diese Erfahrung hat einen hohen erzieherischen Wert. Wird sie den Schülern durch unsystematisches Vorgehen oder durch „Pseudoexperimente" verwehrt, gerät der Chemieunterricht in die Nähe der Indoktrination.

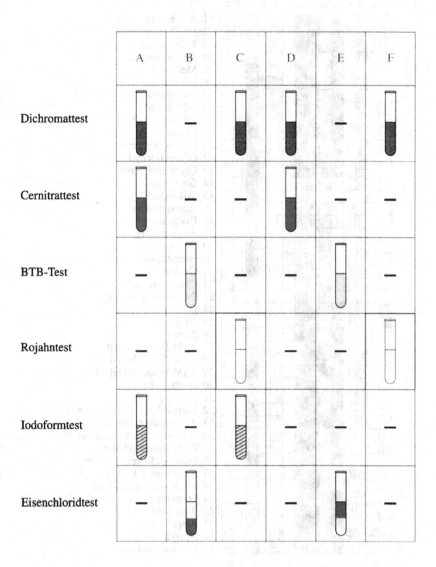

Farbtafel 1   Bindeglied zwischen einer phänomennahen und einer abstrakten Matrix

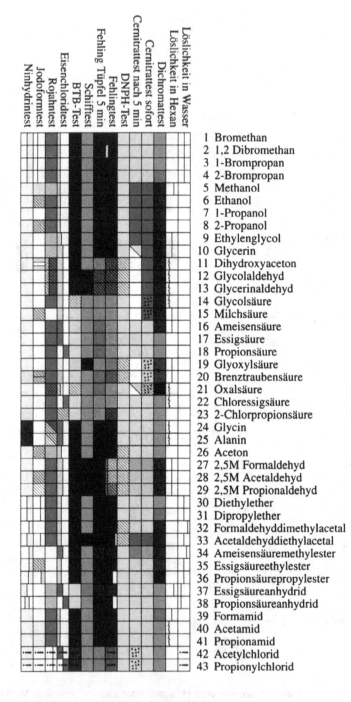

Column headers (top to bottom, read vertically):
- Löslichkeit in Wasser
- Löslichkeit in Hexan
- Dichromattest
- Cermitrattest sofort
- Cermitrattest nach 5 min
- DNPH-Test
- Fehlingtest
- Fehling Tüpfel 5 min
- Schifftest
- BTB-Test
- Eisenchloridtest
- Rojahntest
- Jodoformtest
- Ninhydrintest

1 Bromethan
2 1,2 Dibromethan
3 1-Brompropan
4 2-Brompropan
5 Methanol
6 Ethanol
7 1-Propanol
8 2-Propanol
9 Ethylenglycol
10 Glycerin
11 Dihydroxyaceton
12 Glycolaldehyd
13 Glycerinaldehyd
14 Glycolsäure
15 Milchsäure
16 Ameisensäure
17 Essigsäure
18 Propionsäure
19 Glyoxylsäure
20 Brenztraubensäure
21 Oxalsäure
22 Chloressigsäure
23 2-Chlorpropionsäure
24 Glycin
25 Alanin
26 Aceton
27 2,5M Formaldehyd
28 2,5M Acetaldehyd
29 2,5M Propionaldehyd
30 Diethylether
31 Dipropylether
32 Formaldehyddimethylacetal
33 Acetaldehyddiethylacetal
34 Ameisensäuremethylester
35 Essigsäureethylester
36 Propionsäurepropylester
37 Essigsäureanhydrid
38 Propionsäureanhydrid
39 Formamid
40 Acetamid
41 Propionamid
42 Acetylchlorid
43 Propionylchlorid

Farbtafel 2   Matrix der Testausfälle

12 Anwendung der Nachweisreaktionen auf Alltagsprodukte

Die Nachweisreaktionen ermöglichen es, Stoffe des Alltags in den Chemieunterricht einzubeziehen. Die an Reinstoffen erarbeiteten analytischen Methoden und Auswertungsmuster können mit beachtlicher Motivationswirkung auf einen sinnstiftenden lebensweltlichen Kontext übertragen werden. Die Lernwirksamkeit hängt allerdings sehr stark davon ab, inwieweit es im Unterricht gelingt, die Aussagegrenzen der jeweiligen Befunde zu verdeutlichen. Insbesondere ist auf vollständiges Ausschöpfen aller möglichen Kombinationen zu achten, aber auch auf die Unterscheidung von Aussagen, die sich auf konkrete Stoffe oder auf abstrakte Stoffklassen beziehen.

In Tabelle 12.1 sind einige Beispiele zusammengestellt, die den Möglichkeitsraum für Untersuchungen verdeutlichen. Die Liste ist selbstverständlich erweiterbar. Andererseits ist es keineswegs obligatorisch, bei der Untersuchung eines bestimmten Produkts alle angeführten Nachweise zu verwenden. Es sollen vielmehr nur jeweils diejenigen Tests herausgegriffen werden, die den Schülern aus dem vorhergehenden Unterricht bekannt sind und deren Aussagekraft und Reichweiten sie bereits kennen. Die daraus sich ergebenden Aussagegrenzen sind zu beachten.

Tabelle 12.1 Ergebnisse der Analyse von Haushaltsprodukten mit den Standardtests

	Essig	Nagellack-entferner a	b	Alkoholische Getränke	Schei-benklar	Brenn-spiritus	Flecken-teufel	Melissen-geist
Cernitrattest	–	+	–	+	+	+	+	+
BTB-Test	+	–	–	–	–	–	–	–
Rojahntest	–	+	–	–	–	–	+	–
DNPH-Test	–	+	+	–	+	+	–[2]	–
Fehlingtest	–	–	–	–	–	–	–	–
Iodoformtest	–	+	+	+[1]	+	+	+[3]	+
Eisenchloridtest	+u	–	–	–	–	–	–	–
Dichromattest	–	+	–	+	+	+	+	+
Kupfersulfattest	–	–	–	–	+	–	–	–

Anmerkungen zur Tabelle 12.1:

1) nur leichte, aber erkennbare Trübung

2) kaum erkennbare Trübung

3) milchige Trübung; nach 5 min obere Phase farblos und milchig trübe (positiver Iodoformtest könnte evtl. nur vorgetäuscht sein)

Genaue Produktbezeichnungen:

- Essil Tafelessig (farblos)
- Nagellackentferner: acetonfrei von ellocar oder femia; acetonhaltig von Margaret Astor
- Merckstädter Doppelwacholder 38 %vol oder Russischer Wodka Moskovskaya 40 %vol
- Johnson Scheibenklar mit der Angabe 'frei von Methanol'
- Brennspiritus 94 %vol
- Dr. Beckmann Fleckenteufel für Kleber und Kaugummi
- Klosterfrau Melissengeist

Für die Integration in den Unterricht ergeben sich verschiedene Möglichkeiten:

- Beim Einstieg in die Organische Chemie nach dem PIN-Konzept können einige Alltags-produkte in die Untersuchung einbezogen werden, um zu verdeutlichen, daß die zu diesem Zeitpunkt nur mit Buchstaben bezeichneten Stoffe auch Bedeutung für das tägliche Leben haben (siehe Kapitel 2):

  Mit den Standardtests (Dichromat-, Cernitrat-, BTB-, Rojahn-, Iodoform- und Eisen-chloridtest) kann man problemlos Ethanol im Melissengeist und Essigsäure im Tafelessig identifizieren. Im Fleckenteufel lassen sich Alkohol und Ester nachweisen.

- Es besteht auch die Möglichkeit, hochprozentige alkoholische Getränke (z.B. Wodka, Doppelwacholder) zu untersuchen. Der Iodoformtest fällt allerdings mit diesen Produk-ten nur schwach positiv aus; es kann aber gezeigt werden, daß sich eine 40 %ige wässri-ge Ethanollösung ebenso verhält. Der Iodoformtest kann auch, um die geringere Konzen-tration zu kompensieren, mit einem größeren Probevolumen (1 ml) durchgeführt werden; er fällt dann stark positiv aus. Außerdem besteht die Möglichkeit, das Ethanol durch De-stillation anzureichern (Experiment 32b).

- Ein Anwendungsbezug zum Thema Ester ergibt sich aus der Analyse von Klebstoff und Klebstoffreiniger: Der Geruch von „Uhu flinke Flasche" (nicht lösungsmittelfrei!) und Essigsäureethylester kann verglichen werden. Auf Uhu kann der Rojahntest angewendet werden (Experiment 32d). Er fällt positiv aus; Uhu enthält also tatsächlich Ester. Die Un-tersuchung des „Fleckenteufels" läßt die Anwesenheit von Alkohol und Ester erkennen.

  Im Anschluß an die Analyse der Inhaltsstoffe kann die Funktion des Esters im Kleb-stoff und im Klebstoffreiniger erarbeitet werden. Der Ester dient als Lösungsmittel für den Klebstoff. Verstreicht man Uhu, dann verdunstet der Ester, und die Klebstoffmole-küle entfalten ihre Klebewirkung durch zwischenmolekulare Kräfte.

- Im Anschluß an die Einführung der Ketone können zwei Sorten von Nagellackentfernern vergleichend untersucht werden: eine Sorte mit der Bezeichnung „acetonfrei" und eine Sorte ohne diese Bezeichnung. In den acetonfreien Produkten lassen sich mit Hilfe der Standardtests unter Einschluß des DNPH- und Fehlingtests Alkohol, Ester und Keton finden; in der anderen Sorte nur Keton. Anschließend kann mit Hilfe des spezifischeren Nitrotests (Experiment 32c) gezeigt werden, daß das acetonfreie Produkt tatsächlich kein Aceton enthält, dafür aber ein anderes Keton. Auf die Problematik von Positiv- und Ne-gativangaben zur Charakterisierung von Produktinhaltsstoffen sollte hingewiesen wer-den.

- Auch Brennspiritus und „Scheibenklar" können vergleichend untersucht werden. Mit Ausnahme des Kupfersulfattests, mit dem sich die Anwesenheit eines mehrwertigen Alkohols im „Scheibenklar" nachweisen läßt, zeigen beide Produkte gleichartige Verhaltensmuster. Bei der Interpretation des Cernitrat-, DNPH- und Iodoformtests, die alle positiv ausfallen, muß beachtet werden, daß diese Befunde mit mehreren Möglichkeiten kompatibel sind:

    Ethanol/Aceton, Alkohol/Aceton, Ethanol/Keton. Man kann daher weder die Anwesenheit von Ethanol noch von Aceton zwingend nachweisen. Sicher ist nur (im Rahmen des Kenntnisstandes der Schüler), daß diese Produkte mindestens einen dieser beiden Stoffe enthalten.

Der Bildungswert des Chemieunterrichts bemißt sich unter anderem daran, ob es gelingt, Schüler zum vollständigen und kritischen Urteilen zu befähigen, d.h. sichere Aussagen von möglichen Aussagen zu unterscheiden, alle Möglichkeiten auszuschöpfen und die damit einhergehende Mehrdeutigkeit auszuhalten. Dies kann nur erreicht werden, wenn die Schüler ständig ermutigt werden, auf *diese* Weise Übereinstimmung in Sachurteilen zu erzielen. Erfahrungen dieser Art bilden (hoffentlich) den Bodensatz, der vom Chemieunterricht übrigbleibt, wenn die Schüler alle Details wieder vergessen haben.

13 Isolierung, Identifizierung und Strukturaufklärung eines Naturstoffes

Citronensäure

Im Mittelpunkt dieser Unterrichtssequenz steht die Citronensäure. Für ihre Gewinnung aus Zitronen wird den Schülerinnen und Schülern nicht sofort eine optimierte Versuchsvorschrift an die Hand gegeben, sondern die Lernenden werden an der Suche nach geeigneten Isolierungsbedingungen beteiligt. Sie lernen verschiedene Methoden zur Identifizierung des isolierten Produktes kennen und vergleichen sie, und sie setzen mehrere schon bekannte Methoden zur Ermittlung der Strukturformel von Citronensäure ein. Die erhaltenen Ergebnisse werden wie Mosaiksteinchen zusammengesetzt. Dabei wird deutlich, daß eine einzige Methode alleine nicht zum Ziel führt, sondern daß verschiedene Methoden sich ergänzen. Auf diese Weise kann ein Beitrag zur Schulung naturwissenschaftlicher Denk- und Handlungskompetenz geleistet werden.

1. SCHRITT: Einstieg in das Thema Citronensäure

Die Schüler werden zunächst mit einem unbekannten Stoff konfrontiert, den sie mit Hilfe der bekannten Nachweisreaktionen (Experiment 25) charakterisieren sollen. Der positive BTB- und Cernitrattest zeigen, daß es sich um eine Hydroxycarbonsäure handelt. Da der Rojahn- und der DNPH-Test negativ ausfallen, kann geschlossen werden, daß keine Estergruppierung und keine Carbonylgruppe der Aldehyde und Ketone vorhanden ist.

Der Stoff wird nun als Citronensäure bezeichnet. Die Schüler erfahren, daß Citronensäure z.B. in Weizen, Erbsen, Tomaten, Pflaumen, Himbeeren, Paprika, Kuhmilch, Blut, Haut, Knochen und Muskeln vorhanden ist (POHLOUDEK-FABINI 1955). Sicherlich kommt Citronensäure auch in Zitronen vor. Läßt sie sich auch aus Zitronen gewinnen?

2. SCHRITT: Suche nach geeigneten Isolierungsbedingungen

Wie lassen sich prinzipiell Stoffe isolieren? Eine Möglichkeit besteht darin, den gewünschten Stoff auszufällen. Geeignete Fällungsbedingungen liegen dann vor, wenn der Stoff selbst weitgehend ausgefällt wird, während andere Inhaltsstoffe gelöst bleiben.

Als Vergleichssubstanzen werden exemplarisch die Hydroxycarbonsäuren Glycolsäure und Milchsäure herangezogen, da diese Stoffe auch an anderer Stelle des PIN-Konzepts eine Rolle spielen. Die Schüler erhalten die Aufgabe, geeignete Bedingungen für die Ausfällung von Citronensäure zu finden, wobei die Vergleichsstoffe, Glycol- und Milchsäure (als Re-

Tabelle 13.1 Ergebnisse der Reagenzglasversuche zur Citronensäurefällung

	Citronensäure		Glycolsäure		Milchsäure	
	RT	100°C	RT	100°C	RT	100°C
CaCl$_2$	–	–	–	–	–	–
CaCl$_2$ + NH$_3$	–	+	–	–	–	–
CaCl$_2$ + NaOH	+	+	+	+	+	+

Hinweise: Von allen Stoffen wird jeweils 1 ml ihrer wässrigen Lösungen
                (je 1 g Säure + 10 ml Wasser) eingesetzt
+ bedeutet: weißer Niederschlag
– bedeutet: klare Lösung
RT bedeutet: Raumtemperatur

präsentanten anderer Hydroxycarbonsäuren), in Lösung bleiben sollen. Als Fällungsreagenz
wird Calciumchloridlösung alleine oder in Kombination mit Ammoniaklösung bzw. Natronlauge bei Raumtemperatur und in der Hitze getestet. (Hierzu sind einige Setzungen nötig;
siehe Experiment 39). Es werden die Ergebnisse der Tabelle 13.1 erhalten.

Die Schüler entdecken, daß Citronensäure durch Erhitzen mit ammoniakalischer Calciumchloridlösung selektiv ausgefällt werden kann. Es kann vermutet werden, daß es sich bei
dem Niederschlag um Calciumcitrat handelt. Ist diese Hypothese richtig, sollte sich hieraus
durch Ansäuern mit Mineralsäuren (Salzsäure, Salpetersäure, Schwefelsäure) die Citronensäure wieder freisetzen lassen und in Lösung gehen. Die experimentelle Überprüfung bestätigt diese Vermutung (Experiment 39). Bei Verwendung von Schwefelsäure bleibt allerdings
ein unlöslicher Rückstand. Ein Blindversuch mit Calciumchloridlösung und Schwefelsäure
läßt erkennen, daß es sich bei dem unlöslichen Rückstand um Calciumsulfat handelt.

Die Versuchssequenz führt demnach zu folgenden Einsichten, die durch Wortgleichun-
gen fixiert werden:

$$\text{Citronensäure} \xrightarrow[\text{100 °C}]{\text{CaCl}_2/\text{NH}_3} \text{Calciumcitrat} \downarrow$$

$$\text{Calciumcitrat} \downarrow \xrightarrow{\text{H}_2\text{SO}_4} \text{Calciumsulfat} \downarrow + \text{Citronensäure gelöst}$$

3. SCHRITT: Isolierung von Citronensäure aus Zitronen

Jetzt kann versucht werden, unter den gefundenen Bedingungen Citronensäure aus Zitronen
zu gewinnen (Experiment 11). Die Vorschrift kann nun verstanden werden.

Um den Aufwand und die benötigte Zeit für die Isolierung zu verringern, wird die Citro-
nensäure-haltige Lösung nicht eingedampft, sondern bis zur nächsten Chemiestunde stehengelassen. Es scheidet sich ein weißer Feststoff ab, der näher untersucht werden muß.

Durchschnittlich wird aus dem Saft von zwei großen Zitronen ca. 1 g Produkt erhalten
(0,6–1,3 g).

4. SCHRITT: Identifizierung des isolierten Produktes

Zunächst wird das isolierte Produkt anhand der Nachweisreaktionen (Experiment 25) untersucht. Es wird genau dasjenige Verhaltensmuster erhalten, das schon bei authentischer Citronensäure festgestellt wurde (positiver Cernitrat-, BTB- und Dichromattest; negativer Rojahn- und DNPH-Test; beim Cernitrattest nach anfänglicher Rotfärbung rasch Gelbfärbung). Dieses Verhaltensmuster ist aber nicht *so* spezifisch, daß man es nicht auch von anderen Hydroxycarbonsäuren so erwarten könnte. Daher wird als weitere Methode die Papierchromatographie eingesetzt (Experiment 11). Um grundsätzliche Aussagen über die Leistungsfähigkeit dieser Methode machen zu können, werden außer dem isolierten Produkt und authentischer Citronensäure auch weitere Hydroxycarbonsäuren und deren Kombinationen chromatographiert. Man kann z.B. jede Schülergruppe zusätzlich Glycolsäure, Milchsäure und eine oder zwei unbekannte Kombinationen aus Glycolsäure, Milchsäure und Citronensäure untersuchen lassen. Die Kombinationen lassen sich gut identifizieren. Als Sprühreagenz werden gruppenteilig ein BTB-Reagenz und ein Cernitratreagenz verwendet, d.h. Reagenzien, deren Reichweiten aus Reagenzglasversuchen bereits bekannt sind. Die Analyse zeigt, daß aus den Zitronen reine Citronensäure isoliert wurde.

Die beiden angewendeten Methoden können nun verglichen werden. Die Chromatographie erlaubt eine eindeutigere Identifizierung als die Reagenzglasversuche. Dabei ist aber zu beachten, daß die Reagenzglasversuche viel weniger Aufwand erfordern als die Chromatographie. Sie sollten zur Orientierung auf jeden Fall vorgeschaltet sein. Wären sie negativ ausgefallen, hätte sich die Chromatographie gar nicht gelohnt.

5. SCHRITT: Aufklärung der Strukturformel von Citronensäure

Die bisherigen Versuche erlauben bezüglich der Strukturformel von Citronensäure folgende Aussagen:

- Das Citronensäuremolekül muß aufgrund des positiven BTB-Tests mindestens eine COOH-Gruppe enthalten.

- Das Citronensäuremolekül muß aufgrund des positiven Cernitrattests mindestens eine alkoholische OH-Gruppe enthalten.

- Das Citronensäuremolekül enthält weder eine Estergruppe noch eine Carbonylgruppe der Aldehyde und Ketone.

Weitergehende Aussagen ermöglicht das ^{13}C-NMR-Spektrum der Citronensäure (Bild 13.1).

- Im Bereich der Carboxylgruppen findet man zwei Signale; es müssen also zwei unterscheidbare Carboxylgruppen im Citronensäuremolekül vorhanden sein.

- Etwas nach links verschoben sind ein Signal für die alkoholische Gruppe $-\overset{|}{\underset{|}{C}}-OH$

und ein Signal im Bereich der CH$_2$/CH$_3$-Gruppen erkennbar (Hypothese 1). Allerdings könnte man aufgrund der Signalverschiebung auch zwei unterschiedlich substituierte alkoholische Gruppen annehmen (Hypothese 2).

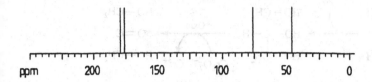

Bild 13.1 ^{13}C-NMR-Spektrum der Citronensäure

- Je nach Leistungsstand können die Lernenden nun mögliche Strukturformeln entweder selbst aufstellen, oder sie können aus einer vorgegebenen Strukturformelliste die mit den Daten kompatiblen Formeln auswählen. Folgende Hypothesen sind denkbar:

HOOC—CH$_2$—CH—COOH   H$_2$C—COOH   HO—CH—COOH
              OH   HO—C—COOH   HO—C—COOH
                                H$_2$C—COOH   HO—CH—COOH

(Hypothese 1a)   (Hypothese 1b)   (Hypothese 2)

Um weitere Informationen über die Struktur der Citronensäure zu erhalten, wird nun untersucht, welche Reaktionsprodukte bei der Umsetzung mit Dichromat entstehen (Experiment 3). Citronensäure zeigte ja positiven Dichromattest (Farbumschlag orange → grün). Als Produkte lassen sich eindeutig Kohlendioxid und Aceton identifizieren.

Dieses Ergebnis läßt sich besonders gut mit folgendem Reaktionssymbol erklären:

H$_2$C—COOH   3 CO$_2$ H$_2$C—H   CH$_3$
HO—C—COOH   ⟶   HO—C—H   Oxid.   O=C
H$_2$C—COOH   H$_2$C—H   Cr$_2$O$_7^{2-}$ Cr^{3+} CH$_3$
                                      orange   grün

Dieses Erklärungsschema macht allerdings keine Aussage über den tatsächlichen Mechanismus, da das postulierte Zwischenprodukt (2-Propanol) nicht nachweisbar ist. Es ist dennoch sehr plausibel, besonders wenn die Schüler die Oxidation von 2-Propanol mit Dichromat zu Aceton bereits vorher präparativ kennengelernt haben (siehe Experiment 1, Variante A). Die Hypothesen 1a bzw. 2 hingegen lassen statt Aceton andere Produkte erwarten:

                         2 CO$_2$ O
HOOC—CH$_2$—CH—COOH   ⟶   CH$_3$—CH$_2$ Oxid.   H$_3$C—C
              OH   OH   Cr$_2$O$_7^{2-}$ Cr^{3+} H

$$
\begin{array}{c}
\text{HO}-\text{CH}-\text{COOH} \\
\text{HO}-\overset{|}{\text{C}}-\text{COOH} \\
\text{HO}-\overset{|}{\text{CH}}-\text{COOH}
\end{array}
\quad\xrightarrow{\;3\,CO_2\;}\quad
\begin{array}{c}
\text{HO}-\text{CH}_2 \\
\text{HO}-\overset{|}{\text{C}}-\text{H} \\
\text{HO}-\overset{|}{\text{CH}}_2
\end{array}
\quad\xrightarrow[\;Cr_2O_7^{2-}\quad Cr^{3+}\;]{\;Oxid.\;}\quad
\begin{array}{c}
\text{HO}-\text{CH}_2 \\
\text{O}=\text{C} \\
\text{HO}-\text{CH}_2
\end{array}
$$

Da sich weder Acetaldehyd noch Dihydroxyaceton als Produkte nachweisen lassen, sprechen alle Indizien für die Hypothese 1b.

Das Vorgehen kann dadurch vereinfacht werden, daß man nach Betrachtung des ^{13}C-NMR-Spektrums die zugehörige Formel aus einer Formelliste, die als einzig kompatible Formel die richtige Formel von Citronensäure enthält, suchen läßt. Die Oxidation mit dem Dichromatreagenz bestätigt dann diese Formel.

Zum Schluß sollte noch einmal eine Methodenrückschau erfolgen, bei der deutlich wird, welchen Beitrag die verschiedenen Methoden zur Strukturaufklärung geleistet haben.

Hinweis: BRINK, MOHR und RAUCHFUSS (1993) benutzen für die Oxidation der Citronensäure Kaliumpermanganat und ermitteln das stöchiometrische Verhältnis der Edukte sowie das Volumen des gebildeten Kohlendioxids. Daraus wird die stöchiometrische Reaktionsgleichung und somit (indirekt) auch die Struktur der Reaktionsprodukte abgeleitet. Diese Variante wird allerdings im Rahmen des PIN-Konzepts wegen des Prinzips der Beschränkung nicht weiter verfolgt.

Die Gewinnung von Citronensäure aus Zitronen und ihr oxidativer Abbau zu Aceton machen deutlich, daß es einen direkten Zusammenhang zwischen den von Schülern als „biologisch" empfundenen Naturstoffen und „unbiologischen Chemikalien" wie Aceton gibt und daß diese Beziehung experimentell und rational rekonstruierbar ist. Wer selbst erlebt hat, daß man aus Zitronen Aceton herstellen kann, ist vielleicht eher bereit, die problematische und letztlich unhaltbare Trennung zwischen „Chemie" und „Natur" zu relativieren und affektiv eingefärbte Vorurteile durch sachangemessenere Sichtweisen zu ersetzen.

14 Vom Glycerin über die Fette und Seifen zu den Ethern, Alkenen und Alkanen

Die Behandlung des Glycerins und anderer mehrwertiger Alkohole bietet Gelegenheit, den bereits bekannten Begriff der Polyfunktionalität (Kapitel 8–9) zu vertiefen und die Erarbeitung der Fette vorzubereiten. Das Thema Fette und Seifen ermöglicht die Integration von Alltags- und Anwendungsbezügen (HEIMANN u. HARSCH 1998). Der Vergleich der Eigenschaften von Stearin- und Ölsäure und deren strukturelle Deutung mit Hilfe spektroskopischer Befunde führt zur Erkenntnis der Doppelbindung $\diagup$C=C$\diagdown$ als funktionelle Gruppe der Alkene. Dann erfolgt der Transfer von der Stoffklasse zum einfachsten Stoffklassenvertreter (Ethen) und von diesem weiter zum Ethan.

1. SCHRITT: Einführung des Glycerins

Die Schüler erhalten drei Stoffproben (Probe 1 = Ethanol; Probe 2 = 1 Teil Glycerin + 3 Teile Ethanol; Probe 3 = 1 Teil Glycerin + 3 Teile Wasser) und drei Reagenzien (Cernitrat-, Iodoform- und Kupfersulfattest). Da ihnen die Reichweite des Kupfersulfattests (Experiment 25) zu diesem Zeitpunkt noch nicht bekannt ist, werden ihnen die Probeninhalte mitgeteilt, allerdings ohne Zuordnungen. Diese sollen experimentell ermittelt werden. Folgende Ergebnisse werden erhalten:

	Probe 1	Probe 2	Probe 3
Cernitrattest	+	+	+
Iodoformtest	+	+	–
Kupfersulfattest	–	+	+

Hieraus können folgende Schlüsse gezogen werden:

• Der noch unbekannte Stoff Glycerin ist ein Alkohol (nur positive Cernitrattests).

• Nur die Proben 1 und 2 enthalten Ethanol (positiver Iodoformtest); Probe 3 enthält daher das Glycerin-Wasser-Gemisch.

• Probe 1 enthält kein Glycerin (negativer Kupfersulfattest) und muß daher dem reinen Ethanol zugeordnet werden; Probe 2 enthält das Glycerin-Ethanol-Gemisch.

Nun wird das ^{13}C-NMR-Spektrum des Glycerins zur Verfügung gestellt (Bild 14.1). Es treten zwei Signale im Bereich der OH-Gruppen auf. Die Schüler werden vermutlich folgende Formeln vorschlagen:

$$\begin{array}{cccc}
\underset{\overset{|}{O}H\ \overset{|}{O}H}{H_2C-CH_2} & \underset{\overset{|}{O}H\qquad\overset{|}{O}H}{H_2C-CH_2-CH_2} & \underset{\overset{|}{O}H\,\overset{|}{O}H\ \ \overset{|}{O}H}{H_2C-CH-CH_2} & \underset{\overset{|}{O}H\,\overset{|}{O}H\ \ \overset{|}{O}H\ \ \overset{|}{O}H}{H_2C-CH-CH-CH_2} \\[2mm]
(1) & (2) & (3) & (4)
\end{array}$$

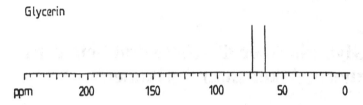

Bild 14.1 ^{13}C-NMR-Spektrum des Glycerins

Die Formel (1) ließe aus Symmetriegründen nur 1 Signal erwarten und kann daher ausgeschieden werden.

Die Formel (2) ist zwar mit 2 Signalen kompatibel, allerdings wäre für das mittlere C-Atom ein ppm-Wert < 40 zu erwarten. Die Hypothese (2) ist daher falsifiziert.

Die Formeln (3) und (4) hingegen stimmen mit allen bisherigen Befunden überein. Eine Unterscheidung ist ohne zusätzliche experimentelle Daten nicht möglich. Der Lehrer teilt daher mit, daß den Glycerinmolekülen die Strukturformel (3) zuzuordnen ist.

2. SCHRITT: Eigenschaften einiger Diole

Der positive Ausfall des Kupfersulfattests hängt offensichtlich mit dem Vorhandensein von drei OH-Gruppen im Glycerinmolekül zusammen. Es stellt sich die Frage, ob auch schon zwei OH-Gruppen dafür hinreichend sind. Zur Überprüfung werden Proben untersucht, die mit folgenden Strukturformeln beschriftet sind (Experiment 25):

$$H_2C - CH_2 \qquad H_2C - CH - CH_2 - CH_3 \qquad H_2C - CH_2 - CH - CH_3 \qquad H_2C - CH_2 - CH_2 - CH_2$$
$$\quad | \quad\; | \qquad\qquad | \quad\; | \qquad\qquad\qquad\qquad | \qquad\qquad | \qquad\qquad\qquad | \qquad\qquad\qquad\qquad\qquad |$$
$$\;\; OH\; OH \qquad\qquad OH\; OH \qquad\qquad\quad\; OH \qquad\qquad OH \qquad\qquad\quad OH \qquad\qquad\qquad OH$$
$$\qquad (1) \qquad\qquad\qquad (2) \qquad\qquad\qquad\qquad (3) \qquad\qquad\qquad\qquad\qquad (4)$$

Folgende Ergebnisse werden erhalten:

• Alle vier Proben zeigen erwartungsgemäß einen positiven Cernitrattest.

• Nur die Proben (1) und (2) zeigen einen positiven Kupfersulfattest, so daß dessen Reichweite nun erkannt werden kann: Er zeigt zwei (oder mehrere) direkt benachbarte OH-Gruppen in Diol- (oder Polyol)-Molekülen an.

Zur Vervollständigung der Referenzmatrix teilt der Lehrer mit, wie sich alle bisher kennengelernten Stoffe beim Kupfersulfattest verhalten und wie sich Glycerin bei den übrigen Standardtests verhält. Gegebenenfalls können einige dieser Daten auch experimentell nachvollzogen werden.

3. SCHRITT: Polarität und Siedetemperaturen der Alkohole

Es wird nun die relative Polarität verschiedener Alkohole untersucht. Als „Meßlatte" dienen Lösungsmittel unterschiedlicher Polarität (Wasser, Salzwasser, Hexan). Durch systematische

Mischungsversuche gelingt es den Schülern, die Alkohole in eine empirische Polaritätsrangfolge zu bringen und unter Beachtung des Prinzips der Faktorenkontrolle zu ermitteln, wie sich die Struktur der Alkoholmoleküle (Zahl der Kohlenstoffatome, Anzahl und Stellung der OH-Gruppen) auf deren Polarität auswirkt. Die abgeleiteten Polaritätsregeln werden anschließend theoretisch erklärt. Diese Übung wird an anderer Stelle (Abschnitt 23.1) genauer beschrieben und kann auch in andere Kontexte integriert werden. Ergänzend dazu empfiehlt es sich, auch das Siedeverhalten der Alkohole (siehe Übung 14) in Abhängigkeit von der Molekülstruktur zu studieren, um die Fähigkeit zur Faktorenkontrolle durch moderate, nicht überfordernde Transferleistungen zu fördern.

4. SCHRITT: Eigenschaften von Fetten und deren Umwandlung in Seifen

Auf dem Lehrertisch werden Palmin, Olivenöl, Margarine und Butter aufgestellt. Die Lernenden werden schnell erkennen, daß es sich um Fette und Öle (= bei Raumtemperatur flüssige Fette) handelt. Es wird zunächst die Frage geklärt, an welchen Eigenschaften man Fette überhaupt erkennen kann. Neben der Wasserunlöslichkeit (Fettaugen auf der Suppe) ist auch die Bildung von Fettflecken ein Phänomen, das alle Schüler kennen und das sich analytisch als Fettfleckprobe ausnutzen läßt:
Die Schüler verreiben die vier oben genannten Fette (und zusätzlich Schlagsahne) auf Papier und halten es gegen das Licht. In allen Fällen wird ein Fettfleck sichtbar.
Die Aufmerksamkeit der Schüler wird nun darauf gerichtet, daß Fette zum einen als Nahrung, zum anderen aber auch als Rohstoffe zur Seifenherstellung dienen. Hierzu kann die Geschichte der Seifenherstellung aufgegriffen werden:
Schon vor mehr als 4000 Jahren stellten die Sumerer Seife aus Tier- oder Pflanzenfett und Holzasche her. In den heutigen Seifenfabriken werden Pflanzenfette mit Natronlauge oder Soda umgesetzt. Ein geeigneter Artikel mit einer Abbildung zum Produktionsprozeß findet sich z.B. bei BAHNEMANN (1982).
Demnach sollte sich also Seife, die reinigende Wirkung hat, aus Fett, das „schmutzigmachende" Wirkung hat, mit Natronlauge herstellen lassen. Ob dies tatsächlich möglich ist, wird im Experiment überprüft (Experiment 18). Mit dem Produkt wird die Fettfleckprobe durchgeführt. Sie fällt negativ aus. Vergleichend werden weitere Eigenschaftsprüfungen mit dem Produkt sowie mit Palmin, Wasser und gekaufter Seife durchgeführt (z.B. Test auf Schaumwirkung, Test auf Reinigungswirkung; Experiment 26): Das Produkt verhält sich wie Seife; die Seifenherstellung aus Palmin mit Natronlauge ist also geglückt.

5. SCHRITT: Die chemische Natur der Fette

Es wird nun die Frage aufgeworfen, ob Fette und Seifen in Beziehung zu den bereits kennengelernten Stoffen und Stoffklassen stehen. Der einzige Anhaltspunkt ist die Tatsache, daß das Palmin mit Natronlauge zur Reaktion gebracht werden kann. Die Schüler haben Natronlauge bereits früher als erfolgreiches Synthesereagenz kennengelernt, und zwar bei der Hydrolyse von Essigsäureethylester (Kapitel 2). Sollte es sich bei dem Fett etwa um einen Ester handeln? (Diese Frage ist aus Schülersicht keineswegs zwingend. Sie hat eher den Charakter einer Setzung, die den Schülern zur Annahme oder begründeten Ablehnung vorgelegt wird.) Wie könnte diese Frage überprüft werden? Als Gruppentest auf Ester haben die Schüler den Rojahntest kennengelernt. Er wird nun auf Palmin und Olivenöl angewendet (Experiment 26). Der Rojahntest fällt tatsächlich positiv aus. Fette sind also sehr wahrscheinlich Ester. Das bedeutet, daß es sich bei der Seife entweder um einen Alkohol oder um ein Carbonsäuresalz oder um beides handeln muß.

Auf diese Weise sind die Fette phänomenologisch und noch ohne Kenntnis ihrer komplexen Strukturformeln der bekannten Stoffklasse der Ester zugeordnet.

Die Reaktionsprodukte sollen nun näher untersucht werden. Zu diesem Zweck wird nach einer einfachen Methode Olivenöl gespalten (Experiment 19, Variante A oder B). Nach der Variante A läßt sich ermitteln, daß es sich bei dem erhaltenen Alkohol um einen mehrwertigen Alkohol mit benachbarten Hydroxylgruppen in seinen Molekülen handelt (positiver Kupfersulfattest). Nach Variante B werden zwei produkthaltige Phasen erhalten. In der oberen Phase ist kein Alkohol enthalten. Dennoch treten Seifeneigenschaften auf. Als Verursacher kommen offensichtlich nur die Carbonsäuresalze in Frage. Die untere Phase enthält einen mehrwertigen Alkohol. Zwar fallen auch hier die Seifentests positiv aus, allerdings deutlich schwächer als mit der oberen Phase. Dies läßt sich so interpretieren, daß entweder keine vollständige Trennung erfolgt ist und in der unteren Phase auch noch Carbonsäuresalze vorhanden sind, oder daß auch der mehrwertige Alkohol gewisse Seifeneigenschaften hat.

Die Struktur des nachgewiesenen mehrwertigen Alkohols muß gesetzt werden, da keine weiteren Befunde zur Verfügung stehen. Der Lehrer teilt mit, daß es Chemikern gelungen sei, diesen Alkohol als Reinstoff zu isolieren und spektroskopisch zu untersuchen. Sein ^{13}C-NMR-Spektrum (vgl. Bild 14.1) habe ergeben, daß es sich um Glycerin handle.

Fette sind demnach Glycerinester von (noch zu spezifizierenden) Carbonsäuren. Eine allgemeine Reaktionsgleichung für die alkalische Esterhydrolyse kann formuliert werden:

$$
\begin{array}{c}
\underset{\displaystyle R-\overset{\displaystyle O}{\overset{\displaystyle \|}{C}}-O-CH_2}{} \\[2mm]
R-\overset{O}{\overset{\|}{C}}-O-\overset{}{\underset{|}{C}}-H \ + \ 3\,Na^+OH^- \longrightarrow \ 3\,R-\overset{O}{\overset{\|}{C}}-O^-Na^+ \ + \ HO-\overset{}{\underset{|}{C}}-H \\[2mm]
R-\overset{O}{\overset{\|}{C}}-O-CH_2 \hspace{7cm} HO-CH_2
\end{array}
$$

6. SCHRITT: Die chemische Natur der Seifen

Da jetzt bekannt ist, um welchen Alkohol es sich handelt, kann auch überprüft werden, ob er Seifeneigenschaften hat. Mit authentischem Glycerin kann im neutralen und im alkalischen Milieu der Schaumtest (ohne angeschlossenen Aktivkohletest) durchgeführt werden (Experiment 26). Er fällt negativ aus. Bei den Seifen muß es sich also um die Carbonsäuresalze handeln. Welche Carbonsäuresalze kommen hierfür in Frage?

Der Schaumtest (Experiment 26) fällt mit alkalisierter Essigsäure, also Natriumacetatlösung, negativ aus. Sie kommt also nicht in Betracht.

Es werden nun zwei neue Stoffe (Ölsäure und Stearinsäure) hinzugenommen. Sie zeigen positiven Schaumtest (für Ölsäure Experiment 20 bzw. 26, für Stearinsäure Experiment 21), positiven BTB-Test und negativen Cernitrat- und DNPH-Test (siehe Experiment 25, 26; mit Stearinsäure sind die drei Tests nur im siedenden Wasserbad durchführbar). Es liegen also Carbonsäuren vor. Ihre schlechte Löslichkeit in Wasser deutet darauf hin, daß es sich um langkettige Säuren handelt. Erst jetzt werden sie benannt.

Zur Strukturaufklärung dieser beiden Fettsäuren werden spektroskopische Daten hinzugezogen:

- Die ^{13}C-NMR-Spektren (Bild 14.2) lassen außer dicht gedrängten Signalen im Bereich der Methyl-/Methylengruppen jeweils 1 Signal im Bereich der Carboxylgruppe erkennen. Bei der Ölsäure treten noch 2 weitere Signale in einem bisher unbekannten Bereich (bei ca. 130 ppm) auf. Die genaue Anzahl der C-Atome läßt sich den Spektren allerdings nicht entnehmen, da die Signale im Bereich der niedrigen ppm-Werte zu dicht beieinander liegen.

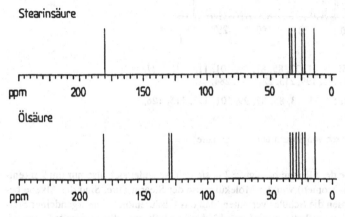

Bild 14.2 ^{13}C-NMR-Spektren von Stearinsäure und Ölsäure (Die Signale bei niedrigen ppm-Werten sind im realen Spektrum so dicht beieinander, daß sie nicht getrennt auswertbar sind.)

- Aus den Massenspektren (Bild 14.3) kann für die Stearinsäure die Molekülmasse 284 u abgelesen werden. Die zahlreichen äquidistanten Signale, die Massendifferenzen Δm = 14 u entsprechen, lassen auf Bruchstücke schließen, die sich jeweils um eine CH_2-Gruppe unterscheiden. Die Formel der Stearinsäure kann nun rekonstruiert werden:

$$H_3C-CH_2-CH_2-CH_2-CH_2-CH_2-CH_2-CH_2-CH_2-CH_2-CH_2-CH_2-CH_2-CH_2-CH_2-CH_2-CH_2-\overset{O}{\overset{\|}{C}}-OH$$

oder kurz: $H_3C-(CH_2)_{16}-COOH$

Stearinsäure

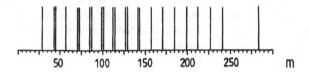

Ölsäure

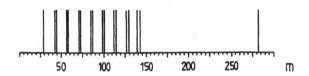

Stearinsäure: 29, 43, 45, 57, 71, 73, 85, 87, 99, 101, 113, 115, 127, 129, 141, 143, 157, 171, 185, 199, 213, 227, 241, 284.

Ölsäure: 29, 43, 45, 57, 59, 71, 73, 85, 87, 99, 101, 113, 115, 126, 129, 139, 143, 282.

Bild 14.3 Massenspektren von Stearinsäure und Ölsäure

- Die Molekülmasse der Ölsäure beträgt 282 u, sie unterscheidet sich also nur um 2 u (entsprechend zwei H-Atomen) von der Molekülmasse der Stearinsäure. Sind die Alkene bereits bekannt, werden die Schüler vermuten, daß das Ölsäuremolekül an irgendeiner Stelle der Kohlenwasserstoffkette eine Doppelbindung enthält, was die Massendifferenz erklären würde. Diese Hypothese kann mit Hilfe des Bromtests (Experiment 26) überprüft werden. Die beobachtbare Entfärbung stützt diese Hypothese; der Gegentest mit Stearinsäure verläuft negativ.

  Andererseits eignet sich gerade diese Stelle zur Einführung der Kohlenstoff-Kohlenstoff-Doppelbindung:

  Nachdem die Massendifferenz von Stearin- und Ölsäure von 2 u und das Auftreten von 2 Signalen in einem bisher unbekannten Bereich des ^{13}C-NMR-Spektrums der Ölsäure festgestellt wurde, wird der Bromtest eingeführt. Es zeigt sich, daß die Farbe des Broms nur im Fall der Ölsäure verschwindet. Die spektroskopischen Daten und das Verhalten beim Bromtest werden durch eine Kohlenstoff-Kohlenstoff-Doppelbindung erklärt:

$$\underset{\substack{| \quad | \\ H \quad H}}{—C=C—} \;+\; Br—Br \;\longrightarrow\; \underset{\substack{| \quad | \\ H \quad H}}{\overset{\substack{Br \; Br \\ | \quad |}}{—C—C—}}$$

                        gelb   farblos

• Der Lehrer teilt nun die Formel der Ölsäure mit:

$$H_3C-CH_2-CH_2-CH_2-CH_2-CH_2-CH_2-CH_2-\underset{|}{C}=\underset{|}{C}-CH_2-CH_2-CH_2-CH_2-CH_2-CH_2-CH_2-\overset{O}{\overset{||}{C}}-OH$$
$$\qquad\qquad\qquad\qquad\qquad\qquad\qquad\qquad H\;\;\,H$$

oder kurz: $H_3C-(CH_2)_7-CH=CH-(CH_2)_7-COOH$

Die Lage der Doppelbindung kann auch im Nachvollzug aus massenspektrometrischen Daten erschlossen werden: Die Masse 29 u rührt von der H_3C-CH_2-Gruppe am Molekülende, die Masse 45 u von der COOH-Gruppe am Molekülkopf her. Die übrigen Bruchstücke ergeben sich durch sukzessive Addition von CH_2-Gruppen (Δm = 14 u) bzw. von CH-Gruppen (Δm = 13 u) an die beiden zur Mitte hin wachsenden Enden. Hierdurch erklärt sich auch das auffallende äquidistante Doppellinienmuster im Massenspektrum beider Fettsäuren.

Als weitere wichtige Fettsäuren können noch die Palmitinsäure und die Linolsäure eingeführt werden. Die Aufstellung möglicher Strukturformeln für Fette (durch Permutation der Fettsäurereste) beschließt die strukturtheoretischen Betrachtungen. Aus dem Schmelzverhalten der Fette kann gefolgert werden, daß die eingangs vorgestellten Speisefette Gemische unterschiedlicher Fettsäure-Glycerinester darstellen. Je ungesättigter das Fett ist, desto tiefer ist die Temperatur des Schmelzbereichs.

7. SCHRITT: Die Bedingungen der Fettspaltung

Um das Prinzip der Faktorenkontrolle in einem neuen Kontext zu üben, kann ein Experiment (Abschnitt 23.3) durchgeführt werden, bei dem es um die Bedingungen der Fettspaltung geht.

Dabei muß herausgefunden werden, welche Versuchsbedingungen für eine rasche Fetthydrolyse nötig sind. Es sind verschiedene Ausführungen denkbar: Die zeit-, material- und vorbereitungsaufwendigere Variante besteht darin, daß sich die Schüler in Gruppen aufteilen, einen Plan entwickeln und ihn praktisch umsetzen. Andererseits können sich die Schülergruppen zunächst einen Plan ausdenken, der dann im Klassenverband diskutiert wird. Die für unbedingt notwendig gehaltenen Experimente können anschließend als Lehrer- oder Schülerdemonstrationsexperimente realisiert werden.

8. SCHRITT: Die Einführung der Ether und Alkene

Im 6. Schritt haben die Schüler die Kohlenstoff-Kohlenstoff-Doppelbindung als neue funktionelle Gruppe kennengelernt, und zwar an einem polyfunktionellen Stoff, der Ölsäure. Eine typische Eigenschaft war die Fähigkeit zur Addition von Brom. Wie sieht es mit den Eigenschaften eines entsprechenden monofunktionellen Stoffes aus? Um dies zu untersuchen, müßte man einen solchen, der Stoffklasse der Alkene zugehörigen Stoff erst einmal herstellen. Das einfachste Alken hat die Formel $H_2C=CH_2$. Als Edukte kommen zunächst einmal alle bekannten C_2-Stoffe (Ethanol, Acetaldehyd und Essigsäure) in Frage. Auf die Mitteilung des Lehrers, daß als Reagenz die wasserentziehende, konzentrierte Schwefelsäure zur Verfügung steht, kann Ethanol als aussichtsreiches Edukt erkannt werden.

Da das vermutlich entstehende Produkt (Ethen) eine deutlich niedrigere Siedetemperatur als Ethanol erwarten läßt, wird sowohl eine Vorrichtung zum Auffangen von flüssigem Produkt als auch eine zum Auffangen von gasförmigem Produkt verwendet (Experiment 8, Variante A). Das Experiment ist recht aufwendig, liefert aber viele Informationen. Mit dem Vorheizen des Ölbades sollte schon vor Stundenbeginn angefangen werden. Die Schüler sollten während des Versuchs selbständig (z.B. mit einer wiederholenden Übung) beschäftigt sein, damit sich der Lehrer auf die Versuchsdurchführung konzentrieren kann.

- Wider Erwarten werden als Produkt sowohl ein Gas als auch eine Flüssigkeit erhalten. Nur das Gas zeigt positiven Bromtest. Es muß also das erwartete Alken, das Ethen, sein. Seine Bildung läßt sich durch *intra*molekulare Wasserabspaltung erklären:

$$H_3C\!-\!CH_2\!-\!OH \xrightarrow{(H_2SO_4)} H_2C\!=\!CH_2 + H_2O$$

Das entstehende Wasser kann bei einer einfachen Ausführung der Ethensynthese auch nachgewiesen werden (Experiment 8, Variante B).

- Die Identität des zweiten Produktes kann nicht so ohne weiteres ermittelt werden. Es zeigt bei *allen* Gruppentests einen negativen Testausfall, besitzt also offensichtlich keine der bisher bekannten funktionellen Gruppen. Sein ^{13}C-NMR-Spektrum (Bild 14.4) weist zwei Signale auf, eines davon im Bereich der Gruppe $\diagdown$CH$-$O$-$. Mit Hilfe des Massenspektrums (Bild 14.5) kann die Struktur aufgeklärt werden. Die Bildung des nun als Diethylether bezeichneten Stoffes kann durch *inter*molekulare Wasserabspaltung erklärt werden:

$$2\ H_3C\!-\!CH_2\!-\!OH \xrightarrow{(H_2SO_4)} H_3C\!-\!CH_2\!-\!O\!-\!CH_2\!-\!CH_3 + H_2O$$

Auf die Bedeutung des Ethens für die Reifung von Früchten kann eingegangen werden (AINSCOUGH, BRODIE, WALLACE 1992; HOLMAN 1988; MOHR, SCHOPFER 1978), ebenso auf die Handhabung von Ethern. Siedetemperaturen und Löslichkeiten können betrachtet werden. KAMINSKI, FLINT und JANSEN (1992) geben einen Unterrichtsgang zum Reaktionsmechanismus der Ether- und Ethenbildung an.

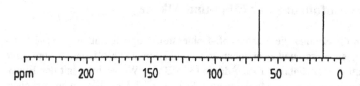

Bild 14.4 ^{13}C-NMR-Spektrum des flüssigen Produkts, das bei der Reaktion von Ethanol mit konzentrierter Schwefelsäure erhalten wurde (Diethylether)

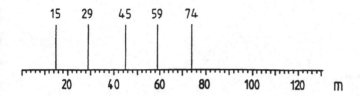

Bild 14.5 Massenspektrum des flüssigen Produktes (Diethylether)

9. SCHRITT: Betrachtungen zur Isomerie

Eine weitere Form der Isomerie, die „Funktionsisomerie", kann nun eingeführt werden. Die Schüler sollen alle Strukturformeln zusammenstellen, die der Summenformel $C_4H_{10}O$ genügen. Es können die Formeln von 3 Ethern und 4 Alkoholen gefunden werden:

$$H_3C-CH_2-O-CH_2-CH_3 \qquad H_3C-O-CH_2-CH_2-CH_3$$

$$H_3C-O-\underset{\underset{CH_3}{|}}{CH}-CH_3 \qquad H_3C-CH_2-CH_2-CH_2-OH$$

$$H_3C-CH_2-\underset{\underset{OH}{|}}{CH}-CH_3 \qquad H_3C-\underset{\underset{OH}{|}}{\overset{\overset{CH_3}{|}}{C}}-CH_3 \qquad H_3C-\underset{\underset{CH_3}{|}}{CH}-CH_2-OH$$

Die Stellungs- und Verzweigungsisomerie innerhalb der Alkohole und die Funktionsisomerie der Alkohole und Ether können auf der Basis von bestehenden Erfahrungen mit den Stoffen verstanden und vergleichend diskutiert werden. Da isomere Alkohole eine gemeinsame funktionelle Gruppe haben, stimmen sie in vielen chemischen Eigenschaften überein. Isomere Alkohole und Ether haben keine gemeinsamen chemischen Eigenschaften, da sie sich in ihren funktionellen Gruppen unterscheiden. Auf die mögliche Existenz spiegelbildlicher Moleküle kann am Beispiel des 2-Butanols hingewiesen werden.

10. SCHRITT: Die Verbindung zu den Alkanen

Als typische Eigenschaft der Alkene haben die Schüler deren Fähigkeit zur Addition von Brom kennengelernt. Statt Brom kann auch Wasserstoff addiert werden. Es entsteht dann im Falle von Ethen ein Stoff, dessen Moleküle keine funktionelle Gruppe (im engeren Sinne) mehr besitzen, das Ethan:

$$H_2C{=}CH_2 + H{-}H \xrightarrow{\text{(Katalysator)}} \underset{\underset{H}{|}}{H_2C}-\underset{\underset{H}{|}}{CH_2}$$

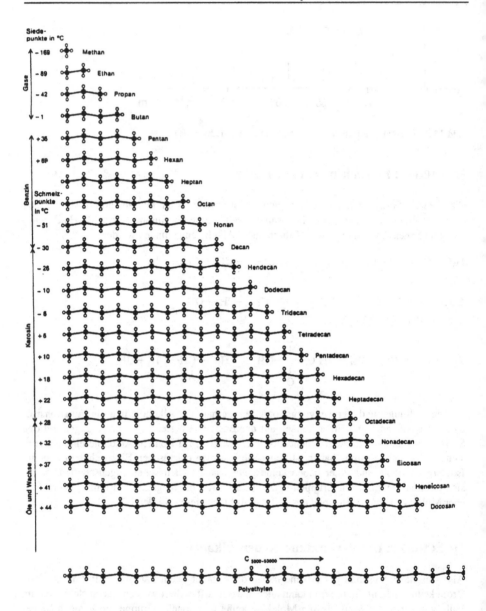

Bild 14.6 Die homologe Reihe der Alkane (nach DICKERSON und GEIS 1990, S. 466)

Eine geeignete Versuchsvorschrift für die katalytische Hydrierung von Ethen geben RALLE und BODE (1991). Das Gas, das dabei erhalten wird, zeigt im Gegensatz zum Edukt keine Fähigkeit zur Entfärbung von Bromwasser.

In Analogie zur Hydrierung von Ethen kann nun die Hydrierung von ungesättigten Fetten/Ölen angeschlossen werden, so daß die Rückkopplung zum 6. Schritt für die Schüler deutlich wird. Für diese auch technisch wichtige Synthese (Fetthärtung bei der Margarineherstellung) haben BODE, GROEN und RALLE (1994) eine unterrichtspraktisch realisierbare Versuchsvorschrift ausgearbeitet.

Da Ethan aus Molekülen ohne eigentliche funktionelle Gruppe aufgebaut ist, können die Schüler dessen Reaktionsträgheit verstehen. Ethan kann aber verbrannt werden:

$$2 \ H_3C-CH_3 + 7 \ O_2 \longrightarrow 4 \ CO_2 + 6 \ H_2O$$

Abschließend kann auf die homologe Reihe (Bild 14.6) und auf die alltägliche Bedeutung und Verwendung der Alkane eingegangen werden. Die radikalische Substitution von Alkanen (Experiment 24) kann angeschlossen werden.

15 Integration der Kohlenhydrate: Struktur-Eigenschaftsbeziehungen und Anwendungsaspekte

Die im folgenden dargestellte Unterrichtssequenz wurde in einem vierstündigen Neigungskurs Chemie einer zehnten Realschulklasse erfolgreich durchgeführt. Da die Schüler keine Einführung in die Organische Chemie nach dem PIN-Konzept kennengelernt hatten, wurden sie in drei vorgeschalteten Schulstunden mit wesentlichen Grundlagen dieses Konzepts vertraut gemacht. Hierbei wurde wie folgt vorgegangen:

- Zur Einführung führte der Lehrer den Cernitrat-, DNPH-, BTB- und Fehlingtest mit verdünnter Acetaldehydlösung (c = 2,5 mol/l) vor. Anschließend wendeten die Schüler diese Tests arbeitsteilig auf Ethanol, 1-Propanol, Essigsäure (49 Volumenteile Wasser + 1 Volumenteil konz. Essigsäure), Propionsäure (19 Volumenteile Wasser + 1 Volumenteil konz. Propionsäure) und Aceton an. Die Ergebnisse wurden in einer Matrix der Testausfälle zusammengestellt.

- Die Schüler analysierten dann eine unbekannte Probe X, die folgende Testausfälle zeigte: Positiver Cernitrat- und DNPH-Test; negativer BTB- und Fehlingtest. Hieraus konnte geschlossen werden, daß die Probe X entweder Aceton + Ethanol oder Aceton + 1-Propanol oder Aceton + Ethanol + 1-Propanol enthielt. Die Aufgabe war bewußt auf Mehrdeutigkeit hin angelegt, um die Schüler von vornherein an vollständiges, divergentes Denken zu gewöhnen.

- In einem Arbeitsblatt wurden die sechs untersuchten Stoffe gesetzten Strukturformeln zugeordnet. Die Stoffklassenbegriffe wurden sowohl konkret-operational (über die Verhaltensmuster der Testausfälle) als auch formal-operational (über die funktionellen Gruppen der Molekülstrukturen) definiert. Die Reichweiten der vier Gruppentests wurden herausgearbeitet. Als Hausaufgabe wurde eine schriftliche Analytikaufgabe (Übung 2) gelöst.

- In der folgenden Stunde wurden zwei Übungen durchgeführt (Übung 16 und 6a), um das Erkennen funktioneller Gruppen und stoffklassenspezifischer Eigenschaften zu festigen.

Es schloß sich dann die im folgenden dargestellte Unterrichtssequenz an.

1. SCHRITT: Drei Zucker und ihr Verhalten bei wichtigen Nachweisreaktionen

Die Schüler dürfen ausnahmsweise die Stoffe, um die es im weiteren Unterricht geht, probieren (nicht aus der Chemikalienflasche, sondern aus Joghurtbechern, die Löffel enthalten; vorher ist darauf hinzuweisen, daß Diabetiker sich zurückhalten sollen). Die drei weißen, pulverigen Stoffe schmecken süß; es sind Zucker. Die Schüler können sie in der Regel als

Traubenzucker, Fruchtzucker und Haushaltszucker identifizieren (verwendet werden Dextropur, Fruchtzucker aus dem Reformhaus und Haushaltszucker). Es sollte darauf hingewiesen werden, daß im folgenden zwar mit denselben Stoffen gearbeitet wird; daß diese aber nicht verkostet werden dürfen, da sie in Chemikalienflaschen abgefüllt sind (Verwechslungsgefahr; Verunreinigung nicht ausschließbar).

Auf die Frage, was man tun könne, um mehr über den Aufbau der Zuckerteilchen zu erfahren, kommen Antworten wie: „Wasserlöslichkeit testen; Elementaranalyse machen; Gruppentests anwenden".

Der letztgenannte Vorschlag führt zu den in Tabelle 15.1 dargestellten Ergebnissen.

Tabelle 15.1 Verhalten von drei Zuckern bei den Nachweisreaktionen

		Traubenzucker	Fruchtzucker	Haushaltszucker
Cernitrattest		+	+	+
DNPH-	kalt	–	–	–
Test[1]	heiß	+	+	+
BTB-Test		–	–	–
Fehlingtest		+	+	–

[1] Hinweis: Beim DNPH-Test wird der Ansatz zunächst 1 Minute lang beobachtet und dann für 5 Minuten ins siedende Wasserbad gestellt.

Hieraus können die folgenden Hypothesen abgeleitet werden:

- Alle untersuchten Zucker sind Alkohole (positiver Cernitrattest). Sie besitzen die funktionelle Gruppe $-\overset{|}{\underset{|}{C}}-OH$. Es ist für Schüler überraschend, daß Zucker eine Gemeinsamkeit mit dem Trinkalkohol haben!

- Alle Zucker haben Gemeinsamkeiten mit den Carbonylverbindungen (positiver DNPH-Test). Sie besitzen vermutlich die funktionelle Gruppe $\diagup C{=}O$. Allerdings fällt der DNPH-Test nur in der Hitze positiv aus – ein erklärungsbedürftiges Phänomen, auf das erst später genauer eingegangen werden kann.

- Traubenzucker und Fruchtzucker sind Aldehyde (positiver Fehlingtest). Sie besitzen die funktionelle Gruppe $-C\overset{\displaystyle O}{\underset{\displaystyle H}{\big\langle}}$

Aufgrund des stark übereinstimmenden Testverhaltens der drei Zucker ist eine analytische Unterscheidung nicht möglich. Es werden daher weitere Nachweise benötigt.

Im Demonstrationsversuch werden mit den drei Zuckern der Molisch-, Seliwanoff-, Selendioxid- und Glucotest durchgeführt (Experiment 27). Es werden die folgenden (in Tabelle 15.2 nur abstrakt dargestellten) Ergebnisse erhalten.

Tabelle 15.2 Verhalten von drei Zuckern bei differenzierenden Nachweisreaktionen

	Traubenzucker	Fruchtzucker	Haushaltszucker
Molischtest	+	+	+
Seliwanofftest	–	+	+
Glucotest	+	–	–
Selendioxidtest	–	+	–
Fehlingtest	+	+	–

Im Unterricht sollten die Testergebnisse zunächst konkret (d.h. in Form der beobachtbaren Phänomene; siehe Experiment 27) eingetragen und dann erst in der abstrahierten Form dargestellt werden.

Aus den Testausfällen können die Schüler folgendes erkennen:

- Der Molischtest ist ein Gruppentest für Zucker. Mit Alkoholen (z.B. Ethanol) fällt er – im Gegensatz zum Cernitrattest – negativ aus. Auch mit Carbonylverbindungen (z.B. Aceton) fällt er – im Gegensatz zum DNPH-Test – negativ aus. Die Reichweite des Molischtests sollte vom Lehrer exemplarisch demonstriert werden.

- Im Rahmen der bisher kennengelernten Zucker kann mit dem Glucotest die An- oder Abwesenheit von Traubenzucker und mit dem Selendioxidtest die An- oder Abwesenheit von Fruchtzucker *spezifisch* nachgewiesen werden.

2. SCHRITT: Reaktionsbeziehungen zwischen den Zuckern

Es wird nun die Frage aufgeworfen, ob sich die verschiedenen Zucker ineinander umwandeln lassen; ob man also, wenn man einen der drei Zucker zur Verfügung hat, die anderen beiden Zucker daraus herstellen kann. Als mögliche Reagenzien werden von den Schülern u.a. Säuren und Laugen genannt. Deren Wirkung auf die drei Zucker wird im arbeitsteiligen Schülerversuch untersucht (Experiment 14). Die erhaltenen analytischen Ergebnisse (Tabelle 15.3) müssen sorgfältig ausgewertet werden.

Tabelle 15.3 Testergebnisse nach Einwirkung von Natronlauge und Schwefelsäure auf die drei Zucker

	Traubenzucker		Fruchtzucker		Haushaltszucker	
	+ Natronlauge	+ Schwefelsäure	+ Natronlauge	+ Schwefelsäure	+ Natronlauge	+ Schwefelsäure
Seliwanofftest	+	–	+	+	+	+
Glucotest	+	+	+	–	–	+
Selendioxidtest	+	–	+	+	–	+
Fehlingtest	+	+	+	+	–	+

- Traubenzucker reagiert nur mit Natronlauge. Neben nicht umgesetztem Traubenzucker kann auch Fruchtzucker nachgewiesen werden. Haushaltszucker kann nicht ausgeschlossen werden, liegt aber nicht vor (Setzung).

- Fruchtzucker reagiert ebenfalls nur mit Natronlauge. Es entsteht Traubenzucker.

- Haushaltszucker läßt sich nur mit Schwefelsäure umsetzen und liefert dann Trauben- und Fruchtzucker.

Die Ergebnisse werden in folgendem Schema zusammengefaßt:

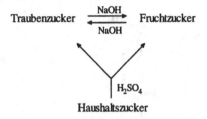

Aus Haushaltszucker lassen sich also die anderen beiden Zuckersorten mit verdünnter Schwefelsäure herstellen, und diese sind mit Natronlauge auch ineinander umwandelbar. (Durch konzentrierte Schwefelsäure werden alle Zucker verkohlt.)

Nun wird diskutiert, welche Nachweise in den jeweiligen Versuchsansätzen überflüssig waren, weil sie keine neuen Informationen mehr liefern. Dies trägt zur Schulung des analytischen Denkens bei.

Die Auswertung der beschriebenen Versuche läßt in einigen Fällen keine eindeutige Aussagen im Hinblick auf die An- oder Abwesenheit von Haushaltszucker zu. Es besteht jedoch die Möglichkeit, die betreffenden Versuchsansätze auch chromatographisch zu untersuchen (Experiment 12a). Die Ergebnisse sind dann eindeutig interpretierbar. Es empfiehlt sich, weitere analytische Übungen (z.B. Übung 3) als Hausaufgabe zu stellen.

3. SCHRITT: Die Formeln von Traubenzucker und Fruchtzucker im Lichte der kennengelernten Phänomene

Die Schüler haben nun hinreichend viele kohärente Phänomene kennengelernt; der Übergang zur Formelebene ist vorbereitet. Die Formeln werden allerdings nicht einfach gesetzt; vielmehr werden sechs Formeln zur Auswahl vorgegeben. Die Schüler sollen die Formeln von Trauben- und Fruchtzucker heraussuchen und dabei die bisher erhaltenen experimentellen Ergebnisse einbeziehen:

(1)
$$H_2C-OH$$
$$H-C-OH$$
$$H-C-OH$$
$$H-C-OH$$
$$H-C-OH$$
$$H_2C-OH$$

(2)
$$O\underset{C}{\diagdown}OH$$
$$H-C-OH$$
$$H-C-OH$$
$$HO-C-H$$
$$H-C-OH$$
$$C\diagdown H$$

(3)
$$H_3C-\underset{O}{\overset{O}{C}}-CH_2-C\underset{H}{\overset{O}{\diagup}}$$

(4)
$$O\underset{C}{\diagdown}H$$
$$H-C-OH$$
$$HO-C-H$$
$$H-C-OH$$
$$H-C-OH$$
$$H_2C-OH$$

(5)
$$H_2C-OH$$
$$C=O$$
$$HO-C-H$$
$$H-C-OH$$
$$H-C-OH$$
$$H_2C-OH$$

(6)
$$O\underset{C}{\diagdown}OH$$
$$CH_2$$
$$CH_2$$
$$O=C$$
$$C\underset{OH}{\diagup}O$$

Die funktionellen Gruppen werden markiert und mit den erhaltenen Testausfällen verglichen:

- Da der BTB-Test als der Gruppentest auf Carbonsäuren mit den beiden Zuckern negativ ausgefallen ist, können die Formeln 2 und 6 nicht in Frage kommen.

- Der Cernitrattest fiel mit beiden Zuckern positiv aus; Formel 3 kann also ebenfalls gestrichen werden.

- Formel 1 kann nicht zutreffen, da sie keine Carbonylgruppe enthält.

- Es bleiben nur die Formeln 4 und 5 übrig. Formel 4 kann den positiven Fehlingtest erklären, nicht aber Formel 5. Somit wird nur *eine* passende Formel für *zwei* Zucker erhalten.

Der Lehrer teilt nun als Setzung mit, daß (4) die Molekülformel von Traubenzucker (der nun auch als Glucose bezeichnet wird) sei, und daß (5) die Formel von Fruchtzucker (Fructose) darstelle. Die Schüler erkennen sofort den Widerspruch und protestieren gegen diese Inkongruenz: Wenn (5) richtig wäre, dann sei Fruchtzucker ja ein Keton und müsse daher einen *negativen* Fehlingtest zeigen (wie Aceton); Fruchtzucker habe aber einen *positiven* Fehlingtest ergeben.

Auf den Impuls hin, daß Stoffe auch in andere Stoffe umgewandelt werden können, wird die Hypothese aufgestellt, daß aus Fruchtzucker während des Fehlingtests ein Aldehyd, z.B. Traubenzucker, gebildet wird. Das Fehlingreagenz müßte in diesem Fall Natronlauge enthalten. Zur Überprüfung wird der pH-Wert der beiden Fehling-Reagenzien getestet. Die Schüler entdecken, daß das Fehling II-Reagenz tatsächlich alkalisch reagiert. Der positive Ausfall des Fehling-Tests mit Fruchtzucker läßt sich demnach durch folgendes Reaktionsschema erklären:

$$
\begin{array}{ccc}
H-\!\!\!\overset{\displaystyle O}{\underset{|}{C}}\!\!\!\diagup & & CH_2OH \\
H-\overset{|}{C}-OH & & \overset{|}{C}=O \\
HO-\overset{|}{C}-H & \underset{NaOH}{\overset{NaOH}{\rightleftarrows}} & HO-\overset{|}{C}-H \\
H-\overset{|}{C}-OH & & H-\overset{|}{C}-OH \\
H-\overset{|}{C}-OH & & H-\overset{|}{C}-OH \\
\overset{|}{C}H_2OH & & \overset{|}{C}H_2OH
\end{array}
$$

Hier konnte aufgrund der Kenntnis der zuvor (im 2. Schritt) schon entdeckten Synthesebeziehungen zwischen Glucose und Fructose eine sinnvolle Hypothese entwickelt und bestätigt werden.

Die Anomalie beim DNPH-Test ist allerdings noch unerklärt: Warum zeigen Glucose und Fructose nur in der *Hitze* einen positiven DNPH-Test, obwohl doch Aldehyde und Ketone schon bei *Raumtemperatur* positiv reagieren?

Die Antwort kann nicht durch Nachdenken gefunden werden, sondern wird anhand von Textvorlagen erarbeitet. Im folgenden wird zunächst das Arbeitsblatt für die Glucose und dann das analog gestaltete für die Fructose dargestellt.

Arbeitstext 1 (Traubenzucker = Glucose)

In wässriger Lösung liegt nur ein Teil der Glucosemoleküle als Kette vor. Der größte Teil bildet sechsgliedrige Ringe:

(1)   (2)

- Markiere in (1) und (2) die Teile, in denen sich Kettenform und Ringform unterscheiden.
- Welche funktionellen Gruppen besitzt die Kettenform der Glucose und welche die Ringform?
- Erkläre, warum der DNPH-Test, mit dem man Aldehyde und Ketone nachweisen kann, mit Glucoselösung in der Kälte negativ ausfällt.

Der Glucosering wird oft in der folgenden Form geschrieben:

Die Abkürzung ist Glu$-$(OH)

Aus der eingekreisten OH-Gruppe kann durch Ringöffnung wieder eine Aldehydgruppe entstehen.

• Markiere diese OH-Gruppe in der Formel (2).

Arbeitstext 2 (Fruchtzucker = Fructose)

Fructose kann in wässriger Lösung fünf- und sechsgliedrige Ringe bilden. Die Abbildung zeigt die Entstehung eines fünfgliedrigen Rings:

                    (3)   (4)

• Markiere in (3) und (4) die Teile, in denen sich Kettenform und Ringform unterscheiden.

• Welche funktionellen Gruppen besitzt die Kettenform der Fructose und welche die Ringform?

• Erkläre, warum der DNPH-Test mit Fructoselösung in der Kälte negativ ausfällt.

Der Fructosefünfring wird oft in der folgenden Form geschrieben:

Die Abkürzung ist Fru$-$(OH)

Aus der eingekreisten OH-Gruppe kann durch Ringöffnung wieder eine Ketogruppe entstehen.

• Markiere diese OH-Gruppe in der Formel (4).

Anmerkungen zu den Arbeitstexten 1 u. 2:

- Die Texte sollen zu der Erkenntnis führen, daß Glucose und Fructose in wässriger Lösung überwiegend (> 99 %) in Ringform vorliegen und daher keine Carbonylgruppen mehr aufweisen. Die wenigen offenkettigen Moleküle (< 1 %) reichen für einen positiven DNPH-Test bei Raumtemperatur nicht aus. Durch Erhitzen werden die Ringe teilweise aufgesprengt, so daß wieder genügend freie Carbonylgruppen zur Verfügung stehen.

- Obwohl Fructose in wässriger Lösung überwiegend als sechsgliedriger Ring vorliegt, wird zur Verringerung der Informationsmenge nur die Bildung eines fünfgliedrigen Ringes besprochen, da dieser später im Saccharosemolekül wiedererkannt werden kann.

- Es sollte darauf hingewiesen werden, daß Glucose und Fructose im kristallinen Zustand ausschließlich aus ringförmigen Molekülen aufgebaut sind. Die offenkettigen Moleküle bilden sich erst beim Auflösen der Feststoffe in Wasser.

- Als Hausaufgabe kann die Übung 17 bearbeitet werden. Hierbei sollen sich die Schüler noch einmal zusammenfassend überlegen, welche der bisher kennengelernten Eigenschaften der Glucose mit der Kettenform und welche mit der Ringform zu erklären sind.

4. SCHRITT: Die Formel von Haushaltszucker im Lichte der kennengelernten Phänomene

Die Molekülformel von Haushaltszucker (Saccharose) wird nur in vereinfachter (abstrahierter) Form betrachtet, um den Bezug zur Glucose und Fructose für die Schüler deutlich erkennbar zu machen.

Arbeitstext 3 (Haushaltszucker = Saccharose)

Haushaltszucker (Saccharose) ist aus Molekülen aufgebaut, die sich durch die folgende (vereinfachte) Formel beschreiben lassen:

oder kurz: Glu-O-Fru

Das Saccharosemolekül enthält also einen Glucose- und einen Fructosering, die über ein gemeinsames Sauerstoffatom miteinander verknüpft sind. Die Verknüpfung verhindert, daß sich die Ringe in wässriger Lösung öffnen.

- Welche funktionellen Gruppen sind im Saccharosemolekül vorhanden?

- Markiere den Glucose- und Fructosebaustein in der Formel.

- Warum zeigt Saccharose (im Gegensatz zu Glucose und Fructose) einen *negativen* Fehlingtest?

- In der Zuckerrübe und im Zuckerrohr wird Saccharose durch Verknüpfung eines Gluco-
  semoleküls mit einem Fructosemolekül (unter katalytischer Mitwirkung von Enzymen)
  aufgebaut. Formuliere die entsprechende Reaktionsgleichung.

Lösungserwartung:

- Das Saccharosemolekül enhält alkoholische OH-Gruppen, aber keine Carbonylgruppen.
  Da keine Ringöffnung möglich ist, wenn die beiden Bausteine in der angegebenen Weise
  miteinander verknüpft sind, fällt der Fehlingtest negativ aus. Dies paßt zu dem Befund
  aus dem 2. Schritt, daß Haushaltszucker mit Natronlauge *nicht* reagiert; denn auch das
  Fehling-Reagenz enthält Natronlauge.

- Die Saccharosebildung kann schematisch wie folgt dargestellt werden:

oder kurz: Glu-OH + HO-Fru → Glu-O-Fru + H$_2$O

Es muß klar herausgearbeitet werden, daß die umgekehrte Reaktion (Hydrolyse der Saccharose) *nicht* stattfindet, wenn Saccharose in Wasser aufgelöst wird; auch in heißem
Wasser wird Saccharose nicht in Glucose und Fructose gespalten.

Es werden nun noch einmal die im 1. Schritt aufgestellten Hypothesen betrachtet und auf
ihre Richtigkeit hin beurteilt. Dabei ergibt sich ein Problem: Saccharose, die ausschließlich
in Ringform vorliegt und daher keine Carbonylgruppe als funktionelle Gruppe besitzt, zeigt
in der Hitze dennoch einen positiven DNPH-Test. Die Realschüler haben ohne Hilfestellung
die Hypothese aufgestellt, daß das DNPH-Reagenz in der Lage sein muß, Saccharose in Glucose und Fructose zu spalten. Als Spaltungsreagenz kommt aufgrund der Ergebnisse des 2.
Schrittes eine Säure in Betracht, denn Saccharose reagierte mit verdünnter Schwefelsäure. Es
kann daher vermutet werden, daß das DNPH-Reagenz eine Säure enthält. Diese Hypothese
kann mit Hilfe von Indikatorpapier bestätigt werden. Es handelt sich allerdings nicht um
Schwefelsäure, sondern um Salzsäure.

Um die Ergebnisse des letzten Schrittes zu festigen, wird die Technik des epistemischen
Schreibens verwendet. Die Schüler sollen schriftlich und ausführlich erklären, warum Glucose und Fructose, im Gegensatz zu Saccharose, positiven Fehlingtest zeigen und warum alle
drei Zucker in der Hitze einen positiven DNPH-Test aufweisen. Die Ergebnisse werden
abschließend in einem Synthesenetz zusammengefaßt (Bild 15.1).

5. SCHRITT: Ein Alltagsbezug

Nach den anspruchsvollen, strukturchemischen Betrachtungen sollen nun einige Alltagsas-
pekte einbezogen werden. Geeignet sind die Behandlung der Zuckerkrankheit und der Hin-
tergrund der schädigenden Wirkung von Zucker auf die Zähne. Entsprechende Texte sind
z.B. bei JÄCKEL und RISCH (1995) sowie GEIGER et al. (1992) zu finden. Auch im 9. Schritt
dieses Kapitels werden einige Anregungen gegeben.

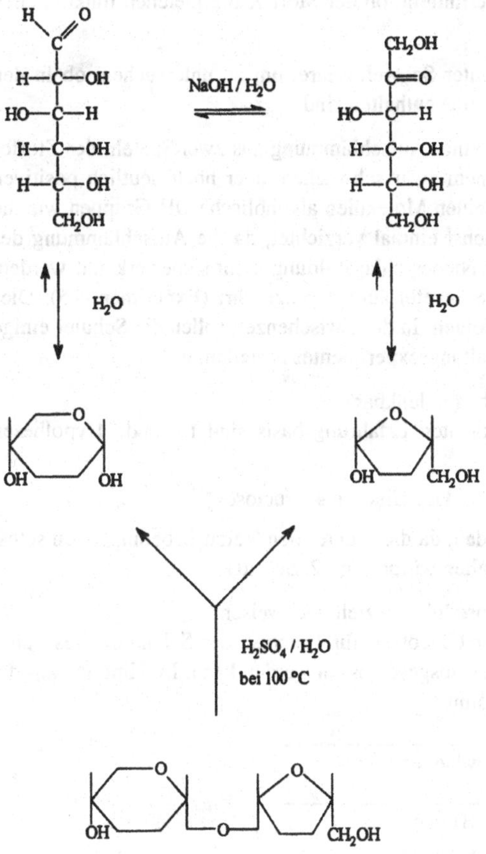

NaOH / H_2O

H_2O H_2O

H_2SO_4 / H_2O
bei 100 °C

Bild 15.1 Verknüpfung der drei untersuchten Zuckersorten (Glucose, Fructose, Saccharose) durch ein Synthesenetz

6. SCHRITT: Die Einführung von Stärke

Zunächst sind noch einmal Übungen zum 3. und 4. Schritt sinnvoll (z.B. Übung 18).

Dann haben die Schüler Gelegenheit, einen weiteren weißen, pulverigen Stoff zu probieren (Mondamin). Sie stellen fest, daß es sich dabei um keinen Zucker handelt. Auf die Frage, ob man dies auch ohne Geschmacksprobe zeigen kann, schlagen die Schüler den Molischtest vor, der mit allen bisher kennengelernten Zuckern einen positiven Testausfall ergab. Das Versuchsergebnis ist überraschend: Der unbekannte, alles andere als süß schmeckende Stoff verhält sich beim Molischtest wie die Zucker. Wie ist das zu erklären? Zur Lösung des Problems können folgende Vorschläge gemacht werden:

- Anwenden der Gruppentests, um zu ermitteln, ob der Stoff X die gleichen funktionellen Gruppen wie die Zucker enthält.

- Behandeln des Stoffes X mit verdünnter Schwefelsäure, um zu untersuchen, ob in den Molekülen des Stoffes X Zuckerbausteine enthalten sind.

Die Durchführung des Cernitrattests mit einer Aufschlämmung aus zwei Spateln des Stoffes X (Stärke) in 10 ml Wasser führt zu einem zwar schwachen, aber noch deutlich positiven Testausfall. Der Stoff X enthält also in seinen Molekülen alkoholische OH-Gruppen wie die Zucker. Auf den DNPH-Test wird zunächst einmal verzichtet; da die Aufschlämmung des Stoffes X ohnehin trübe ist, könnte eine Niederschlagsbildung nicht sicher erkannt werden. Daher wird zuerst die Behandlung mit Schwefelsäure durchgeführt (Experiment 15). Dies kann im Lehrer- oder Schülerversuch erfolgen. In der Zwischenzeit sollen die Schüler einige Überlegungen zur Auswertung dieses Spaltungsexperimentes anstellen:

- Welche Spaltungsprodukte sind überhaupt denkbar?
  Anwort: Im Rahmen der bisher bekannten Erfahrungsbasis sind folgende Hypothesen denkbar:

  H1: Glucose   H2: Fructose   H3: Glucose + Fructose

  Saccharose kann ausgeschlossen werden, da diese unter den Versuchsbedingungen selbst wieder in Glucose und Fructose gespalten würde (vgl. 2. Schritt).

- Wie könnte man die möglichen Spaltprodukte gezielt nachweisen?
  Antwort: Für Glucose eignet sich der Glucotest; für Fructose der Selendioxidtest, aber auch der Seliwanofftest, da Saccharose ausgeschlossen werden kann. Im Hinblick auf die Hypothesenüberprüfung ergibt sich somit:

Glucotest	Selendioxidtest oder Seliwanofftest	widerlegt
+	+	H1 und H2
+	−	H2 und H3
−	+	H1 und H3
−	−	H1 und H2 und H3

- Welche Informationen könnten der Molisch- und der Fehlingtest erbringen?
  Antwort: Ein positiver Molischtest würde keinerlei Informationsgewinn bringen, da er sowohl durch den Stoff X selbst als auch durch H1, H2 und H3 verursacht sein könnte.
  Ein negativer Molischtest würde anzeigen, daß der Stoff X durch Schwefelsäure vollständig in unbekannte, nicht zuckerartige Produkte umgewandelt wurde.
  Ein positiver Fehlingtest wäre mit allen drei Hypothesen kompatibel, da er nicht zwischen Glucose und Fructose differenzieren kann.
  Ein negativer Fehlingtest würde alle drei Hypothesen falsifizieren.

- Ist es notwendig, die Nachweisreaktionen auch mit dem Stoff X durchzuführen?
  Antwort: Blindversuche sind unbedingt notwendig, um die Reichweiten der Tests festzustellen. Würden nämlich der Gluco- und der Selendioxidtest auch mit dem Stoff X posi-

tiv ausfallen, dann wären diese Reagenzien nicht für Glucose bzw. Fructose spezifisch. Ein positiver Ausfall beider Tests würde dann zwar nach wie vor H1 und H2 widerlegen, nicht aber H3 bestätigen.

Die Überlegungen werden gründlich diskutiert. Erst dann werden der Gluco- und der Seliwanofftest auf das inzwischen erhaltene Reaktionsgemisch, sowie (als Blindversuch) auf den Stoff X, angewendet. Folgende Ergebnisse werden erhalten:

	Glucotest	Seliwanofftest
Stoff X	–	–
Reaktionsgemisch	+	–

Daraus kann geschlossen werden, daß H2 und H3 widerlegt sind und H1 (im Rahmen der verfügbaren Erfahrungsbasis) bestätigt ist. Der Stoff X, der nun als Stärke bezeichnet wird, hat sich offensichtlich unter dem Einfluß der (mit Wasser verdünnten) Schwefelsäure in Glucose umgewandelt.

Nun können die Schüler auch verstehen, weshalb der Stoff X (Stärke) beim Molischtest positiv reagierte: Die (in Wasser gelösten) Stärkemoleküle wurden durch die Schwefelsäure des Molischreagenzes in Glucosemoleküle gespalten, die dann einen positiven Testausfall verursachten. (Allerdings kann nicht ausgeschlossen werden, daß auch die Stärkemoleküle selbst mit dem Molischreagenz direkt positiv reagierten, da die Struktur des gebildeten Farbstoffs den Schülern unbekannt ist.)

Nun wird der Molekülbau der Stärke anhand eines Arbeitsblattes näher betrachtet:

Arbeitstext 4 (Stärke = Polyglucose)

Ein Stärkemolekül kann aus 1000 bis 1 Million Glucoseeinheiten bestehen. Die Stärkebildung in Pflanzen aus Glucose (die durch Photosynthese erzeugt wird) kann schematisch wie folgt dargestellt werden:

oder kurz: Glu-O-Glu-O-Glu-O ... Glu-OH

- Markiere in den Formeln aller Glucosemoleküle diejenigen OH-Gruppen, an denen eine Ringöffnung stattfinden kann, und die dann in eine Aldehydgruppe übergehen.
- Gibt es solche OH-Gruppen auch im Stärkemolekül?

  Wenn ja, dann markiere sie ebenfalls.
- Können Stärkemoleküle wie die Glucosemoleküle in Ketten- und in Ringform vorliegen?
- Erwartest Du aus den vorherigen Betrachtungen einen positiven oder einen negativen Testausfall mit Stärke beim Fehlingtest?

  Begründe Deine Antwort!

Lösungserwartung:

- In den Stärkemolekülen kann sich nur ein einziger Ring öffnen, nämlich der am rechten (halbacetalischen) Ende des Polymers:

- Aufgrund der möglichen Ringöffnung ist ein positiver Ausfall des Fehlingtests zu erwarten.

Die Vermutung wird überprüft. Überraschenderweise fällt der Fehlingtest mit einer Stärkeaufschwemmung negativ aus. Mögliche Gründe werden diskutiert:

- Vielleicht hatte sich nicht genug Stärke gelöst. Diese Hypothese ist allerdings unwahrscheinlich, da der Cernitrattest mit einer Stärkeaufschwemmung (zwar schwach, aber deutlich wahrnehmbar) positiv war.

  Hinweis: Für den Cernitrattest stehen an *jedem* Glucosering des Stärkemoleküls alkoholische OH-Gruppen zur Verfügung, die allerdings in den vereinfachten Strukturformeln nicht eingezeichnet sind.
- Da von 1000 bis 1000000 Glucosebausteinen nur jeweils einer in der offenkettigen Aldehydform zur Verfügung steht, reicht die Konzentration der funktionellen Gruppen nicht aus, den Fehlingtest positiv zu machen; sie liegt unterhalb der Nachweisgrenze des Reagenzes.

Als Nachweis für Stärke lernen die Schüler nun den Iodtest (Experiment 27) kennen. Die Matrix der Testausfälle kann ergänzt werden:

Tabelle 15.4 Verhalten von drei Zuckern und Stärke bei verschiedenen Nachweisreaktionen

	Glucose	Fructose	Saccharose	Stärke
Molischtest	+	+	+	+
Seliwanofftest	–	+	+	–
Glucotest	+	–	–	–
Selendioxidtest	–	+	–	–
Fehlingtest	+	+	–	–
Iodtest	–	–	–	+

7. SCHRITT: Einführung des Begriffs Kohlenhydrate

Als weitere Eigenschaft von Zuckern und Stärke wird das Verhalten dieser Stoffe beim Erhitzen untersucht (Experiment 34c). Das entstehende Wasser wird mit Cobaltchloridpapier nachgewiesen. Außerdem ist ein schwarzer Feststoff (Kohlenstoff) zu erkennen. Die Zucker und die Stärke werden begrifflich als Kohlenhydrate zusammengefaßt. Weiterhin werden die Bezeichnungen Mono-, Di- und Polysaccharide (Ein-, Zwei- und Vielfachzucker) eingeführt und übend angewendet.

8. SCHRITT: Die Einführung der Cellulose

Die Schüler werden mit bekannten Gegenständen konfrontiert: Watte, Baumwollfaden, Filterpapier. Sie sollen Gemeinsamkeiten nennen. Es werden Antworten wie die folgenden erhalten: „Sie nehmen Wasser auf; sie haben Filterwirkung; sie bestehen aus Cellulose."
  Wie ist Cellulose aufgebaut? Da Cellulose sich praktisch nicht in Wasser lösen läßt, sind die Nachweisreaktionen zum größten Teil nicht anwendbar. Nur der Molischtest (Experiment 27) kann mit Cellulose durchgeführt werden. Er fällt zum großen Erstaunen der Schüler positiv aus. Daraus kann geschlossen werden, daß Cellulosemoleküle aus Zuckerbausteinen bestehen, die während des Tests freigesetzt werden. Um herauszufinden, um welche Bausteine es sich handelt, kann Cellulose im Lehrerversuch mit Schwefelsäure zur Reaktion gebracht werden (Experiment 16; eventuell kann an dieser Stelle das Experiment auch nur geschildert werden, da die Schüler das Versuchsprinzip schon kennen). Dann werden die Testergebnisse (positiver Glucotest und negativer Seliwanoff- bzw. Selendioxidtest) gezeigt oder einfach vorgegeben. Daraus folgt, daß auch Cellulosemoleküle nur aus Glucosebausteinen bestehen. Die Schüler sind wiederum überrascht. In dem erprobten Kurs gaben die Realschüler an, daß sie dieses Ergebnis nie erwartet hätten, da man doch Gegenstände wie Baumwollfäden und Watte nicht essen könne, wohl aber Glucose, aus der die Cellulose

Tabelle 15.5 Eigenschaften von Stärke und Cellulose

		Stärke	Cellulose
Löslichkeit in	Kälte	–	–
Wasser	Hitze	+	–
Beschaffenheit		pulverig	faserig
Verwendung		Nahrung	Watte, Filterpapier, Kleidung, kein Nährstoff, aber trotzdem als Ballaststoff ernährungsrelevant

letztlich aufgebaut sei. Andererseits seien Stärkemoleküle auch nur aus Glucosebausteinen aufgebaut, und dennoch habe die Stärke ganz andere Eigenschaften als Cellulose, und man könne sie essen.

Die Eigenschaften von Stärke und Cellulose werden nach Testen der Löslichkeiten in der Hitze (Experiment 44) und Befühlen von Stärke und Cellulose noch einmal tabellarisch einander gegenübergestellt (s. Tabelle 15.5).

Zur Erklärung wird nun die räumliche Struktur von Stärke und Cellulose hinzugezogen. Stärkemoleküle sind spiralig gewunden, Cellulosemoleküle gestreckt. Die Enzyme des menschlichen Körpers können nur Stärkemoleküle spalten. (Auf die Konfigurationsunterschiede der Glucosebausteine in den Stärke- und Cellulosemolekülen muß nicht unbedingt eingegangen werden.)

Es bietet sich an, Aspekte wie die Bedeutung der Cellulose für Pflanzen oder die Papierherstellung zu besprechen. Geeignete Texte sind z.B. im Schulbuch von GEIGER et al. (1992) zu finden.

9. SCHRITT: Einige Anwendungen

Es können nun verschiedene Lebensmittel auf ihre Kohlenhydratzusammensetzung hin untersucht werden, wobei analytisches Denken geschult wird (nähere Informationen in Kapitel 16). Außer den bisher kennengelernten Nachweismethoden können auch dünnschichtchromatographische Untersuchungen durchgeführt werden.

Eine weitere sinnvolle Aktivität besteht darin, verschiedene Zucker zu vergären (Experiment 17) und die Reaktionsprodukte zu identifizieren. Die Herstellung von Bier kann besprochen werden.

Schließlich besteht auch die Möglichkeit, die im 5. Schritt angesprochenen Alltagsbezüge aufzugreifen und zu vertiefen. Hierzu einige Daten, die einer von BÄSSLER (1990) herausgegebenen Bestandsaufnahme über die ernährungsmedizinische Bedeutung von Zucker entnommen sind:

• Wieviel Zucker konsumieren wir? (KÜBLER 1990; EBERSDOBLER 1990)

  1988/89 wurden in der Bundesrepublik Deutschland 33,4 kg Zucker (Mono- und Disaccharide) pro Kopf und Jahr verbraucht. Rund ¾ des Zuckerabsatzes ging an Verarbeitungsbetriebe, besonders an Getränke- und Süßwarenhersteller; 8,3 kg wurden als Saccharose an Haushalte abgegeben.

Ernährungswissenschaftler empfehlen, 55 % des Energiebedarfs in Form von Kohlenhydraten zu decken; davon ca. 1/3 in Form von Zucker (v.a. Glucose, Fructose, Saccharose) und ca. 2/3 in Form von Stärke. In den westlichen Ländern beträgt die tatsächliche Aufnahme an Kohlenhydratenergie nur 45 % – unsere Nahrung ist zu kohlenhydratarm und zu fettreich. Gesteigert werden sollte allerdings nicht der Verzehr von Zucker, sondern von Stärke, denn süßende Kohlenhydrate haben zur Zeit einen Anteil von ca. 48 % am Gesamtkohlenhydratverbrauch, also deutlich mehr als 1/3; davon entfallen nun 27 % auf Saccharose, 16 % auf Glucose und Fructose und 5 % auf Lactose (Milchzucker). Kinder und Jugendliche konsumieren vermutlich wesentlich mehr Zucker, als es dem Durchschnitt entspricht. Nicht zuletzt aus diesen Gründen sollte man bestrebt sein, den gegenwärtigen Zuckerkonsum von ca. 100 g pro Kopf und Tag eher zu reduzieren, zumindest aber nicht weiter zu steigern.

- Wie entsteht Karies und wie läßt sie sich vermeiden? (KETTERL 1990)

Zuckerkonsum führt bei unzureichender Zahnhygiene zu Karies, in deren Verlauf es durch Säureeinwirkung zu einer Demineralisierung der Zahnhartsubstanz kommt. Die Säuren entstehen durch die Stoffwechselleistungen der stets in der Mundhöhle vorhandenen Bakterien, wozu niedermolekulare Kohlenhydrate (Zucker) erforderlich sind. Die Mundhöhle des Erwachsenen ist normalerweise mit 10^{14} Keimen besiedelt. Bei der Spaltung von Saccharose durch die Plaque-Bakterien wird relativ viel Energie frei, welche für die Synthese von extrazellulären Polysacchariden (Plaque) genutzt werden kann. Weitere, von den Mikroorganismen schnell zu verwertende Kohlenhydrate sind Traubenzucker, Fruchtzucker, Malzzucker und Milchzucker. Diese eignen sich jedoch nicht so gut zur Synthese von Plaque-Polysacchariden wie Saccharose. Stärke muß erst durch Mundspeichelenzyme (Amylasen) in kleinere Bausteine zerlegt werden, bevor sie durch Bakterien verstoffwechselt werden kann. Stärke besitzt daher nur ca. 1/10 der kariogenen Wirkung von Saccharose, Glucose oder Fructose. Kariesprophylaxe basiert auf drei Säulen, nämlich ausgewogener Ernährung, Mundhygiene und Fluoridierung (Härtung) der Schmelzoberflächen. Nur wenn alle drei Faktoren berücksichtigt werden, läßt sich Karies vermeiden, da auf Kohlenhydrate in der Nahrung nicht verzichtet, die absolute Belagsfreiheit durch Mundhygiene nur vorübergehend erzielt werden kann, die Zähne aber kontinuierlich dem Mundhöhlenmilieu ausgesetzt sind.

- Ist Zucker an der Entstehung des Diabetes mellitus beteiligt? (OTTO 1990)

Es gibt keinen wissenschaftlich begründeten Hinweis dafür, daß der Verzehr von Zucker an der Entstehung des menschlichen Diabetes mellitus unmittelbar ursächlich beteiligt ist, denn die Zuckerkonzentration im Blut ist nicht an die Zuckerzufuhr aus der Nahrung gebunden, sondern stammt überwiegend aus der Leber, die bei jedem Menschen Glucose entweder aus den Speichern abgibt oder, wenn die Speicher leer sind, aus verschiedenen chemischen Vorstufen neu bildet. Der Zuckerumschlag in der Leber, d.h. Speicherung und Abgabe, und das Abfließen der Glucose aus dem Blut in die Gewebe werden durch das Hormon Insulin reguliert. Eine Zuckerkrankheit ist immer dadurch charakterisiert, daß die Bauchspeicheldrüse nicht mehr imstande ist, soviel Insulin zu produzieren, wie zur Aufrechterhaltung eines normalen Blutzuckerspiegels notwendig ist. Wahrscheinlich wird der Diabetes mellitus im jüngeren Lebensalter meistens durch eine – gegen die insulinbildenden Zellen gerichtete – Autoimmunreaktion verursacht, an deren Entstehung Virusinfekte wohl maßgeblich beteiligt sind. Bei älteren Menschen wird Diabetes häufig durch Übergewicht mitverursacht. Der übergewichtige Organismus benötigt aus Gründen, die erst zum Teil erforscht sind, viel mehr Insulin zur Aufrechterhaltung des normalen Blutzuckerspiegels als der schlanke. Die Bauchspeicheldrüse des Übergewichtigen steht ständig, Tag und Nacht, Jahr für Jahr unter dem Zwang, ein Mehrfaches der Insulinmenge zu produzieren, die bei normalem Körpergewicht ausreicht. Wahrscheinlich ist die Bauchspeicheldrüse dazu bei vielen Menschen nur für begrenzte Zeit fähig. Dann erschöpft sie sich, mit der Konsequenz, daß der Blutzuckerspiegel ansteigt: der Übergewichtige wird zuckerkrank. „Wieder schlank werden" packt das Übel Diabetes an der Wurzel. Es stellt eine kausale Therapie dar, die vor allem in der Frühphase der Zuckerkrankheit des älteren Menschen erfolgreich ist. In der Diabetesdiät wird die Sonderstellung des Zuckers („Zucker ist verboten") seit einigen Jahren nicht mehr für zwingend notwendig angesehen. Viele Diabetologen sind inzwischen dazu übergegangen, kooperativen Patienten auch zuckerhaltige Nahrungsmittel zu erlauben, allerdings mit Einschränkungen: In täglich begrenzter Menge, nur im Rahmen größerer Mahlzeiten und nicht in Form von Getränken.

Fazit

Dieser Kurs zur Einführung in die Kohlenhydrate wurde von den Realschülern sehr positiv beurteilt. Einige Schüler hatten am Anfang Probleme mit der für sie neuen Art des Denkens; diese konnten aber immer mehr abgebaut werden. Viele Schüler gaben an, sie hätten das Gefühl, viel verstanden und gelernt zu haben (z.B.: „Ich glaube, auch noch in fünf Jahren etwas davon zu wissen." oder: „Es ist das erste Mal, daß ich etwas im Chemieunterricht verstanden habe.").

Der hier beschriebene Kurs stellt schon hohe Anforderungen an Realschüler; er kann in ähnlicher Form auch im Gymnasium eingesetzt werden. Wichtig ist eine gründliche Einübung und Wiederholung des jeweils erarbeiteten Teilwissens und der aktive Nachvollzug *aller* Gedankengänge und Argumente, die zu diesem organisierten Wissen auf der Grundlage der Erfahrungstatsachen geführt haben. Ohne intensive Festigung durch variationsreiches Üben ist begriffliches Wissen nicht auf neue Situationen anwendbar, auch dann nicht, wenn es in einer Weise abgeleitet wurde, die für die Schüler jeweils einzelschrittig nachvollziehbar war. Besonders zu Beginn des Kurses sollte daher langsam vorgegangen werden; falls nötig, sollten weitere Übungen eingeschaltet werden; und die metakognitive Reflexion am Ende größerer Abschnitte und des gesamten Kurses darf nicht zu kurz kommen.

16 Kohlenhydratnachweise in Lebensmitteln: Ein attraktives Feld zur Schulung des analytischen Denkens

Der Analytik von Kohlenhydraten (HARSCH und HEIMANN 1995c) ist ein eigenes Kapitel gewidmet, da sie besonders gute Möglichkeiten bietet, analytisches Denken zu schulen. Voraussetzung ist die Kenntnis der benötigten Nachweisreaktionen (Molischtest, Seliwanofftest, Glucotest, Fehlingtest, Iodtest; Experiment 27) einschließlich ihrer Testausfälle mit authentischer Glucose, Fructose, Saccharose und Stärke (siehe Kapitel 15 Tabelle 15.4, ohne den Selendioxidtest).

Viele Lebensmittel müssen vor ihrer Untersuchung in geeigneter Weise aufgearbeitet werden (Experiment 30a). Auf die Proben werden so viele Nachweise angewendet, wie sinnvoll erscheinen. Dabei werden folgende Voraussetzungen gemacht: In Einzelfällen können in den Lebensmitteln außer den bekannten Kohlenhydraten weitere fremde Kohlenhydrate vorhanden sein. Liegen mehrere Kohlenhydrate nebeneinander vor, so ergibt sich ein additives Testverhalten, d.h. der positive Testausfall setzt sich durch.

Am Beispiel der Analyse des Puderzuckers und des Weins soll exemplarisch eine Auswertung dargestellt werden:

Analyse des Puderzuckers

Bei dieser Probe kann man auf den Molischtest verzichten, da im Puderzucker das Vorhandensein von Kohlenhydraten außer Frage steht. Ansonsten kann mit diesem Test begonnen werden, um zu sehen, ob in der Probe überhaupt Kohlenhydrate enthalten sind.

Mit Hilfe des Seliwanofftests kann überprüft werden, ob Fructose und/oder Saccharose im Puderzucker vorkommen.

Seliwanofftest: + ⇒ Puderzucker enthält Fructose oder Saccharose oder beide (Es ist wichtig, hier alle 3 Möglichkeiten explizit zu nennen.). Glucose und Stärke können nur als Einzelstoffe ausgeschlossen werden, in Mischungen mit Fructose und/oder Saccharose aber vorliegen.

Nun können der Gluco- und der Iodtest angewendet werden.

Glucotest: – ⇒ Puderzucker enthält keine Glucose.

Iodtest: – ⇒ Puderzucker enthält keine Stärke.

Hier wird bereits die Asymmetrie zwischen positiven und negativen Testausfällen erkennbar. Die negativen Testergebnisse ermöglichen immer ein eindeutiges Ausschließen von Stoffen, positive Testergebnisse lassen Aussagen über mögliche Stoffe zu, schließen aber weitere zusätzliche Stoffe mit negativem Testausfall nicht aus.

Nun kann der Fehlingtest angewendet werden.

Fehlingtest: – ⟹ Puderzucker enthält keine Fructose.

Im Puderzucker ist also nur Saccharose enthalten.

Analyse des Weins

Molischtest: + ⟹ Wein enthält Kohlenhydrate.

Glucotest: + ⟹ Wein enthält Glucose.

Hier kann man sich den Fehlingtest sparen, da die sicher nachgewiesene Glucose auf jeden Fall zu einem positiven Fehlingtest führen wird.

Seliwanofftest: + ⟹ Wein kann neben Glucose noch Fructose oder Saccharose oder Fructose und Saccharose enthalten.

An dieser Stelle wird unserer Erfahrung nach häufig der Fehler gemacht, daß die zuvor nachgewiesene Glucose nicht mehr beachtet wird, sondern nur noch Fructose und Saccharose im Blickpunkt stehen. Um sie zu unterscheiden, wird der Fehlingtest angewendet. Da er positiv ausfällt, gilt Fructose (fälschlicherweise) als nachgewiesen. Saccharose wird ausgeschlossen. Tatsächlich kann zwischen den 3 Möglichkeiten aber nicht mehr weiter differenziert werden.

Iodtest: – ⟹ Wein enthält keine Stärke.

Wein kann also folgende Kohlenhydratzusammensetzungen aufweisen: Glucose + Fructose; Glucose + Saccharose; Glucose + Fructose + Saccharose.

Eine noch komplexere analytische Situation erhält man, wenn man den spezifischen Glucotest zunächst wegfallen läßt. Es werden dann die folgenden Testausfälle erhalten:

Molischtest +, Seliwanofftest +, Fehlingtest +, Iodtest –.

Die Probe kann nun aus Fructose, Fructose + Glucose, Fructose + Saccharose, Glucose + Saccharose oder Glucose + Fructose + Saccharose bestehen.

Zwei besonders typische Fehler sind hier die ausschließliche Betrachtung von Fructose als richtiger Lösung (frühzeitiges Abbrechen der Analyse) und die Nichteinbeziehung der Kombination Glucose + Saccharose, bei der beide Bestandteile einen komplementären Beitrag zum Testverhalten der Probe leisten. Führt man nun den Glucotest durch, so lassen sich 2 Möglichkeiten eliminieren.

Tabelle 27.8 (Experiment 30a) zeigt die Testausfälle mit weiteren ausgewählten Lebensmitteln, die in analoger Weise wie die beiden diskutierten Beispiele ausgewertet werden können. Interessant ist auch die Analyse des nur als Zuckeraustauschstoff bezeichneten Fruchtzuckers.

An solchen Beispielen können das detaillierte Schlüsseziehen mit einer Unterscheidung zwischen Stoffen, die sicher nachgewiesen worden sind, und solchen, die nicht auszuschließen sind, und ein vollständiges Vorgehen innerhalb des gegebenen Referenzsystems geübt werden.

Um auch bei Lebensmittelproben wie Wein zu eindeutigen Analyseergebnissen zu gelangen, kann eine Dünnschichtchromatographie durchgeführt werden (Experiment 30b). Sie zeigt zum Beispiel, daß im Wein nur Fructose und keine Saccharose enthalten ist. Glucose wird durch die Chromatographie nicht nachgewiesen.

Methodendiskussion

Nach Durchführung der Dünnschichtchromatographie können für die Proben, für die zunächst mehrere mögliche Zusammensetzungen gefunden wurden, eindeutige Ergebnisse erzielt werden. Ist diese Methode deswegen die bessere? Die Lernenden sollen Vor- und Nachteile beider Methoden zusammenstellen und diskutieren.

Vorteile der Nachweisreaktionen:
- schneller und sicherer Nachweis von Glucose und Stärke
- schnelle und wenig aufwendige Orientierung darüber, ob überhaupt Fructose und/oder Saccharose in einer Probe vorhanden sind

Nachteile der Nachweisreaktionen:
- häufig keine Unterscheidung zwischen Fructose und Saccharose möglich

Vorteile der DC:
- eindeutige Unterscheidung zwischen Fructose und Saccharose
- weniger Probenmenge erforderlich
- auch gefärbte Proben können direkt untersucht werden

Nachteile der DC:
- kein Nachweis von Glucose und Stärke
- relativ aufwendig

An diesem einfachen und überschaubaren Beispiel können die Schüler erkennen, daß es nicht eine generell beste Methode gibt, sondern daß jede Methode Vor- und Nachteile aufweist. Die Nachteile versucht man durch den Einsatz komplementärer Methoden zu umgehen.

Fazit

Es wird immer wieder gefordert, mehr Alltagsbezug im Unterricht erkennbar werden zu lassen. Dessen einzige Funktion darf aber nicht die motivierende Wirkung sein. Beim Nachweis von Kohlenhydraten in Lebensmitteln wird daneben auch das analytische Denken geschult. Neben Proben mit eindeutigen Analyseergebnissen werden auch solche untersucht, die mehrere Lösungsmöglichkeiten offenlassen. Durch die Auswahl der Zahl an Nachweisen kann der Lehrer die Komplexität variieren. Die Lernenden werden angehalten, nach jeder Nachweisreaktion deren Aussagewert zu überprüfen und Schlüsse zu ziehen. Vollständigkeit ist ein wichtiges Prinzip. Durch den zusätzlichen Einsatz der Dünnschichtchromatographie wird eine Methodendiskussion möglich, die ebenfalls Einblicke in die naturwissenschaftliche Vorgehensweise ermöglicht.

17 Vom Olivenöl zum Traubenzucker: Ein experimentell realisierbarer Weg zur Verknüpfung zweier Nährstoffklassen

Die Behandlung der Fette und Kohlenhydrate kann auch so miteinander verknüpft werden, daß ein *Zusammenhang* zwischen den beiden Stoffklassen deutlich wird (HEIMANN und HARSCH 1998). Es wird folgende, experimentell realisierbare Sequenz erarbeitet:

Fett
Seife ◄— Fettsäuren
Glycerin —► Triosen —► Zucker

Dabei wird deutlich, wie drei völlig verschiedene Stoffe des Alltags (Olivenöl, Seife und Traubenzucker) miteinander zusammenhängen.

Die Einführung in die Fette erfolgt wie in Kapitel 14 beschrieben. Die ersten sechs dort angegebenen Schritte , die bis zur Bildung von Seifen und Glycerin führen, können unverändert in diese Sequenz übernommen werden. Es schließt sich die Chemie der Kohlenhydrate an, die von der im Kapitel 15 dargestellten Konzeption stark abweicht.

7. SCHRITT: Die Oxidation von Glycerin

Es wird die Frage aufgeworfen, wie und zu welchen Produkten das bei der Fettspaltung gewonnene Glycerin oxidiert werden kann. Die denkbaren primären Oxidationsprodukte haben folgende Strukturformeln:

(1)

(2)

(3)

(4)

(5)

Schwefelsaure Dichromatlösung ist allerdings ein starkes Oxidationsmittel, so daß die Bildung von Molekülen mit leicht weiteroxidierbaren funktionellen Gruppen (Alkohol- und Aldehydgruppen) nur unter milden Bedingungen und sofortigem Entfernen des Reaktionsproduktes wahrscheinlich ist. Der Lehrer zeigt, daß Glycerinaldehyd (1) und Dihydroxyaceton (2) bei Raumtemperatur fest sind. Ein einfaches Abdestillieren des Reaktionsproduktes (wie es die Schüler z.b. bei der Herstellung von Acetaldehyd aus Ethanol kennengelernt haben) ist nicht möglich. Möchte man diese Stoffe dennoch erhalten, benötigt man also ein milderes Oxidationsmittel. Als ein geeignetes Reagenz stellt der Lehrer das Fenton-Reagenz vor. FENTON entdeckte 1894 die oxidierende Wirkung eines Reagenzes aus Wasserstoffperoxid und Eisen(II)-Salz auf organische Stoffe. FENTON und JACKSON (1899) gaben auch eine Vorschrift für die Oxidation von Glycerin an. Sie hielten es für wahrscheinlich, daß hauptsächlich oder sogar ausschließlich Glycerinaldehyd gebildet wird.

In einer vereinfachten Versuchsvariante wird nun getestet, ob tatsächlich Glycerinaldehyd entsteht (Experiment 12). Den Schülern steht mit der Dünnschichtchromatographie eine leistungsfähigere Analysemethode zur Verfügung, als FENTON und JACKSON sie vor hundert Jahren hatten.

Die Chromatographie führt zu einem überraschenden Ergebnis: Als Produkt ist eindeutig Dihydroxyaceton erkennbar; geringe Mengen an Glycerinaldehyd können nicht immer ausgeschlossen werden.

Die Testausfälle des Produktes stimmen mit denjenigen von authentischem Dihydroxyaceton überein; Glycerinaldehyd würde allerdings dieselben Testausfälle zeigen.

8. SCHRITT: Die Einführung der Zucker

Die Schüler sollen nun zwei aus dem Alltag bekannte Stoffe, Traubenzucker und Fruchtzucker (je 1 g in 10 ml Wasser), mit Hilfe des Cernitrattests, BTB-Tests, Fehlingtests (in der Hitze und in der Kälte) und des DNPH-Tests (Ansatz zuerst 1 min lang beobachten und dann für 5 min ins siedende Wasserbad stellen) untersuchen. Die Zucker zeigen – wie Dihydroxyaceton auch – positiven Cernitrattest, positiven DNPH-Test (erst in der Hitze), positiven Fehlingtest (erst in der Hitze) und negativen BTB-Test.

Mit Hilfe der nun gesetzten Strukturformeln können diese Befunde weitgehend erklärt werden. Anomalien (z.B. beim Fehlingtest) können durch weitere Untersuchungen (s.u.) verständlich gemacht werden.

Die Strukturformeln der beiden Stoffe haben Ähnlichkeit mit denen von Dihydroxyaceton und Glycerinaldehyd. Sie sind nur entsprechend verlängert:

Glycerinaldehyd   Traubenzucker   Dihydroxyaceton   Fruchtzucker

Als spezifische Nachweisreaktionen für Traubenzucker und Fruchtzucker werden nun der Glucotest und der Seliwanofftest (Experiment 27) eingeführt und mit den authentischen Zuckern durchgeführt. (Später, bei Einbeziehung von Saccharose, wird deutlich, daß auch dieser Stoff positiven Seliwanofftest zeigt.) Die Namen Glucose und Fructose werden genannt.

Der Fehlingtest war im früheren Unterricht als Nachweis für Aldehyde kennengelernt worden. Daher erscheint es überraschend, daß der Test mit Dihydroxyaceton und Fruchtzucker positiv ausfällt, da in deren Molekülen doch nur Ketogruppen vorhanden sind.

Der Fehlingtest läuft im alkalischen Milieu ab. Hat das Reagenz Natronlauge irgendeinen Einfluß auf die Hydroxyketone?

Diese Frage wird zunächst am Beispiel von Glucose und Fructose untersucht. Glucose und Fructose werden jeweils mit Natronlauge erhitzt (Experiment 14). Auf die neutralisierten Reaktionsgemische werden der Glucotest und der Seliwanofftest angewendet. Es zeigt sich, daß aus Glucose im alkalischen Milieu Fructose entsteht, und aus Fructose Glucose. Die entstehende Glucose könnte den mit Fructose positiv verlaufenden Fehlingtest erklären. (Dies ist eine etwas vereinfachte Erklärung. Auch die intermediär entstehenden Endiolatanionen haben reduzierende Wirkung. Zusätzlich entstehen durch Aldolspaltung oxidierbare Triosen.)

9. Schritt: Die Synthesebeziehung zwischen Triosen und Zuckern

Die Vermutung liegt nahe, daß im Fall von Dihydroxyaceton und Glycerinaldehyd eine analoge Isomerisierung abläuft. Dies wird in einem Experiment überprüft (Experiment 13, Varianten A und B). Da für die beiden Triosen keine spezifischen Nachweisreaktionen bekannt sind, wird die Chromatographie zur Analyse der Produkte angewendet. Um deren Trennschärfe zu testen, werden als Referenzsubstanzen außer Glycerinaldehyd und Dihydroxyaceton auch Glucose und Fructose aufgetragen. Zum einen wird Glycerinaldehyd mit Natronlauge umgesetzt, zum anderen als Kontrollversuch ein Gemisch aus Glycerinaldehyd und Dihydroxyaceton. In beiden Fällen erwarten die Lernenden im Chromatogramm beide Triosen. Warum Dihydroxyaceton nicht als Einzelstoff eingesetzt wird, wird später geklärt.

Das Ergebnis überrascht: In beiden Fällen ist auf den Chromatogrammen ein Flecken erkennbar, der auf der Höhe von Fructose zu finden ist, der aber noch größer als der Fructosereferenzflecken ist. Manchmal ist beim Glycerinaldehydansatz auch Dihydroxyaceton erkennbar. Die Anwendung des Glucotests und des Seliwanofftests unterstützen die Annahme, daß Fructose, aber keine (bzw. wenig) Glucose entstanden ist.

Wie kann aus Glycerinaldehyd und Dihydroxyaceton Fructose gebildet werden?

Die Ketogruppe der Fructose könnte aus der Ketogruppe des Dihydroxyacetons entstehen (s. Graphik auf der nächsten Seite).

Ein detaillierterer Mechanismus dieser Aldolreaktion kann bei Bedarf besprochen werden. (Dihydroxyaceton wirkt als C-H-acide Komponente, Glycerinaldehyd als Carbonylkomponente der Aldolreaktion.)

Aus der Formel von Fructose ergibt sich, daß Moleküle dieses Stoffes nicht aus zwei Molekülen Glycerinaldehyd entstehen können; es wäre nicht erklärbar, wie eine Ketogruppe entstehen würde. Es muß also zunächst die vermutete Isomerisierung stattfinden, bevor die Fructosebildung erfolgen kann.

$$
\begin{array}{c}
\text{CH}_2\text{OH} \\
| \\
\text{C}=\text{O} \\
| \\
\text{HO}-\text{C}-\text{H} \\
| \\
\text{H}
\end{array}
\qquad\qquad
\begin{array}{c}
\text{CH}_2\text{OH} \\
| \\
\text{C}=\text{O} \\
| \\
\text{HO}-\text{C}-\text{H} \\
| \\
\text{H}-\text{C}-\text{OH} \\
| \\
\text{H}-\text{C}-\text{OH} \\
| \\
\text{CH}_2\text{OH}
\end{array}
$$

$$
\begin{array}{c}
\text{H}\quad\text{O} \\
\diagdown\;\diagup \\
\text{C} \\
| \\
\text{H}-\text{C}-\text{OH} \\
| \\
\text{CH}_2\text{OH}
\end{array}
$$

Wird nur Dihydroxyaceton eingesetzt, so reagieren dessen Moleküle miteinander zu einer verzweigten Ketose (HARSCH, HARSCH, BAUER und VOELTER 1979). Im sehr schwach alkalischen Milieu finden allerdings nur Isomerisierungen statt (PREY et al. 1954). Es kann auch besprochen werden, daß die Orientierung der OH-Gruppen am dritten und vierten (asymmetrischen!) C-Atom eine andere sein kann, so daß z.b. auch Sorbose vorliegt. So erklärt sich die Verbreiterung des „Fructosefleckens" im Chromatogramm.

Die Isomerisierungs- und Aldolreaktionen der Triosen im alkalischen Milieu sind von HARSCH, BAUER und VOELTER (1984) mit Hilfe der Hochdruck-Flüssigkeitschromatographie auch in ihrem zeitlichen Ablauf quantitativ untersucht worden. Die Ergebnisse könnten in Leistungskursen der Sekundarstufe II oder im Rahmen der Lehrerausbildung unter Einbeziehung der Originalliteratur diskutiert werden. Auf diese Weise können die Lernenden ihre eigenen Teilergebnisse exemplarisch in einen größeren Forschungskontext integrieren und im Nachvollzug an einem authentischen Forschungsprozeß verstehend teilhaben.

10. SCHRITT: Das Synthesenetz vom Olivenöl zum Traubenzucker

Der experimentelle Weg vom Olivenöl zum Traubenzucker wurde nicht linear erarbeitet. Die notwendigen Teilschritte müssen geordnet werden (s. Graphik auf der nächsten Seite).

Durch die erarbeitete Reaktionssequenz sind somit ganz unterschiedliche, aus dem Alltag bekannte Stoffe wie Olivenöl, Seife und Traubenzucker in eine erfahrbar gemachte Beziehung zueinander gesetzt und in einen bedeutungsvollen Kontext integriert.

11. SCHRITT: Ein Blick in die Biologie

Fette sind also in Zucker umwandelbar. Diese neu erworbene Kenntnis wird nun auf die Biologie übertragen:

In Lebewesen wird das Fett zunächst durch Lipasen hydrolysiert. Das entstehende Glycerin wird phosphoryliert und dann zu Dihydroxyacetonphosphat oxidiert. Es folgt eine Isomerisierung. Durch die Aldolreaktion zwischen Dihydroxyacetonphosphat und Glycerinaldehydphosphat kann eine Hexose aufgebaut werden. Auf diese Weise wird z.B. in der Leber Glycerin in Traubenzucker umgewandelt. Im Gegensatz zu Tieren können Pflanzen auch aus Fettsäuren Traubenzucker gewinnen (nähere Informationen z.B. bei STRYER 1990).

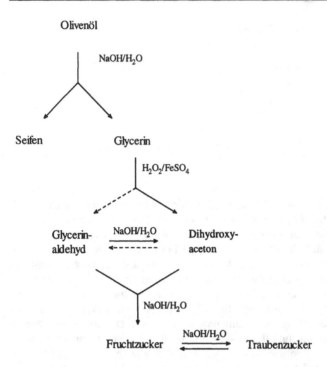

Weitere Unterrichtsschritte

Es muß noch in irgendeiner Form die Ringbildung besprochen und eine Erweiterung der Betrachtungen auf Saccharose, Stärke und Cellulose vorgenommen werden.

Hierzu kann z.b. in einer anspruchsvolleren Sequenz für die gymnasiale Oberstufe am nur schwach positiven DNPH-Test mit Dihydroxyaceton (in der Kälte) angesetzt werden: Wenn die Acetalbildung bekannt ist, kann erarbeitet werden, daß Dihydroxyacetonmoleküle die beiden notwendigen funktionellen Gruppen besitzen, um (intermolekular) ein Acetal bzw. Halbacetal zu bilden. Wenn diese Vermutung stimmt, müßte eine Spaltung bei Säureeinwirkung erfolgen, und dann müßte der DNPH-Test auch in der Kälte stark positiv ausfallen. Diese Vermutung läßt sich tatsächlich bestätigen (Experiment 25, Zusatzversuch).

Es schließt sich eine Übertragung auf Glucose und Fructose an. Bei ihnen kann intramolekular ein Halbacetal gebildet werden, was formelmäßig erfaßt wird (siehe z.B. Kapitel 15). Säureeinwirkung hat keinen Einfluß, da das Gleichgewicht hier weit auf der Seite der Halbacetale liegt. Acetalbildung erfolgt nicht ohne weiteres.

Nun wird Haushaltszucker untersucht. Er zeigt mit seinem negativen Fehlingtest weder das analytische Verhalten von Glucose noch das von Fructose. Es muß sich also um einen anderen Zucker handeln. Um eine bessere Differenzierung innerhalb der Zucker zu erhalten (Fructose und der jetzt als Saccharose bezeichnete Haushaltszucker zeigen beide einen positiven Seliwanofftest), wird der Selendioxidtest (Experiment 27) eingeführt.

Das Testmuster der Saccharose (Cernitrattest positiv, DNPH-Test (in der Hitze) positiv, Fehlingtest negativ) erinnert an dasjenige von Acetaldehyddiethylacetal. Handelt es sich bei der Saccharose um ein Acetal? Was sind die Aldehyd- und Alkoholkomponenten? Saccharose wird also mit Säure zur Reaktion gebracht (Experiment 14). Als Produkte werden Glucose und Fructose identifiziert. Die nun gegebene Saccharoseformel bestätigt, daß Saccharose ein Acetal ist, das durch Reaktion der beiden halbacetalisch vorliegenden Einfachzucker gebildet wird.

Die Einbeziehung von Stärke und Cellulose kann sich an den in Kapitel 15 beschriebenen Schritten orientieren. Die Betrachtung der Kohlenhydrate kann um Aspekte wie α- und β-Form der Glucose, D- und L-Zucker und optische Aktivität erweitert werden. Der räumliche Bau der Moleküle sollte erst dann betrachtet werden, wenn er zur Erklärung eines anstehenden Phänomens benötigt wird.

Zur Schulung des analytischen Denkens kann die Untersuchung von Lebensmitteln auf Kohlenhydrate (Kapitel 16) oder die Analyse einer unbekannten Probe, die neben Kohlenhydraten auch andere bisher kennengelernte Stoffe enthalten kann (Übung 5), angeschlossen oder zwischendurch eingeschoben werden.

18 Untersuchungen zur Verteilung und Bedeutung von Kohlenhydraten in Pflanzen: Ein fächerübergreifendes Konzept

Die im folgenden dargestellte Unterrichtseinheit wurde im Biologieunterricht der 11. Jahrgangsstufe (Leistungskurs) im Rahmen der Pflanzenphysiologie durchgeführt. Sie kann aber auch im Chemieunterricht oder im Rahmen eines fächerübergreifenden Unterrichts eingesetzt werden. In dieser Unterrichtssequenz ist die Analytik der Kohlenhydrate in einen biologischen Kontext integriert. Sie dient zur Beantwortung der Frage, wie die verschiedenen Kohlenhydrate in der Pflanze verteilt sind. Dem erhaltenen Verteilungsmuster wird eine biologische Zweckmäßigkeit zugeordnet, die auf den unterschiedlichen osmotischen Wirksamkeiten verschiedener Kohlenhydrate beruht. Die Deutung der osmotischen Wirksamkeit im Teilchenmodell führt zu einem vertieften Verständnis. Das Vorgehen ist so ausgestaltet, daß es in besonderer Weise zur Förderung naturwissenschaftlichen Denkens und Handelns beiträgt.

1. SCHRITT: Kohlenhydrate in Blättern

Im vorherigen Unterricht haben die Schüler verschiedene Kohlenhydrate kennengelernt. Jetzt wird die Frage in den Raum gestellt, ob alle diese Kohlenhydrate natürlichen Ursprungs sind, und wo sie zu finden sind. Erste Hypothesen werden gesammelt. Pflanzen schälen sich als wesentliche Kohlenhydratquelle heraus. Es werden Hypothesen aufgestellt, welche Kohlenhydrate (Glucose, Fructose, Saccharose, Stärke) in Blättern, Samen, Fruchtfleisch und Sproßknollen vorhanden sind. Gemeinsam wird überlegt, wie weiter vorgegangen werden soll, wobei zunächst die Blätter im Vordergrund stehen. Den Schülern, mit denen diese Einheit erprobt wurde, war zu diesem Zeitpunkt nur der Iodtest bekannt. Aus dem Schulbuch entnahmen sie, daß der Fehlingtest ein „Zuckernachweis" sei. Ansonsten werden einfach diese beiden Tests herausgegriffen.

Die Notwendigkeit einer vorherigen Aufarbeitung der Blätter wird diskutiert. Die Untersuchung (Experiment 30c) erfolgt arbeitsteilig: Ein Teil der Schüler führt den *Iodtest* mit *Grünlilienblättern* durch, ein anderer Teil den *Fehlingtest* mit *Petersilienblättern*. Beide Tests fallen positiv aus. Nach dem Zusammentragen der Versuchsergebnisse, wird eine Schlußfolgerung gezogen. Alle Lernenden, die sich melden, kommen auch zu Wort. Einhelliges Fazit: In Blättern sind Zucker und Stärke enthalten. Die Aussage wird von keinem Schüler bezweifelt. Daher wirft nun der Lehrer ein, ob nicht auch der Schluß, daß Blätter entweder Stärke oder Zucker enthalten, richtig sein könnte. Es wird herausgearbeitet, daß in den beiden durchgeführten Experimenten zwei Faktoren gleichzeitig variiert wurden, das Versuchsobjekt *und* die Methode. Als weitere methodische Schwächen können das geringe

Differenzierungsvermögen der Tests und – falls die Tests vorher nicht bekannt waren – die ungenaue Kenntnis der Testreichweiten angeführt werden.

Ein verbessertes Experiment wird geplant. Der Fehlingtest wird nun auch mit Grünlilienblättern und der Iodtest mit Petersilienblättern durchgeführt: Der Fehlingtest fällt negativ aus, der Iodtest positiv. Zucker ist demnach nicht in beiden Blattsorten nachweisbar, wohl aber Stärke. Daraus kann allerdings nicht geschlossen werden, daß die Untersuchung anderer Blättersorten zu denselben Ergebnissen führen würde; um zu einer allgemeinen Aussage zu gelangen, wären weitere Experimente nötig. Durch dieses Vorgehen werden die Schüler für die kritische Beurteilung von Versuchsanordnungen und von daraus abgeleiteten Aussagen sensibilisiert.

2. SCHRITT: Analyse der Kohlenhydratzusammensetzung weiterer Pflanzenteile

Falls den Schülern der Gluco-, Seliwanoff-, Iod- und Fehlingtest mit ihren Testausfällen bei Einsatz von Glucose, Fructose, Saccharose und Stärke nicht bekannt sind, muß zunächst arbeitsteilig dieses analytische System erarbeitet werden (Experiment 27; Tabelle 15.4, siehe Kapitel 15, ohne den Molisch- und Selendioxidtest). Dann wird arbeitsteilig die Kohlenhydratzusammensetzung von Samen, Fruchtfleisch und Speicherorganen analysiert (Experiment 30a; jeweils ein Pflanzenteil pro Gruppe). Dabei sollen die Schüler eine eigene Strategie für ihr Vorgehen entwickeln und die Versuchsergebnisse detailliert auswerten.

Auf einer Folie zeichnen die Schüler ihre jeweiligen Ergebnisse zunächst in konkreter Form (als Reagenzglassymbole mit den beobachteten Färbungen) ein. Daraus wird dann die abstrakte Matrix der positiven und negativen Testausfälle (Tabelle 18.1) abgeleitet.

Es folgt eine intensive Diskussion darüber, welche Schlüsse jeweils zulässig sind.

- Im Fruchtfleisch von Apfel, Birne, Weintraube und Clementine ist auf jeden Fall Glucose enthalten, da der spezifische Glucotest positiv ausfällt. Da aber auch der Seliwanofftest ein positives Ergebnis zeigt, müssen zusätzlich Fructose oder Saccharose oder beide vorhanden sein.

- Der Fehlingtest liefert keine weitere Unterscheidung, da er aufgrund der vorhandenen Glucose auf jeden Fall ein positives Testergebnis zeigt.

Tabelle 18.1 Ergebnisse der Untersuchung zur Kohlenhydratzusammensetzung verschiedener Pflanzenteile

	Apfel	Birne	Weintraube	Clementine	Reis	Bohne	Kartoffel
Glucotest	+	+	+	+	−	−	±
Fehlingtest	+	+	+	+	−	−	±
Seliwanofftest	+	+	+	+	−	−	−
Iodtest	−	−	−	−	+	+	+

Anmerkung: Der Fehlingtest braucht nicht durchgeführt zu werden, da er keine neue Information liefert; er kann auch den spezifischeren Glucotest nicht ersetzen.

- Stärke kann wegen des negativen Iodtests in den süßen Früchten ausgeschlossen werden; im Reis und in Bohnen hingegen ist nur Stärke nachweisbar, in Kartoffeln zusätzlich wenig Glucose. Auch in diesen drei Fällen kann auf den Fehlingtest verzichtet werden, wenn Glucose und Fructose durch den negativen Gluco- und Seliwanofftest zuvor ausgeschlossen wurden.

Die Vorgehensweise wird anschließend kritisch reflektiert. Dabei wird auch thematisiert, daß die Ergebnisse nur dann mit Sicherheit richtig interpretiert worden sind, wenn die Voraussetzung, daß in den untersuchten Objekten nur Glucose, Fructose, Saccharose und Stärke enthalten sind, auch wirklich zutrifft. Die Anwesenheit anderer Zucker (wie z.B. Maltose oder Lactose), deren Verhaltensmuster nicht überprüft wurde, könnte die Ergebnisse und Schlußfolgerungen verfälschen.

3. SCHRITT: Auf der Suche nach einer biologischen Bedeutung für die festgestellten Kohlenhydratverteilungsmuster

Aus den im 2. Schritt erhaltenen Untersuchungsergebnissen wird die Verteilung der Kohlenhydrate in verschiedenen Pflanzenteilen deutlich: Im Fruchtfleisch sind Zucker enthalten; in Samen und Speicherorganen findet man Stärke. Welche biologische Bedeutung hat diese Verteilung? Die Frage wird nun diskutiert. Es schält sich die Überlegung heraus, daß es günstig ist, wenn Früchte süß sind, da sie so Tiere zur Samenverbreitung anlocken; ihr Zuckergehalt ist also biologisch sinnvoll. Speicherorgane hingegen sollen keine Tiere anlocken, sie sind zweckmäßigerweise zuckerfrei. Der Lehrer fügt hinzu, daß Früchte die Tiere nicht nur wegen des süßen Geschmacks, sondern auch wegen ihrer Saftigkeit anziehen. Er wirft die Frage auf, ob es eine Beziehung zwischen dem Vorhandensein von Zucker und der Saftigkeit gibt. Je nach Vorwissen fällt der Begriff der Osmose oder nicht. Auf jeden Fall kann ein Experiment (56) durchgeführt werden, mit dem überprüft wird, ob Zucker und Stärke Wasser anziehen. Es zeigt sich, daß nur die Zucker osmotisch wirksam sind. Die Zucker im Fruchtfleisch machen also die Frucht nicht nur süß, sondern durch ihre osmotische Wirksamkeit auch saftig, was Samenverbreiter anzieht. Speicherorgane wie Kartoffeln oder auch Samen enthalten die osmotisch unwirksame Stärke, deren „Trockenheit" Tiere nicht so leicht anlockt. Auch Mikroorganismen (Schimmel und Pilze), die Feuchtigkeit benötigen, werden hierdurch zurückgehalten, was die Haltbarkeit der Knollen und Samen verbessert.

4. SCHRITT: Deutung der unterschiedlichen osmotischen Wirksamkeit von Zuckern und Stärke

Zunächst wird ein allgemeines Modell für ein osmotisches System anhand eines Tafelbildes erarbeitet (Bild 18.1). Die verschieden konzentrierten Zuckerlösungen (unterschiedliches Verhältnis von Zucker- zu Wasserteilchen) sind durch eine semipermeable Membran getrennt, die nur von Wasserteilchen, nicht aber von Zuckerteilchen passiert werden kann. Beide Teilchensorten sind in ständiger Bewegung. Ein Hindurchtritt von Wasserteilchen

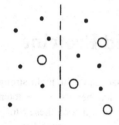

Bild 18.1 Tafelbild zur Erarbeitung der Gründe für die osmotische Wirksamkeit von Zuckern

erfolgt dann, wenn diese Teilchen auf eine Membranpore treffen. Warum ist der Wassertransport gerichtet? Um diese Frage zu klären, wird ein Simulationsspiel (Abschnitt 27.6) eingesetzt, aus dem folgende Modellaussagen abgeleitet werden können:

- Im reinen Wasser stößt pro Zeiteinheit eine bestimmte Anzahl von Wassermolekülen auf die konstante Anzahl der Poren in der Zellmembran.

- Befinden sich im Wasser auch gelöste Zuckermoleküle, so konkurrieren diese mit den Wassermolekülen um die Poren. Die Zuckermoleküle können die Poren zwar nicht passieren, aber sie verstopfen im Moment ihres Aufpralls die Poreneingänge und hindern die Wassermoleküle am Durchtritt. Je höher die Zuckerkonzentration ist, desto ausgeprägter ist dieser Effekt.

- Befinden sich diesseits und jenseits der semipermeablen Membran unterschiedlich konzentrierte Zuckerlösungen, so findet ein Nettotransport von Wassermolekülen, in die konzentriertere Zuckerlösung hinein, statt, so daß sich die Konzentrationsunterschiede tendenziell ausgleichen.

- Zu einem völligen Konzentrationsausgleich kommt es allerdings nicht, da sich auf der konzentrierten Seite der Membran infolge des hinzugekommenen Wassers, das ja auch Platz beansprucht, ein osmotischer Druck aufbaut; denn das Zellvolumen ist nicht vergrößerbar.

Dies wird im Simulationsspiel statistisch-dynamisch und konkret erfahren.

Stärke ist, im Gegensatz zu Zucker, osmotisch unwirksam, da sie schlecht wasserlöslich ist. Hinzu kommt, daß (beispielsweise) 1 Gramm gelöste Stärke im Hinblick auf die Porenverstopfung statistisch viel unwirksamer ist als 1 Gramm gelöster Zucker, da die Stärkemoleküle viel größer und schwerer als die Zuckermoleküle sind, so daß viel weniger Stärkemoleküle als Zuckermoleküle zur Verfügung stehen, wenn man gleiche Stoffmassen miteinander vergleicht.

19 Integration der Aminosäuren und Proteine

Die Aminosäuren und Proteine stehen eher am Rande des PIN-Konzepts, da sie nicht streng phänomenologisch über Nachweisreaktionen und Synthesen mit den bereits erarbeiteten Stoffklassen und deren Strukturformeln verknüpft werden. Dennoch bieten auch diese Stoffklassen interessante Möglichkeiten: Es kann nämlich ein stärker alltagsbezogener Einstieg über die Proteine erfolgen. Dies soll kurz geschildert werden.

Die Schüler sollen zunächst in Gruppen über drei Fragen diskutieren:

- Warum gibt man Essig ins Kochwasser, wenn ein Ei platzt?
- Warum gibt man bei einer Schwermetallvergiftung als Erste Hilfe Milch zu trinken?
- Warum entsteht beim Kartoffelkochen weißer Schaum?

Die Überlegungen werden zusammengestellt. Zumindest bei der ersten und zweiten Frage kommt der Begriff Eiweiß ins Spiel; bei der dritten Frage wird von einigen Schülern die Stärke als Verursacher genannt.

Als erstes muß nun zwischen den Begriffen Eiklar und Eiweiß unterschieden werden. Anhand des Ninhydrintests (Experiment 28), der auf reines Eiweiß (Albumin), Eiklar und Eigelb angewendet wird, kann man sehen, daß Eiweiß sowohl im Eiklar als auch im Eigelb enthalten ist. Um Verwechslungen auszuschließen, wird der Stoff Eiweiß im folgenden als Protein bezeichnet.

Um die obigen Fragen fundierter beantworten zu können, wird das Verhalten einer proteinhaltigen Lösung gegenüber Säure, Schwermetallionen und Hitze untersucht (Experiment 52). Es zeigt sich, daß Proteine durch Hitze, Schwermetallsalze und Säure irreversibel ausgefällt werden:

- Essig im Kochwasser führt also zu einer Ausfällung und Zusammenballung des austretenden Proteins, das dadurch den Sprung in der Eischale verschließt.
- Proteine der Milch fällen die Schwermetallionen als Metallproteinverbindung aus.
- Das Protein der Kartoffeln gelangt teilweise ins Kochwasser und fällt dort aus.

Nun wird der Ninhydrintest mit einem Stückchen Wolle durchgeführt (Experiment 31). Er fällt ebenfalls positiv aus. Es gibt demnach sehr verschiedene Proteine, und diese kommen nicht nur in Lebensmitteln vor. Daraus ergibt sich die Frage, wie es möglich ist, daß Proteine so unterschiedliche Eigenschaften aufweisen können.

Der Lehrer gibt die Information, daß sich Proteine in kleine Bausteine spalten lassen. Er zeigt einen dieser Bausteine. Es handelt sich um einen weißen Feststoff (Alanin). Wie kann man Informationen über diesen (exemplarischen) Baustein bekommen? Typische Schülerantworten sind: „Durchführung des Ninhydrin-, Cernitrat-, BTB-, DNPH- und Rojahn-Tests; Testen der Wasserlöslichkeit; Testen auf Ausfällbarkeit" (Experimente 25, 28, 44, 52).

Die Experimente werden arbeitsteilig ausprobiert. Dabei wird deutlich, daß der Alaninbaustein der Proteine zwar auch positiven Ninhydrintest ergibt, aber durch Hitze, Säure und Schwermetallionen nicht ausgefällt wird. Die Gruppentests fallen alle negativ aus. Haben

Alaninmoleküle keine funktionelle Gruppe? Dieser Schluß kann schon deshalb nicht richtig sein, weil Alanin gut wasserlöslich ist.

Es sind nun verschiedene Experimente denkbar, die Rückschlüsse über die genauere Zusammensetzung der Alaninmoleküle zulassen:

Die oxidative Spaltung von Alanin (Experiment 22) kann in abgestufter Differenzierung ausgewertet werden. Im einfachsten Fall wird nur das Kohlendioxid nachgewiesen, wodurch gezeigt ist, daß Alanin auf jeden Fall Kohlenstoffatome in seinen Molekülen enthält. Weiterhin kann als zweites Produkt auch der Acetaldehyd nachgewiesen werden, wodurch eine Beziehung zu bereits bekannten Stoffen hergestellt ist. Schließlich kann auch noch Ammoniak identifiziert werden; dies zeigt, daß auch Stickstoffatome am Aufbau der Alaninmoleküle beteiligt sind.

Hinweis: Das Experiment 22 ist als Demonstrationsversuch gedacht; es besteht aber auch die Möglichkeit, den Ammoniaknachweis abzukoppeln und als Schülerversuch (Experiment 34d) durchführen zu lassen, um so die Schüler noch stärker an der Erkenntnisgewinnung zu beteiligen. Als Ergebnis der Untersuchungen kann folgende vorläufige Reaktionsgleichung formuliert werden:

$$\text{Alanin} + PbO_2 \longrightarrow H_3C-\overset{\overset{\displaystyle O}{\|}}{C}-H + NH_3 + CO_2 + ...$$

Die Formel des Alanins wird nun, nachdem genügend Erfahrungstatsachen gesammelt worden sind, durch Setzung gegeben, so daß nun auch eine plausible stöchiometrische Reaktionsgleichung für die oxidative Zersetzung formuliert werden kann:

$$H_3C-\underset{\underset{\displaystyle NH_2}{|}}{\overset{\overset{\displaystyle H}{|}}{C}}-\overset{\overset{\displaystyle O}{\|}}{C}-OH + PbO_2 \longrightarrow H_3C-\overset{\overset{\displaystyle O}{\|}}{C}-H + NH_3 + CO_2 + PbO$$

Die Schüler bemerken nun allerdings einen Widerspruch zu den bisherigen Erkenntnissen: Im Alaninmolekül ist eine Carboxylgruppe vorhanden, obwohl der BTB-Test negativ ausgefallen ist. Es kann herausgearbeitet werden, daß sich Alanin in erster Näherung ähnlich verhalten sollte wie ein Gemisch aus der Carbonsäure Propionsäure und aus Ammoniak. Gibt man nun gleiche Volumina Propionsäure- und Ammoniaklösung der gleichen Konzentration ($c = 2$ mol/l) zusammen, so stellt man einen pH-Wert von 6 fest. Alaninlösung hat den gleichen pH-Wert. Zunächst wird die Gleichung für die Reaktion von Propionsäure mit Ammoniak aufgestellt, dann diejenige für die innere Neutralisation von Alanin:

$$H_3C-CH_2-\overset{\overset{\displaystyle O}{\|}}{C}-OH + NH_3 \longrightarrow H_3C-CH_2-\overset{\overset{\displaystyle O}{\|}}{C}-O^- + NH_4^+$$

Hinweis: Die Gleichung stellt eine Vereinfachung dar. Es wird hier nicht berücksichtigt, daß Ammoniak mit Wasser zu Ammonium- und Hydroxidionen reagiert.

$$H_3C-\underset{\underset{NH_2}{|}}{CH}-\overset{\overset{O}{\|}}{C}-OH \longrightarrow H_3C-\underset{\underset{\overset{NH_3}{+}}{|}}{CH}-\overset{\overset{O}{\|}}{C}-O^-$$

Da eine Carboxylatgruppe vorliegt, fällt der BTB-Test negativ aus.

Die bei der oxidativen Decarboxylierung von Alanin entstehenden Produkte können als Bruchstücke im Alaninmolekül markiert werden.

Die Zwitterionenstruktur des Alaninmoleküls erklärt auch den Befund, daß Alanin bei Raumtemperatur ein Feststoff ist. Die hohe Schmelztemperatur des Alanins (Fp > 260°C, Zersetzung) ist auf die starken (ionischen) zwischenmolekularen Kräfte zurückzuführen. Im Vergleich dazu schmilzt Milchsäure bereits bei Raumtemperatur (Racemische Form: Fp = 18°C; D-Form bzw. L-Form: Fp = 25°C).

Um den Übergang vom Einzelstoff (Alanin) zur Stoffklasse (Aminosäuren) vorzubereiten, können weitere Vertreter, auch saure und basische Aminosäuren (z.B. Glutaminsäure, Lysin), gezeigt und durch einfache Experimente (pH-Wert, Ninhydrintest) untersucht werden. Der Ninhydrintest wird somit als Gruppentest auf Aminosäuren (und Proteine) erkannt. Dazu gehört allerdings auch, daß möglichst viele der bereits bekannten Stoffe ebenfalls dem Ninhydrintest unterworfen werden, um dessen Reichweite (Spezifität) erfahrbar zu machen.

Nach Setzung der Strukturformeln wird auch die saure bzw. basische Wirkung der beiden pH-auffälligen Aminosäuren verständlich (Experiment 50):

$$H_2N-\underset{\underset{(CH_2)_2-COOH}{|}}{\overset{\overset{H}{|}}{C}}-\overset{\overset{O}{\|}}{C}-OH + H_2O \longrightarrow H_3N^+-\underset{\underset{(CH_2)_2-COO^-}{|}}{\overset{\overset{H}{|}}{C}}-\overset{\overset{O}{\|}}{C}-O^- + H_3O^+$$

$$H_2N-\underset{\underset{(CH_2)_4-NH_2}{|}}{\overset{\overset{H}{|}}{C}}-\overset{\overset{O}{\|}}{C}-OH + H_2O \longrightarrow H_3N^+-\underset{\underset{(CH_2)_4-NH_3^+}{|}}{\overset{\overset{H}{|}}{C}}-\overset{\overset{O}{\|}}{C}-O^- + OH^-$$

Auch die Pufferwirkung einer Alaninlösung (Experiment 51) kann nun aufgrund der Fähigkeit des Moleküls, sowohl mit Hydronium- als auch mit Hydroxid-Ionen zu reagieren, erklärt werden:

$$H_2N-\underset{\underset{CH_3}{|}}{\overset{\overset{H}{|}}{C}}-\overset{\overset{O}{\|}}{C}-OH + H_3O^+ \longrightarrow H_3N^+-\underset{\underset{CH_3}{|}}{\overset{\overset{H}{|}}{C}}-\overset{\overset{O}{\|}}{C}-O^- + H_2O$$

$$H_2N-\overset{\overset{\displaystyle H}{|}}{\underset{\underset{\displaystyle CH_3}{|}}{C}}-\overset{\overset{\displaystyle O}{||}}{C}-OH \;+\; OH^- \;\longrightarrow\; H_2N-\overset{\overset{\displaystyle H}{|}}{\underset{\underset{\displaystyle CH_3}{|}}{C}}-\overset{\overset{\displaystyle O}{||}}{C}-O^- \;+\; H_2O$$

Im Anschluß daran kann die allgemeine Formel der Aminosäuren und deren Verknüpfung zum Dipeptid durch Setzung mitgeteilt und dann zur Proteinstruktur verallgemeinert werden:

$$H_2N-\overset{\overset{\displaystyle H}{|}}{\underset{\underset{\displaystyle R}{|}}{C}}-\overset{\overset{\displaystyle O}{||}}{C}-OH \;+\; H_2N-\overset{\overset{\displaystyle H}{|}}{\underset{\underset{\displaystyle R}{|}}{C}}-\overset{\overset{\displaystyle O}{||}}{C}-OH$$

$$\longrightarrow\; H_2N-\overset{\overset{\displaystyle H}{|}}{\underset{\underset{\displaystyle R}{|}}{C}}-\overset{\overset{\displaystyle O}{||}}{C}-NH-\overset{\overset{\displaystyle H}{|}}{\underset{\underset{\displaystyle R}{|}}{C}}-\overset{\overset{\displaystyle O}{||}}{C}-OH \;+\; H_2O$$

$$x\; H_2N-\overset{\overset{\displaystyle H}{|}}{\underset{\underset{\displaystyle R}{|}}{C}}-\overset{\overset{\displaystyle O}{||}}{C}-OH$$

$$\longrightarrow\; H_2N-\overset{\overset{\displaystyle H}{|}}{\underset{\underset{\displaystyle R}{|}}{C}}-\overset{\overset{\displaystyle O}{||}}{C}-NH-\overset{\overset{\displaystyle H}{|}}{\underset{\underset{\displaystyle R}{|}}{C}}-\overset{\overset{\displaystyle O}{||}}{C}-NH-\cdots-\overset{\overset{\displaystyle H}{|}}{\underset{\underset{\displaystyle R}{|}}{C}}-\overset{\overset{\displaystyle O}{||}}{C}-OH \;+\; (x-1)\, H_2O$$

Die Umkehrung der letztgenannten Reaktionsgleichung (Proteinhydrolyse) kann experimentell ebenfalls gezeigt werden (Experiment 23).

Die Verschiedenheit der Proteine wird durch deren unterschiedliche Aminosäurezusammensetzung (d.h. durch unterschiedliche Sequenzen der Reste R) und durch unterschiedliche Kettenlängen (Anzahl der Reste R) erklärt.

Für den Aufbau eines Dreierpeptids aus zwei Aminosäuresorten gibt es $2 \cdot 2 \cdot 2 = 8$ Möglichkeiten. Für den Aufbau eines Tausenderproteins aus den 20 natürlich vorkommenden Aminosäuresorten gibt es $20 \cdot 20 \cdot 20$ ... (tausend Faktoren) $= 20^{1000}$ Möglichkeiten. Diese Zahl übersteigt jedes menschliche Vorstellungsvermögen.

Als Anwendungsbezug können die Käseherstellung, der Proteinabbau im Magen oder ernährungsphysiologische Aspekte (Bedeutung verschiedener Proteine für die Ernährung; siehe z.B. MOTHES und LEDIG 1970) einbezogen werden. Es besteht auch die Möglichkeit, Proteine in verschiedenen Lebensmitteln nachzuweisen (Experiment 31).

Ein alternatives Vorgehen könnte darin bestehen, sich zunächst mit den Aminosäuren zu beschäftigen (Eigenschaften und Struktur), dann die Proteine und deren (ganz andere) Eigenschaften einzubeziehen und durch den Ninhydrintest zu zeigen, daß Aminosäuren und Proteine doch etwas miteinander zu tun haben müssen. Mit der Proteinhydrolyse (Experiment 23) kann dann gezeigt werden, daß Proteine tatsächlich aus Aminosäuren aufgebaut sind.

20 Anbindung der Aromaten an das PIN-Konzept

Der Einstieg in die Aromatenchemie erfolgt durch Präsentation von drei Stoffen, denen von vornherein durch Setzung die Strukturformeln (1), (2) und (3) zugeordnet sind:

CH₂OH ... O=C-OH ... OH

(1)   (2)   (3)

Die Schüler werden aufgefordert, Prognosen über das zu erwartende Test- und Syntheseverhalten der drei Stoffe abzugeben. Aus der Sicht der Schüler handelt es sich um polyfunktionelle Verbindungen, die einerseits alle der Stoffklasse der Alkene zuzuordnen sind, andererseits gehören (1) und (3) zur Stoffklasse der Alkohole und (2) zu den Carbonsäuren. Daher sind folgenden Eigenschaften zu erwarten:

- Alle drei Stoffe sollten als Alkene Brom addieren.

- Die Stoffe (1) und (3) sollten positiven Cernitrat- und negativen BTB-Test zeigen und mit Essigsäure veresterbar sein.

- Der Stoff (2) sollte positiven BTB- und negativen Cernitrattest zeigen und mit Ethanol veresterbar sein.

Die aufgestellten Hypothesen werden experimentell überprüft (Experiment 53), zunächst allerdings nur für die Stoffe (1) und (2). Die Ergebnisse von Tabelle 20.1 werden erhalten:

Die nun als Benzylalkohol und Benzoesäure bezeichneten Stoffe (1) und (2) verhalten sich tatsächlich wie ein Alkohol bzw. wie eine Carbonsäure, aber nicht wie Alkene; Brom wird nicht addiert.

Tabelle 20.1 Eigenschaften von drei aromatischen Verbindungen

	(1) Benzylalkohol	(2) Benzoesäure	(3) Phenol
Cernitrattest	+	–	–
BTB-Test	–	+	– (+)[1]
Brom-Test	–	–	+
Veresterbarkeit mit Essigsäure	+	x	–
Veresterbarkeit mit Ethanol	x	+	x

1 = positiver BTB-Test bei der empfindlicheren Testvariante
x = diese Versuche werden nicht durchgeführt

Der nun erst einbezogene Stoff (3), mit dem der Cernitrat- und der BTB-Test sowie der Test auf Veresterbarkeit durchgeführt werden, offenbart im Vergleich zu (1) weitere Anomalien:

- Er zeigt erstaunlicherweise einen negativen Cernitrattest (Experiment 53) und läßt sich unter den bekannten Bedingungen nicht mit Essigsäure verestern. Der Stoff (3) verhält sich also keineswegs wie ein Alkohol; dennoch wird er aus historischen Gründen als Phenol bezeichnet.

- Der BTB-Test mit Phenol fällt zwar in der Standardvariante wie erwartet negativ aus; bei Verwendung eines empfindlicheren Reagenzes (Experiment 53) zeigt Phenol allerdings – im Gegensatz zum Benzylalkohol – einen positiven BTB-Test.

Aus diesen Befunden ergeben sich weiterführende Fragen:

- Warum verhalten sich Benzylalkohol und Benzoesäure nicht wie Alkene, obwohl sie Doppelbindungen in ihren Molekülen enthalten?

- Warum reagiert Phenol trotz seiner OH-Gruppe nicht wie ein Alkohol, und warum verhält es sich trotz fehlender COOH-Gruppe wie eine schwache Säure?

Hinweis: Die schwache Acidität des Phenols war auch schon RUNGE (1834) aufgefallen, der diesen Stoff im Steinkohlenteer entdeckt hat. Er bezeichnete ihn daher ursprünglich als „Carbolsäure" (Kohlenölsäure).

Die beobachteten Anomalien sind offensichtlich auf den Einfluß des Ringssystems (Phenylgruppe) zurückzuführen, da dieser Strukturfaktor allen drei Molekülen gemeinsam ist. Daher schließen sich jetzt, nachdem durch eine reiche phänomenologische Basis die Voraussetzungen dafür geschaffen wurden, theoretische Betrachtungen zum aromatischen Ringsystem an:

Über die Diskussion von Hydrierwärmen und Bindungslängen (aus vorgegebenen Daten) kann das delokalisierte π-Elektronensystem eingeführt werden.

Brom wird nicht addiert, da sonst das energiearme π-Elektronensextett zerstört würde.

Am Beispiel des Phenols wird die elektronische Wechselwirkung zwischen Substituent und π-Elektronensextett erarbeitet. Das freie Elektronenpaar der OH-Gruppe erhöht die π-Elektronendichte im Ring und steht daher als Nucleophil (z.B. für Veresterungsreaktionen) nicht mehr uneingeschränkt zur Verfügung. Die Elektronenverteilung im Phenol (1) bzw. im Phenolat-Ion (2) wird durch das Konzept der mesomeren Grenzformeln beschrieben:

Dieses Konzept verdeutlicht, daß in (1) eine positive Teilladung am Sauerstoffatom der OH-Gruppe anzunehmen ist, wodurch die Abspaltung eines Protons (in Gegenwart einer Base) bedeutend erleichtert wird. Hinzu kommt, daß das entstehende Phenolat-Ion (2) seine negative Ladung über das gesamte π-System verteilen kann, was energetisch günstig ist und die Wiederanlagerung des Protons (Rückreaktion) erschwert.

Aus diesen Gründen verhält sich Phenol wie eine schwache Säure und nicht wie ein gewöhnlicher Alkohol.

Am Beispiel von Phenol kann auch der Einfluß weiterer Substituenten auf die Eigenschaften untersucht werden. So können die Schüler beispielsweise auf der Grundlage der erarbeiteten Elektronentheorie Voraussagen über die Acidität verschiedener Nitrophenole machen und diese dann experimentell überprüfen (Experiment 54).

Aufgrund der unterschiedlich ausgeprägten Delokalisierungsmöglichkeiten können die Schüler z.B. voraussagen, daß 4-Nitrophenol acider als 3-Nitrophenol und 2,4-Dinitrophenol noch acider als diese beiden sein sollte.

Die experimentelle Überprüfung dieser Hypothesen basiert auf folgenden Protolysegleichgewichten (dargestellt am Beispiel von 4-Nitrophenol):

$$O_2N-\underset{\text{farblos}}{\underset{|}{\bigcirc}}-\overline{O}-H + H_2O \rightleftarrows O_2N-\underset{\text{hellgelb}}{\underset{|}{\bigcirc}}-\overline{\underline{O}}|^{\ominus} + H_3O^{\oplus}$$

Die Nitrophenolat-Ionen sind (im Gegensatz zu den Nitrophenolen) gelbfärbend. Nach dem Massenwirkungsgesetz ist die Gleichgewichtslage pH-abhängig. Je niedriger der pH-Wert (je höher die Protonenkonzentration), desto mehr dominiert die farblose Form. Experimentell wird untersucht, bei welchem pH-Wert der Farbumschlag von gelb $\rightarrow$ farblos erfolgt (bei gleichen Ausgangskonzentrationen der zu vergleichenden Nitrophenole). Je acider ein Nitrophenol ist, desto schlechter lagern die Anionen Protonen wieder an und desto niedriger ist der pH-Wert beim Farbumschlag nach farblos. Für das konkrete Vorgehen sollen die Schüler eine eigene Strategie finden (Experiment 54). Folgende Umschlagsintervalle werden beobachtet:

Tabelle 20.2 Umschlagsbereich verschiedener Nitrophenole

	3-Nitrophenol	4-Nitrophenol	2,4-Dinitrophenol
pH 6	+	−	x
pH 4,4	x	+	−
pH 2	x	x	+

x = diese Versuche werden nicht durchgeführt

Damit sind die zuvor aufgestellten Hypothesen bestätigt.

Dieses Experiment kann übrigens auch bei Behandlung der Farbstoffe eingesetzt werden. Es dient dann zur Klärung der Frage, warum verschiedene Indikatoren bei einem unterschiedlichen pH-Wert umschlagen. Die Betrachtungen können auf das System Phenolphthalein/Thymolphthalein übertragen werden.

Im Anschluß an die Aciditätsbetrachtungen kann „der Vollständigkeit wegen" der Bromtest mit Phenol durchgeführt werden (Experiment 53). Er fällt überraschenderweise positiv aus; Brom wird also verbraucht.

Als Erklärungsschema wird die elektrophile Substitution erarbeitet:

$$HO-\langle\bigcirc\rangle + Br_2 \longrightarrow HO-\langle\bigcirc\rangle-Br + HBr$$

Als elektrophile Teilchen fungieren Bromkationen, die sich in einer vorgelagerten Gleichgewichtsreaktion aus Brommolekülen bilden können:

$$|\overline{Br}-\overline{Br}| \rightleftharpoons |\overline{Br}|^{\oplus} + |\overline{Br}|^{\ominus}$$

Aufgrund der bereits erarbeiteten mesomeren Grenzformeln des Phenols können die Schüler ersehen, an welchen Stellen des Rings mit erhöhten Elektronendichten zu rechnen ist. Sie kommen zu der Vermutung, daß das elektrophile Bromkation bevorzugt in ortho- und/oder para-Position des Phenolmoleküls angreifen sollte. Diese Vermutung wird vom Lehrer bestätigt. Für die experimentelle Überprüfung des Eintrittsorts ist allerdings die Nitrierung des Phenols geeigneter als die Bromierung.

21 Integration eines Konservierungsstoffes: Sorbinsäure

Als Beispiel für einen Konservierungsstoff kann die Sorbinsäure in das PIN-Konzept eingebunden werden. Es ist vorteilhaft, diesen Stoff zunächst ohne Benennung durch Demonstration einer interessanten Eigenschaft einzuführen (Experiment 55b): Mit Wasser angefeuchtetes Knäckebrot wird nach einiger Zeit schimmelig; wird zuvor mit einer Lösung des unbekannten Stoffes angefeuchtet, tritt im gleichen Zeitraum keine Schimmelbildung auf. Der unbekannte Stoff zeigt also antimikrobielle Wirkung; er wird nun als Konservierungsstoff bezeichnet. Desweiteren kann gezeigt werden, daß dieser Stoff auch auf Gärhefen hemmend wirkt (Experiment 55a).

Es stellt sich nun die Frage, welcher Stoffklasse der Konservierungsstoff zugehört. Die Anwendung der Gruppentests (Experiment 29a) ergibt folgende Aufschlüsse:

- Der Cernitrat-, DNPH- und Rojahntest fallen negativ aus. Der Konservierungsstoff ist also weder ein Alkohol noch eine Carbonylverbindung (Aldehyd, Keton); er ist auch kein Ester und vermutlich auch kein Acetal.

- Der BTB-Test und der Bromtest fallen positiv aus. Der unbekannte Stoff ist demnach eine Carbonsäure und ein Alken zugleich, also eine „ungesättigte Carbonsäure". Er wird als Sorbinsäure bezeichnet.

In einem beliebigen Lehrbuch der Organischen Chemie oder der Lebensmittelchemie, das den Schülern ausgehändigt wird, finden sie die entsprechende Strukturformel:

$$H_3C-CH=CH-CH=CH-\overset{\overset{\displaystyle O}{\|}}{C}-OH$$

Aus der Strukturformel können weitere Fragen und Vermutungen abgeleitet werden, z.B.: Ist die Sorbinsäure in Wasser gut oder schlecht löslich? In Analogie zu ihren Erfahrungen mit der Ölsäure, aber auch generell mit homologen Reihen diverser Stoffklassen, können die Schüler schlechte Wasserlöslichkeit vermuten, was sich auch tatsächlich bestätigen läßt (Experiment 45). Zugabe von Natronlauge hingegen führt infolge der Neutralisation der Carboxylgruppe zum Lösen des Feststoffes; es bildet sich Natriumsorbat:

$$H_3C-CH=CH-CH=CH-\overset{\overset{\displaystyle O}{\|}}{C}-OH \ + \ Na^+OH^- \longrightarrow H_3C-CH=CH-CH=CH-\overset{\overset{\displaystyle O}{\|}}{C}-O^-Na^+ + H_2O$$

Die Gründe können diskutiert werden: Ein Stoff ist dann wasserunlöslich (oder wenig wasserlöslich), wenn der Einfluß des unpolaren Molekülteils deutlich größer ist als derjenige des polaren Molekülteils. Die Sorbinsäuremoleküle und die Sorbat-Ionen enthalten jeweils gleichartige, unpolare Kohlenwasserstoffketten, aber unterschiedliche polare Kopfgruppen (neutrale Carboxylgruppe bzw. geladene Carboxylatgruppe). Es kann vermutet werden, daß die Carboxylatgruppe polarer ist als die Carboxylgruppe und daher besser solvatisiert wird.

Diese Vermutung ist im Einklang mit den experimentellen Befunden, die nun wie folgt zu interpretieren sind: In den Sorbinsäuremolekülen dominiert der unpolare Kohlenwasserstoffrest; in den Sorbat-Ionen wird deren Einfluß durch die sehr polare Carboxylat-Gruppe überkompensiert.

Somit sind die Sorbinsäure und ihr Salz durch verständliche Eigenschaften und analytische Ordnungsbeziehungen mit den Standardstoffen des PIN-Konzepts verknüpft. Synthesebeziehungen (z.B. Veresterungsreaktionen) lassen sich unter Standardbedingungen (mit konzentrierter Schwefelsäure) allerdings nicht realisieren.

Für den Nachweis der Sorbinsäure in Alltagsprodukten reicht der BTB-Test nicht aus, da er auf alle Carbonsäuren anspricht. Daher wird nun der spezifischere Thiobarbitursäuretest (TBS-Test) eingeführt. Die Schüler wenden diesen Test z.B. auf Essigsäure, Milchsäure, Citronensäure, Ascorbinsäure und Sorbinsäure an (Experiment 29b). Nur Sorbinsäure zeigt einen positiven Testausfall.

Nachdem die Schüler die Reichweite (Spezifität) des TBS-Tests kennengelernt haben, wenden sie dieses Reagenz nun auf verschiedene Lebensmittel und Haushaltsstoffe an (Experiment 33a). Ein positiver Testausfall wird z.B. mit der Margarine „Lätta", mit konserviertem Weißkrautsalat, mit Einmachhilfe und mit konserviertem Duschbad erhalten. Nicht-konservierte Sonnenblumenmargarine hingegen reagiert negativ.

Ergänzend dazu kann auch eine Untersuchung mit Hilfe der Papierchromatographie durchgeführt werden (Experiment 33b). Auf diese Weise können die Schüler erfahren, daß die chromatographische Analyse sehr viel aufwendiger ist als der einfache TBS-Test. Allerdings versagt dieser bei der Analyse rotgefärbter Produkte, im Gegensatz zur Chromatographie. Beide Methoden sind also notwendig; sie ergänzen sich. Sorbinsäure wird im Lebensmittelverkehr bei Backwaren, Käse, Getränken (Fruchtsäften, Wein), Marmelade, Gelee, Trockenfrüchten und Margarine als Konservierungsstoff eingesetzt, und zwar in Konzentrationen $\leq 0,3$ %, so daß keine unerwünschten Geruchs- und Geschmacksnoten auftreten. Die niedrige Konzentration ermöglicht auch eine hinreichende Löslichkeit in wasserhaltigen Lebensmitteln.

Mit Leistungskursschülern kann auch diskutiert werden, daß in der Vogelbeere (Sorbus aucuparia) – nomen est omen! – eine Sorbinsäurevorstufe enthalten ist, die Parasorbinsäure:

Die Schüler sollten in der Lage sein, die funktionellen Gruppen zu erkennen: Es handelt sich um einen ungesättigten, cyclischen Ester.

Problem: Welches Produkt könnte man erhalten, wenn man Vogelbeeren mit verdünnter Natronlauge kocht?

Lösung: Durch alkalische Esterhydrolyse entsteht ein wasserlösliches Carbonsäuresalz:

$+ \ Na^+OH^- \longrightarrow$

Problem: Welches Produkt könnte man erhalten, wenn man Vogelbeeren mit verdünnter Salzsäure kocht?

Lösung: Durch saure Esterhydrolyse entsteht ein polyfunktionelles Zwischenprodukt, das durch Dehydratisierung in Sorbinsäure umgewandelt wird:

$+ \ H_2O \xrightarrow{(H^+)}$

$\downarrow (H^+)$

$+ \ H_2O$

In der Praxis verwendet man aus Löslichkeitsgründen ethanolische Salzsäure. Hierbei wird Sorbinsäureethylester erhalten, was die Schüler in Analogie zu den bereits bekannten, säurekatalysierten Veresterungsreaktionen gut verstehen können.

22 Ein Konzept zur Schulung ressourcenbewußten Denkens und Handelns: Der Estercyclus

In der folgenden Unterrichtssequenz (HARSCH und HEIMANN 1994) geht es um den Aufbau des Begriffs „Recycling". In den Vorstellungen vieler Schüler suggeriert dieser bereits außerschulisch erworbene Begriff einen ewigen Kreislauf der Stoffe im Sinne einer Regeneration zum „Nulltarif". Eine solche Vorstellung ist natürlich korrekturbedürftig: Für die Regeneration eines Stoffes benötigt man Hilfsstoffe und Energie, produziert Abfallstoffe und muß Ausbeuteverluste hinnehmen. Die hieraus sich ergebenden Möglichkeiten und Grenzen sollen die Schüler durch handelnden Umgang mit den Stoffen selbst erfahren, damit unrealistische Vorstellungen über chemisches Recycling abgebaut werden oder gar nicht erst entstehen. Damit sich die Schüler auf die intendierten stofflichen und energetischen Bilanzierungsaspekte besser konzentrieren können, ist es sinnvoll, auf Reaktionen zurückzugreifen, die die Schüler bereits in anderem Kontext kennengelernt haben und operational beherrschen. Geeignet ist der Estercyclus – eine Reaktionssequenz (Bild 22.1), die folgende Operationen beinhaltet:

1. Stufe:

• Alkalische Hydrolyse von Essigsäureethylester:

$$H_3C-\overset{\overset{O}{\|}}{C}-O-CH_2-CH_3 + Na^{\oplus}OH^{\ominus} \longrightarrow H_3C-\overset{\overset{O}{\|}}{C}-O^{\ominus}Na^{\oplus} + HO-CH_2-CH_3$$

• Isolierung, Identifizierung und Ausbeuteermittlung von Natriumacetat und Ethanol

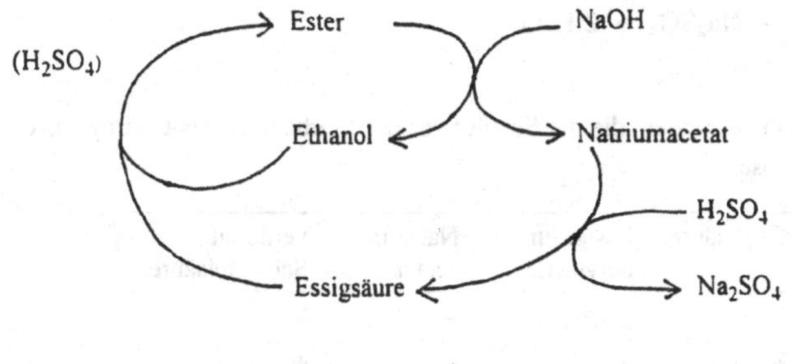

Bild 22.1   Der Estercyclus im Überblick

2. Stufe:

• Reaktion von Natriumacetat mit konzentrierter Schwefelsäure:

$$2\ H_3C-\overset{\overset{O}{\|}}{C}-O^{\ominus}Na^{\oplus} + HO-\overset{\overset{O}{\|}}{\underset{\underset{O}{\|}}{S}}-OH \longrightarrow 2\ H_3C-\overset{\overset{O}{\|}}{C}-OH + Na^{\oplus\ominus}O-\overset{\overset{O}{\|}}{\underset{\underset{O}{\|}}{S}}-O^{\ominus}Na^{\oplus}$$

• Isolierung, Identifizierung und Aubeuteermittlung von Essigsäure und Natriumsulfat

3. Stufe:

• Veresterung von Ethanol (aus Stufe 1) und Essigsäure (aus Stufe 2) mit konzentrierter Schwefelsäure als Katalysator:

$$H_3C-CH_2-OH + HO-\overset{\overset{O}{\|}}{C}-CH_3 \xrightarrow{\text{konz. } H_2SO_4} H_3C-CH_2-O-\overset{\overset{O}{\|}}{C}-CH_3 + H_2O$$

• Isolierung und Identifizierung von Essigsäureethylester (Variante A)
• Reinigung und Ausbeuteermittlung des Esters (Variante B)
• Neutralisation der Schwefelsäure; Isolierung und Ausbeuteermittlung von Natriumsulfat

In allen drei Stufen wird für jede Operation, die Energie erfordert (Heizen, Rühren), der tatsächliche „Verbrauch" hochwertiger (elektrischer) Energie gemessen. Auch der Wasserverbrauch wird registriert.

Sollten die benötigten Nachweisreaktionen aus dem vorherigen Unterricht nicht bekannt sein, müssen sie nun erarbeitet werden. Die minimalen Voraussetzungen zeigt Tabelle 22.1.

Mit dem Cernitrattest kann Ethanol, mit dem Rojahntest Essigsäureethylester nachgewiesen werden. Der Bromthymolblautest ist ein allgemeiner Säuretest; mit dem Eisenchloridtest können Essigsäure und Natriumacetat nachgewiesen werden.

Unter rein materiellen Kosten-Nutzen-Aspekten käme wohl niemand auf die Idee, einen Ester zu spalten, nur um ihn anschließend wieder mühe- und verlustvoll zu resynthetisieren auf Kosten der Nettoreaktion:

$$2\ NaOH\ +\ H_2SO_4\ \rightarrow\ Na_2SO_4\ +\ 2\ H_2O$$

Tabelle 22.1 Analytische Voraussetzungen, die die Schüler vor der Erarbeitung des Estercyclus erworben haben müssen.

	Ethanol	Essigsäure	Essigsäure-ethylester	Natrium-acetat	verdünnte Schwefelsäure
Cernitrattest	+	−	−	−	−
BTB-Test	−	+	−	−	+
Eisenchloridtest	−	+	−	+	−
Rojahntest	−	−	+	−	−

Diese Neutralisationsreaktion könnte man durch direktes Vermischen von Natronlauge und Schwefelsäure billiger haben. Doch um den materiellen Nutzen geht es hier ja auch gar nicht. Der Estercyclus legitimiert sich durch die Einsichten, die er vermittelt. Er soll das Denken in Stoff- und Energiebilanzen fördern und zur Diskussion anregen, wann Recycling sinnvoll ist. Dabei wird deutlich, daß letztendlich – wo immer möglich – eine Vermeidung oder Verringerung von Abfällen dem Recycling vorzuziehen ist.

Um diese Einsichten zu ermöglichen und gleichzeitig einen Beitrag für einen umweltverträglichen Chemieunterricht zu leisten, wurden bei der Ausarbeitung der Versuche folgende Gesichtspunkte beachtet:

- Die Größe der Versuchsansätze ist so gewählt, daß aus einem möglichst geringen Stoffeinsatz ein möglichst großer Erkenntniswert herausgeholt wird. Bei der Variante A wird ungefähr soviel Recycling-Ester gewonnen, wie zu seinem Nachweis benötigt wird. Nach der Variante B wird zusätzlicher, reiner Ester zurückgewonnen, der für weitere Versuche verwendbar ist.

- Infolge der cyclischen Reaktionsführung entstehen keine organischen Abfälle. Der bei den Nachweisreaktionen entstehende Abfall ist aus didaktischen Gründen unvermeidbar, allerdings auch mengenmäßig sehr gering. Durch die Rückgewinnung des für die Esterabscheidung (zum Aussalzen) benötigten Natriumsulfats und die Isolierung des in den Stufen 2 und 3 durch Neutralisation entstandenen Natriumsulfats werden die anorganischen Abfälle in eine für andere Zwecke wiederverwendbare Form gebracht. Durch Umkristallisieren könnte man daraus völlig reines Natriumsulfat gewinnen.

- Der Energieeinsatz ist minimiert. Sowohl die Esterhydrolyse als auch die Estersynthese werden ohne Erhitzen unter Rückfluß realisiert. Die Reaktionsdauer ist bei der Variante A dennoch sehr kurz. Bei der Variante B wird die Estersynthese durch einwöchiges Stehenlassen bei Raumtemperatur realisiert. Dies erhöht die Ausbeute ohne zusätzlichen Energieaufwand. Zum Einengen der Mutterlaugen wird auf den Einsatz von Heizquellen verzichtet. Durch einwöchiges Stehenlassen verdunstet das Wasser von selbst. Langzeitversuche helfen also, Energie zu sparen.

Der Estercyclus kann wahlweise in zwei Varianten erarbeitet werden: In einer Schülervariante A, die von den Schülern unter Beachtung der Sicherheitsvorschriften selbst durchgeführt werden kann; und in einer stärker lehrerorientierten Variante B, in der einige Teilschritte vom Lehrer durchgeführt werden. Die experimentellen Details sind in Abschnitt 27.5 beschrieben.

Variante A

1. Stufe: Esterhydrolyse

Die Esterhydrolyse wird in 7 Ansätzen durchgeführt. Das entstehende Ethanol wird durch Destillation gewonnen. Die dabei benötigte Energie muß ermittelt werden. Dies geschieht, indem die Leistung des verwendeten Magnetrührers mit der Heizzeit multipliziert wird. Auch der Energieverbrauch für das Rühren wird einbezogen.

Auf einen der 7 Ansätze werden die Nachweisreaktionen angewendet und zwar sowohl auf das Destillat als auch auf den Rückstand. Im Destillat wird Ethanol gefunden, im Rückstand Acetat.

Die Ausbeute an Ethanol wird über eine Dichtebestimmung ermittelt. Eine Ausbeutekontrolle ist nach jedem Schritt wichtig, da sie zeigt, in welcher Stufe des Cyclus die größten Ausbeuteverluste auftreten und damit bevorzugte Ansatzpunkte für eine mögliche Optimierung liegen. Die Ausbeute an Ethanol liegt bei ca. 62 %.

2. Stufe: Essigsäuregewinnung

Aus dem Acetat, das sich im Rückstand befindet (Bild 22.2), kann Essigsäure gewonnen werden. Nach dem Eintrocknen des Rückstandes und Ermittlung der dafür benötigten Energie, wird das Acetat mit konzentrierter Schwefelsäure zur Reaktion gebracht und die entstehende Essigsäure abdestilliert (Energieverbrauch festhalten!). Die Ausbeute, die durch Titration ermittelt wird, liegt bei 86 %. Zieht man die Destillatportion ab, die zur Identifizierung und Ausbeuteermittlung verbraucht wurde, bleibt für den weiteren Estercyclus eine Ausbeute von ca. 75 %.

Der Destillationsrückstand wird mit Natronlauge neutralisiert und das nach Eintrocknen gewonnene Natriumsulfat (Abfall) gewogen.

Bild 22.2   Eingetrockneter Destillationsrückstand der 1. Stufe

3. Stufe: Esterrückgewinnung

Das in Stufe 1 gewonnene Ethanol wird mit der in Stufe 2 erhaltenen Essigsäure und mit konzentrierter Schwefelsäure vermischt. Das Produkt wird auf Natriumsulfatlösung aufgegossen. Es kann als Ester identifiziert werden, der allerdings noch verunreinigt ist. Insgesamt liegt die Ausbeute bei weniger als 20 % bezogen auf den ursprünglich eingesetzten Ester. Dies reicht gerade zur Identifzierung des Recycling-Esters. Es ist also minimaler Stoffeinsatz bei größtmöglichem Erkenntnisgewinn realisiert.

Die mit Schwefelsäure verunreinigte Abscheidungsflüssigkeit wird neutralisiert und das gewonnene Natriumsulfat (Abfall; Bild 22.3) gewogen.

Regeneriertes Natriumsulfat
aus der Esterabscheidung

Bild 22.3 Regeneriertes Natriumsulfat aus der Esterabscheidung

Im Unterricht sollte nach jeder Stufe eine Zwischenbilanz aufgestellt werden. Die Gesamtbilanz sollte auf keinen Fall nur zahlenmäßig erfaßt werden. Zahlen sind für die Schüler abstrakt und blaß. Um sie mit Vorstellungen zu verknüpfen und auch affektiv zu verankern, sollten die Edukte, Produkte, Abfälle und Hilfsstoffe noch einmal in den Mengen nebeneinander auf dem Lehrertisch präsentiert werden, in denen sie bei den Versuchen tatsächlich erhalten oder eingesetzt werden. (Bild 22.4 gibt den dadurch vermittelten Eindruck wieder.) Ganz dominant ist der Abfall. Es zeigt sich, daß stoffliches Recycling grundsätzlich möglich, aber nicht zum Nulltarif zu haben ist: Die Wiedergewinnung des Esters erfordert den Einsatz von Energie, Zeit und Hilfsstoffen, die ihrerseits wieder zu Abfall werden und aufgearbeitet werden müssen. Jeder Aufarbeitungsschritt ist mit Ausbeuteverlusten verbunden. Je höher die Anforderungen bezüglich Reinheit und Ausbeute des Recycling-Esters, desto mehr Hilfsstoffe und Energie werden benötigt.

Auf diese Weise können Schüler durch eigenes Handeln und Erleben Möglichkeiten und Grenzen des Recycling-Konzepts kennenlernen.

Variante B

Die erste Stufe unterscheidet sich nicht von derjenigen der Variante A. Bei den Stufen 2 und 3 wird anstelle der sechs kleinen Ansätze ein einziger großer Ansatz weiterverarbeitet. Die Ausbeuten sind bei beiden Varianten ungefähr gleich groß; im Hinblick auf die Energiebilanz hingegen ist die Variante B deutlich günstiger als die Variante A: Der Energieaufwand ist um ca. ein Drittel geringer, da das Aufheizen eines großen Ansatzes mit geringeren Wärmeverlusten verbunden ist als das Heizen von sechs separaten, kleineren Ansätzen. Die relative Effizienzsteigerung durch Systemvergrößerung sollte mit den Schülern diskutiert werden. Diese Erkenntnisse dürfen allerdings nicht unkritisch verallgemeinert werden: Systemvergrößerungen bringen nicht in jeder Hinsicht nur Vorteile, sondern müssen häufig durch logistische Nachteile (längere Transportwege) und durch Verluste von Dispositionsmöglichkeiten (Flexibilität) erkauft werden.

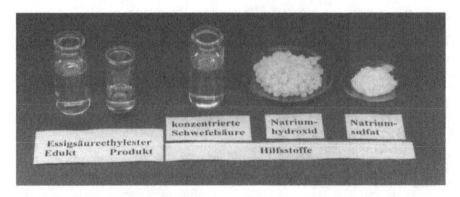

Bild 22.4   Bilanz des Estercyclus

23 Drei Experimentalbausteine zur Schulung kognitiver Fähigkeiten

In den folgenden Unterrichtssequenzen werden drei Experimentalbausteine zur Schulung kognitiver Fähigkeiten beschrieben, die unabhängig voneinander an inhaltlich geeigneten Stellen des PIN-Konzepts in den Unterrichtsgang integriert werden können. Es besteht aber auch die Möglichkeit, die Bausteine aus dem PIN-Konzept herauszulösen und im Rahmen anderer Unterrichtskonzepte einzusetzen.

23.1 Mischungsexperimente nach Plan

Diese Unterrichtssequenz beinhaltet eine Aufgabe für die selbständige Schülerarbeit: Sieben unbekannte, mit Buchstaben beschriftete Alkohole sollen durch systematische, zielgerichtete Mischungsexperimente in eine empirische Polaritätsrangfolge eingeordnet werden. Vorwissen ist dazu nicht erforderlich. Im anschließenden theoretischen Teil der Aufgabe werden den Schülern die Strukturformeln der untersuchten Alkohole mitgeteilt. Durch Vergleich der eigenen Experimentaldaten mit den gesetzten Strukturformeln sollen die Schüler unter Beachtung des Prinzips der Faktorenkontrolle herausfinden, welche Strukturmerkmale Einfluß auf die Polarität ausüben. Eine theoretische Deutung der gefundenen Polaritätsregeln beschließt die Unterrichtssequenz.

Die experimentelle Aufgabe

Die Schüler erhalten sieben unbekannte Alkohole (A bis G), für die eine Polaritätsrangfolge erarbeitet werden soll. Als „Meßlatte" stehen drei Lösungsmittel zur Verfügung, deren relative Polarität den Schülern mitgeteilt wird:

Hexan	Wasser	Salzwasser
(unpolar)	(polar)	(sehr polar)

————————————————————————>

zunehmende Polarität

Mögliche Mischungsversuche:

1 ml Alkohol + 1 ml Wasser
1 ml Alkohol + 1 ml Salzwasser
1 ml Alkohol + 1 ml Hexan
1 ml Alkohol + 1 ml eines anderen Alkohols
1 ml Alkohol + x ml Wasser oder Salzwasser, kein Hexan (Zugabe in 1-ml-Portionen bis zur vollständigen Lösung des Alkohols; maximal 15 ml zugeben!)

Bei der Einordnung der Alkohole auf der Polaritäts-Rangskala hilft den Schülern die alte Regel, daß sich Polares gut in Polarem löst und Unpolares gut in Unpolarem.

Nähere Informationen zur konkreten Versuchsdurchführung sind bei Experiment 42 angegeben.

Die Lösung der experimentellen Aufgabe

Zur Ermittlung der Polaritätsrangfolge sind verschiedene Strategien möglich, die alle zum gleichen Ergebnis führen. Welche Experimente in welcher Reihenfolge durchgeführt werden, spielt letztlich keine Rolle, allerdings sind nicht alle Strategien gleichermaßen effektiv. Hier sei nur eine mögliche Vorgehensweise erläutert.

1. Schritt

Zunächst kann man überprüfen, ob sich jeweils 1 ml Alkohol in 1 ml Wasser löst. Man findet (Tabelle 23.1), daß die Alkohole zwei Gruppen bilden (A/B/D/E/G und C/F), die getrennt weiter untersucht werden können. Welche der beiden Gruppen die polareren Alkohole enthält, läßt sich allerdings noch nicht sagen.

2. Schritt

Die Nichtmischbarkeit von C und F mit Wasser zeigt, daß C und F entweder viel unpolarer oder viel polarer als Wasser sind. Um zwischen diesen beiden Möglichkeiten zu unterscheiden, werden C und F mit dem unpolaren Hexan getestet. Da C und F sich in Hexan lösen, sind sie also relativ unpolar.

Tabelle 23.1 Experimentelle Befunde für die Alkohole A bis G

Schritte/Experimente			Alkoholproben						
			A	B	C	D	E	F	G
1	Alkohol 1 ml	+ Wasser 1 ml	+	+	−	+	+	−	+
2	Alkohol 1 ml	+ Hexan 1 ml			+			+	
3	Alkohol 1 ml	+ Wasser x ml			+ 11			− 15	
4	Alkohol 1 ml	+ Salzwasser 1 ml	−	+		+	+		−
5	Alkohol 1 ml	+ Salzwasser x ml	+ 8						+ 3
6	Alkohol 1 ml	+ Hexan 1 ml	−			+	−		
7	Alkohol 1 ml	+ Alkohol F 1 ml	+				−		

Bedeutung der Symbole: + mischbar; − nicht mischbar; 8 = 8 ml Lösungsmittel

3. Schritt

Es kann nun untersucht werden, ob die unpolaren Alkohole C und F sich doch in dem polaren Lösungsmittel Wasser lösen lassen, wenn man das Volumen des Wassers erhöht. Es zeigt sich, daß sich 1 ml C in 11 ml Wasser löst, wohingegen sich 1 ml F auch in 15 ml Wasser nicht löst. F ist also der unpolarste aller Alkohole, gefolgt von C.

Ergebnis:

F → C → übrige Alkohole

——————————————————————>

zunehmende Polarität

4. Schritt

Die polareren Alkohole A/B/D/E/G werden nun auf ihre Löslichkeit in Salzwasser getestet. Es zeigt sich, daß nur A und G darin nicht löslich sind. A/G sind demnach unpolarer als B/D/E, aber polarer als F/C.

5. Schritt

Es wird nun getestet, ob sich die Alkohole A und G doch in Salzwasser lösen, wenn man das Salzwasservolumen vergrößert. Dies ist tatsächlich der Fall. Da sich 1 ml G bereits in 3 ml Salzwasser löst, 1 ml A aber erst in 8 ml, kann gefolgert werden, daß A unpolarer als G ist.

Ergebnis:

F → C → A → G→ übrige Alkohole

——————————————————————>

zunehmende Polarität

6. Schritt

Um zwischen den am stärksten polaren Alkoholen B/D/E zu differenzieren, kann man deren Löslichkeit im unpolaren Hexan testen. Es zeigt sich, daß sich nur D löst. D ist also unpolarer als B und E.

Ergebnis:

F → C → A → G → D → übrige Alkohole

——————————————————————>

zunehmende Polarität

7. Schritt

Um die sehr polaren Alkohole B und E einzuordnen, kann deren Mischbarkeit mit dem unpolarsten Alkohol F getestet werden. Da sich B mit F mischt, E aber nicht, ist B unpolarer als E. Damit sind alle Alkohole eindeutig in eine empirische Polaritätsrangfolge gesetzt. Von den (laut Aufgabenstellung) insgesamt möglichen 56 Experimenten genügten 23 gezielt ausgewählte, um dieses Ziel zu erreichen.

Ergebnis:

F → C → A → G → D → B → E

——————————————————————>

zunehmende Polarität

Die strukturtheoretische Aufgabe

Nun werden die Strukturformeln und Namen der bisher nur mit Buchstaben bezeichneten Alkohole mitgeteilt (Bild 23.1), und es werden Gemeinsamkeiten und Unterschiede herausgearbeitet.

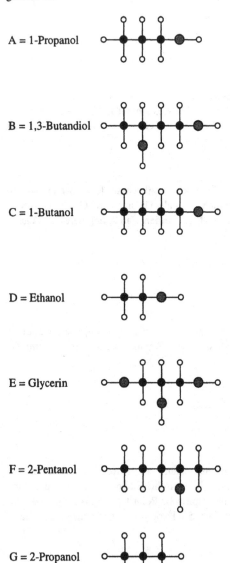

A = 1-Propanol

B = 1,3-Butandiol

C = 1-Butanol

D = Ethanol

E = Glycerin

F = 2-Pentanol

G = 2-Propanol

Bild 23.1 Struktureller Aufbau der in eine Polaritätsrangfolge gesetzten Alkohole

Allen Alkoholmolekülen ist gemeinsam, daß sie mindestens eine OH-Gruppe besitzen. Der Nachweis dieser funktionellen Gruppe ist mit dem Cernitrattest möglich: Alle Alkohole ergeben eine Rotfärbung. (Im Falle von Glycerin entfärbt sich das Testgemisch nach einigen Minuten wieder, was auf die Sonderstellung benachbarter OH-Gruppen hinweist.) Die Alkoholmoleküle unterscheiden sich in drei strukturellen Faktoren:

– Anzahl der C-Atome (Kettenlänge)

– Anzahl der OH-Gruppen

– Stellung der OH-Gruppen (endständig oder nicht-endständig)

Durch Kombination der experimentellen und strukturtheoretischen Informationen können die Schüler nun versuchen, möglichst eigenständig herauszufinden, welchen Einfluß diese strukturellen Faktoren auf die relative Polarität der Alkohole haben.

8. Schritt

Als erstes wird der Faktor „Anzahl der C-Atome" untersucht. Zu diesem Zweck dürfen ausschließlich solche Alkohole miteinander verglichen werden, deren Moleküle sich *nur* in der Zahl der C-Atome, aber nicht in einem weiteren Strukturfaktor unterscheiden (Prinzip der Faktorenkontrolle). Desweiteren müssen *alle* möglichen Vergleiche ausgeschöpft werden, um zu validen Aussagen zu gelangen (Prinzip der Vollständigkeit). Unter Beachtung dieser Prinzipien kommen die Schüler zu folgenden Ergebnissen:

• Vergleich A/C strukturell: C hat mehr Kohlenstoffatome als A.

• Vergleich A/C experimentell: C ist unpolarer als A.

• Verallgemeinerung: *Zunehmende Kettenlänge senkt die Polarität* (Regel 1)

• Regelüberprüfung: Die Vergleiche A/D, C/D und F/G bestätigen die gefundene Regel. Weitere Vergleiche sind nicht zulässig.

9. Schritt

Die Untersuchung des Faktors „Anzahl der OH-Gruppen" ergibt, daß nur die Paare A/E, B/C und E/G zulässige Vergleiche ermöglichen. Es zeigt sich, daß alle drei Vergleiche im Einklang sind mit der folgenden Aussage: *Zunehmende Anzahl an OH-Gruppen steigert die Polarität* (Regel 2).

10. Schritt

Im Hinblick auf den Einflußfaktor „Stellung der OH-Gruppe" ist nur der Vergleich A/G zulässig. Er stützt die Aussage: *Endständigkeit der OH-Gruppe (verglichen mit Nicht-Endständigkeit) senkt die Polarität* (Regel 3).

11. Schritt

Zur Festigung und Vertiefung des Gelernten, aber auch zur Überprüfung der empirisch gefundenen Polaritätsregeln, wird nun ein weiterer Alkohol H (2-Butanol) in die Untersuchung einbezogen. Die Strukturformel von H wird den Schülern mitgeteilt. Aufgrund ihres Vorwissens sollen sie nun begründete Hypothesen formulieren, an welcher Stelle der Polaritätsreihe H einzuordnen ist. Anschließend sollen sie ihre Prognosen durch gezielte Löslichkeitsversuche überprüfen. Folgende Überlegungen sind sinnvoll:

- Der Vergleich B/H in Verbindung mit der Regel 2 läßt erwarten, daß H unpolarer als B ist.

- Der Vergleich C/H in Verbindung mit der Regel 3 sowie F/H in Verbindung mit der Regel 1 läßt erwarten, daß H polarer als C und F ist.

- Der Alkohol H ist demnach zwischen C und B einzuordnen.

Eine weitere Präzisierung dieser Aussage ist durch folgende Überlegungen möglich:

- H (2-Butanol) unterscheidet sich von A (1-Propanol) in zwei Strukturfaktoren (Anzahl der C-Atome und Stellung der OH-Gruppe).

- G (2-Propanol) unterscheidet sich von D (Ethanol) ebenfalls in diesen beiden Strukturfaktoren.

- Der Strukturunterschied zwischen H und A ist dem Strukturunterschied zwischen G und D analog.

- Da G unpolarer ist als D (gesicherter experimenteller Befund), sollte aus strukturanalogen Gründen auch H unpolarer sein als A (Hypothese).

Diese Hypothese muß nun experimentell überprüft werden. Dazu bietet es sich an, das Löslichkeitsverhalten in Wasser zu testen. Man findet:

- 1 ml H löst sich in 5–6 ml Wasser

- 1 ml A löst sich in 1 ml Wasser (siehe Schritt 1)

- 1 ml C löst sich in 11 ml Wasser (siehe Schritt 3)

Ergebnis:

$$F \rightarrow C \rightarrow H \rightarrow A \rightarrow G \rightarrow D \rightarrow B \rightarrow E$$

$$\xrightarrow{\hspace{5cm}}$$

zunehmende Polarität

Die Hypothese ist somit bestätigt. Die abgeleiteten Regeln bezüglich des Einflusses von Strukturfaktoren auf die Polarität der Alkohole haben sich bewährt.

12. Schritt

Abschließend werden die ermittelten Befunde theoretisch gedeutet, d.h. aus Ursachen verständlich gemacht. Das Mischungsverhalten wird auf zwischenmolekulare Kräfte zurückgeführt:

- Zwei Stoffe A und B sind miteinander mischbar, wenn die Anziehungskräfte der A-Teilchen untereinander sowie der B-Teilchen untereinander nach Art und Größe ungefähr denen zwischen A- und B-Teilchen entsprechen.

• Anziehungskräfte zwischen Kohlenwasserstoff-Gruppen sind auf schwache temporäre Dipolmomente (Van-der-Waals-Kräfte) zurückzuführen. Anziehungskräfte zwischen OH-Gruppen werden durch permanente Dipolmomente und Wasserstoffbrücken verursacht. Beide Kräftearten basieren letztlich auf Elektronegativitätsdifferenzen zwischen den Atomen C/H (kleine Differenz → geringe Bindungspolarität) bzw. O/H (große Differenz → ausgeprägte Bindungspolarität).

• Mit zunehmender Zahl an C-Atomen (bei konstanter Zahl an OH-Gruppen) wird der unpolare Molekülteil gegenüber dem polaren Teil größer, so daß die Löslichkeit in polaren Lösungsmitteln abnimmt (Regel 1).

• Mit zunehmender Zahl an OH-Gruppen (bei konstanter Zahl an C-Atomen) gilt das Umgekehrte (Regel 2).

• Bei gleicher C-Zahl und OH-Zahl wird der unpolare Molekülteil durch eine nicht-endständige OH-Gruppe unterbrochen, was zu einer Schwächung der Van-der-Waals-Kräfte führt. Daher verhält sich z.B. 2-Propanol in Mischungsversuchen polarer als 1-Propanol (Regel 3).

Fazit

Die dargestellte Aufgabe (HARSCH und HEIMANN 1996c) ermöglicht einen phänomenologisch-integrativen Zugang zum Begriff der Polarität der Alkohole in Abhängigkeit von molekularen Strukturfaktoren. Im Zuge der Problemlösung werden wichtige Denk- und Handlungskompetenzen geschult:

• Selbständiges Entwickeln von Lösungsstrategien und schrittweises experimentelles Vorgehen nach eigenem Plan,

• Fähigkeit zur Faktorenkontrolle, zur Mustererkennung, zum Hypothesentesten sowie zum logisch-schlußfolgernden Denken unter Ausschöpfung aller verfügbaren Daten.

Die geschilderte Unterrichtseinheit wurde mit Schülern einer zehnten Gymnasialklasse erfolgreich erprobt. Obwohl diese Klasse sich insgesamt nur wenig für Chemie interessierte, erwies sich das Aufforderungspotential der Aufgabe als stark genug, zielgerichtete Problemlöseaktivitäten bei den Schülern auszulösen. Die Experimente wurden in Gruppen durchgeführt. Es schloß sich eine lebhafte Diskussion im Klassenverband an, an der sich interessanterweise auch solche Schüler beteiligten, die sich sonst völlig zurückhielten.

Zur Festigung kann eine Übungsaufgabe schriftlich bearbeitet werden (Übung 14). Hierbei sollen die Schüler herausfinden, welche strukturellen Faktoren einen Einfluß auf die Siedetemperaturen der Alkohole haben. Die Problemlösung erfordert wiederum die Fähigkeit zur Faktorenkontrolle in einem etwas veränderten Kontext. Weitergehende Transferleistungen können erst erwartet werden, wenn den Schülern hinreichend Gelegenheit geboten wurde, das erworbene Denkmuster zunächst in ähnlichen und dann in neuen Kontexten anzuwenden.

23.2 Die Bedingungen der Estersynthese

Im Rahmen dieses Experimentes können die Schüler an der Suche nach optimalen Bedingungen für die Herstellung von Essigsäureethylester aktiv teilnehmen; sie können den Einfluß verschiedener Reaktions- und Isolierungsbedingungen in einfachen Reagenzglasexperimenten untersuchen. Variabel sind die Faktoren: Reaktionszeit, Reaktionstemperatur, Volumen der Abscheidungsflüssigkeit und Volumenverhältnis der eingesetzten Stoffe (Ethanol, Essigsäure und konzentrierte Schwefelsäure).

Hinweise: Der Versuch läßt sich nur mit Ethanol p.a. durchführen. Bei Einsatz von vergälltem Ethanol wird weniger Ester erhalten. Die Differenzen in der Esterausbeute bei verschiedenen Bedingungen werden dann nicht mehr hinreichend deutlich. Falls nicht anders möglich, können die Experimente von den Schülern geplant und dann im Demonstrationsversuch angesetzt werden.

Im folgenden wird die Aufgabenstellung mit den entsprechenden Lösungen detailliert beschrieben.

Die Aufgabe

1. Schritt

2 ml Ethanol p.a., 2 ml Essigsäure und 0,5 ml konzentrierte Schwefelsäure werden im Reagenzglas gut vermischt. Nach abgelaufener Reaktionszeit wird ein abgemessenes Volumen Salzlösung ($c(Na_2SO_4) = 1$ mol/l) zur Abscheidung des Produktes aus einem 10 ml Meßzylinder zugegeben (nicht schütteln!).

Die Ausbeute an Produkt wird durch die Höhe der oberen Phase erfaßt, die mit dem Lineal gemessen wird.

• Es soll der Einfluß der folgenden Faktoren untersucht werden:
  – Reaktionszeit: 1 Minute, 5 Minuten, 7 Minuten
  – Reaktionstemperatur: Raumtemperatur, 70°C warmes Wasserbad
  – Volumen der verwendeten Salzlösung zur Produktabscheidung: 10 ml, 20 ml

Alle möglichen Kombinationen dieser Bedingungen sollen getestet werden.

Hinweise: Die Wirkung der verschiedenen Volumina an Salzlösung kann jeweils an ein und demselben Ansatz getestet werden. Mehrere Ansätze (z.B. Ansätze mit den drei verschiedenen Reaktionszeiten) können gleichzeitig gestartet werden.

• Es soll eine sinnvolle Darstellungsweise der Ergebnisse gefunden werden.

• Die Ergebnisse sollen detailliert ausgewertet werden: Welche Aussagen lassen sich über die Abhängigkeit der Ausbeute von der Reaktionszeit, der Reaktionstemperatur und dem Volumen an zugegebener Salzlösung machen?

• Welche Bedingungen sind für die Umsetzung von Ethanol mit Essigsäure optimal?

2. Schritt

Grundlage sind die im 1. Schritt gefundenen, optimalen Bedingungen. Allerdings muß zur Esterabscheidung bei diesen Versuchen *Wasser* statt der Salzlösung verwendet werden.

Es soll der Einfluß der folgenden Faktoren getestet werden:

– Volumina von Ethanol/Essigsäure: 1 ml/2 ml, 2 ml/1 ml, 2 ml/2 ml

– Volumen der konzentrierten Schwefelsäure: 5 Tropfen, 0,5 ml, 1,25 ml, 2 ml

In diesem Schritt sollen nicht mehr alle denkbaren Bedingungskombinationen getestet werden. Es kann davon ausgegangen werden, daß die beiden Faktoren unabhängig voneinander optimiert werden können. Die optimalen Werte beider Parameter sollen mit möglichst wenigen Versuchen ermittelt werden.

Hinweise zu den Schritten 1 und 2: Sorgfältiges Arbeiten (z.B. Einhalten von Zeiten, genaues Befolgen der Versuchsvorschriften, gutes Schütteln der Reaktionsansätze) ist unbedingt erforderlich. Im ersten Schritt treten teilweise erhebliche Abweichungen von den Mittelwerten auf, so daß es günstig ist, wenn die Ergebnisse mehrerer Gruppen gemittelt werden können. Dies ist im zweiten Schritt nicht nötig.

Lösungen

Tabelle 23.2 gibt die gemittelten Versuchsergebnisse des ersten Schrittes wieder. Die Ergebnisse gehen auf 8–10 Einzeldaten zurück.

Bei der Auswertung muß von einem Fehlerintervall von ± 1 mm ausgegangen werden. Deutliche Einflüsse eines Faktors können nur dann festgestellt werden, wenn sich die Meßwerte in mehr als 1 mm unterscheiden. Im Rahmen einer detaillierteren Auswertung können für jeden Faktor die durch seine Variation hervorgerufenen Ausbeuteveränderungen berechnet werden.

Ein Auswertungsbeispiel für die Wirkung der Reaktionstemperatur sei angeführt: Erhöhung der Reaktionstemperatur bewirkt bei 1 min Reaktionszeit und 10 ml Salzlösung eine Ausbeutesteigerung von 7,9 mm, bei 1 min und 20 ml eine Steigerung von 7,4 mm, bei 5 min und 10 ml eine Steigerung von 0,6 mm, bei 5 min und 20 ml eine Steigerung von 1,2 mm, bei 7 min und 10 ml eine Steigerung von 0,2 mm und bei 7 min und 20 ml eine Steigerung von 0,4 mm. Eine signifikante Wirkung der Reaktionstemperatur läßt sich demnach nur bei kurzer Reaktionszeit feststellen.

Analoge Auswertungen werden für die anderen beiden Faktoren vorgenommen: Es zeigt sich, daß eine Steigerung der Reaktionszeit von 1 auf 5 Minuten vor allem bei Raumtemperatur zu einer starken Ausbeuteerhöhung führt, eine weitere Steigerung auf 7 Minuten aber keinen erkennbaren Ausbeutezuwachs bewirkt. Die Verwendung von 10 ml Abscheidungsflüssigkeit bewirkt bei allen Bedingungskombinationen eine deutliche Ausbeutesteigerung. Optimale Versuchsbedingungen liegen also vor, wenn man das Reaktionsgemisch 5 Minuten lang bei Raumtemperatur stehen läßt und dann den entstandenen Ester mit 10 ml Salzlösung abscheidet. Einige andere Bedingungskombinationen führen zwar zu ähnlich hohen Ausbeuten, sind aber aufwendiger.

Die Ergebnisse des 2. Schrittes zeigt Tabelle 23.3.

Tabelle 23.2 Durchschnittliche Esterausbeute (in mm, obere Phase) unter verschiedenen Reaktionsbedinungen

		10 ml Salzlösung	20 ml Salzlösung
	1 min	8,0	4,2
Raumtemperatur	5 min	16,8	12,6
	7 min	17,2	13,4
	1 min	15,9	11,6
70°C	5 min	17,4	13,8
	7 min	17,4	13,8

Tabelle 23.3 Esterausbeute (in mm, obere Phase) in Abhängigkeit von den Eduktverhältnissen und Reagenzvolumina

Reagenzvolumen	2 ml Essigsäure + 1 ml Ethanol	1 ml Essigsäure + 2 ml Ethanol	2 ml Essigsäure + 2 ml Ethanol
5 Tropfen	0	0	0
0,5 ml	3,4	3,8	9,1
1,25 ml	wenige Tropfen	0	6,1
2 ml	0	0	1,6

Die höchste Ausbeute wird erhalten, wenn 2 ml Essigsäure, 2 ml Ethanol und 0,5 ml konzentrierte Schwefelsäure (unter Beachtung der bereits im 1. Schritt gefundenen Optimalbedingungen) eingesetzt werden.

Hinweis: Es müssen nur sechs Versuche durchgeführt werden (außer wenn jemand mit 5 Tropfen Reagenz seine Untersuchung startet).

Fazit

Das geschilderte Experiment kann wesentliche Beiträge zur Schulung kognitiver Kompetenzen leisten: Versuchsplanung, Kombinatorik und erschöpfende Datenauswertung unter Berücksichtigung des Prinzips der Faktorenkontrolle verlangen den Schülern Leistungen ab, die auch auf andere Inhaltsbereiche übertragbar sind. Durch die Vorstrukturierung bei Versuchsbeginn wird sichergestellt, daß die Schüler sich beim „Herumtappen in der empirischen Welt" nicht von vornherein verlaufen und dann entmutigt aufgeben. In dieser Hinsicht ist auch vorteilhaft, daß die Optimierungsstrategie zweischrittig geplant ist, so daß Schüler, die im ersten Schritt scheitern, dennoch im zweiten Schritt zu Erfolgserlebnissen kommen können.

Es besteht auch die Möglichkeit, die Schüler vor der Bearbeitung der Optimierungsaufgabe durch Reagenzglasversuche ermitteln zu lassen, welches Reagenz für eine Umsetzung überhaupt geeignet ist (2 ml Ethanol p.a. + 2 ml Essigsäure ohne Reagenz oder + 0,5 ml Wasser oder + 0,5 ml Natronlauge, c (NaOH) = 3 mol/l, oder + 1 Natriumhydroxidplätzchen oder + 0,5 ml Schwefelsäure, c (H_2SO_4) = 1,5 mol/l, oder + 0,5 ml konz. Schwefelsäure; gut vermischen; beliebige Reaktionsbedingungen wählen; 10 ml Wasser zur Produktabscheidung zugeben). Dies empfiehlt sich vor allem, wenn die Veresterungsreaktion für die Schüler neu ist und noch nicht in anderem Kontext behandelt wurde.

Zum Abschluß besteht die Möglichkeit, die gefundenen Optimalbedingungen vom Reagenzglasmaßstab auf einen größeren Ansatz zu übertragen; der dabei in größeren Mengen gewonnene Ester kann dann mit Hilfe der Nachweisreaktionen untersucht werden (Experiment 4).

23.3 Die Bedingungen der Fettspaltung

Die Aufgabe zur Ermittlung der Faktoren, die einen Einfluß auf die Hydrolyse eines Fettes haben, ist grundsätzlich anders gestaltet als diejenige zu den Bedingungen der Estersynthese in 23.2. Es sind zwei Beobachtungen vorgegeben, die unter verschiedenen Reaktionsbedingungen erhalten wurden: Im einen Fall findet eine Fetthydrolyse statt (positives Beispiel), im anderen Fall nicht (negatives Beispiel). Nun muß herausgefunden werden, welche Bedingungen für dieses unterschiedliche Verhalten verantwortlich sind. Ob eine Hydrolyse stattfindet oder nicht, kann mit Hilfe des Rojahntests festgestellt werden. Entfärbung von Phenolphthalein zeigt den Verbrauch von Hydroxidionen bei der Hydrolyse an.

Auch hier müssen die Schüler wieder einen eigenen Plan entwickeln. Verschiedene Strategien sind denkbar. Dabei muß die Faktorenkontrolle beachtet werden, d.h. es darf jeweils nur der eine Faktor variiert werden, dessen Wirkung ermittelt werden soll.

Erfahrungen mit Lehramtsstudierenden haben gezeigt, daß es günstig ist, wenn zunächst Zeit gegeben wird, das Problem zu durchdenken und eine allgemeine Strategie zu überlegen, bevor die Möglichkeit zur Durchführung der Experimente gegeben wird. Es wird dann viel effektiver, d.h. problembewußter und zielgerichteter vorgegangen.

Aufgabe

Gegeben sind die beiden folgenden Beobachtungen:

a) Mischt man 1 ml Olivenöl mit 3 Tropfen Phenolphthaleinlösung, 1 ml 1-Propanol und 1 Tropfen Natronlauge (c (NaOH) = 3 mol/l) und stellt das Reagenzglas nach kräftigem Schütteln ins siedende Wasserbad, so tritt innerhalb von 2 Minuten Entfärbung der zuvor rosa Lösung ein.

b) Mischt man 1 ml Leinöl mit 3 Tropfen Phenolphthaleinlösung, 0,5 ml Wasser und 1 Tropfen Kalilauge (c (KOH) = 5 mol/l) und läßt das Reagenzglas nach kräftigem Schütteln 2 Minuten lang bei Raumtemperatur stehen, so bleibt die anfängliche Rosafärbung bestehen.

Es sollen nun geeignete Experimente durchgeführt werden, mit denen man herausfinden kann, welcher Faktor oder welche Faktoren für die ausbleibende Reaktion bei b) verantwortlich sind. Praktische Hinweise, die den Schülern unbedingt bekannt sein müssen, sind unter Experiment 40 angegeben.

Lösung

In allen Versuchsansätzen, die entweder mit Wasser als Lösungsmittel und/oder bei Raumtemperatur ausgeführt werden, kommt es im Laufe von 2 Minuten zu keiner erkennbaren Hydrolyse; in allen anderen Ansätzen ist eine Entfärbung der Ansätze und damit eine Hydrolyse deutlich festzustellen. Es müssen und sollen aber nicht sämtliche denkbare Ansätze realisiert werden.

Bei einer besonders günstigen Strategie wird von den in a) beschriebenen Bedingungen (positives Beispiel) ausgegangen. Es wird jeweils einer der Faktoren variiert: Nacheinander können beim Ansatz a) die Ölsorte, das Lösungsmittelvolumen, die Art des Lösungsmittels, die Konzentration der Lauge, die Art der Lauge und die Reaktionstemperatur unter Beibehaltung aller anderen Faktoren ausgetauscht werden. Es zeigt sich, daß nur dann *keine* Hydrolyse stattfindet, wenn das Lösungsmittel des positiven Beispiels (1-Propanol) durch Wasser ersetzt wird und/oder wenn bei Raumtemperatur gearbeitet wird.

Um zu überprüfen, ob tatsächlich nur diese beiden Faktoren für die ausbleibende Reaktion bei b) (negatives Beispiel) verantwortlich sind oder ob die anderen vier variierten Faktoren zwar einzeln unwirksam, in Kombination aber doch reaktionshemmend wirken, wird Experiment b) so durchgeführt, daß Wasser durch 1-Propanol (0,5 ml !) ersetzt wird und im siedenden Wasserbad gearbeitet wird. Es tritt nun tatsächlich Entfärbung ein.

Eine andere Strategie geht von den Versuchsbedingungen b), also vom negativen Beispiel aus. Wird hier zunächst jeder Faktor einzeln variiert, so kommt es zu keiner Entfärbung. Daraus kann geschlossen werden, daß kein einzelner Faktor, sondern eine Faktorenkombination für das negative Ergebnis verantwortlich ist.

Nun müssen zwei Faktoren gleichzeitig variiert werden, bis es schließlich zur Entfärbung kommt. Wären drei Faktoren entscheidend, so müßten auch noch Dreierkombinationen getestet werden. Die erste Strategie ist also ökonomischer.

Fazit

Diese Aufgabe kann zum Beispiel eingesetzt werden, nachdem phänomenologisch festgestellt wurde, daß Fette zur Stoffklasse der Ester gehören (Experiment 26, Rojahntest), und bevor Fette gespalten werden, um die Spaltprodukte näher zu untersuchen (Experiment 19). Die Reaktionsbedingungen für die Spaltung können aus den Ergebnissen dieser Aufgabe abgeleitet werden; sie basieren dann auf eigenen Entdeckungen der Schüler.

Über Strategien und Ergebnisse sollte ausgiebig diskutiert werden. Erfahrungen mit Lehramtsstudierenden haben ergeben, daß nur sehr wenige der Lernenden die ökonomische Strategie (ausgehend vom positiven Beispiel a)) wählten. Viele gingen vom negativen Beispiel b) aus, andere variierten jeden Faktor bei a) *und* bei b) parallel. Zum Teil wurden das Lösungsmittel und die Reaktionstemperatur von vornherein als wahrscheinliche Verursacher für die unterschiedlichen Beobachtungen angesehen und gezielt variiert. Häufig wurde zwischen der Art und dem Volumen des Lösungsmittels sowie zwischen der Art und der Konzentration der Lauge nicht differenziert. Denoch hat diese Aufgabe den Lehramtsstudierenden viel Spaß gemacht, da zumindest Teillösungen gefunden wurden und die aufgedeckten Fehler zu interessanten, lernwirksamen Diskussionen Anlaß boten.

24 Das Kriterium der Konkretheit in der Schulbuchliteratur

Das Kriterium der Konkretheit (siehe Abschnitt 1.1) beinhaltet die Forderung, daß im Chemieunterricht neue Inhalte und Methoden stets an konkreten Einzelfällen und auf der Grundlage tatsächlicher experimenteller Erfahrungen der Schüler mit anfaßbaren Stoffen und nachweisbaren Stoffumwandlungen eingeführt werden sollten. Der Übergang zu abstrakten Erkenntnissen und Operationen sollte erst erfolgen, wenn eine genügend breite phänomenologische Basis geschaffen wurde, die von sich aus nach Abstraktion und Verallgemeinerung verlangt.

Wird dieses Kriterium in der Schulbuchliteratur hinreichend berücksichtigt?

Zur Beantwortung dieser Frage haben wir 25 Schulbücher systematisch analysiert (HARSCH und HEIMANN 1995b).

Es wurden zum einen 13 Schulbücher (Nr. 1–13) erfaßt, die eine Einführung in die Organische Chemie bieten. Dies sind zumeist SI-Bücher; gelegentlich aber auch Bücher, die in beiden Sekundarstufen eingesetzt werden und die den Lernenden das erste Mal mit der Organischen Chemie konfrontieren, weshalb sie im weiteren ebenfalls als SI-Bücher bezeichnet werden. Außerdem wurden 12 SII-Bücher (Nr. 14–25) analysiert, die Grundkenntnisse der Organischen Chemie voraussetzen.

Um konkret-phänomenologisch zu arbeiten, ist eine leistungsfähige Analytik notwendig, mit der einerseits die Zugehörigkeit von Stoffen zu Stoffklassen abgebildet wird, andererseits aber auch individuelle Vertreter einer Stoffklasse bei begrenztem Gesamtsystem erkannt werden können. Die Qualität der Analytik in der Schulbuchliteratur gibt daher einen ersten Hinweis auf die Konkretheit des Vorgehens. Analysiert wurden exemplarisch die Kapitel über Alkohole, Aldehyde und Ketone, Carbonsäuren und Ester.

Die Tabellen 24.1 und 24.2 geben an, welche Nachweismethoden für die ausgewählten Stoffklassen in den SI- und SII-Schulbüchern vertreten sind. Es lassen sich folgende Befunde feststellen:

- Tests, die eine phänomenologische Gruppierung der Stoffe leisten könnten, sind kaum vertreten. Man findet weder einen Gruppentest auf Alkohole noch einen auf Aldehyde und Ketone oder auf Ester.

- Der Rojahntest kommt zwar in seinen wesentlichen Zügen in einigen SI-Büchern vor, wird aber nie als Nachweisreaktion, sondern nur zur Sichtbarmachung der Esterhydrolyse verwendet.

- Der Gruppentest auf Carbonsäuren, der Indikatortest, kommt zwar in fast allen Schulbüchern vor, wird aber nur selten *systematisch* zur Charakterisierung der Stoffklasse verwendet.

- Differenzierende Nachweise sind ebenfalls nur sporadisch vertreten und werden fast nie analytisch genutzt. Auffällig häufig treten Tests zur Unterscheidung der Aldehyde von den Ketonen auf. Trotz ähnlicher Aussagekraft sind in 3 SI-Büchern und 10 SII-Büchern der Fehling-, Schiff- und Tollenstest angeführt.

- Sowohl in den SI-Büchern als auch in den SII-Büchern werden unspezifische und wenig aussagefähige Stoffeigenschaften wie Geruch, Brennbarkeit und Löslichkeit erstaunlich oft zum Nachweis herangezogen. Die Aussagekraft dieser Nachweisverfahren wird durch zumeist fehlenden Vergleich mit Blindproben zusätzlich vermindert.

Da also in den Schulbüchern ein leistungsfähiges Analytiksystem aus integrierenden und differenzierenden Nachweisreaktionen fehlt, ist das konsequente Ausgehen vom konkreten Phänomen nicht möglich. Die Zugehörigkeit verschiedener Stoffe zu Stoffklassen kann nicht phänomenologisch, sondern letztlich nur über deren Formel gezeigt werden. Synthesen können nur in begrenztem Umfang phänomenologisch ausgewertet werden. Dies bestätigt die Ergebnisse einer vorläufigen Untersuchung an einem kleineren Satz von Schulbüchern (HARSCH und HEIMANN 1993).

Aussagen über die Konkretheit des Vorgehens in der Schulbuchliteratur können auch durch Untersuchung der experimentell erfahrbar gemachten *Reichweiten* der Nachweise gemacht werden. Berücksichtigt man nur diejenigen Prüfstoffe, die direkt bei der Testeinführung und als Basis für die sich anschließende Verallgemeinerung dienen, so ergibt sich für die 3 Aldehydnachweise (Fehling-, Schiff- und Tollenstest), daß jeder dieser Tests in den SI-Büchern im Mittel auf 1,0 positiv und auf 0,1 negativ reagierende Prüfstoffe, und in den SII-Büchern im Mittel auf 1,1 positiv und auf 0,4 negativ reagierende Prüfstoffe angewendet wird. Hinzu kommt, daß in den Büchern Nr. 3, 8, 14, 20, 21, 24 und 25 die verschiedenen Tests mit angeblich gleicher Aussagekraft auf jeweils unterschiedliche Stoffe angewendet werden. Eine auf Erfahrung gegründete vergleichende Beurteilung ist somit prinzipiell ausgeschlossen.

Die Erfahrungsbasis ist also sehr schmal. Dennoch wird in den SI-Büchern in 23 von 26 Fällen und in den SII-Büchern in 30 von 34 Fällen unmittelbar vom Testverhalten einzelner Stoffe auf das Verhalten der Stoffklasse der Aldehyde verallgemeinert.

Zusammenfassend läßt sich feststellen, daß die Nachweise durchweg an nur wenigen Stoffen eingeführt werden; daß dann schnell eine Verallgemeinerung erfolgt, wobei teilweise nicht konsequent zwischen Einzelstoffen und Stoffklassen unterschieden wird; und daß häufig Nachweise mit gleicher Aussage innerhalb desselben Buches auf verschiedene Prüfstoffe angewendet werden. Dies zeigt, daß von Anfang an auf dem *abstrakten* Stoffklassenniveau und nicht exemplarisch mit konkreten, individuellen Stoffen gearbeitet wird.

In keinem untersuchten SI-Buch findet man einen *offenkundig* abstrakten Einstieg in unterschiedliche Stoffklassen in der Art, daß die allgemeinen Strukturformeln mit den entsprechenden funktionellen Gruppen vorgegeben werden. In den meisten Fällen wird zuerst ein Vertreter der neuen Stoffklasse experimentell hergestellt. Die phänomenologische Auswertung beschränkt sich auf die Feststellung, daß ein neuer Stoff entstanden ist. Zur Erklärung wird die entsprechende Reaktionsgleichung mit den Strukturformeln vorgegeben. (Die Formel von Ethanol wird allerdings abgeleitet.)

In den SII-Büchern ist das Abstraktionsniveau insgesamt höher. So wird z. B. in 5 Büchern schon einleitend eine Tabelle mit den Stoffklassennamen und den ihnen zugeordneten allgemeinen Formeln angegeben.

Der Begriff der homologen Reihe wird in allen untersuchten SI- und SII-Büchern am Beispiel der Alkane erarbeitet. Es wird *definiert*, daß sich die aufeinanderfolgenden Glieder

der homologen Reihe um eine CH_2-Gruppe unterscheiden, und festgestellt, daß es eine gemeinsame allgemeine Summenformel gibt (C_nH_{2n+2}). In 11 SI-Büchern wird der Begriff direkt über die Formeln eingeführt, in 2 Büchern (Nr. 5 und 12) wird einleitend darauf hingewiesen, daß Alkane bei Raumtemperatur in drei verschiedenen Aggregatzuständen vorliegen, und dies wird mit unterschiedlichen Molekülgrößen erklärt.

7 SII-Bücher beginnen direkt mit formalen Aspekten; 2 Bücher entwickeln die homologe Reihe über die Wurtz'sche Synthese (Buch Nr. 19 und 24); 2 Bücher geben zunächst an, daß sich im Erdgas Kohlenwasserstoffe mit unterschiedlichen physikalischen Eigenschaften befinden (Buch Nr. 20 und 25).

Im Buch Nr. 21 werden zuerst experimentell einige Phänomene gesammelt (Löslichkeit, Brennbarkeit, elektrische Leitfähigkeit, Polarität, Viskosität, Reaktion mit Brom), allerdings wird nicht systematisch mit den gleichen Stoffen experimentiert. Dann werden Formeln zur Erklärung der Phänomene herangezogen; der Begriff der homologen Reihe wird definiert.

Direkt im Anschluß an die Definition werden nur in 6 SI-Büchern und 5 SII-Büchern abgestufte Eigenschaften innerhalb der homologen Reihe behandelt. Experimente zur homologen Reihe sind selten. Ein konkreter Einstieg über die Erfahrung, daß alle Vertreter einer homologen Reihe gemeinsame und unterschiedliche Eigenschaften aufweisen, wird nicht realisiert.

Insgesamt läßt sich also festhalten, daß das Kriterium der Konkretheit mit dem Vorrang der Phänomene in den untersuchten Schulbüchern nicht ausreichend Beachtung findet.

Tabelle 24.1 Nachweismethoden für 5 ausgewählte Stoffklassen in den 13 SI-Schulbüchern

	1	2	3	4	5	6	7	8	9	10	11	12	13	%
Alkohole														
Geruch	+	+	+	+	−	−	+	+	−	−	+	−	−	54
Brennbarkeit	+	+	+	+	+	−	+	−	+	−	−	−	−	54
Dichromattest[2]	−	−	+	+	−	−	−	−	−	−	−	−	−	15
Boraxprobe	−	−	−	−	+	+	−	+	−	+	+	−	+	46
Aldehyde und Ketone														
Geruch	−	+	+	+	+	−	+	+	+	−	−	−	−	54
Löslichkeit	−	−	−	−	−	+	−	−	−	−	−	−	−	8
Fehlingtest	−	−	+	+	+	+	+	+	+	−	+	+[5]	−	62
Schifftest	−	+	−	−	−	+	+	+	+	+	−	−	+	54
Tollenstest	+	+	+	+	+	+	+	+	−	+	+[1]	+[5]	+	85
Carbonsäuren														
Geruch	−	+	−	+	+	−	−	−	−	−	+	−	+	38
Indikatortest[3]	+	+	−	+	+	+	+	+	+	+	+	+	+	92
Ester														
Geruch	+	+	+	+	−	−	+	+	+	+	+	+	+	85
Löslichkeit[4]	−	+	−	+	+	−	−	+	−	−	−	−	−	31
Rojahntest	−	+	−	−	+	+	−	+	−	−	−	−	+	38

Tabelle 24.2 Nachweismethoden für 5 ausgewählte Stoffklassen in den 12 SII-Schulbüchern

	14	15	16	17	18	19	20	21	22	23	24	25	%
Alkohole													
Geruch	+	–	+	–	+	+	–	–	–	–	–	–	33
Brennbarkeit	+	–	+	–	+	+	–	–	+	–	–	–	42
Löslichkeit	–	–	–	–	+	+	–	–	–	–	–	–	17
Dichromattest[2]	–	+	+	+	–	–	–	–	–	+	–	–	33
Boraxprobe	+	+	+	–	–	–	+	+	+	+	+	+	75
Iodoformtest	–	–	–	–	–	+	–	–	–	+	+	+	33
Permanganattest	–	+	–	–	–	–	–	–	–	–	–	–	8
Zinkchloridtest	–	+	–	–	–	–	–	–	–	–	–	+	17
Aldehyde und Ketone													
Geruch	–	–	+	–	–	–	+	+	–	–	+	+	42
Brennbarkeit	–	–	–	–	–	–	+	–	–	–	–	–	8
Löslichkeit	–	–	–	–	–	+	+	–	–	–	+	–	25
Fehlingtest	+	+	+	+	+	+	+	+	+	+	+	+	100
Schifftest	+	–	+	+	+	+	+	+	+	+	+	+	92
Tollenstest	+	+	+	–	+	+	+	+	+	+	+	+	92
Iodoformtest	–	–	–	–	–	+	–	–	–	+	–	+	25
Permanganattest	–	–	–	+	–	–	–	–	–	–	–	–	8
Carbonsäuren													
Geruch	–	–	+	+	+	+	–	+	+	+	+	–	67
Indikatortest[3]	+	–	+	+	+	+	+	+	+	+	+	+	92
Permanganattest	–	–	–	–	–	+	–	–	–	–	+	+	25
Phenol/Eisen-chloridtest	–	–	–	–	–	+	–	–	–	–	–	–	8
Iodoformprobe	–	–	–	–	–	–	–	–	–	–	–	+	8
Ester													
Geruch	–	+	+	+	+	+	+	+	+	–	+	+	83
Löslichkeit[4]	–	–	+	+	+	+	–	–	–	–	–	–	33
Iodoformprobe	–	–	–	–	–	–	–	–	–	–	–	+	8

Anmerkungen zu den Tabellen 24.1 und 24.2:

% prozentualer Anteil der Bücher mit dem jeweiligen Test

1) Die Versuchsvorschrift zum Tollenstest ist nur im Lehrerband zu finden.

2) Beim Dichromattest wurde die Realisierung als Alcotest nicht berücksichtigt, da es sich um ein Einzelbeispiel mit spezieller Zwecksetzung handelt.

3) Der Indikatortest kommt in verschiedenen Varianten vor. Am häufigsten werden Indikatorpapier, Universalindikatorlösung und Lackmus verwendet.

4) Wenn das Aufgießen des synthetisierten Esters auf Wasser ausschließlich zur Isolierung des Reaktionsproduktes verwendet wird und keine Anmerkung zur analytischen Bedeutung dieses Phänomens gemacht wird, wurde der Löslichkeitstest als nicht vorhanden bewertet.

5) Diese Tests werden nur theoretisch erwähnt und im Kontext der Oxidation von Aldehyden gesehen. Ihre Nutzung als Nachweisreaktionen ist beiläufig erwähnt.

25 Das Kriterium der Verknüpfung in der Schulbuchliteratur

Bewegliches, anwendbares Wissen ist netzartig organisiert. Seine Qualität wird ganz wesentlich durch die konstruktiven Leistungen mitbestimmt, die den Lernenden im Zuge des Aneignungsprozesses abverlangt werden. Im Chemieunterricht können vernetzte Wissensstrukturen ganz spezifisch dadurch aufgebaut werden, daß analytische und synthetische Ordnungsbeziehungen zwischen konkreten Stoffen in den Mittelpunkt des Lernprozesses gerückt werden.

Während im vorhergehenden Kapitel die Bedingungen für das Erkennen analytischer Ordnungsbeziehungen im Vordergrund standen, soll nun anhand derselben 25 Schulbücher untersucht werden, in welcher Qualität und Ausprägung die Möglichkeit genutzt wird, Synthesebeziehungen zwischen konkreten Stoffen experimentell zu realisieren oder zumindest per Mitteilung aufzuzeigen. Wir gehen davon aus, daß es nicht genügt, Stoffe lückenhaft und in linearer Abfolge ineinander umzuwandeln, sondern daß Synthesebeziehungen als Bestandteile von umfassenderen Synthesenetzen, in denen sich die Schüler zu bewegen wissen, im Lernprozeß bewußt zu machen sind.

Im Rahmen der Schulbuchanalyse (siehe auch HEIMANN 1994, HARSCH u. HEIMANN 1995b) wurde wie folgt vorgegangen:

- Zunächst wurden für jedes Buch nach bestimmten Gesichtspunkten (Details siehe HEIMANN 1994, HARSCH und HEIMANN 1995b) alle Versuchsvorschriften ausgewertet, die organische Synthesen beinhalten. Zwecks Quantifizierung wurden folgende Kennzahlen definiert:

  N_1 = Anzahl der organischen *Stoffe*, die in den Synthesevorschriften des jeweiligen Buches als Edukte und/oder Produkte vorkommen.

  N_2 = Anzahl der organischen *Synthesen*, die mit Hilfe der Versuchsvorschriften realisiert werden sollen. Die tatsächliche Qualität der Versuchsvorschriften bleibt hierbei außer Betracht.

  N_3 = Anzahl der Edukt-Produkt-*Relationen*, die mit Hilfe der Versuchsvorschriften tatsächlich oder zumindest angeblich realisiert werden können.

Beispiele:

Für die Oxidation von Ethanol zu Essigsäure gilt:

$N_1 = 2$ $N_2 = 1$ $N_3 = 1$

Für die Veresterung von Ethanol und Essigsäure zu Essigsäureethylester gilt:

$N_1 = 3$ $N_2 = 1$ $N_3 = 2$

Es sind nämlich bei dieser Synthese sowohl Ethanol als auch Essigsäure über je eine Edukt-Produkt-*Relation* mit Essigsäureethylester verknüpft.

- Zur Quantifizierung des Vernetzungsgrades zwischen den organischen Stoffen wurden zwei Verknüpfungsindices definiert:

$$V_1 = \frac{N_2}{N_1} = \textit{Syntheseindex} \text{ auf der Basis der Versuchsvorschriften}$$

$$V_2 = \frac{N_3}{N_1} = \textit{Relationsindex} \text{ auf der Basis der Versuchsvorschriften}$$

Beispiel:

Ethanol ⟶ Essigsäure

Essigsäureethylester

$$N_1 = 3 \qquad N_2 = 2 \qquad N_3 = 3$$

$$V_1 = \frac{2}{3} = 0,7 \qquad V_2 = \frac{3}{3} = 1,0$$

- Außerdem wurde untersucht, wie sich die Verknüpfungsindices ändern, wenn als Informationsquelle für Synthesen nicht nur die Versuchsvorschriften herangezogen werden, sondern wenn *zusätzlich* auch noch alle Reaktionsgleichungen berücksichtigt werden, die im Text (d.h. ohne Bezug zu konkreten Versuchsvorschriften) vorkommen.

  Die entsprechenden Kennzahlen und Indices wurden analog wie oben definiert, jedoch durch ein Sternsymbol gekennzeichnet.

Beispiel:

Angenommen, in einem Buch wurden die Oxidation von Ethanol zu Essigsäure sowie die Veresterung von Ethanol und Essigsäure experimentell realisiert (siehe oben) und zusätzlich wurde im Text die Oxidation von Essigsäureethylester zu Essigsäure (in Form einer Reaktionsgleichung) mitgeteilt. Dann ergibt sich:

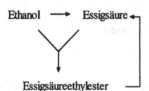

$$N_1{}^* = 3 \qquad N_2{}^* = 3 \qquad N_3{}^* = 4$$

$$V_1{}^* = \frac{3}{3} = 1,0 \qquad V_2{}^* = \frac{4}{3} = 1,3$$

Die Ergebnisse der Untersuchung sind in den Tabellen 25.1 bis 25.4 zusammengestellt.

Tabelle 25.1   Ermittelte Daten für die 13 SI-Schulbücher auf der Basis aller angegebenen Synthese-vorschriften

	Buch Nr.	1	2	3	4	5	6	7	8	9	10	11	12	13	Mittel-wert
Stoffe	N_1	9	14	14	21	10	4	24	11	12	18	17	13	11	13,7
Syn-thesen	N_2	5	11	10	14	7	2	18	8	7	12	10	7	8	9,2
Rela-tionen	N_3	7	14	12	17	9	3	22	10	10	13	11	9	11	11,4
Index	V_1	0,6	0,8	0,7	0,7	0,7	0,5	0,8	0,7	0,6	0,7	0,6	0,5	0,7	0,7
Index	V_2	0,8	1,0	0,9	0,8	0,9	0,8	0,9	0,9	0,8	0,7	0,6	0,7	1,0	0,8

Tabelle 25.2   Ermittelte Daten für die 12 SII-Schulbücher auf der Basis aller angegebenen Synthese-vorschriften

	Buch Nr.	14	15	16	17	18	19	20	21	22	23	24	25	Mittelwert
Stoffe	N_1	26	41	22	9	30	33	27	36	25	25	45	42	30,1
Syn-thesen	N_2	16	28	18	7	20	25	16	22	17	16	35	29	20,8
Rela-tionen	N_3	21	31	20	9	24	30	20	29	20	19	43	38	25,3
Index	V_1	0,6	0,7	0,8	0,8	0,7	0,8	0,6	0,6	0,7	0,6	0,8	0,7	0,7
Index	V_2	0,8	0,8	0,9	1,0	0,8	0,9	0,7	0,8	0,8	0,8	1,0	0,9	0,9

Tabelle 25.3   Ermittelte Daten für die 13 SI-Schulbücher auf der Basis aller angegebenen Synthese-vorschriften sowie aller im Text mitgeteilten Reaktionsgleichungen

	Buch Nr.	1	2	3	4	5	6	7	8	9	10	11	12	13	Mittel-wert
Stoffe	$N_1{}^*$	17	17	20	21	13	17	30	17	21	20	22	24	12	19,3
Syn-thesen	$N_2{}^*$	13	14	16	14	9	13	25	13	19	13	17	18	9	14,8
Rela-tionen	$N_3{}^*$	15	17	18	17	10	15	30	15	23	14	20	22	12	17,5
Index	$V_1{}^*$	0,8	0,8	0,8	0,7	0,7	0,8	0,8	0,8	0,9	0,7	0,8	0,8	0,8	0,8
Index	$V_2{}^*$	0,9	1,0	0,9	0,8	0,8	0,9	1,0	0,9	1,1	0,7	0,9	0,9	1,0	0,9

Tabelle 25.4 Ermittelte Daten für die 12 SII-Schulbücher auf der Basis aller angegebenen Synthese-
vorschriften sowie aller im Text mitgeteilten Reaktionsgleichungen

	Buch Nr.	14	15	16	17	18	19	20	21	22	23	24	25	Mittelwert
Stoffe	N_1^*	29	52	31	17	36	48	31	43	30	39	55	50	38,4
Syn-thesen	N_2^*	18	37	28	12	31	45	25	31	23	33	50	41	31,2
Rela-tionen	N_3^*	23	42	31	14	36	53	28	39	27	39	61	50	36,9
Index	V_1^*	0,6	0,7	0,9	0,7	0,9	0,9	0,8	0,7	0,8	0,8	0,9	0,8	0,8
Index	V_2^*	0,8	0,8	1,0	0,8	1,0	1,1	0,9	0,9	0,9	1,0	1,1	1,0	0,9

Hieraus lassen sich folgende Aussagen ableiten:

- Die Anzahl der organischen *Stoffe* variiert in den untersuchten Büchern beträchtlich.

  Für die SI-Bücher ergibt sich:

Minimalwert	N_1	=	4	bzw.	N_1^*	=	12
Maximalwert:	N_1	=	24	bzw.	N_1^*	=	30
Mittelwert:	N_1	=	14	bzw.	N_1^*	=	19

  Für die SII-Bücher ergibt sich:

Minimalwert	N_1	=	9	bzw.	N_1^*	=	17
Maximalwert:	N_1	=	45	bzw.	N_1^*	=	55
Mittelwert:	N_1	=	30	bzw.	N_1^*	=	38

- Die Anzahl der organischen *Synthesen* variiert ebenfalls sehr stark:

  Für die SI-Bücher ergibt sich:

Minimalwert	N_2	=	2	bzw.	N_2^*	=	9
Maximalwert:	N_2	=	18	bzw.	N_2^*	=	25
Mittelwert:	N_2	=	9	bzw.	N_2^*	=	15

  Für die SII-Bücher ergibt sich:

Minimalwert	N_2	=	7	bzw.	N_2^*	=	12
Maximalwert:	N_2	=	35	bzw.	N_2^*	=	50
Mittelwert:	N_2	=	21	bzw.	N_2^*	=	31

- Die Schulbuchautoren haben demnach sehr divergierende Vorstellungen über die Anzahl
  der curricular notwendigen organischen Stoffe und Synthesen. In den SII-Büchern werden – verglichen mit den SI-Büchern – im Durchschnitt jeweils ungefähr doppelt so viele
  Stoffe, Synthesen und Relationen für notwendig erachtet.

- In völligem Kontrast hierzu werden durchweg sehr homogene Verknüpfungsindices gefunden.

Für die SI-Bücher ergibt sich:

Minimalwert	V_1	=	0,5	V_1^*	=	0,7
	V_2	=	0,6	V_2^*	=	0,7
Maximalwert:	V_1	=	0,8	V_1^*	=	0,9
	V_2	=	1,0	V_2^*	=	1,1
Mittelwert:	V_1	=	0,7	V_1^*	=	0,8
	V_2	=	0,8	V_2^*	=	0,9

Für die SII-Bücher ergibt sich:

Minimalwert	V_1	=	0,6	V_1^*	=	0,6
	V_2	=	0,7	V_2^*	=	0,8
Maximalwert:	V_1	=	0,8	V_1^*	=	0,9
	V_2	=	1,0	V_2^*	=	1,1
Mittelwert:	V_1	=	0,7	V_1^*	=	0,8
	V_2	=	0,9	V_2^*	=	0,9

- Die Absolutwerte der Verknüpfungsindices sind demnach sowohl in den SI-Büchern als auch in den SII-Büchern sehr niedrig. Bereits für eine lineare Verknüpfung der Stoffe gemäß A→B→C→D→ usw. wäre ein Verknüpfungsindex $V_1 = V_2$ von annähernd 1,0 zu erwarten; ein "System" aus lauter isolierten Reaktionen gemäß A→B, C→D, E→F usw. ergäbe $V_1 = V_2 = 0,5$.

  Im Lichte dieser Befunde muß man die in den Schulbüchern im Durchschnitt realisierten Synthesenetze als völlig unzureichend bezeichnen. Sie ähneln mehr einem Konglomerat von Einzelreaktionen als einem sinnvoll verknüpften Ganzen.

- Der Verknüpfungsgrad ändert sich nur wenig, wenn man zusätzlich zu den experimentell beschriebenen Synthesen auch noch die Synthesen mitberücksichtigt, für die im Text eine Reaktionsgleichung (ohne Experimentalbezug) mitgeteilt wird: V_2 ist nur geringfügig größer als V_1, und auch V_2^* unterscheidet sich nur wenig von V_1^*. Der geringe durchschnittliche Verknüpfungsgrad in den Schulbüchern kann also nicht primär auf eine aus praktischen Gründen kurz gehaltene Liste von Versuchsvorschriften zurückgeführt werden. Die Synthesen, die in den Schulbüchern eine Rolle spielen, *sind* de facto stark partikularisiert.

Woran mag das liegen?
Es fällt auf, daß praktisch alle Schulbücher über die Kohlenwasserstoffe (Alkane, Alkene, Alkine) in die Organische Chemie einsteigen. Es liegt allerdings in der Natur der Sache, daß Synthesenetze zwischen konkreten Vertretern dieser Stoffklassen experimentell nur schwierig zu realisieren sind, selbst wenn man – wie es häufig gemacht wird – die Halogenalkane noch mit hinzunimmt. Der relativ hohe apparative Aufwand, die eingeschränkten Möglichkeiten für Schülerexperimente, der schwierige Nachweis spezifischer Reaktionsprodukte sowie die Giftigkeit der Halogenalkane erschweren die Vernetzung zwischen den Vertretern dieser Stoffklassen erheblich.

Es fällt weiterhin auf, daß dieses Vernetzungsdefizit auch später – bei der Behandlung der Alkohole, Aldehyde, Ketone, Carbonsäuren, Ester usw. – nicht mehr kompensiert wird, obwohl ja gerade bei diesen Stoffklassen gute Voraussetzungen für experimentell realisierbare Synthesenetze gegeben wären.

In den Bildern 25.1 bis 25.4 sind Teilnetze dargestellt, die im Rahmen des PIN-Konzepts eine Rolle spielen. Die vier Teilnetze sind über gemeinsame Knoten (Ethanol, Essigsäure) zu einem Gesamtsystem verknüpft.

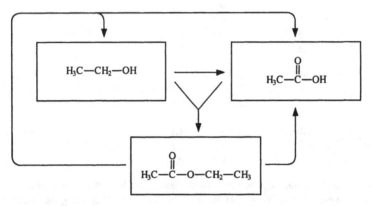

Bild 25.1 Synthesenetz 1 zur Verknüpfung der Stoffe Ethanol, Essigsäure und Essigsäureethylester. Verknüpfungsindices: $V_1 = 1,3$; $V_2 = 2,0$

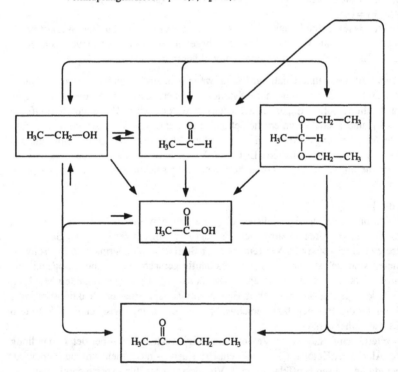

Bild 25.2 Synthesenetz 2 zur Verknüpfung der Stoffe Ethanol, Acetaldehyd, Essigsäure, Essigsäureethylester und Acetaldehyddiethylacetal. Verknüpfungsindices: $V_1 = 2,0$; $V_2 = 3,4$

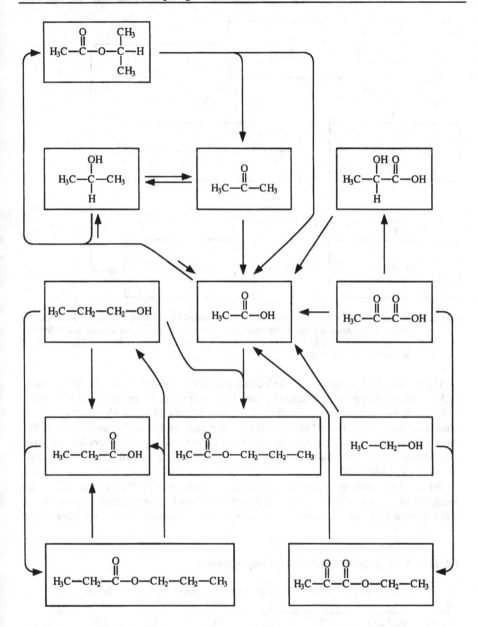

Bild 25.3 Synthesenetz 3 zur Verknüpfung der Stoffe Ethanol, 1-Propanol, 2-Propanol, Aceton, Essigsäure, Propionsäure, Milchsäure, Brenztraubensäure, Essigsäure-1-propylester, Essigsäure-2-propylester, Propionsäure-1-propylester, Brenztraubensäureethylester. Verknüpfungsindices: $V_1 = 1,4$; $V_2 = 2,2$

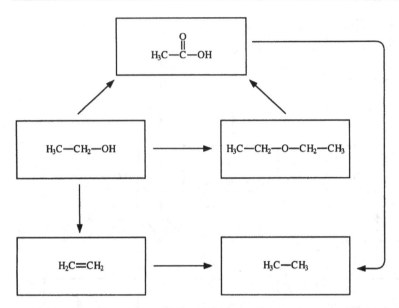

Bild 25.4 Verknüpfung der Stoffe Ethanol, Essigsäure, Diethylether, Ethen, Ethan. Die Kombination dieses Teilsystems mit den Synthesenetzen 1 bis 3 ergibt das Gesamtsystem 5. Zur Synthese von Ethan durch Elektrolyse einer wässrigen Acetatlösung siehe z.B. BECKER (1979) sowie OETKEN und HOGEN (1997).

Wie Tabelle 25.5 ausweist, sind die Verknüpfungsindices sowohl in den Teilsystemen als auch im Gesamtsystem beträchtlich höher als in den Systemen, die in der Schulbuchliteratur vorkommen. Besonders deutlich ist dies auch in den Bildern 25.5 und 25.6 zu erkennen, in denen die Kennzahlen dieser Netze direkt zu den jeweiligen Daten der einzelnen Schulbücher in Bezug gesetzt sind. Es ergeben sich lineare Zusammenhänge. Die Geradensteigungen repräsentieren die durchschnittlich realisierten Syntheseindices V_1 (Bild 25.5) bzw. Relationsindices V_2 (Bild 25.6).

Wir fordern übrigens keineswegs, daß alle dargestellten Synthesen tatsächlich auch durchgeführt werden sollten. Welche Synthesen auf welchem Auswertungsniveau und in welcher Form (Schülerexperimente oder Lehrerversuch) realisiert werden, welche nur mit-

Tabelle 25.5 Synthesenetze und deren Verknüpfungsindices

System Nr.	Definition	Stoffe N_1	Synthesen N_2	Relationen N_3	Index V_1	Index V_2
1	Bild 25.1	3	4	6	1,3	2,0
2	Bild 25.2	5	10	17	2,0	3,4
3	Bild 25.3	12	17	26	1,4	2,2
4	= 1 + 2 + 3	15	26	42	1,7	2,8
5	= 4 + Bild 25.4	18	30	46	1,7	2,6

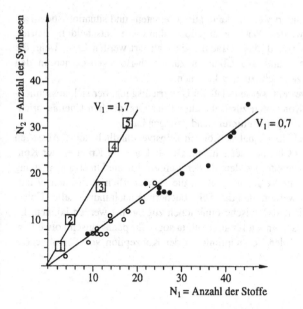

Bild 25.5 Realisierte Syntheseindices V_1 in den 13 SI-Schulbüchern (weiße Punkte), in den 12 SII-Schulbüchern (schwarze Punkte) und in den Synthesenetzen 1 bis 5.

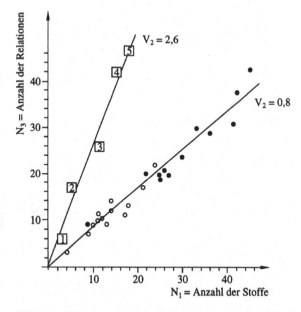

Bild 25.6 Realisierte Relationsindices V_2 in den 13 SI-Büchern (weiße Punkte), in den 12 SII-Büchern (schwarze Punkte) und in den Synthesenetzen 1 bis 5.

geteilt oder überhaupt nicht diskutiert werden, kann nur adressaten- und situationsspezifisch vom Lehrer selbst entschieden werden. Wichtig ist jedoch, daß diese Entscheidung *bewußt* im Lichte eines *Systems* getroffen wird, das de facto auch realisiert werden *kann*, wenn die Unterrichtsituation dies erfordert; und daß Übungen zum Sich-Bewegen-Lernen in den schrittweise wachsenden Teilnetzen nicht zu kurz kommen.

Zusammenfassend muß festgestellt werden, daß ein Unterrichtsgang, der sich ausschließlich an den schulbuchüblichen Konzepten zur Behandlung der Organischen Chemie orientiert, dem Kriterium der Verknüpfung nicht hinreichend genügen kann.

Aus den Ergebnissen der Schulbuchanalyse können selbstverständlich keine Aussagen über die tatsächliche Qualität des Chemieunterrichts im Hinblick auf die Kriterien der Konkretheit und der Verknüpfung abgeleitet werden, da den Lehrern für die Unterrichtsplanung zusätzliche Informationsquellen zur Verfügung stehen, die sie sicherlich auch intensiv nutzen. Es muß auch berücksichtigt werden, daß den Schulbüchern je nach individueller Unterrichtsplanung ganz unterschiedliche didaktische Funktionen zugeordnet werden können. Im Interesse der Schüler halten wir es dennoch für sinnvoll, ja sogar für pädagogisch notwendig, die Kriterien der Konkretheit und der Verknüpfung bei der Konzeption von Schulbüchern stärker als bisher zu beachten.

26 Abschließende Bemerkungen zu den Voraussetzungen und Zielen des Chemieunterrichts

„Daß alle unsere Erkenntnis mit Erfahrung anfange, daran ist gar kein Zweifel; denn wodurch sollte das Erkenntnisvermögen sonst zur Ausübung erweckt werden, geschähe es nicht durch Gegenstände, die unsere Sinne rühren und teils von selbst Vorstellungen bewirken, teils unsere Verstandestätigkeit in Bewegung bringen, diese zu vergleichen, sie zu verknüpfen oder sie zu trennen und so den rohen Stoff sinnlicher Eindrücke zu einer Erkenntnis der Gegensätze zu verarbeiten, die Erfahrung heißt? Der Zeit nach geht also keine Erkenntnis in uns vor der Erfahrung vorher, und mit dieser fängt alle Erkenntnis erst an." Dieser Grund-Satz, mit dem Immanuel Kant seine berühmte „Kritik der reinen Vernunft" eröffnet (nach REICHEL 1996, S. 375), gilt für alle menschlichen Lernprozesse, unabhängig von deren spezifischen Inhalten. Auf den Chemieunterricht bezogen besagt sie: Laßt die Schülerinnen und Schüler zunächst reichliche Erfahrungen mit Stoffen und Stoffumwandlungen machen, bevor Ihr sie lehrt, mit Formeln und Reaktionsgleichungen umzugehen!

Im vorliegenden Buch haben wir am Beispiel der Organischen Chemie ein lerntheoretisch begründetes Unterrichtskonzept vorgeschlagen, das den „phänomenologischen Imperativ" Kants konsequent beachtet: Die Schülerinnen und Schüler sollen durch eigenes Beobachten, Denken, Handeln und Erleben erfahren, daß sich Einzelphänomene unter sorgfältig kontrollierten Bedingungen zu theoriefähigen Phänomenkomplexen organisieren lassen, die von sich aus nach Abstraktion und Erklärung verlangen. Zugleich sollen sie aber auch erfahren, daß die Erklärung dieser Befunde (durch Teilchenvorstellungen und Symbole) über die induktive Verallgemeinerung von Erfahrungstatsachen weit hinausgehen: Formeln stützen sich eben *auch* auf konstruktive Setzungen, die im Lernprozeß als solche bewußt zu machen sind und deren Bestätigungsgrad erst mit der schrittweisen Vernetzung des Erkenntnissystems allmählich wächst. Endgültige Wahrheiten sind auf diese Weise nicht zu erlangen, wohl aber erfahrungskonforme Modelle, die die komplexe Wirklichkeit netzartig rekonstruieren:

„Die Beweise für unsere Gedanken, für unsere Schlüsse, so wie ihre Widerlegungen sind Versuche, sind Interpretationen von willkürlich hervorgerufenen Erscheinungen ... Die Bedingungen, unter welchen die Erscheinung wahrgenommen wird, müssen erforscht, sind sie erkannt, so müssen sie geändert werden; der Einfluß dieser Änderung muß Gegenstand von neuen Beobachtungen werden ... Kein Phänomen für sich allein genommen erklärt sich aus sich selbst, aber das, was damit zusammenhängt, wohl beobachtet und geordnet, führt zur Einsicht" (LIEBIG 1844, S. 14 u. 19–20).

Diese zeitlose, keinen Modeströmungen unterworfene und daher mit Sicherheit immer unterrichtsrelevante „Philosophie der Chemie" gilt es, den Schülerinnen und Schülern überzeugend zu vermitteln: Nicht durch die *vorschnelle* Mitteilung von Symbolen „auf Vorrat" auf dürftiger Erfahrungsbasis; nicht durch die *einseitige* Betonung von Anwendungsaspekten und interdisziplinären Bezügen unter Vernachlässigung der fachlichen Voraussetzungen für deren Verständnis; nicht durch eine *undifferenzierte* Senkung des Anspruchsniveaus unter

Hinweis auf die unzureichenden kognitiven Fähigkeiten der Schüler. Sondern durch einen Chemieunterricht, der Sachkompetenz fördert und fordert, indem er die Schülerinnen und Schüler an der Konstruktion und Überprüfung systematischen Wissens im Zuge eines Indizienprozesses aktiv teilhaben läßt. In diesen Prozeß lassen sich an vielen Stellen lebensweltliche, anwendungstechnische und fächerübergreifende Aspekte integrieren, die wir in diesem Buch zwar angedeutet, aber nicht entfaltet haben, da bei konkreten Unterrichtsplanungen sehr unterschiedliche Akzente gesetzt werden können und sollen.

Wenn es im Chemieunterricht gelingt, einen solchen Indizienprozeß in Gang zu setzen, der den Schülerinnen und Schülern zwar eine „Kultur der Anstrengung" abverlangt, ihnen aber zugleich Erfolgserlebnisse beschert, weil die Genese des Systems untrennbar mit der Genese ihrer eigenen kognitiven Struktur verknüpft ist (und auch so erlebt werden soll!); wenn den Chemielehrerinnen und Chemielehrern endlich sächliche und organisatorische Rahmenbedingungen gewährt werden, die es ihnen ermöglichen, schülergemäße Experimentalchemie mit kognitiver Perspektive zu realisieren, und wenn es allen am Lernprozeß Beteiligten – auch den Lehrplangestaltern und Schulbehörden – gelingt, dem Sog der zeitsparenden Erledigung Widerstand zu leisten: Dann kann der Chemieunterricht seinen spezifischen Beitrag zur Allgemeinbildung leisten; denn nicht die Chemie an sich, sondern nur die Chemie, die auf den Geist einwirkt, ist ein taugliches Mittel seiner Bildung.

„Education is ultimately the flavor left over after all the facts, formulas and diagrams have been forgotten" (CARY 1984, S. 857).

27 Experimente zum PIN-Konzept

Es werden nun optimierte Vorschriften für diejenigen Experimente dargestellt, die für die Realisierung des Phänomenologisch-Integrativen Netzwerkkonzepts von Bedeutung sind. Zur Optimierung der Vorschriften wurden zahlreiche Vorversuche durchgeführt, die – wie auch Hinweise auf alternative, aber für das PIN-Konzept weniger geeignete Versuchsdurchführungen in der Literatur – bei HEIMANN (1994) beschrieben sind. Die meisten Experimente wurden mehrfach mit Schülern oder Studenten erprobt.

27.1 Synthesen

Synthesen nehmen im Rahmen des PIN-Konzepts einen bedeutenden Stellenwert ein. Im Zentrum ihrer Ausarbeitung und Optimierung standen die folgenden Aspekte:

- möglichst eindeutiger Nachweis der Syntheseprodukte; bei nicht zu großem Aufwand Isolierung der Produkte

- möglichst einfache und ungefährliche Durchführung

- möglichst kleine Ansätze, um die entstehende Abfallmenge gering zu halten

- möglichst gleiche oder wenigstens ähnliche Reaktionsbedingungen für Synthesen gleichen Typs, um vielfältige Vergleiche unter Beachtung des Prinzips der Faktorenkontrolle zu ermöglichen.

Soweit nicht anders erwähnt, werden auf die Syntheseprodukte die Standardnachweise (Experiment 25) angewendet. Viele der ausgearbeiteten Synthesen können mit der folgenden Grundausstattung durchgeführt werden (siehe auch Bild 27.1; alle Angaben in mm):

- Reagenzgläser mit seitlichem Ansatz in zwei Größen als Reaktionsgefäße oder Vorlagen (220 mm lang, Innendurchmesser 29 mm, mit Schliff NS 29; 160 mm lang, Innendurchmesser 19 mm, mit Schliff NS 19/26)

- gebogene Glasrohre mit Innendurchmesser 4 mm und durchbohrtem Stopfen (21 D)

- Rückflußkühler

- Aktivkohlerohr mit gekörnter Aktivkohle

- Tropftrichter aus einem Glastrichter, Glasrohr, Schlauchstück und Quetschhahn

- Glasrohre zum Gasnachweis

- Heizquellen:

  - Ölbad: 250 ml Becherglas mit Alufolie umwickelt (der Becherglasboden muß frei sein, und die Alufolie darf nicht ins Becherglas hineinragen) und bis zur 200 ml Marke mit Heizflüssigkeit gefüllt:

    Es wurde eine Heizbadflüssigkeit der Firma Merck (Bestellnummer 15265) verwendet, die eine maximale Betriebstemperatur von 170°C aufweist. Wenn versehentlich

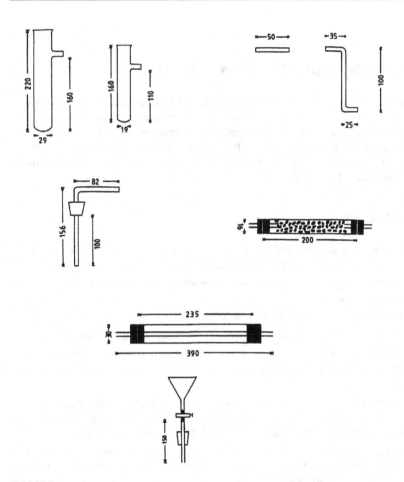

Bild 27.1

Wasser in das heiße Bad gelangt, tritt kein Spritzen auf. Allerdings sollte die Flüssigkeit sicherheitshalber ungefähr einmal pro Jahr ausgekocht werden (Erhitzen bis 150°C), da sie durch Wasseraufnahme schon bei Temperaturen um 120°C stark zu schäumen beginnt.

– Wasserbad: 600 ml Becherglas oder 250 ml Becherglas mit Alufolie umwickelt (keine Alufolie am Becherglasboden und ins Becherglas hineinragend!) und mit Wasser gefüllt

• Eisbad: 600 ml Becherglas mit Alufolie umwickelt und mit Eis und Wasser gefüllt

• Magnetrührer (z.B. des Typs IKAMAG RCT)

• Hebebühnen

• Erlenmeyerkolben, Schraubflaschen und Bechergläser verschiedener Größe

• Stopfen

Experiment 1: Oxidationen mit Dichromat nach 3 Varianten

Dichromat ist ein universell einsetzbares Oxidationsmittel. Es wurde versucht, möglichst viele schulrelevante Stoffe mit diesem Reagenz umzusetzen. Aufgrund des krebserzeugenden Potentials staubförmigen Dichromats wird ausschließlich mit Dichromatlösungen gearbeitet.

Versuchsvorschriften für drei Varianten

Variante A

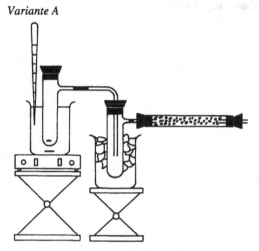

Bild 27.2

12 Tropfen Probe (Ethanol p.a., 1-Propanol, Essigsäureethylester, Acetaldehyddiethylacetal, 2-Propanol, Essigsäure, Propionsäure) werden im Reaktionsgefäß (kleines Reagenzglas mit Ansatz) mit 14 ml Kaliumdichromatreagenz (12,14 g $K_2Cr_2O_7$ (0,041 Mol) + 75 ml H_2O + 9 ml konz. H_2SO_4 (0,162 Mol)) versetzt. Ein Rührfisch wird hinzugegeben (20 mm lang). Das Reagenz wird am besten durch einen Trichter eingefüllt, da sonst leicht etwas Reagenz in den seitlichen Ansatz gelangt. Nach Verschließen des Reaktionsgefäßes wird bei halber Rührleistung (Einstellung bei IKAMAG RCT auf „12 Uhr") und voller Heizleistung aufgeheizt. Bei einer Ölbadtemperatur von 115°C wird die Heizleistung zurückgedreht (bei IKAMAG RCT auf Stellung 250). Es wird 10 Minuten lang destilliert (Ölbadtemperatur ca. 120°C), nachdem der erste Tropfen Destillat übergegangen ist. Die Vorlage wird mit einer Eis-Wasser-Mischung gekühlt.

Der Versuch kann in dieser Variante auch mit 2 ml Acetaldehyd ($c = 2,5$ mol/l) durchgeführt werden.

Der Versuch dauert ohne Aufbau der Apparatur ca. 25 Minuten.

Variante B

12 Tropfen Probe (Propionsäurepropylester, Diethylether, Essigsäure) werden mit 14 ml Natriumdichromatreagenz (12,43 g $Na_2Cr_2O_7 \cdot 2\ H_2O$ (0,042 Mol) + 37,5 ml H_2O + 18,5 ml

konz. H_2SO_4 (0,333 Mol)) versetzt. Das Reagenz wird mit Hilfe eines Trichters in das Reaktionsgefäß gefüllt. Ein Rührfisch wird hinzugegeben. Nach Verschließen des Reaktionsgefäßes wird bei halber Rührleistung (Einstellung bei IKAMAG RCT auf „12 Uhr") und voller Heizleistung aufgeheizt. Bei einer Ölbadtemperatur von 130°C wird die Heizleistung zurückgedreht (bei IKAMAG RCT auf Stellung 250). Es wird 15 Minuten lang destilliert. Die Ölbadtemperatur sollte 135°C nicht übersteigen. Die Vorlage wird mit einer Eis-Wasser-Mischung gekühlt.

Der Versuch dauert ohne Aufbau der Apparatur (siehe Variante A) ca. 35–40 Minuten.

Ein kräftiges Rühren ist absolut notwendig, da sonst aufgrund der Nichtmischbarkeit von Edukt und Reagenz keine ausreichende Umsetzung erfolgt.

Variante C

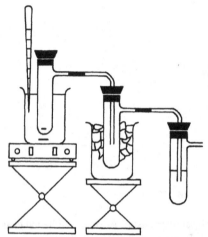

Bild 27.3

In das hinterste Reagenzglas mit Ansatz wird soviel Barytwasser (4 g Bariumhydroxid mit 100 ml Wasser kräftig verrühren und abfiltrieren) gefüllt, daß das gebogene Glasrohr eintaucht (ca. 15 ml). Sobald ein dicker weißer Niederschlag entstanden ist, wird das entsprechende Reagenzglas von der Apparatur entfernt, da nach Beginn des Überdestillierens von Produkt die Gefahr besteht, daß der Reagenzglasinhalt zurücksteigt und das Destillat verunreinigt. Ansonsten erfolgt die Durchführung mit Milch- und Brenztraubensäure nach Variante A, mit Aceton nach Variante B.

Hinweise:

Die Ausbeuten bei den nach Variante B durchgeführten Synthesen sind mit 3–5,4 ml niedrig. Sollten sie nicht für alle benötigten Tests ausreichen, so gibt es verschiedene Gegenmaßnahmen:

- Fortsetzung der Destillation während mit dem ersten Destillat (nach 15-minütiger Destillation) schon Tests gemacht werden; Ölbadtemperatur bis 135 °C steigen lassen
- BTB-Test nur im halben Maßstab durchführen

- Tests mit geringerem Probeneinsatz bevorzugen (bei der Acetonoxidation kann z.B. das Vorliegen eines Ketons (nicht umgesetztes Aceton) durch Anwendung von DNPH- und Dichromattest statt von DNPH- und Fehlingtest nachgewiesen werden)

Im Normalfall wird aber genügend Produkt für die notwendigen Tests erhalten. Die Durchführung im kleinen Maßstab hat trotz der geringen Ausbeute viele Vorzüge:

- Verringerung des Zeitbedarfs (ein größeres Ölbad wird nicht so schnell aufgeheizt)
- wenig Schwermetallabfall
- Verringerung des Gefährdungspotentials
- Notwendigkeit, vor dem Experimentieren zu überlegen, welche Nachweisreaktionen sinnvollerweise überhaupt durchgeführt werden sollten.

Beim Eisenchloridtest treten dann Störungen auf, wenn die Versuchsvorschrift nicht exakt eingehalten wird.

Ergebnisse

Die Ergebnisse für die verschiedenen Edukte sind in Tabelle 27.1 zusammengefaßt.

Tabelle 27.1 Ergebnisse für die Umsetzung verschiedener Edukte mit dem Dichromatreagenz

Edukt	Umfärbung der Reagenzlösung	Ausbeute in ml	T1	T2 u	o	T3	T4	Tr	Produkt
Ethanol	+	6–6,5	+	+	–	–	–	–	E
1-Propanol	+	6–6,4	+	–	+	–	–	–	P
Essigsäureethylester	+	5,4–6,4	+	+	–	–	–	–	E
Acetaldehyddiethylacetal	+	6,3–7	+	+	–	–	–	–	E
2-Propanol	+	5,6–6,4	–	–	–	+	+	–	A
Acetaldehyd	+	5,7–7,3	+	+	–	–	–	–	E
Essigsäure	–	6,2	+	+	–	–	–	–	E
Propionsäure	–	5,65	+	–	+	–	–	–	P
Propionsäurepropylester	+	4–4,6	+	–	+	–	–	–	P
Diethylether	+	3–4,4	+	+	–	–	–	–	E
Milchsäure	+	6,4–7,4	+	+	–	–	–	–	E
Brenztraubensäure	+	5,9–6,7	+	+	–	–	–	–	E
Aceton	+	4–5,4	+	+	–	+	+	–	E/A

Anmerkungen zur Tabelle 27.1:

T1:	BTB-Test	u:	untere Phase orangerot bis rot
T2:	Eisenchloridtest	o:	obere Phase kräftig orange bis orangerot
T3:	DNPH-Test	E:	Essigsäure
T4:	Iodoformtest	P:	Propionsäure
Tr:	restliche Standardtests	A:	Aceton

Nicht umgesetztes Edukt kann bei Einsatz von Aceton nachgewiesen werden. Der DNPH-Test fällt leicht positiv, der Iodoformtest deutlich positiv aus.

Beim Arbeiten nach Variante C tritt bei Einsatz von Aceton nach ca. 9,5–11 Minuten (85–87°C Ölbadtemperatur), von Brenztraubensäure nach ca. 2–4,5 Minuten und von Milchsäure nach ca. 9–13 Minuten (ca. 85°C Ölbadtemperatur) dicke Trübung mit Barytwasser ein, was auf die Bildung von Kohlendioxid hinweist. Es tritt z.T. recht starkes Schäumen auf, wobei aber nicht die Gefahr des Überschäumens besteht.

Deutung

Die durchgeführten Synthesen stellen Redoxreaktionen dar. Die orangefärbenden Dichromationen (Oxidationszahl + VI) werden bis zur Stufe der grünfärbenden Chrom(III)-Ionen (Oxidationszahl + III) reduziert:

(I) $Cr_2O_7^{2-} + 14\,H^+ + 6\,e^- \rightarrow 2\,Cr^{3+} + 7\,H_2O$

Die Reagenzlösungen zeigen aber keine Umfärbungen nach Grünschwarz, sondern nach Gelbschwarz bis Orangeschwarz. Es findet keine vollständige Umsetzung statt, so daß eine Mischfarbe entsteht.

Für die umgesetzten Stoffe können folgende Reaktionsgleichungen angegeben werden:

(II) $3\,R{-}CH_2{-}OH + 2\,Cr_2O_7^{2-} + 16\,H^+ \longrightarrow 3\,R{-}\overset{O}{\underset{OH}{C}}{\Big\langle} + 4\,Cr^{3+} + 11\,H_2O$

(III) $3\,R{-}C\overset{O}{\underset{O-CH_2-R}{\Big\langle}} + 2\,Cr_2O_7^{2-} + 16\,H^+ \longrightarrow 6\,R{-}C\overset{O}{\underset{OH}{\Big\langle}} + 4\,Cr^{3+} + 8\,H_2O$

(IV) $3\,H_3C{-}C\overset{O}{\underset{H}{\Big\langle}} + Cr_2O_7^{2-} + 8\,H^+ \longrightarrow 3\,H_3C{-}C\overset{O}{\underset{OH}{\Big\langle}} + 2\,Cr^{3+} + 4\,H_2O$

(V) $3\,H_3C{-}\underset{O-CH_2-CH_3}{\overset{O-CH_2-CH_3}{C}}{-}H + 5\,Cr_2O_7^{2-} + 40\,H^+ \longrightarrow 9\,H_3C{-}C\overset{O}{\underset{OH}{\Big\langle}} + 10\,Cr^{3+} + 23\,H_2O$

(VI) $3\,H_3C{-}\underset{OH}{CH}{-}CH_3 + Cr_2O_7^{2-} + 8\,H^+ \longrightarrow 3\,H_3C{-}\underset{O}{C}{-}CH_3 + 2\,Cr^{3+} + 7\,H_2O$

(VII) $3\,H_3C{-}CH_2{-}O{-}CH_2{-}CH_3 + 4\,Cr_2O_7^{2-} + 32\,H^+ \longrightarrow 6\,H_3C{-}C\overset{O}{\underset{OH}{\Big\langle}} + 8\,Cr^{3+} + 19\,H_2O$

(VIII) $3 \ H_3C-\underset{\underset{OH}{|}}{CH}-C\overset{\displaystyle O}{\underset{OH}{\diagup}} + 2 \ Cr_2O_7^{2-} + 16 H^+ \longrightarrow 3 \ H_3C-C\overset{\displaystyle O}{\underset{OH}{\diagup}} + 3 \ CO_2 + 4 \ Cr^{3+} + 11 \ H_2O$

(IX) $3 \ H_3C-\underset{\underset{O}{\|}}{C}-C\overset{\displaystyle O}{\underset{OH}{\diagup}} + Cr_2O_7^{2-} + 8 H^+ \longrightarrow 3 \ H_3C-C\overset{\displaystyle O}{\underset{OH}{\diagup}} + 3 \ CO_2 + 2 \ Cr^{3+} + 4 \ H_2O$

(X) $3 \ H_3C-\underset{\underset{O}{\|}}{C}-CH_3 + 4 \ Cr_2O_7^{2-} + 32 \ H^+ \longrightarrow 3 \ H_3C-C\overset{\displaystyle O}{\underset{OH}{\diagup}} + 3 \ CO_2 + 8 \ Cr^{3+} + 19 \ H_2O$

Experiment 2: Oxidation von Ethanol zu Acetaldehyd

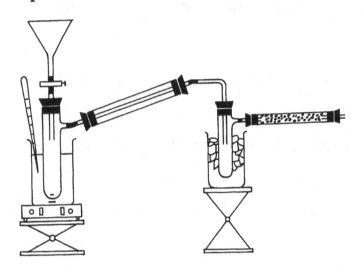

Der aufsteigende Kühler wird mit Wasser von Raumtemperatur gefüllt. Der Tropftrichter muß geklammert werden, allerdings nicht zu stramm!

Im großen Reagenzglas (Rührfisch nicht vergessen!) werden 7,2 ml Ethanol p.a. (0,123 Mol) zum Sieden gebracht (Wassertemperatur 82°C). Dann werden innerhalb von ca. 10 Minuten 42 ml Dichromatreagenz (6,07 g $K_2Cr_2O_7$ (0,021 Mol) + 37,5 ml H_2O + 4,5 ml (0,081 Mol) konz. H_2SO_4) zugetropft. Nach dem Zutropfen wird der Quetschhahn am Tropftrichter verschlossen, und es wird noch 2 Minuten weitergerührt. Die Wasserbadtemperatur sollte 85°C nicht übersteigen.

Das im kleinen Reagenzglas aufgefangene und mit einer Eis-Kochsalz-Mischung gekühlte Produkt (ca. 2 ml) wird sofort mit 12 ml Wasser verdünnt.

Vorsicht! Das Produkt riecht erstickend.

Mit dem Produkt fallen der DNPH-Test, Fehlingtest, Iodoformtest und Dichromattest positiv aus; alle anderen Tests fallen negativ aus. Acetaldehyd ist somit als Produkt nachgewiesen.

$$(I)\quad H_3C-CH_2-OH + Cr_2O_7^{2-} + 8\,H^+ \longrightarrow 3\ H_3C-C\!\!\begin{array}{c}O\\ \diagdown H\end{array} + 2\,Cr^{3+} + 7\,H_2O$$

Experiment 3: Oxidation von Citronensäure zu Aceton und Kohlendioxid

Diese Synthese ist nicht nach den zuvor beschriebenen Vorschriften durchführbar. Beim benötigten Edukteinsatz tritt zu starkes Schäumen auf.

Versuchsvorschrift

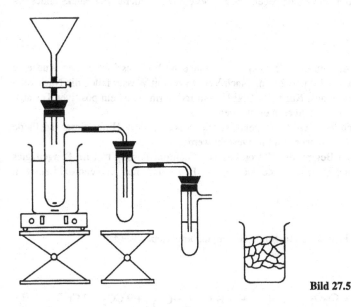

Bild 27.5

Das rechte Reagenzglas mit Ansatz wird zunächst mit soviel Barytwasser (4 g Bariumhydroxid mit 100 ml Wasser kräftig verrühren und abfiltrieren) gefüllt, daß das Glasrohr eintaucht (ca. 15 ml).

Als Heizquelle wird ein Wasserbad verwendet. Da es bei Reaktionsbeginn sieden muß, sollte mit seiner Aufheizung rechtzeitig begonnen werden. Das Wasserbad sollte oben mit Alufolie abgedeckt werden (um das Reaktionsgefäß herum). In das große Reagenzglas mit Ansatz wird eine Lösung aus 9,9 g Citronensäure (0,052 Mol) in 7,5 ml Wasser (in der Wärme lösen) gefüllt. Sobald das Wasserbad siedet, werden – bei gutem Rühren (¼ Rührstärke) – innerhalb von ca. 10 Minuten 21 ml Dichromatreagenz (6,07 g $K_2Cr_2O_7$ (0,021 Mol) + 37,5 ml H_2O + 4,5 ml (0,081 Mol) konz. H_2SO_4) zugetropft. Wenn der letzte Reagenztropfen ins Reaktionsgefäß gelangt ist, wird das Wasserbad *sofort* etwas tiefer gesetzt und die Vorlage *schnell* entfernt.

Das rechte Reagenzglas wird entfernt, sobald ein weißer Niederschlag entstanden ist. Dann erst wird das Eisbad unter die Vorlage gesetzt (ansonsten steigt zuweilen das Barytwasser in die Vorlage zurück).

Das Produkt wird nach Geruchsprüfung mit 5 ml Wasser verdünnt.

Hinweise

Das Reaktionsgefäß sollte v.a. gegen Ende der Reaktion ständig beobachtet werden. Es kommt in seltenen Fällen vor, daß Reagenzlösung durch starkes Schäumen in die Vorlage gelangt. Dies kann durch Herunterdrehen des Wasserbades mit Hilfe der Hebebühne verhindert werden.

Beim Entfernen der Vorlage nach beendeter Reagenzzugabe darf nicht versucht werden, Produkt, das sich im waagerechten Stück des Übergangsrohres befindet, in die Vorlage zu überführen, da durch ein Abwärtsbewegen des Rohres ein Überschießen des Rückstandes begünstigt wird.

Ergebnisse

Die Reagenzlösung zeigt eine Umfärbung von Orange nach Grünschwarz. Die Ausbeute liegt gewöhnlich zwischen 1,0 und 2,4 ml. Nach Verdünnen mit Wasser fallen die Nachweisreaktionen noch eindeutig aus. Nur beim DNPH- und Iodoformtest ist ein positiver Testausfall zu verzeichnen. Es ist also Aceton entstanden.

(Dies wurde durch eine GC/MS-Spektrometrie bestätigt. Mit Hilfe dieser Methode konnte kein weiteres Reaktionsprodukt festgestellt werden.)

1–1,5 Minuten nach Beginn des Zutropfens von Dichromatlösung tritt im Reagenzglas mit Barytwasser ein dicker weißer Niederschlag auf. Es ist also auch Kohlendioxid entstanden.

Deutung

Der Reaktionsverlauf kann durch folgende Gleichung beschrieben werden:

$$3 \; \begin{matrix} H_2C-COOH \\ | \\ HO-C-COOH \\ | \\ H_2C-COOH \end{matrix} + Cr_2O_7^{2-} + 8\,H^+ \longrightarrow 3 \; \begin{matrix} \\ H_3C-C-CH_3 \\ \| \\ O \end{matrix} + 9\,CO_2 + 2\,Cr^{3+} + 7\,H_2O$$

Vermutlich läuft diese Reaktion über die intermediäre Bildung von Acetondicarbonsäure und deren Decarboxylierung ab (KUYPER 1933).

$$\begin{matrix} H_2C-COOH \\ | \\ HO-C-COOH \\ | \\ H_2C-COOH \end{matrix} \xrightarrow{\; CO_2 \;} \begin{matrix} H_2C-COOH \\ | \\ O=C \\ | \\ H_2C-COOH \end{matrix} \xrightarrow{\; 2\,CO_2 \;} \begin{matrix} H_3C \\ | \\ O=C \\ | \\ H_3C \end{matrix}$$

Experiment 4: Estersynthesen

Versuchsvorschrift

In einem 100-ml-Weithalserlenmeyerkolben werden 20 ml Alkohol (Ethanol p.a. bzw. 1-Propanol), 20 ml Carbonsäure (Essigsäure bzw. Propionsäure) und 5 ml konzentrierte Schwefelsäure vermischt (*gut schütteln!*). Das Reaktionsgemisch wird 5 Minuten lang bei Raumtemperatur stehengelassen und dann in einen 100-ml-Weithalserlenmeyerkolben gegossen, der 110 ml Wasser enthält.

Die obere Phase wird mit einer Plastikpipette in eine 100-ml-Schraubflasche überführt und hier mit ihrem doppelten Volumen Natriumcarbonatlösung ($c(Na_2CO_3)$ = 1 mol/l) versetzt. Es wird gut geschüttelt. Die Flasche wird erst verschlossen, wenn das Schäumen etwas nachläßt. Während des Schüttelns sollte die Flasche mehrmals vorsichtig zum Druckausgleich geöffnet werden. Die sich abscheidende obere Phase wird nun in einem 50-ml-Fläschchen mit soviel Wasser, wie ihrem eigenen Volumen entspricht, ausgeschüttelt. Es scheidet sich das gereinigte Produkt ab, das abpipettiert werden kann. Es ist manchmal noch leicht trübe, wird aber nach Zusatz von wenig wasserfreiem Natriumsulfat klar.

Ergebnisse

Die Reaktionsansätze erwärmen sich stark.

Bei Einsatz von Ethanol und Essigsäure entstehen 11,5–12,5 ml Produkt. Der Rojahntest, der Iodoformtest und der Dichromattest fallen positiv aus, was zeigt, daß Essigsäureethylester entstanden ist. Alle anderen Tests fallen negativ aus. Edukte sind nicht mehr vorhanden.

Werden 1-Propanol und Propionsäure eingesetzt, so erhält man 19–20,5 ml Produkt, das nur positiven Rojahn- und Dichromattest zeigt, wie es für Propionsäurepropylester typisch ist. (Bei Durchführung des Versuches im kleineren Maßstab tritt nach Natriumcarbonatzugabe zu starkes Schäumen auf.)

Hinweise

Bei Durchführung des Rojahntests ist das zwischenzeitliche Schütteln unbedingt einzuhalten, um den Kontakt zwischen Ester und Lauge zu verbessern.

Der Iodoformtest fällt mit dem hergestellten Essigsäureethylester leicht positiv aus. Nach Zugabe von soviel Natronlauge, bis bei kräftigem Schütteln keine Braunfärbung mehr erkennbar ist, wird nochmals fest geschüttelt und das Reagenzglas stehengelassen. Bei kontinuierlicher Beobachtung kann man das Auftreten einer Trübung besonders gut sehen. Es muß aber genau beobachtet werden.

Deutung

Die Umsetzung von Carbonsäure und Alkohol kann durch folgende Gleichung beschrieben werden:

$$\text{(I)} \quad R-C\!\!\begin{array}{c}^{\displaystyle O}\\_{\displaystyle OH}\end{array} \ + \ HO-CH_2-R \ \underset{\longleftarrow}{\overset{(H_2SO_4)}{\longrightarrow}} \ R-C\!\!\begin{array}{c}^{\displaystyle O}\\_{\displaystyle O-CH_2-R}\end{array} \ + \ H_2O$$

Schwefelsäure hat zum einen eine katalytische Wirkung. Die positive Partialladung am Carbonylkohlenstoffatom wird verstärkt und damit der nucleophile Angriff des Alkohols erleichtert.

$$\text{(II)} \quad R-C\!\!\begin{array}{c}^{\displaystyle O}\\_{\displaystyle OH}\end{array} \ + \ H^+ \ \rightleftharpoons \ R-C\!\!\begin{array}{c}^{\displaystyle \overset{+}{O}H}\\_{\displaystyle OH}\end{array} \ \longleftrightarrow \ R-\overset{+}{C}\!\!\begin{array}{c}^{\displaystyle OH}\\_{\displaystyle OH}\end{array} \ \longleftrightarrow \ R-C\!\!\begin{array}{c}^{\displaystyle OH}\\_{\displaystyle \underset{+}{O}H}\end{array}$$

Zum anderen hat die Schwefelsäure auch wasserentziehende Funktion. Sie bildet mit den Wassermolekülen Hydrate unterschiedlicher Zusammensetzung (HOLLEMAN und WIBERG 1985), so daß die Lage des Gleichgewichts (I) nach rechts verschoben wird.

Experiment 5: Esterhydrolysen

Versuchsvorschrift

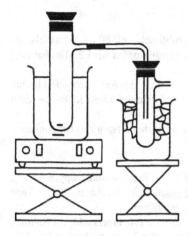

Bild 27.6

Variante A

15 ml Edukt (Essigsäureethylester, Ethanol p.a., Essigsäure) werden in einer 250-ml-Schraubflasche mit 60 ml Natronlauge (c(NaOH) = 3 mol/l) versetzt. Nach Verschließen der Flasche wird 2 Minuten lang geschüttelt. Es entsteht höchstens ein ganz leichter Überdruck und zum Teil Erwärmung.

Die Reaktionsmischung wird mit Hilfe eines Trichters in das große Reagenzglas mit Ansatz gefüllt und 15 Minuten lang im siedenden Wasserbad (rechtzeitig vorheizen!) destilliert (Wasserbad auch oben um das Reaktionsgefäß herum mit Alufolie abdecken).

Wird nach 15-minütigem Aufenthalt im siedenden (!) Wasserbad kein Destillat erhalten, so wird der Versuch abgebrochen.

Rückstand und (soweit vorhanden) Destillat werden untersucht. Zuvor werden 5 ml Rückstand mit 4,5 ml Schwefelsäure (c(H$_2$SO$_4$) = 1,5 mol/l) versetzt.

Diese Maßnahme scheint didaktisch vorteilhaft. Man braucht so zu diesem Zeitpunkt noch nicht mit dem Acetat zu operieren. Vor Einführung der Formelsprache wäre es auch letztlich nicht begründbar, warum zur Durchführung der Umkehrreaktion (Estersynthese) nicht auch Acetat und Ethanol eingesetzt werden, sondern Essigsäure und Ethanol. An späterer Stelle sollte das Entstehen von Acetat aber besprochen werden.

Hinweise

- Es kann vorkommen, daß bei Anwendung des Rojahn- und Eisenchloridtests auf die Rückstände schon vor Natronlaugezugabe eine Rosafärbung mit Phenolphthalein auftritt, was auf einen Natronlaugeüberschuß zurückzuführen ist. Es muß in diesem Fall Salzsäure (c(HCl) = 0,5 mol/l) bis zur Entfärbung zugegeben werden. Beim Rojahntest wird anschließend Natronlauge (c(NaOH) = 3 mol/l) bis zur Rosafärbung zugesetzt, beim Eisen-chloridtest direkt Eisenchloridlösung.

• Mit Essigsäureethylester kann die Synthese auch im größeren Ansatz (20 ml Ester + 80 ml NaOH) durchgeführt werden.

Variante B

20 ml Essigsäureethylester werden in einer 250-ml-Schraubflasche mit 80 ml Schwefelsäure (c(H$_2$SO$_4$) = 1,5 mol/l) versetzt. Nach Verschließen mit einem Stopfen wird 2 Minuten lang geschüttelt. Der Ansatz wird 2–7 Tage lang stehengelassen.

Im vorgeheizten, siedenden Wasserbad (mit Alufolie oben um das Reaktionsgefäß herum abgedeckt) werden ca. 10 ml Flüssigkeit abdestilliert (10–15 Minuten Dauer). Das Destillat wird untersucht.

Diese Synthese liefert im verkleinerten Maßstab keine reproduzierbar guten Ergebnisse.

Variante C

In einer verschlossenen 100-ml-Schraubflasche werden 10 ml Propionsäurepropylester und 40 ml Natronlauge (c(NaOH) = 3 mol/l) 2 Minuten lang geschüttelt. Der Ansatz wird 7 Tage lang stehengelassen; dann wird erneut 30 Sekunden lang geschüttelt.

Die obere Phase wird mit Hilfe des Cernitrat- und Iodoformtests untersucht. Im Rahmen eines Demonstrationsversuches ist die Durchführung der beiden Tests im dreifachen Maß-stab möglich (3 ml Cernitratreagenz + 6 ml Wasser + 15 Tropfen Probe bzw. 1,5 ml Probe + 3 ml Iodlösung + 6 ml Natronlauge; (c(NaOH) = 3 mol/l)). Auf die untere Phase wird der Eisenchloridtest angewendet. Auch dies kann im vergrößerten Ansatz erfolgen (5 ml Probe + 1 ml Phenolphthaleinlösung + Salzsäure (c(HCl) = 2 mol/l) in ml-Schritten bis zur Entfär-bung (ca. 5 ml) + 1 ml Eisenchloridlösung + 15 ml Amylalkohol).

Variante D

5 ml Probe (Essigsäureethylester, Ethanol p.a., Essigsäure) werden in einer 100 ml Schraub-flasche mit 20 ml Natronlauge (c(NaOH) = 3 mol/l) versetzt. Nach Verschließen der Flasche wird 2 Minuten lang geschüttelt. Auf die entstehenden Lösungen werden ohne weitere Auf-arbeitung der Cernitrattest, der Eisenchloridtest und der Rojahntest in leicht veränderter Durchführung angewendet.

Cernitrattest: 1 ml Cernitratreagenz + 2 ml Wasser + 0,5 ml Probe; gut schütteln

Eisenchloridtest: 1 ml Probe + 2 Tropfen Phenolphthaleinlösung + Natronlauge (c(NaOH = 3 mol/l) bis zur Rosafärbung (nur wenn nach Phenolphthaleinzugabe nicht direkt Rosafärbung auftritt) + Salzsäure (c(HCl) = 0,5 mol/l; bei Einsatz von Ethanol als Edukt Verwendung von Salzsäure der Konzentration 2 mol/l) bis zur Entfärbung + 4 Tropfen Eisenchloridlösung + 1,5 ml Amyl-alkohol; gut schütteln

Rojahntest: 1 ml Ethanol + 3 Tropfen Phenolphthaleinlösung + 1 ml Probe + Salzsäure (c(HCl) = 0,5 mol/l bzw. 2 mol/l bei Ethanol als Edukt) bis zur Entfärbung (entfällt, wenn nach Phenolphthaleinzugabe keine Rosafärbung auftritt) + Natronlauge (c(NaOH) = 3 mol/l) bis zur Rosafärbung; weitere Durchfüh-rung wie beim Rojahnstandardtest.

Ergebnisse

Bei der alkalischen Hydrolyse von Essigsäureethylester entsteht während des Schüttelns eine homogene, klare Lösung, die nicht mehr nach Ester riecht. Es tritt deutliche Erwärmung ein. Durch Destillation werden ca. 6,3–7,2 ml Produkt erhalten. Mit dem Produkt fallen der Dichromat-, Cernitrat- und Iodoformtest positiv aus, die anderen Tests sind negativ. Es ist Ethanol entstanden. Mit dem mit Schwefelsäure versetzten Rückstand zeigen der BTB- und Eisenchloridtest positiven Testausfall (beim Eisenchloridtest ist die untere Phase rot gefärbt), was auf Essigsäure hinweist. Der Dichromattest fällt häufig noch leicht positiv aus, was wahrscheinlich auf Ethanolreste zurückzuführen ist. Beim Fehlingtest tritt manchmal eine grüne Färbung auf. Der Test muß aber gar nicht eingesetzt werden, weil der auf Aldehyde und Ketone ansprechende DNPH-Test negativ ausfällt. Die Störung beim Fehlingtest tritt nicht auf, wenn der unbehandelte, alkalische Rückstand untersucht wird.

Bei Anwendung der Vorschrift auf Ethanol ist von Anfang an eine homogene Lösung vorhanden. Nach Destillation werden 10,5–13,9 ml Produkt mit positivem Dichromat-, Cernitrat- und Iodoformtest und ansonsten negativen Tests erhalten, womit Ethanol nachgewiesen ist. Mit dem mit Schwefelsäure versetzten Rückstand fällt häufig der Dichromattest leicht positiv aus (Ethanolreste); alle anderen Tests fallen negativ aus.

Mit Essigsäure als Edukt tritt bei Versetzen mit Natronlauge eine einphasige, erwärmte Lösung auf. Das Reaktionsgemisch ist noch sauer. Es wird nach 15-minütigem Aufenthalt im siedenden Wasserbad kein Destillat erhalten. Mit dem mit Schwefelsäure versetzten Rückstand fallen nur der BTB- und Eisenchloridtest (untere Phase rot) positiv aus. Es liegt also nur Essigsäure vor.

Bei der alkalischen Hydrolyse von Essigsäureethylester nach Variante D werden mit dem Reaktionsgemisch ein positiver Cernitrat- und Eisenchloridtest erhalten. Damit ist gezeigt, daß ein Alkohol und Essigsäure (bzw. deren Salz) gebildet worden sind. Ein Ester ist nicht mehr nachweisbar (negativer Rojahntest). Bei Einsatz von Essigsäure fällt nur der Eisenchloridtest positiv aus, bei Einsatz von Ethanol nur der Cernitrattest (es tritt zunächst eine Trübung auf, die sich aber schnell auflöst). Die beiden Stoffe haben nicht erkennbar reagiert.

Bei der sauren Hydrolyse von Essigsäureethylester zeigt das Destillat alle für Ethanol, Essigsäure und Essigsäureethylester typischen Reaktionen: positiven Dichromattest, Cernitrattest, Iodoformtest, BTB-Test, Eisenchloridtest (untere Phase rot), Rojahntest. Beim Eisenchloridtest ist die untere rote Phase manchmal klein. Der Test kann dann mit dem Rückstand wiederholt werden.

Bei der alkalischen Hydrolyse von Propionsäurepropylester sind auch nach 1 Woche noch 2 Phasen vorhanden; die obere Phase ist nach dem 30 Sekunden langen Schütteln ungefähr halb so groß wie vor 1 Woche. Dabei muß man beachten, daß auch 1-Propanol in Natronlauge wenig löslich ist. Der Cernitrattest fällt mit der oberen Phase positiv aus, der Iodoformtest negativ, was für 1-Propanol typisch ist. Beim Eisenchloridtest mit der unteren Phase tritt der für Propionsäure/Propionat bekannte Testausfall auf (obere Phase orange bis orangerot). Bei längerer Einwirkung wird also auch Propionsäurepropylester im alkalischen Milieu gespalten.

Deutung

Die alkalische Esterhydrolyse ist eine vollständig ablaufende, irreversible Reaktion.

(I)   R—C(=O)(O—CH$_2$—R)   + OH$^-$ $\longrightarrow$ R—C(=O)(O$^-$)   + R—CH$_2$—OH

Mechanistisch gesehen läuft eine nucleophile Substitution am Carbonylkohlenstoffatom ab. Als ein Endprodukt entsteht das mesomeriestabilisierte Carboxylatanion, das nicht mehr nucleophil angegriffen werden kann.

Die saure Esterhydrolyse hingegen ist eine Gleichgewichtsreaktion.

(II)   R—C(=O)(O—CH$_2$—R)   + H$_2$O $\overset{(H_2SO_4)}{\rightleftarrows}$ R—C(=O)(OH)   + R—CH$_2$—OH

Nucleophiles Teilchen ist hier das Wassermolekül. Schwefelsäure fungiert als Katalysator, der den Ester so aktiviert, daß dieser innerhalb weniger Tage mit Wasser in erkennbarem Ausmaß reagieren kann.

(III)   R—C(=O)(O—CH$_2$—R)   + H$_3$O$^+$ $\rightleftharpoons$ R—C$^+$(O—H)(O—CH$_2$—R)

$\longleftrightarrow$ R—C(O$^+$—H)(O—CH$_2$—R) $\longleftrightarrow$ R—C(O—H)(O$^+$—CH$_2$—R)   + H$_2$O

Die Gleichgewichtskonzentration liegt bei 66,5 % Ester. Bei der hier beschriebenen Versuchsdurchführung liegt Wasser aber im Überschuß vor, so daß die Gleichgewichtslage verschoben ist.

Die gegenüber dem Essigsäureethylester soviel schwerere Hydrolysierbarkeit des Propionsäurepropylesters ist nicht ausschließlich durch sterische und elektronische Effekte begründbar, sondern wird durch die schlechtere Löslichkeit des Esters im Reagenz verstärkt.

Experiment 6: Acetalbildung

Dieses Experiment wurde ohne Änderung von JANSEN (1990) übernommen.

Versuchsvorschrift

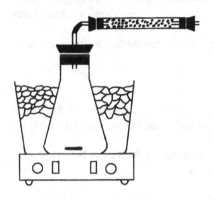

Bild 27.7

Im 100-ml-Erlenmeyerkolben, der eisgekühlt ist, werden unter Rühren 30 ml Ethanol p.a., 15 ml Acetaldehyd (unverdünnt) und 2 Tropfen konz. Schwefelsäure vermischt (Abzug!). Die Reaktionsmischung wird 5 Minuten lang gerührt. Dies muß bei Verwendung des Aktivkohlerohres nicht mehr im Abzug erfolgen.

Dann wird der Kolben aus dem Eisbad genommen und fast völlig mit Wasser gefüllt. Die sich abscheidende obere Phase wird abpipettiert und dreimal mit dem ihr entsprechenden Volumen Wasser im Scheidetrichter ausgeschüttelt. Das erste Ausschütteln muß kurz sein. Das Produkt wird anhand der Nachweisreaktionen identifiziert.

Ergebnisse

Der Cernitrattest, der DNPH-Test und der Dichromattest fallen positiv und alle anderen Tests negativ aus. Es sind keine Edukte mehr vorhanden (erkennbar am negativen Iodoform- und Fehlingtest). Acetal ist als Produkt nachgewiesen.

Deutung

Die Reaktion kann durch folgende Gleichung beschrieben werden.

$$(I) \quad 2 \; H_3C-CH_2-OH + H_3C-C\!\!\begin{array}{c}O\\\\H\end{array} \;\xrightarrow{(H_2SO_4)}\; H_3C-\overset{\displaystyle O-CH_2-CH_3}{\underset{\displaystyle O-CH_2-CH_3}{C}}-H \;+\; H_2O$$

Experiment 7: Acetalspaltung

Versuchsvorschrift

In einem 50-ml-Fläschchen werden 5 ml Acetaldehyddiethylacetal, 8 ml Essigsäure und 3 Tropfen konz. Schwefelsäure vermischt und geschüttelt (nach jedem Tropfen Schwefelsäure schütteln!).

Nach 1 Tag oder später wird der Inhalt des Fläschchens ohne weitere Aufarbeitung untersucht.

Hinweise

Der Fehlingtest wird aufgrund der anwesenden Säure so durchgeführt, daß nach Zusammengabe der beiden Fehling-Reagenzien und der Probe noch 3 ml Natronlauge (c(NaOH) = 3 mol/l) zugesetzt werden.

Beim Rojahntest treten von Anfang an zwei Phasen auf. Deshalb ist es besonders wichtig, den Reagenzglasinhalt jede Minute gut zu schütteln.

Ergebnisse

Mit dem Reaktionsgemisch fallen der Rojahntest, der BTB-Test, der Eisenchloridtest (untere Phase rot), der DNPH-Test, der Fehlingtest, der Dichromattest und der Iodoformtest positiv und der Cernitrattest negativ aus. Dies läßt sich dahingehend interpretieren, daß kein Acetal mehr vorhanden ist, wohl aber Essigsäure und daß Essigsäureethylester und Acetaldehyd gebildet worden sind.

Deutung

Es läuft folgende Reaktion ab:

Experiment 8: Synthese von Diethylether und Ethen

Variante A: Kombinierte Synthese

Versuchsvorschrift

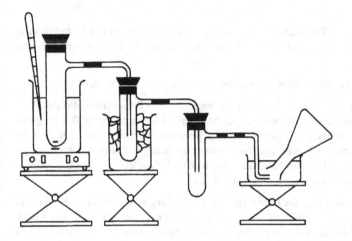

Bild 27.8

Der Versuch wird im Abzug durchgeführt. Zuerst wird die Apparatur aufgebaut und das Öl-bad auf 120–130°C vorgeheizt. Dann wird durch einen Trichter ein Gemisch aus 40 ml Etha-nol p.a. (0,682 Mol) und 20 ml konz. Schwefelsäure (0,360 Mol; Stoffe langsam zusammen-geben, da sonst heftige Reaktion einsetzt) eingefüllt. Nun erst wird das bis oben gefüllte Eis-Wasser-Bad untergesetzt. (Gute Kühlung ist wichtig; während der Destillation darf auf kei-nen Fall Eis oder Wasser nachgefüllt werden.) Es wird weiter bei voller Heizleistung er-wärmt. In zwei 50-ml-Erlenmeyerkolben und zwei Reagenzgläsern wird Gas pneumatisch aufgefangen (mit Wasser gefülltes Gefäß verschließen und erst unter der Wasseroberfläche öffnen; bei vollständig verdrängtem Wasser wieder verschließen und aus dem Wasser neh-men). Dann wird der Versuch beendet. Es muß allerdings nach dem Einfüllen des Ethanol-Schwefelsäure-Gemisches mindestens 20 Minuten lang erhitzt werden, da sonst zu wenig flüssiges Produkt erhalten wird.

Auf das Destillat wird der Cernitrattest angewendet, der deutlich positiv ausfällt (Orange-färbung). In einer 100-ml-Schraubflasche wird das Destillat mit dem ihm gleichen Volumen an Wasser ausgeschüttelt (zwischendurch und v.a. nach einem ersten kurzen Schütteln muß belüftet werden). Die obere Phase wird mit einer graduierten Plastikpipette abpipettiert. Sie zeigt noch ganz schwach positiven Cernitrattest. Daher wird nochmals mit einem Volumen Wasser, das demjenigen des vorgereinigten Rohproduktes entspricht, ausgeschüttelt, diesmal aber in einer 50 ml Schraubflasche. Die obere Phase ist das gereinigte Produkt, das anhand der Nachweisreaktionen untersucht wird. Außerdem werden der Bromtest (Experiment 26) und der Nachweis auf Sauerstoffatome in organischen Molekülen (Experiment 34b) durch-geführt.

In die beiden 50-ml-Erlenmeyerkolben mit Gas werden je 2 ml Bromwasser pipettiert und in das eine der beiden gasgefüllten Reagenzgläser 1 ml Bromwasser. Es wird lange und kräftig geschüttelt.

Zum zweiten Reagenzglas werden 2 ml Barytwasser (4 g Bariumhydroxid mit 100 ml Wasser kräftig verrühren und abfiltrieren) gegeben.

Anmerkungen

- Zu Versuchsbeginn darf die Kristallisierschale (pneumatische Wanne) nicht zu hoch mit Wasser gefüllt sein, da mehr als 100 ml verdrängtes Wasser im Versuchsverlauf hinzukommen.

- Es muß insgesamt ca. 50–60 Minuten lang erhitzt werden (incl. Aufheizzeit).

- Beim pneumatischen Auffangen des Gases trat manchmal das Problem auf, daß das Wasser aus der als pneumatische Wanne fungierenden Kristallisierschale zum Teil im gebogenen Glasrohr hochstieg und sogar die Vorlage erreichte. Von hier kann kalte Flüssigkeit bis ins Reaktionsgefäß gelangen, was zu einer so heftigen Reaktion führt, daß der Stopfen herausspringt. Um dies zu verhindern, muß zwischen Vorlage und Gasauffangteil ein zweites leeres Reagenzglas geschaltet werden.

- Es ist unbedingt notwendig, als Ölbad ein 600-ml-Becherglas (hohe Form) zu verwenden, das mit 400 ml Öl gefüllt ist. Ein größeres Ölbad erwärmt den abdestillierenden Ether zu lange, so daß er in der eisgekühlten Vorlage nicht ausreichend kondensiert. Ein Teil des Ethers geht dann in das folgende Reagenzglas über, und es werden Ausbeuteverluste erhalten. Außerdem wird die gewünschte Gasmenge nach zu kurzer Erhitzungsdauer erhalten.

Ergebnisse

Der erste 50-ml-Erlenmeyerkolben ist schon nach 2,5–5 Minuten mit Gas gefüllt. Kurz danach stoppt die Gasentwicklung und setzt erst bei höheren Ölbadtemperaturen wieder ein. Mit dem Gas in den beiden Erlenmeyerkolben fällt der Bromtest gewöhnlich negativ aus. Es handelt sich bei dem Gas überwiegend um verdrängte Luft. Das Gas in den Reagenzgläsern zeigt positiven Bromtest und keine oder eine ganz schwache Trübung mit Barytwasser. Es ist eine ungesättigte Verbindung, das Ethen, aber kein Kohlendioxid entstanden. Außerdem werden 5–7,5 ml gereinigtes Produkt mit typischem Ethergeruch erhalten. Das Produkt zeigt bei allen Standardtests und beim Bromtest einen negativen Ausfall (beim Iodoformtest ist manchmal ganz leichte Trübung erkennbar). Der „Sauerstoffnachweis" fällt positiv aus. Es ist also ein Stoff mit einer neuen funktionellen Gruppe in seinen Molekülen, der Diethylether, entstanden.

Deutung

Unter Einwirkung von konzentrierter Schwefelsäure kann Ethanol inter- und intramolekular dehydratisiert werden. Bei Temperaturen um 130°C entsteht überwiegend Diethylether, während bei höheren Temperaturen um 170–180°C die Ethenbildung begünstigt ist.

(I) 2 H_3C-CH_2-OH $\xrightarrow{(H_2SO_4)}$ $H_3C-CH_2-O-CH_2-CH_3 + H_2O$

(II) H_3C-CH_2-OH $\xrightarrow{(H_2SO_4)}$ $H_2C=CH_2 + H_2O$

Variante B: Ethensynthese

In diesem Versuch wird das bei der Dehydratisierung von Ethanol entstehende Ethen aufgefangen und untersucht. Das Wasser wird nachgewiesen, aber nicht wie z.b. bei KAMINSKI und JANSEN (1994) in Substanz gewonnen.

Versuchsvorschrift

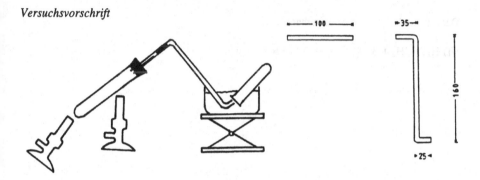

Bild 27.9

In ein Quarzreagenzglas (16 x 180) werden 3 ml Ethanol absolut p.a. gegeben. Dann wird fast bis zum Reagenzglasrand mit ausgeglühtem Perlkatalysator (Secony-Licence Typ 34; kann auch schon mehrere Tage vor der Versuchsdurchführung ausgeglüht werden) aufgefüllt. In das 10 cm lange Glasrohr wird ein schmaler Streifen blaues Cobaltchloridpapier (Herstellung siehe Experiment 34a) geschoben und die Apparatur zusammengebaut. Zunächst wird der Perlkatalysator ca. 2 Minuten lang mit voller Bunsenbrennerflamme erhitzt. Dann wird mit einem zweiten Brenner vorsichtig (mit kleiner Flamme) das Ethanol erwärmt. Nun erst wird ein Reagenzglas zum Auffangen von entstehendem Gas an die Öffnung des gebogenen Glasrohres gebracht. Kurz bevor ein Reagenzglas mit Gas gefüllt ist, wird mit dem Erhitzen des Ethanols (nicht des Perlkatalysators!) aufgehört. So entsteht kaum Gas während des Reagenzglaswechsels. Es werden 4–6 Reagenzgläser mit Gas aufgefangen.

Bevor das Erhitzen des Perlkatalysators abgebrochen wird, wird die Kristallisierschale mit Wasser entfernt, um ein Zurücksteigen des Wassers zu verhindern.

Mit der einen Hälfte des aufgefangenen Gases wird der Bromtest durchgeführt (Zugabe von 1 ml gesättigtem Bromwasser ins gasgefüllte Reagenzglas und kräftiges Schütteln mit aufgesetztem Stopfen), die andere Hälfte wird auf Brennbarkeit getestet. Zu diesem Zweck wird der Stopfen der entsprechenden Reagenzgläser entfernt, und die Reagenzgläser werden mit der Öffnung an eine Bunsenbrennerflamme gehalten.

Ergebnisse

Im Laufe des Versuchs nimmt der Katalysator eine schwarze Färbung an (Rußbildung durch Crackreaktion (SCHERR 1995)). Das Cobaltchloridpapier wird zunächst rosa, durch weiteres Wasser aber fast farblos. Das entstandene Gas ist brennbar und zeigt positiven Bromtest. Das erste aufgefangene Gas zeigt allerdings oft noch negative Reaktionen (zu hoher Anteil an verdrängter Luft).

Deutung

Unter Einwirkung des Perlkatalysators findet eine intramolekulare Dehydratisierung von Ethanol statt. Es entstehen Wasser und eine ungesättigte Verbindung, das Ethen.

(I) $H_3C-CH_2-OH \xrightarrow{\text{(Katalysator)}} H_2C=CH_2 + H_2O$

Das entstandene Ethen ist brennbar.

(II) $H_2C=CH_2 + 3\,O_2 \longrightarrow 2\,CO_2 + 2\,H_2O$

Experiment 9: Reduktionen mit Natriumborhydrid

Natriumborhydrid kann in wäßriger Lösung angewendet und gefahrlos gehandhabt werden. Es findet nur eine langsame Hydrolyse statt (BAYER-ANORGANICA):

(I) $NABH_4 + 2\ H_2O \longrightarrow NaBO_2 + 4\ H_2$

Die Hydrolysegeschwindigkeit nimmt mit sinkendem pH-Wert und steigender Temperatur zu.

Experiment 9a: Reduktion von Acetaldehyd und Aceton mit Natriumborhydrid

Versuchsvorschrift

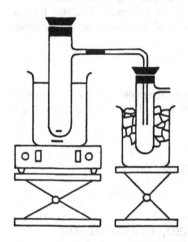

Bild 27.6

Um Zeit zu sparen, sollte folgende Reihenfolge eingehalten werden.

Als erstes wird die Destillationsapparatur aufgebaut und das auch oben mit Alufolie um das Reaktionsgefäß herum abgedeckte Wasserbad, das möglichst vorgewärmtes Wasser (Boiler) enthält, bei voller Magnetrührerheizleistung aufgewärmt.

Dann wird die Natriumborhydridlösung angesetzt (1,7 g frisches $NaBH_4$ in 20 ml Wasser lösen; mit altem oder nicht trocken gelagertem $NaBH_4$ tritt manchmal keine vollständige Reduktion ein, so daß im Produkt noch Eduktreste enthalten sind, was v.a. im Fall von Acetaldehyd sehr unangenehm ist).

In einem 250-ml-Erlenmeyerkolben werden nun 60 ml wäßrige Acetaldehydlösung (0,150 Mol), $c = 2,5$ mol/l, bzw. 60 ml wäßrige Acetonlösung , $c = 2,5$ mol/l, mit 20 ml Natriumborhydridlösung (0,045 Mol) versetzt. Es ist eine Gasentwicklung zu beobachten. Der unverschlossene Erlenmeyerkolben wird 2 Minuten lang geschüttelt. Bei Einsatz von Acetaldehyd muß dies im Abzug erfolgen. Der Kolbeninhalt erwärmt sich stark, so daß der Kolben nur am Hals angefaßt werden sollte.

Nach abgelaufener Reaktionszeit (nun kann auch mit dem Acetaldehydansatz außerhalb des Abzugs weitergearbeitet werden) werden langsam 16 ml Schwefelsäure (0,024 Mol), $c(H_2SO_4) = 1,5$ mol/l, zugesetzt (Schäumen!). Es wird immer wieder gut geschüttelt.

Anschließend wird das Reaktionsgemisch mit Hilfe eines Trichters in das Destillationsgefäß eingefüllt (Füllhöhe bis maximal 2,5 cm vom Ansatzrohr entfernt). Siedet das Wasserbad bereits, so beginnt die Destillation nach ca. 2–2,5 Minuten. Bei Einsatz von Aceton reicht eine Destillationsdauer von 10 Minuten, bei Einsatz von Acetaldehyd sind 15 Minuten notwendig.

Es ist unbedingt darauf zu achten, daß frische, noch nicht saure Acetaldehydlösung verwendet wird. Ist die Lösung bereits säurehaltig, so wird weniger Destillat erhalten, und der DNPH-Test fällt meist positiv aus.

Ergebnisse

Die Ausbeute der Acetaldehydreduktion liegt bei 5–6,5 ml, die der Acetonreduktion bei 6,8–9,8 ml. Mit beiden Produkten fallen nur der Cernitrat-, Iodoform- und Dichromattest positiv aus. Es hat also vollständige Reduktion stattgefunden. Die entstehenden Produkte Ethanol und 2-Propanol können durch die zur Verfügung stehenden Nachweisreaktionen nicht unterschieden werden.

Deutung

Nach CHAIKIN und BROWN (1949, S. 123) erfolgt die Umsetzung von Carbonylverbindungen mit Natriumborhydrid in 2 Schritten. Zuerst bildet sich ein n-Alkylborat, das im wäßrigen Milieu sofort hydrolysiert.

$$\text{(I)} \quad 4\ H_3C-\overset{\overset{\displaystyle O}{\|}}{\underset{\underset{\displaystyle R}{|}}{C}} + NaBH_4 \longrightarrow NaB(O-CHR-CH_3)_4$$

$$R = H,\ CH_3$$

$$\text{(II)} \quad NaB(O-CHR-CH_3)_4 + 2\ NaOH + H_2O \longrightarrow Na_3BO_3 + 4\ H_3C-\underset{\underset{\displaystyle R}{|}}{CH}-OH$$

Die Umsetzung anderer Carbonylverbindungen (Oxocarbonsäuren, Hydroxycarbonylverbindungen) erfolgt nach dem gleichen Prinzip.

Experiment 9b: Reduktion von Dihydroxyaceton

Versuchsvorschrift

0,15 g Natriumborhydrid (0,004 Mol) werden in einem 50-ml-Erlenmeyerkolben in 2 ml Wasser gelöst.

1,2 g Dihydroxyaceton (0,013 Mol) werden in einem kleinen Becherglas in 8 ml Wasser gelöst. Diese Lösung wird zur Natriumborhydridlösung gegossen. Dann wird 2 Minuten lang geschüttelt (Erlenmeyerkolben nicht verschließen). Anschließend wird soviel Schwefelsäure, $c(H_2SO_4) = 1,5$ mol/l, (ca.1 ml) unter ständigem Schütteln zugegeben, bis bei weiterer Säurezugabe keine Schäumen mehr auftritt. Mit Indikatorpapier wird der pH-Wert gemessen. Liegt er unter pH 6,5, so muß mit Natronlauge, $c(NaOH) = 3$ mol/l, neutralisiert werden (pH 6,5–8).

Mit dem so erhaltenen Reaktionsgemisch werden die üblichen Nachweisreaktionen und der Kupfersulfattest durchgeführt.

Hinweise

- Dihydroxyaceton zeigt erst in der Hitze deutlich positiven DNPH-Test. Um sein Vorhandensein auszuschließen, muß der DNPH-Test auch mit dem Reaktionsgemisch im siedenden Wasserbad durchgeführt werden. Nach 1 Minute tritt leichte, nach 5 Minuten deutliche Trübung auf. Dieser leicht positive Testausfall läßt sich durch Erhöhung der NaBH$_4$-Menge, Verdünnung des Ansatzes, Erhöhung der Reaktionstemperatur und Verlängerung der Reaktionszeit bestenfalls abschwächen. Führt man den DNPH-Test aber so durch, daß man nur 30 Sekunden lang im siedenden Wasserbad erhitzt, so tritt mit Dihydroxyaceton ein dicker Niederschlag auf; mit dem Reaktionsgemisch erhält man eine goldgelbe und klare Lösung.

- Der Eisenchloridtest ist insofern gestört, als bei Eisenchloridzugabe ein gelber Niederschlag ausfällt. So könnte eventuell vorhandene Essigsäure überdeckt werden. Wendet man den Eisenchloridtest auf das 1 : 3 verdünnte Reaktionsgemisch (1 Teil Gemisch + 2 Teile Wasser) an, so tritt die Störung nicht auf. Die untere Phase enthält keinen Niederschlag, sondern ist gelb und klar.

Ergebnisse

Beim Cernitrattest tritt Dunkelrotfärbung auf. Nach 5 Minuten ist deutliche Farbaufhellung erkennbar, nach 10 Minuten ist Gelbfärbung sichtbar. Weiterhin fallen der Kupfersulfattest und der Dichromattest positiv und alle weiteren Tests negativ aus. Die Testausfälle sind also mit Glycerin als Reaktionsprodukt zu vereinbaren.

Experiment 9c: Reduktion von Brenztraubensäure

Versuchsvorschrift

In einem 50-ml-Erlenmeyerkolben werden 0,21 g Natriumborhydrid (0,0056 Mol; 1,2-facher Überschuß) in 2,5 ml Wasser gelöst.

In einem kleinen Becherglas werden unter Schütteln 1,25 ml Brenztraubensäure (0,0180 Mol) langsam mit 6 ml Natronlauge ($c(NaOH) = 3$ mol/l) versetzt. Der pH-Wert muß im alkalischen Bereich liegen (mit Indikatorpapier testen und ggf. mehr Natronlauge zugeben; eine noch saure Lösung führt bei Zusammengabe mit der Natriumborhydridlösung zu heftiger Reaktion!). Es tritt Erwärmung ein. Der Becherglasinhalt wird kurz abgekühlt und dann zur Natriumborhydridlösung gegossen. Der unverschlossene Erlenmeyerkolben wird 2 Minuten lang geschüttelt. Auch hierbei findet Erwärmung statt.

Anschließend wird tropfenweise unter ständigem Schütteln Schwefelsäure ($c(H_2SO_4)$ = 1,5 mol/l) zugesetzt, bis kein Schäumen mehr erfolgt (ca. 2–3 ml). Sofort danach werden 20 Tropfen Natronlauge ($c(NaOH)$ = 3 mol/l) hinzugefügt.

Die Nachweisreaktionen werden direkt auf das Reaktionsgemisch angewendet. Der Iodoformtest wird mit 1 ml Probe durchgeführt.

Anmerkungen

- Beim Rojahn- und Eisenchloridtest tritt schon vor Natronlaugezugabe mit Phenolphthalein Rosafärbung auf, die durch Zutropfen von Salzsäure ($c(HCl)$ = 0,5 mol/l) beseitigt werden kann.

- Beim Rojahntest tritt beim Ersatz von Ethanol durch Wasser eine insgesamt kräftigere Rosafärbung auf. Mit Ethanol entstehen 2 Phasen. Da das Ethanol aber als Lösungsvermittler die Funktion hat, bei Einsatz wasserunlöslicher Stoffe für eine bessere Durchmischung zu sorgen, sollte es hier sinnvollerweise durch Wasser ersetzt werden. Wasser führt in diesem Fall zur besseren Durchmischung.

Ergebnisse

Beim Cernitrattest tritt zunächst Orangerotfärbung und anschließend Entfärbung auf. Dies ist für Milchsäure typisch. Außerdem fallen der Dichromattest und – bei Einsatz von 1 ml Probe – der Iodoformtest positiv aus. Alle anderen Tests fallen negativ aus. Daraus läßt sich schließen, daß Brenztraubensäure vollständig zu Milchsäure reduziert worden ist.

Experiment 9d: Blindversuch mit Essigsäure

Dieser Versuch zeigt, daß Natriumborhydrid nur Aldehyde und Ketone, nicht aber Carbonsäuren reduziert.

Versuchsvorschrift

In einem Becherglas werden 2 ml Essigsäure (0,035 Mol) mit soviel Natronlauge ($c(NaOH)$ = 10 mol/l) versetzt, bis ein neutraler oder alkalischer pH-Wert entsteht (ca. 3 ml). Die Lösung wird abgekühlt.

In einem 50-ml-Erlenmeyerkolben werden 0,41 g Natriumborhydrid (0,011 Mol) in 1 ml Wasser gelöst.

Die Acetatlösung wird nun zur Natriumborhydridlösung gegeben. Nach 2-minütigem Schütteln des Reaktionsgemisches wird unter weiterem ständigem Schütteln langsam soviel Schwefelsäure ($c(H_2SO_4)$ = 3 mol/l) zugegeben, bis keine Gasentwicklung mehr stattfindet (2,5–4 ml). Es entsteht ein weißer Niederschlag, der abfiltriert wird. Der Cernitrat- und der DNPH-Test werden mit dem Filtrat durchgeführt.

Hinweise

- Es ist notwendig, so hoch konzentrierte Lösungen zu verwenden, um eventuell entstehendes Ethanol auch erfassen zu können. (Die Nachweisreaktionen sind auf Ethanol ziemlich unempfindlich.)

- Soll die noch vorhandene Essigsäure nachgewiesen werden, so muß das Reaktionsgemisch vor Durchführung des Eisenchloridtests mit Wasser 1 : 3 verdünnt werden; ansonsten tritt nach Zugabe von Eisenchloridlösung nur kurzzeitig Orangefärbung und anschließend ein gelber Niederschlag auf.

Ergebnisse

Der Cernitrat- und der DNPH-Test fallen negativ aus, der Eisenchloridtest fällt mit dem verdünnten Reaktionsgemisch positiv aus. Die untere Phase ist, wie für Essigsäure typisch, rot gefärbt. Es hat also keine Umsetzung stattgefunden.

Experiment 10: Oxidative Decarboxylierungen mit Ammoniumcer(IV)-nitrat

Versuchsvorschrift

Variante A

Bild 27.10

Zunächst wird die Apparatur zusammengebaut. Das kleine Reagenzglas (12 x 100) zum Auffangen des Gases wird mit Wasser gefüllt und, während es mit dem Daumen verschlossen ist, unter die Wasseroberfläche in der Kristallisierschale gebracht. Ein zweites kleines Reagenzglas wird schon jetzt mit Wasser gefüllt, damit sofort ein Reagenzglastausch erfolgen kann, wenn das erste Reagenzglas mit Gas gefüllt ist.

In das Reaktionsgefäß werden nun 8 ml *frisch angesetztes* Cernitratreagenz (40 g Ammoniumcer(IV)-nitrat in 100 ml Salpetersäure; $c(HNO_3) = 2$ mol/l) und 16 ml Wasser gegeben und durchmischt. Dann werden 10 Tropfen Milchsäure bzw. 6 Tropfen Brenztraubensäure zugegeben. Das Reagenzglas wird sofort mit einem Stopfen verschlossen; dann wird weitergerührt.

Es werden zwei kleine Reagenzgläser mit Gas aufgefangen (das zweite Reagenzglas wird manchmal nicht mehr ganz voll). Sie werden mit kleinen Stopfen verschlossen. In beide Reagenzgläser werden 2 ml Barytwasser (4 g Ba(OH)$_2$ mit 100 ml Wasser kräftig verrühren und abfiltrieren) gegeben. Nach Verschluß mit dem Stopfen wird gut geschüttelt.

Ist das Reaktionsgemisch im Reagenzglas mit Ansatz noch nicht entfärbt, werden weitere Tropfen Milchsäure bzw. Brenztraubensäure zugesetzt (kein Tropfen mehr als unbedingt nötig!).

Mit dem entfärbten Reaktionsgemisch werden der DNPH-, Cernitrat- und eventuell der Rojahntest durchgeführt.

Der Rojahntest muß in einer modifizierten Form eingesetzt werden:

3 ml Ethanol (vergällt) mit 3 ml Probe, 9 Tropfen Phenolphthaleinlösung und Natronlauge ($c(NaOH) = 3$ mol/l) bis zur Rosafärbung versetzen; entstehenden Niederschlag abfiltrieren; zum Filtrat 3 Tropfen Phenolphthaleinlösung und Natronlauge ($c(NaOH) = 3$ mol/l) bis zur Rosafärbung zugeben (manchmal tritt sehr schwache Rosafärbung auf $\Rightarrow$ weitere NaOH zugeben oder mit HCl ($c(HCl) = 0,5$ mol/l) entfärben und nochmals mit NaOH versetzen); ist das Filtrat selber noch rosa gefärbt, wird es mit Salzsäure entfärbt und dann mit Natronlauge bis zur Rosafärbung versetzt; weiteres Vorgehen wie gewohnt.

Der Versuch kann auch mit Oxalsäure durchgeführt werden. 0,20 g Oxalsäure werden in der Hitze in 2 ml Wasser gelöst und abgekühlt. Im Reaktionsgefäß werden 4 ml Cernitratreagenz und 8 ml Wasser vermischt. Die Oxalsäurelösung wird zugegeben und das Reaktionsgefäß verschlossen. Es muß vorsichtig gerührt werden, da sonst zu starkes Schäumen eintritt. Der sich bildende ockerfarbene Niederschlag wird abfiltriert. Das farblose Filtrat enthält meist etwas pulverigen Niederschlag, der aber nicht mehr abgetrennt werden muß. Die überstehende Lösung kann für die Tests gut abpipettiert werden.

Variante B

Bild 27.11

Der Vorteil der Variante B liegt in ihrem geringeren Aufwand. Es wird kein Magnetrührer, dafür aber manuelles Geschick verlangt.

In ein 100-ml-Becherglas (weite Form) wird mit Hilfe eines Drahtes ein Flaschendeckel so tief eingehängt, daß sich dessen Boden im Bereich der 60 ml Marke (nicht tiefer!) befindet. Zu diesem Zweck wird der Flaschendeckel am Draht befestigt und der Draht dann um den oberen Becherglasrand gelegt.

In den Flaschendeckel werden 2,5 ml Barytwasser gefüllt. Ins Becherglas werden 10 Tropfen Milchsäure oder 6 Tropfen Brenztraubensäure, 16 ml Wasser und 8 ml Cernitratreagenz gegeben. Im Fall von Oxalsäure werden 0,70 g Edukt in der Hitze in 16 ml Wasser gelöst und nach dem Abkühlen im Reaktionsgefäß mit 8 ml Cernitratreagenz versetzt.

Das Becherglas wird am besten mit den Fingern von oben festgehalten (nicht das ganze Becherglas in die Handfläche nehmen) und kreisend 60 Sekunden lang geschwenkt (vorher mit 24 ml Wasser üben; Blindprobe). Ist noch keine Entfärbung des Reaktionsgemisches eingetreten, muß weiter geschwenkt werden bzw. weiteres Edukt zugetropft werden (aber kein Tropfen mehr als zur Entfärbung benötigt wird!).

Dann wird der Inhalt des Flaschendeckels in ein leeres Reagenzglas überführt, um auf eine eventuelle Trübung zu untersuchen.

Mit dem Reaktionsgemisch wird nach kräftigem Umrühren mit einem Glasstab entsprechend Variante A verfahren.

Im Fall von Milchsäure stört der unangenehme Acetaldehydgeruch etwas beim Schwenken.

Zusatzversuch

Um vor Auswertung der Umsetzungen festzustellen, ob das Cernitratreagenz als Oxidations- oder Reduktionsmittel dient, kann sein Verhalten gegenüber dem bekannten Reduktionsmittel Natriumborhydrid und dem bekannten Oxidationsmittel Fehlingreagenz ermittelt werden. Im Vergleich dazu kann auch die Lösung eines farblosen Cer(III)-Salzes (entsteht bei den oxidativen Decarboxylierungen ebenfalls als Produkt) eingesetzt werden.

Zum einen werden zu 2 ml verdünntem, gelbem Cernitratreagenz (1 ml unverdünntes Reagenz + 2 ml Wasser) und zu 2 ml farbloser Cersalzlösung (Stammlösung: 27,2 g Cer-

(III)-chlorid in 100 ml Salpetersäure ($c(HNO_3)$ = 2 mol/l); 1 ml Stammlösung + 2 ml Wasser) langsam 10 Tropfen Natriumborhydridlösung (1,7 g $NaBH_4$ in 20 ml Wasser) getropft. Vorsicht! Es tritt Schäumen ein.

Zum anderen wird der Fehlingtest mit den beiden verdünnten Cersalzlösungen durchgeführt.

Ergebnisse

Bei Einsatz von Milchsäure, Brenztraubensäure und Oxalsäure entsteht ein Gas, das mit Barytwasser zu einer dicken, weißen Trübung führt. Bei Durchführung der Variante A befindet sich im ersten kleinen Reagenzglas noch ein beträchtliches Volumen an verdrängter Luft, so daß die Trübung manchmal nur sehr schwach ist. Auch wenn das zweite kleine Reagenzglas nicht mehr ganz mit Gas gefüllt ist, tritt hier dicke Trübung auf. Die Blindprobe bei Variante B zeigt, daß die erhaltenen Trübungen nicht durch das Schwenken des Becherglases an der Luft hervorgerufen werden. Im Rahmen von Decarboxylierungen ist also Kohlendioxid freigeworden.

Mit Milchsäure tritt kurzzeitige Rotfärbung der zuvor gelben Lösung ein. Die Reaktionsansätze werden schließlich farblos (bei Einsatz von Oxalsäure entsteht allerdings ein gelber Niederschlag), was anzeigt, daß die gelbfärbenden Cer(IV)-Ionen zu nicht-färbenden Cer-(III)-Ionen reagiert haben. Diese Reduktion muß von einer Oxidation begleitet sein. Bei Einsatz von Milchsäure wird ein positiver DNPH-Test erhalten, bei Einsatz von Brenztraubensäure und Oxalsäure fallen die angewendeten Tests negativ aus. Unter Einbeziehung der Geruchsprobe kann Acetaldehyd als Produkt der Milchsäureumsetzung identifiziert werden.

Bei der Umsetzung von Brenztraubensäure und Oxalsäure entsteht kein Aldehyd/Keton, kein Ester und kein Alkohol. Ob eine Carbonsäure entsteht, kann nicht geklärt werden.

Der Zusatzversuch zeigt, daß die gelbe Cernitratlösung durch Natriumborhydridlösung entfärbt wird, die farblose Cersalzlösung hingegen nicht gelb wird. Die gelbe Cernitratlösung kann reduziert werden, also selbst als Oxidationsmittel fungieren.

Beim Fehlingtest tritt mit der gelben Cersalzlösung Grünfärbung auf (Mischfarbe aus Blau und Gelb), die Lösung bleibt klar. Mit der farblosen Cersalzlösung entsteht ein roter Niederschlag. Die nicht-färbenden Cerionen sind also oxidierbar und stellen damit gegenüber den gelbfärbenden Cerionen die reduzierte Form dar.

Deutung

Für die Umsetzung von Milchsäure, Brenztraubensäure und Oxalsäure mit Cer(IV)-Salz lassen sich die folgenden Gleichungen angeben:

(I) $H_3C{-}CH{-}C\overset{O}{\underset{OH}{\diagdown}} + 2\,Ce^{4+} \longrightarrow H_3C{-}C\overset{O}{\underset{H}{\diagdown}} + CO_2 + 2\,Ce^{3+} + 2\,H^+$
      $\quad\quad\quad |$
      $\quad\quad\,OH$

(II) $H_3C{-}\underset{O}{\overset{||}{C}}{-}C\overset{O}{\underset{OH}{\diagdown}} + 2\,Ce^{4+} + H_2O \longrightarrow H_3C{-}C\overset{O}{\underset{OH}{\diagdown}} + CO_2 + 2\,Ce^{3+} + 2\,H^+$

(III)
$$\underset{\underset{OH}{|}}{\overset{\overset{O}{\|}}{C}}-\underset{\underset{OH}{|}}{\overset{\overset{O}{\|}}{C}} \quad + 2\,Ce^{4+} \quad \longrightarrow \quad 2\,CO_2 \; + 2\,Ce^{3+} \; + 2\,H^+$$

Die kurzzeitige Rotfärbung mit Milchsäure ist auf die für Alkohole typische Liganden-austauschreaktion zurückzuführen (LAATSCH 1988, S. 59):

(IV) $[Ce(NO_3)_6]^{2-} \; + \; ROH \; + \; H_2O \; \rightleftharpoons \; [Ce(NO_3)_5(OR)]^{2-} \; + \; NO_3^- \; + \; H_3O^+$

Durch die sich anschließende oxidative Decarboxylierung kommt es zur Entfärbung.

Ho (1973) sowie KEMP und WATERS (1964) geben einen Mechanismus für die oxidative Decarboxylierung von α-Hydroxycarbonsäuren mit Ammoniumcer(IV)-nitrat an.

Experiment 11: Isolierung und Nachweis von Citronensäure

WOLTER (1984) gibt an, daß schon vor zweihundert Jahren Citronensäure aus Zitronen gewonnen wurde. Für die Darstellung von 1 Tonne Citronensäure wurden 30 Tonnen Zitronen verwendet. Nach MELOEFSKI und RAUCHFUSS (1983) enthält der Zitronensaft 4,3–8,5 % Citronensäure.

Heute wird ein Großteil der Citronensäure mikrobiell aus Zucker gewonnen (WOLTER 1984).

Außer in Zitronen kommt Citronensäure z.B. in Johannisbeeren, Tomaten, Paprika, Milch, Muskel, Knochen und Haaren vor (POHLOUDEK-FABINI 1955).

Bevor der Isolierung von Citronensäure aus Zitronen nachgegangen wird, soll eine geeignete Vorschrift zu ihrer chromatographischen Identifizierung dargestellt werden.

Experiment 11a: Chromatographischer Nachweis von Citronensäure

Versuchsvorschrift

Mit dem Bleistift wird auf dem 21 cm x 13 cm großen Chromatographiepapier MN 260 (Machery-Nagel, Düren; mittelschnell-saugend) in ca. 1,5 cm Abstand vom unteren Rand parallel zur längeren Kante eine dünne Linie gezogen. Auf dieser Linie werden im Abstand von ca. 2 cm (auf jeden Fall 2 cm vom rechten und linken Papierrand entfernt!) maximal 9 Punkte markiert und mit den Ziffern 1–9 beschriftet. Auf die Markierungspunkte können mit Hilfe von Glaskapillaren z.B. folgende Stoffe bzw. Stoffgemische aufgetragen werden:

1 = Glycolsäure   (0,5 g + 10 ml Wasser)

2 = Milchsäure   (0,5 g + 10 ml Wasser)

3 = Citronensäure   (0,5 g + 10 ml Wasser)

4 = Mischung aus Glycol- und Milchsäure

5 = Mischung aus Glycol- und Citronensäure

6 = Mischung aus Milch- und Citronensäure

7 = Mischung aus Glycol-, Milch- und Citronensäure

8 = Produktlösung 1   (siehe Experiment 11b; 0,10 g isoliertes Produkt + 1 ml Wasser)

9 = Produktlösung 2   (0,5 ml Produktlösung 1 + 0,5 ml Wasser)

Die Mischungen werden so angesetzt, daß in ihnen jede Komponente so konzentriert wie in den Lösungen der Reinstoffe vorliegt.

Zum Zwecke des Auftragens wird die jeweilige Probelösung mit der Glaskapillare angesaugt. Die Kapillare wird anschließend mit dem Zeigefinger oben verschlossen und solange auf den entsprechenden Markierungspunkt gesetzt, bis ein Flecken von ca. 0,5 cm Durchmesser entsteht. Nach Eintrocknen der Flecken wird in gleicher Weise ein zweites Mal Probelösung aufgetragen.

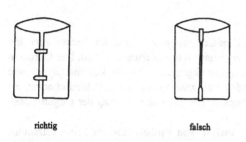

richtig   falsch   **Bild 27.12**

Das Chromatographiepapier wird nun zu einem Zylinder geformt und mit zwei Büroklammern in dieser Form gehalten.

Die Papierenden sollten sich nicht berühren.

Nach dem Trocknen der Probeflecken wird der Zylinder in ein Einmachglas (Abzug!) gestellt, das 50 ml Laufmittel enthält und sofort wieder verschlossen wird. Das Laufmittel besteht aus 30 ml 1-Propanol, 15 ml 25 %iger Ammoniaklösung und 5 ml Wasser (nach CRAMER 1953).

Nach 70–75 Minuten wird der Zylinder aus dem Einmachglas genommen und getrocknet (Abzug!). Das Trocknen kann mit Hilfe eines Föns beschleunigt werden.

Als Sprühreagenz kann BTB-Lösung (1 Volumenteil BTB-Reagenz (0,02 g Bromthymolblau und 0,6 g Natriumhydroxid in 100 ml vergälltem Ethanol gelöst) + 3 Volumenteile vergälltes Ethanol) und Cernitratlösung (1 Volumenteil Cernitratreagenz (40 g Ammoniumcer(IV)-nitrat in 100 ml Salpetersäure der Konzentration 2 mol/l gelöst) + 6 Volumenteile Wasser) verwendet werden.

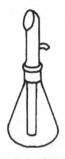

Bild 27.13

Auf eine Hebebühne wird Fließpapier und darauf das Chromatogramm gelegt. Mit Stickstoff als Treibgas wird das Chromatogramm solange mit der Cernitratlösung besprüht, bis Gelbfärbung erkennbar wird. Ein anderes Chromatogramm wird solange mit BTB-Reagenz besprüht, bis eine schwach blaue Hintergrundfarbe entsteht.

Der Zeitbedarf für die gesamte Versuchsdurchführung übersteigt auch eine Schuldoppelstunde. Es ist aber möglich, den Versuch nach Herausnehmen der Chromatogramme aus dem Einmachglas abzubrechen und die Chromatogramme eine Woche später zu besprühen. Das Ergebnis ist durch diese Maßnahme nicht beeinträchtigt. Außerdem besteht die Möglichkeit, die Probelösungen aufzutragen und die Chromatographie selbst erst nach einer Woche auszuführen. Hierbei treten aber zum Teil kleinere Substanzflecken auf, und beim Besprühen mit dem Cernitratreagenz sind die weißen Substanzflecken innen manchmal noch gelb gefärbt.

Ergebnisse

Bei Besprühung des Chromatogramms mit dem Cernitratreagenz sind die Flecken aller drei Hydroxycarbonsäuren (weiß auf gelbem Untergrund) sehr gut unterscheidbar. Der Citronensäureflecken ist deutlich von den übrigen Flecken abgetrennt. Die Flecken von Glycolsäure und Milchsäure berühren oder überschneiden sich zwar etwas, der Milchsäureflecken erscheint aber zeitlich vor dem Glycolsäureflecken. Die Zusammensetzung der aufgetragenen Carbonsäuremischungen ist gut erkennbar.

Mit dem BTB-Sprühreagenz sind bei Analyse von Probegemischen keine getrennten Flecken von Glycolsäure und Milchsäure, dafür aber ein entsprechend langgezogener Flekken erkennbar.

Die Citronensäure legt die kürzeste Wanderungsstrecke zurück, die Milchsäure die längste.

Experiment 11b: Isolierung der Citronensäure aus Zitronen

Die ersten Schritte der Isolierung sind an bekannten Versuchsvorschriften orientiert (KOCH 1981, MELOEFSKI und RAUCHFUSS 1983, SUMFLETH, KÜPPER und STACHELSCHEID 1987).

Versuchsvorschrift

Bild 27.14

Zunächst muß die Saugfiltration vorbereitet werden, da sie später möglichst schnell erfolgen muß. Ein Büchnertrichter, eine Saugflasche, Gukoringe und eine Wasserstrahlpumpe werden benötigt.

Der Papierrundfilter für den Büchnertrichter muß gut passen (evtl. aus einem größeren Filter zurechtschneiden).

Mit Hilfe einer Zitronenpresse wird der Saft von 2 *großen* oder entsprechend vielen kleinen Zitronen gewonnen (80–134 ml). Er wird in einem 250-ml-Becherglas mit 10 %iger Ammoniaklösung versetzt, bis die Lösung alkalisch reagiert (10–24 ml; mit Indikatorpapier testen). Der Saft nimmt dabei eine dunkler gelbe Farbe an. Dann wird durch ein Baumwolltuch filtriert. Es wird ein trüber Saft erhalten.

Zum Filtrat werden 17,5 ml Calciumchloridlösung gegeben (5,83 g $CaCl_2$ in 17,5 ml H_2O). Anschließend wird bis 80°C bei gutem Rühren auf dem Magnetrührer erhitzt (4–6 Minuten).

Der entstehende Niederschlag wird heiß im Wasserstrahlvakuum abfiltriert. (Es kann auch durch einen Faltenfilter abfiltriert werden, was aber lange dauert.) Das Filterpapier wird zu diesem Zweck zunächst mit wenigen Tropfen Wasser angefeuchtet und durch Anstellen der Wasserstrahlpumpe festgesaugt. Dann wird der Becherglasinhalt zugegossen. Es ist darauf zu achten, daß der Niederschlag möglichst vollständig in den Büchnertrichter überführt wird.

Der Niederschlag wird im Büchnertrichter zweimal mit ca. 90°C warmem Wasser gewaschen (Gummihandschuhe zum Schutz vor Verbrühungen tragen). Vor dem Abstellen der Wasserstrahlpumpe wird der Schlauch von der Saugflasche gelöst.

Der Niederschlag wird anschließend in einem Becherglas mit 20 ml Wasser aufgeschlämmt und in 1 ml-Schritten mit Schwefelsäure ($c(H_2SO_4)$ = 5 mol/l) versetzt, bis ein pH-Wert von 2 erreicht ist (2–7 ml). Sinkt der pH-Wert bis 1, so muß mit 10 %iger Ammoniaklösung wieder ein pH-Wert von 2 hergestellt werden. Die Mischung wird nun aufgekocht (2–4,5 Minuten) und nach kurzem Abkühlen durch einen Faltenfilter filtriert.

Das Filtrat wird in eine Kristallisierschale gegossen, die mit einer selbstklebenden Folie ausgekleidet ist, und 1 Woche lang offen stehengelassen.

Das Aussehen des Produktes ist variabel. Es kann eine zähe, farblose Substanz vorliegen, aber auch ein Gemisch aus klebriger, farbloser und aus weißer Substanz oder v.a. weiße Substanz. Das Produkt wird von der Folie abgekratzt, gut vermischt und gewogen (0,6–1,3 g).

Für die Papierchromatographie werden 0,10 g Produkt abgenommen und in 1 ml Wasser gelöst. Von dieser Lösung werden 0,5 ml abpipettiert und mit 0,5 ml Wasser verdünnt. Beide Konzentrationen werden auf das Chromatographiepapier aufgetragen (je 2x auf der gleichen Stelle auftragen!) und entsprechend der Vorschrift zu Experiment 11a zusammen mit den Referenzsubstanzen chromatographiert.

Der Rest des Produktes (aber nicht mehr als 1,5 g) wird in 5 ml Wasser gelöst. Eine nicht zu stark trübe Lösung kann direkt für die Nachweisreaktionen eingesetzt werden, stark trübe Lösungen müssen zuvor filtriert werden.

Hinweis

Damit die Vorschrift nicht unverstanden angewendet werden muß, wurden Reagenzglasversuche ausgearbeitet, aus denen die vorliegende Vorschrift sinngemäß abgeleitet werden kann (Experiment 39).

Ergebnisse

Das erhaltene Produkt zeigt alle Merkmale der Citronensäure. Von den Standardtests fallen nur der Cernitrattest (tiefrote bis kräftig orange Farbe, dann schnell Hellgelbfärbung), der BTB-Test und der Dichromattest positiv aus.

Auf den Papierchromatogrammen ist nach Besprühen mit dem Cernitratreagenz nur ein einziger weißer Flecken auf der Höhe der mitgelaufenen, authentischen Citronensäure zu finden, mit dem BTB-Reagenz ein einziger gelber Flecken auf der entsprechenden Höhe. Es ist also Citronensäure isoliert worden.

Deutung

Bei Zugabe von Ammoniaklösung geht die im Zitronensaft enthaltene Citronensäure in Citrat über.

$$
\text{(I)} \quad
\begin{array}{c}
H_2C-COOH \\
| \\
HO-C-COOH \\
| \\
H_2C-COOH
\end{array}
\ + 3\ OH^- \longrightarrow
\begin{array}{c}
H_2C-COO^- \\
| \\
HO-C-COO^- \\
| \\
H_2C-COO^-
\end{array}
\ + 3\ H_2O
$$

Mit Calciumionen bildet sich Calciumcitrat, das in der Hitze schwerer löslich ist als in der Kälte.

(II) $2\ \text{Citrat}^{3-} + 3\ Ca^{2+} \rightarrow Ca_3(\text{Citrat})_2\downarrow$

Um die Citronensäure wieder aus ihrem Salz zurückzugewinnen, wird Schwefelsäure zugegeben, die zur Bildung des noch schwerer löslichen Calciumsulfates führt.

(II) $Ca_3(\text{Citrat})_2 + H_2SO_4 \rightarrow 3\ CaSO_4 + 2\ \text{Citronensäure}$

Experiment 12: Umsetzung von Glycerin mit Fenton's Reagenz und chromatographische Untersuchung des Reaktionsgemisches

Die Oxidation von Glycerin zu Glycerinaldehyd und/oder Dihydroxyaceton ist eine didaktisch wichtige Reaktion, da sie eine Verbindung zwischen den Fetten und den Kohlenhydraten herstellt. Die bisher verwendeten Oxidationsmittel (Dichromat, Cernitrat) sind nicht geeignet, weil sie mit Triosen schnell weiterreagieren. Aus der Literatur ist ein anderes Synthesereagenz bekannt. FENTON entdeckte 1894 die oxidierende Wirkung eines Reagenzes aus Wasserstoffperoxid und Eisen(II)-Salz auf Weinsäure und in der Folgezeit auch die Wirkung auf andere α-Hydroxysäuren und 1,2-Glycole (GILMAN 1953). Nach GILMAN (1953) können mit dem Fenton-Reagenz Alkohole, Glycole, Aldehyde, Ether, Ester, Amine und auch Propionsäure, Benzol und Toluol oxidiert werden. FENTON und JACKSON (1899) geben eine Vorschrift für die Umsetzung von Glycerin mit dem Fenton-Reagenz an. Sie halten es für wahrscheinlich, daß hauptsächlich oder sogar ausschließlich Glycerinaldehyd entsteht. Wird Glycerin nur mit Wasserstoffperoxid oder mit Wasserstoffperoxid und einem Eisen(III)-Salz versetzt, so findet keine Reaktion statt.

Der Nachweis der entstehenden Triosen durch die Tests allein ist nicht eindeutig genug. Es wird zusätzlich ein chromatographisches Verfahren benötigt.

Experiment 12a: Chromatographischer Nachweis von Kohlenhydraten

Versuchsvorschrift

Auf einer 5 cm x 10 cm großen DC-Karte (z.B. DC-Alufolie Kieselgel 60 F 254 von Merck) wird 1 cm vom unteren Rand entfernt und parallel zur kürzeren Seite mit einem weichen Bleistift eine Linie gezeichnet. 5 Punkte werden markiert und beschriftet. Auf diese Punkte werden die folgenden Proben aufgetragen:

- Glycerinaldehydlösung (0,02 g Feststoff + 1 ml Wasser); 2x auftragen
- Dihydroxyacetonlösung (0,02 g Feststoff + 1 ml Wasser); 2x auftragen
- eingeengtes Reaktionsgemisch aus Experiment 12b; 2x auftragen
- eingeengtes Reaktionsgemisch; 3x auftragen
- eingeengtes Reaktionsgemisch; 4x auftragen

Die beim Auftragen entstehenden Flecken sollten so klein wie möglich sein (ca. 2–3 mm Durchmesser). Um möglichst wenig Probe aufzutragen, wird die Kapillare beim Aufsetzen auf die DC-Karte mit dem Zeigefinger oben verschlossen. Sobald die Flecken getrocknet sind, wird ein zweites Mal aufgetragen. Um die für eine aussagefähige Chromatographie geeignete Probemenge des Reaktionsgemisches zu finden, wird dieses 2x, 3x und 4x aufgetragen (nach jedem Auftragen die Flecken trocknen lassen). Nach dem Trocknen der Flecken wird die DC-Karte in ein als Chromatographietank dienendes Einmachglas gestellt, das ca. 40 ml des frisch angesetzten Fließmittels (Essigsäureethylester/2-Propanol/Eisessig/Wasser

= 65 : 24 : 4 : 5) enthält. Das Fließmittel wurde ausgehend von Angaben bei MELOEFSKI und RAUCHFUSS (1983, S. 40) optimiert.

Nach ca. 27–30 Minuten befindet sich die Fließmittelfront 1 cm unterhalb des oberen Kartenrandes. Die Karte wird nun getrocknet (evtl. mit Fön) und mit dem frisch hergestellten Reagenz aus 1 ml Anisaldehyd, 50 ml Eisessig und 1 ml konz. Schwefelsäure im Abzug besprüht (Reagenz verändert nach MERCK 1970).

Ein Teil der hinteren Abzugwand wird mit Papier beklebt. An diesem Papier wird mit Hilfe eines Stückes Klebeband das Chromatogramm befestigt. Es wird mit einer Stickstoff-getriebenen Sprühvorrichtung, aus der ein feiner, gerade erkennbarer Nebel entweicht, be-sprüht. Das Besprühen wird dann beendet, wenn auf der DC-Karte erste feuchte Stellen sichtbar werden.

Nun wird die Karte solange im 90°C warmen Trockenschrank erhitzt, bis eine Färbung erkennbar wird (ca. 5–10 Minuten). Die Flecken werden mit einem Bleistift umrandet. Sie sind in der Regel relativ hell gefärbt, aber gut erkennbar. Bei zu schwacher Färbung kann ein Nachsprühen erforderlich werden.

Experiment 12b: Umsetzung von Glycerin mit Fenton's Reagenz

Versuchsvorschrift

Zunächst wird eine Lösung A aus 5 g Glycerin (86–88 %ig) und 0,2 g Eisen(II)-sulfatheptahydrat in 100 ml Wasser hergestellt. Die Lösung B wird aus 7,5 ml 30 %igem Wasserstoffperoxid und 92,5 ml Wasser erhalten. Die Lösungen A und B werden zusammengegossen, mit Hilfe eines Glasstabes gut durchmischt und ins Dunkle gestellt.

Nach abgelaufener Reaktionszeit (15 Minuten, 1 Tag oder 1 Woche) werden 20 ml des Reaktionsgemisches 15 Minuten lang unter Rühren in einer Porzellanschale eingeengt. Dies geschieht auf einem Magnetrührer bei voller Heizleistung. In der Regel bleibt genügend Flüssigkeit für die Durchführung der Nachweisreaktionen erhalten. Im Notfall muß der BTB-Test im halben Maßstab durchgeführt werden. Mit der eingeengten Lösung wird außerdem eine Dünnschichtchromatographie nach Experiment 12a durchgeführt.

Ergebnisse

Beim Zusammengeben der Lösungen A und B tritt sofort Orangefärbung auf. Das Reaktionsgemisch hat einen pH-Wert von 4. Innerhalb einer halben Stunde (meist nach 5–10 Minuten) tritt Trübung ein. Nach 1 Tag ist die Lösung gelb und klar mit einer geringen Menge an gelbbraunem Bodensatz. Der Bodensatz ist in manchen Ansätzen nach 2 Tagen verschwunden. Nach 2 Tagen werden nach Einengen der Lösung die folgenden Testergebnisse erhalten. Der Rojahntest fällt negativ aus; der BTB-Test, der DNPH-Test (in der Kälte), der Dichromattest und der Eisenchloridtest fallen positiv aus (beim Eisenchloridtest ist die untere Phase orangerot gefärbt). Beim Cernitrattest tritt mehr oder weniger kräftige Orangefärbung auf, die sich in 5 Minuten leicht abschwächt. Der Fehlingtest fällt bereits in der Kälte positiv aus (gelbgrüner bis oranger Niederschlag). Beim Iodoformtest zeigt sich leichte Trübung, die manchmal nach 5 Minuten ganz oder weitgehend verschwunden ist. Der pH-Wert des Reaktionsgemisches liegt bei 1–2.

Prinzipiell gleiche Ergebnisse werden nach 15 Minuten und 1 Woche erhalten. Nach 1 Woche ist der Iodoformtest allerdings negativ.

Aus dem Chromatogramm ist eindeutig Dihydroxyaceton als Produkt erkennbar. Über dem entsprechenden Flecken befindet sich noch ein bläulicher Flecken. Ob es sich hierbei um Glycolaldehyd handelt, konnte nicht eindeutig geklärt werden. Authentischer Glycolaldehyd wandert bei der Chromatographie genauso weit und wird vom Sprühreagenz intensiv blau gefärbt.

Da sich unter dem Dihydroxyacetonflecken manchmal noch ein ganz schwach gefärbter Streifen befindet, kann bei diesen Chromatogrammen das Vorhandensein ganz geringer Mengen Glycerinaldehyd nicht eindeutig ausgeschlossen werden.

Aus der Analytik läßt sich der Schluß ziehen, daß Dihydroxyaceton, eine niedere Carbonsäure (aus theoretischen Überlegungen heraus ist Ameisensäure wahrscheinlich) und noch mindestens eine weitere Substanz, die den leicht positiven Iodoformtest hervorruft, entstanden sind.

Deutung

DEN OTTER (1937) gibt folgendes Reaktionsschema an:

Glycerin → Glycerinaldehyd → Hydroxymethylglyoxal

Methylglyoxal ←——┘——→ Formaldehyd + Oxalsäure

Ameisensäure

Kohlendioxid

Dieses Schema erklärt zwar das Auftreten der Carbonsäure, nicht aber die des Dihydroxyacetons. Schon nach kurzer Reaktionsdauer kann kein (oder kaum) Glycerinaldehyd, dafür aber Dihydroxyaceton nachgewiesen werden.

Was den Mechanismus der Glycerinoxidation betrifft, so werden zunächst Hydroxylradikale gebildet, die das Glycerinmolekül angreifen. WALLING (1975) gibt eine Reaktionssequenz an.

(I) $H_2O_2 + Fe^{2+} \longrightarrow OH^- + \cdot OH + Fe^{3+}$

(II) $\cdot OH + Fe^{2+} \longrightarrow Fe^{3+} + OH^-$

(III) $\cdot OH + RH \longrightarrow H_2O + R\cdot$

Radikale, die z.B. eine α-ständige OH-Gruppe besitzen, werden von Fe^{3+} quantitativ oxidiert.

(IV) $R\bullet + Fe^{3+} \longrightarrow Fe^{2+} +$ Produkt

Geht man davon aus, daß Dihydroxyaceton ein Primärprodukt ist und nicht erst durch Folgereaktionen gebildet wird, so ergeben sich folgende Gleichungen:

(V)  $\bullet OH \; + \; \underset{\quad OH\,OH\;\;OH}{H_2C-CH-CH_2} \; \longrightarrow \; H_2O \; + \; \underset{\quad OH\,OH\,OH}{H_2C-\overset{\bullet}{C}-CH_2}$

(VI) 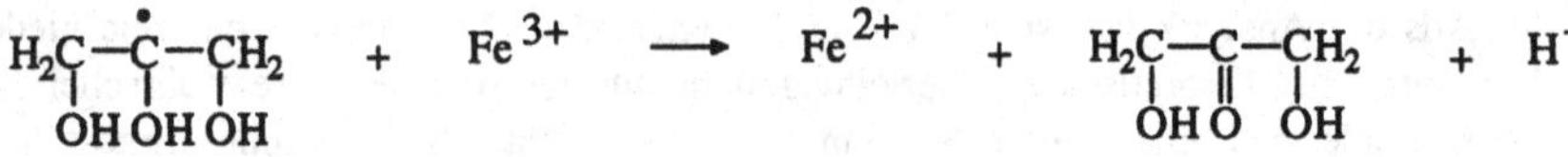 $\underset{OH\,OH\,OH}{H_2C-\overset{\bullet}{C}-CH_2} \; + \; Fe^{3+} \; \longrightarrow \; Fe^{2+} \; + \; \underset{\quad OH\;O\;\;\;OH}{H_2C-\overset{\|}{C}-CH_2} \; + \; H^+$

Experiment 13: Reaktion der Triosen mit Natronlauge (Hexosenbildung)

PREY et al. (1954) unterscheiden drei Reaktionsbereiche für die Einwirkung von Alkalien auf Triosen:

Im schwach alkalischen Milieu (Pyridin, Pyridin-Wasser) finden nur Isomerisierungen statt. In Lösungen, die bis zu 0,01 mol/l Natriumcarbonat enthalten, findet außerdem ein Aufbau von Hexosen, aber kein Abbau statt. Steigende Alkalinität führt zusätzlich zur Bildung von Milchsäure, Brenztraubensäure und flüchtigen Säuren (z.B. Ameisensäure und Essigsäure). Dihydroxyaceton bildet erst bei Behandlung mit Natronlauge der Konzentration 0,25 mol/l Milchsäure, Glycerinaldehyd schon bei Behandlung mit Natronlauge der Konzentration 0,01 mol/l, wobei aber die Hexosenbildung als Hauptreaktion angesehen wird. Nach OPPENHEIMER (1912) wird die Milchsäurebildung durch Temperaturerhöhung beschleunigt.

PFEIL und RUCKERT (1961) fanden durch papierchromatographische Analyse, daß bei der Umsetzung von Glycerinaldehyd mit Calciumhydroxid schnell Dihydroxyaceton gebildet wird. Calciumionen stellen gute Katalysatoren für die Reaktion dar. Beide Triosen reagieren miteinander zu Ketohexosen und zwar hauptsächlich zu Fructose und Sorbose.

Wird nur Dihydroxyaceton mit Lauge umgesetzt, so entsteht nach RUCKERT, PFEIL und SCHARF (1965) bevorzugt Dendroketose.

Versuchsvorschrift

Variante A

0,15 g Glycerinaldehyd bzw. ein Gemisch aus 0,075 g Glycerinaldehyd + 0,075 g Dihydroxyaceton werden bei Raumtemperatur in 10 ml Natronlauge, c(NaOH) = 0,04 mol/l, (mit Meßzylinder abmessen) gelöst und in ein 40 °C warmes Wasserbad gestellt. Nach 5 und 10 Minuten wird je 1 ml Probe (Meßpipette) entnommen und in ein Präparateglas, das 0,1 ml Schwefelsäure, c(H$_2$SO$_4$) = 0,2 mol/l, (Meßpipette) enthält, überführt.

Die Dünnschichtchromatographie wird mit Glucose, Fructose, Glycerinaldehyd und Dihydroxyaceton (evtl. auch Saccharose und Sorbose) als Referenzsubstanzen (je 0,02 g Substanz in 1 ml Wasser lösen; Glycerinaldehyd ist nur durch Erhitzen zu lösen) und mit den entnommenen Proben nach Experiment 12a durchgeführt. Alle Lösungen werden zweimal hintereinander auf denselben Punkt aufgetragen.

Mit den Proben wird außerdem zuerst der Glucotest und dann der Seliwanofftest (im halben Maßstab) durchgeführt.

Auf Glycerinaldehyd und Dihydroxyaceton (je 0,015 g in 1 ml Wasser) wird ebenfalls der Seliwanofftest angewendet, um Störungen durch die Triosen sicher ausschließen zu können.

Variante B

0,15 g Glycerinaldehyd bzw. ein Gemisch aus 0,075 g Glycerinaldehyd + 0,075 g Dihydroxyaceton werden in 10 ml Natronlauge, c(NaOH) = 0,04 mol/l, gelöst und bei Raumtemperatur stehengelassen. Nach 15 Minuten wird 1 ml Probe entnommen (Meßpipette) und in ein Präparateglas mit 0,1 ml (Meßpipette) Schwefelsäure, $c(H_2SO_4) = 0,2$ mol/l, überführt.

Die Dünnschichtchromatographie wird wie bei Variante A durchgeführt, die Probe des Reaktionsgemisches wird 2x und 3x aufgetragen. Der Gluco- und Seliwanofftest (halber Maßstab) werden angewendet.

Die Reaktion kann auch nach 1 Tag bis 1 Woche abgestoppt und ausgewertet werden. In der Zwischenzeit muß das Reaktionsgemisch aber in einem verschlossenen Gefäß aufbewahrt werden. Bei der Chromatographie wird die Probe dann 1x und 2x aufgetragen.

Blindproben mit Glycerinaldehyd und Dihydroxyaceton beim Seliwanofftest sind sinnvoll (siehe Variante A).

Ergebnisse

Für beide Umsetzungen ist nach Variante A im Chromatogramm keine Saccharose erkennbar, dafür aber Fructose (und ggf. Sorbose). Außerdem ist bei der Umsetzung von Glycerinaldehyd mit Natronlauge auch das zwischenzeitlich vorhandene Dihydroxyaceton zu erkennen, wenn auch z.T. sehr schwach. Der positive Seliwanofftest (Hellrot- bis Rotfärbung) deutet auf die Anwesenheit von mindestens einer Ketose hin, der negative Glucotest weist die Abwesenheit von Glucose nach. Ist die Sorbose im Unterricht bisher nicht eingeführt worden, wird nur Fructose als Produkt gefunden. Der Glucoseflecken wird durch das Sprühreagenz nicht oder nur ganz schwach angefärbt.

Nach 15-minütiger Einwirkung von Natronlauge (Variante B) läßt sich Fructose (und ggf. Sorbose) im Chromatogramm und beim Seliwanofftest nachweisen, aber keine Saccharose und Glucose (Glucotest negativ). Die Bildung von Dihydroxyaceton bei der Umsetzung von Glycerinaldehyd ist meistens nicht oder schlecht zu erkennen.

Wertet man die Proben der Variante B erst nach 1 Tag bis 1 Woche aus, erhält man ähnliche Ergebnisse. Es sind allerdings keine Triosen mehr vorhanden, und der Glucotest kann mehr oder weniger deutlich positiv ausfallen.

Glycerinaldehyd- und Dihydroxyacetonlösungen der angegebenen Konzentration führen beim Seliwanofftest nur zu einer ganz leichten Rosafärbung. Im Reaktionsgemisch vorliegende Triosen können also nicht für dessen positiven Seliwanofftest verantwortlich sein.

Deutung

Bei der Umsetzung von Glycerinaldehyd mit Natronlauge erfolgt zunächst eine Isomerisierung zu Dihydroxyaceton (Mechanismus nach DANZ 1963).

Glycerinaldehyd und Dihydroxyaceton reagieren im Rahmen einer Aldolreaktion zu Fructose und Sorbose:

(II)

$$
\begin{array}{c}
CH_2OH \\
| \\
C=O \\
| \\
CH_2OH
\end{array}
\xrightarrow[- H_2O]{OH^-}
\begin{array}{c}
CH_2OH \\
| \\
C=O \\
| \\
CHOH
\end{array}
$$

(III)

$$
\begin{array}{c}
H \quad O \\
\diagdown \diagup \\
C \\
| \\
H—C—OH \\
| \\
CH_2OH
\end{array}
+
\begin{array}{c}
CH_2OH \\
| \\
C=O \\
| \\
CHOH
\end{array}
\xrightarrow{\pm H^+}
\begin{array}{c}
CH_2OH \\
| \\
C=O \\
| \\
HO—C—H \\
| \\
H—C—OH \\
| \\
H—C—OH \\
| \\
CH_2OH
\end{array}
\quad und \quad
\begin{array}{c}
CH_2OH \\
| \\
C=O \\
| \\
H—C—OH \\
| \\
HO—C—H \\
| \\
H—C—OH \\
| \\
CH_2OH
\end{array}
$$

Die Begünstigung bestimmter stereoisomerer Formen erklären RUCKERT, PFEIL und SCHARF (1965) damit, daß die Reaktionspartner während der Umsetzung an ein Metallion komplex gebunden sind. Es liegt ein Hydroxy-Oxo-Komplex mit Metallzentralatom vor.

Die Hexosen zeigen keine weiteren Aldolreaktionen, weil ihre Moleküle v.a. als ringförmige Halbacetale vorliegen.

Experiment 14: Reaktionsbeziehungen zwischen Glucose, Fructose und Saccharose

Versuchsvorschrift

1 g Glucose, Fructose und Saccharose werden in je 10 ml Wasser gelöst. Die drei Lösungen werden mit je 1 Tropfen Natronlauge (c(NaOH) = 3 mol/l) versetzt und nach Schütteln der mit einem Stopfen verschlossenen Reagenzgläser 5 Minuten lang in ein siedendes Wasserbad gestellt (Stopfen vorher entfernen!). Nach Abkühlen unter fließendem Wasser wird 1 Tropfen Schwefelsäure (c(H$_2$SO$_4$) = 1,5 mol/l) zu jedem Ansatz hinzugefügt; die wiederum mit Stopfen verschlossenen Reagenzgläser werden geschüttelt. Auf die Reaktionsgemische können der Glucotest, Fehlingtest, Seliwanofftest und Selendioxidtest (Experiment 27) angewendet werden.

Der Versuch wird wiederholt, diesmal wird aber zu 10 ml jeder Kohlenhydratlösung 1 Tropfen Schwefelsäure (c(H$_2$SO$_4$) = 1,5 mol/l) zugesetzt. Nach Erhitzen im siedenden Wasserbad und Neutralisieren mit 1 Tropfen Natronlauge (c(NaOH) = 3 mol/l) werden die vier Kohlenhydrattests durchgeführt.

Die Ansätze Glucose + Natronlauge, Fructose + Natronlauge und Fructose + Schwefelsäure werden dünnschichtchromatographisch nach Experiment 12a untersucht. Als Referenzproben werden Glucose, Fructose und Saccharose (0,2 g + 10 ml) 2x aufgetragen. 1 Volumenteil der Reaktionsgemische wird mit 2 und 3 Volumenteilen Wasser verdünnt (um den geeigneten Konzentrationsbereich zu finden) und dann 1x aufgetragen.

Ergebnisse

Die Ergebnisse sind in Tabelle 27.2 zusammengefaßt.

Tabelle 27.2 Ergebnisse der Einwirkung von Natronlauge und Schwefelsäure auf verschiedene Kohlenhydrate

	G+NaOH	G+H$_2$SO$_4$	F+NaOH	F+H$_2$SO$_4$	S+NaOH	S+H$_2$SO$_4$
Glucotest	+ 5%	+ 5%	+ 1%	−	−	+ 5%
Fehlingtest	+	+	+	+	−	+
Seliwanofftest	+	−	+	+	+	+
Selendioxidtest	+	−	+	+	−	+
mögliche Stoffe	G/F/S	G	G/F/S	F/S	S	G/F/S
DC	kein S	−	kein S	kein S	−	−
nachgewiesene Stoffe	G/F	G	G/F	F	S	G/F evtl. S

Anmerkungen zur Tabelle 27.2:
G: Glucose
F: Fructose
S: Saccharose
DC: Dünnschichtchromatographie

Bei den Ansätzen von Glucose und Fructose mit Natronlauge wird das Reaktionsgemisch zunächst gelb und nach Zugabe von Schwefelsäure fast farblos.

Deutung

Die Isomerisierung zwischen Glucose und Fructose läßt sich nach dem schon bei Experiment 13 angeführten Mechanismus deuten.

Saccharose ist ein Acetal, bei dem die halbacetalischen Hydroxylgruppen der Glucose und Fructose miteinander reagiert haben. Nur im sauren Milieu kann eine Acetalspaltung in Glucose und Fructose erfolgen.

Experiment 15: Stärkespaltung

Versuchsvorschrift

1 g lösliche Stärke wird in einem Reagenzglas mit 10 ml Wasser versetzt. Mit aufgesetztem Stopfen wird gut geschüttelt. Dann werden 5 ml Schwefelsäure ($c(H_2SO_4) = 1,5$ mol/l) zugegeben. Es wird erneut mit aufgesetztem Stopfen geschüttelt. Nach Entfernen des Stopfens wird der Ansatz 10 Minuten lang in ein siedendes Wasserbad gestellt.

Nach abgelaufener Reaktionszeit wird die Reaktionsmischung unter fließendem Wasser abgekühlt und unter Zuhilfenahme von Indikatorpapier sorgfältig in einem Becherglas mit Natronlauge ($c(NaOH) = 3$ mol/l) neutralisiert (der Glucotest benötigt ein annähernd neutrales Milieu). Mit der Lösung werden der Glucotest, Fehlingtest, Seliwanofftest, Selendioxidtest und Iodkaliumiodidtest (Experiment 27) durchgeführt.

Ergebnisse

Der Glucotest (0,25–1 % Glucose) und der Fehlingtest fallen mit dem neutralisierten Reaktionsgemisch deutlich positiv aus, die anderen Tests negativ. Die Stärke ist also den Testausfällen zufolge vollständig in Glucose umgewandelt worden.

Deutung

Stärke ist ein Polysaccharid aus α-D-Glucose-Einheiten, die acetalartig verknüpft sind. Im sauren wäßrigen Milieu kommt es zur Acetalspaltung. Über größere Bruchstücke entsteht schließlich Glucose.

Experiment 16: Cellulosespaltung

Die Vorschrift von JUST und HRADETZKY (1987, S. 355) wurde modifiziert und auf weitere Edukte übertragen.

Versuchsvorschrift

Im kleinen Mörser (ca. 8 cm Durchmesser) werden 1 g gepulverte Cellulose oder 1 g Watte oder 1 g zerkleinertes Filterpapier mit 5 ml Schwefelsäure ($c(H_2SO_4)$ = 15 mol/l) versetzt. Die Schwefelsäure wird zu diesem Zweck mit einer Pipette gut über die Proben verteilt. Dann wird solange gemörsert (ca. 2–3 Minuten), bis ein zähflüssiger Brei entsteht, den man in ein Becherglas, das 50 ml Wasser enthält, fließen lassen kann. Man kann die Überführung ins Becherglas mit einem Spatel unterstützen. Der Brei hat eine hellbraune bis rosa Farbe. Schwierig ist das Zermörsern von Filterpapier, das auf keinen Fall im Schülerversuch durchgeführt werden sollte. Es kommt nämlich leicht zum Herausspritzen von Säure. Es bleiben nicht völlig zermörserte Papierschnitzel übrig, die aber nicht von der Mörserwand abgekratzt werden. Mit dem Brei ins Becherglas gelangte Papierschnitzel stören nicht. Nun wird das Becherglas mit einem Uhrglas abgedeckt. Es wird 30 Minuten lang unter Rühren und bei voller Heizleistung des Magnetrührers erhitzt. Das Reaktionsgemisch ist anschließend fast farblos bis dunkelgelb oder sogar bräunlich. Sind nur noch weniger als 30 ml Flüssigkeit im Becherglas, so wird mit Wasser bis zur 30-ml-Marke aufgefüllt.

Das Reaktionsgemisch wird etwas abgekühlt und mit Natronlauge ($c(NaOH)$ = 10 mol/l) unter Zuhilfenahme von Indikatorpapier ungefähr neutralisiert. Nach erneutem Abkühlen werden der Glucotest, Fehlingtest, Seliwanofftest, Selendioxidtest und Iodkaliumiodidtest (Experiment 27) durchgeführt.

Ergebnisse

Mit dem neutralisierten Reaktionsgemisch aller drei Edukte (gepulverte Cellulose, Watte, Filterpapier) fallen der Glucotest (0,25–1 %) und der Fehlingtest (roter Niederschlag) deutlich positiv aus; der Selendioxid- und Iodkaliumiodidtest fallen eindeutig negativ aus. Beim Seliwanofftest tritt mehr oder weniger leichte Rotfärbung auf. Der Test könnte zum Teil als leicht positiv bewertet werden. Auf jeden Fall ist Glucose nachweisbar.

Deutung

Cellulose ist ein Polysaccharid aus β-D-Glucoseeinheiten, die acetalartig verknüpft sind. Im wäßrigen sauren Milieu erfolgt Acetalspaltung unter Freisetzung von Glucose. Watte und Filterpapier bestehen aus Cellulose.

Der leicht positive Seliwanofftest ist darauf zurückzuführen, daß beim Erwärmen von Glucose in saurer Lösung Wasser abgespalten wird und sich Hydroxymethylfurfural bildet, das direkt mit dem Resorcin des Seliwanoffreagenzes einen Farbstoff bilden kann.

Experiment 17: Alkoholische Gärung

Versuchsvorschrift

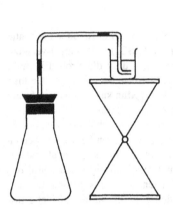
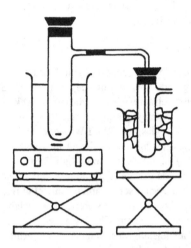

Bild 27.15

In den 250-ml-Erlenmeyerkolben werden 30 g Glucose oder Fructose oder Saccharose ein-gewogen und in 100 ml Wasser gelöst. Dann werden 7,5 g in erbsengroße Stücke zerkleiner-te, frische Bäckerhefe zugegeben. Zur Durchmischung wird der Erlenmeyerkolben gut ge-schwenkt.

In das 50 ml Becherglas werden 15 ml Barytwasser (4 g Bariumhydroxid mit 100 ml Wasser kräftig verrühren und abfiltrieren) gefüllt. Nach Zusammenbau der Apparatur wird die Oberfläche des Becherglases mit Alufolie abgedeckt.

Nach ca. 15 Minuten steigen im Becherglas einzelne Bläschen auf. Ist dies nicht der Fall, so muß überprüft werden, ob die Apparatur dicht ist. Oft hilft auch ein nochmaliges Schüt-teln des Erlenmeyerkolbens, ohne daß die Apparatur auseinandergebaut wird.

Nach 1 Woche wird die Gärsuspension durch einen Faltenfilter filtriert. Ca. 80 ml Filtrat werden in die Destillationsapparatur gefüllt (nur bis 4 cm unterhalb des Ansatzes füllen!). Das auf ca. 70°C vorheizte Wasserbad wird zum Sieden gebracht (oben um die Apparatur herum mit Alufolie abdecken). Es wird 10 Minuten lang destilliert (ca. 5,5 ml Destillat sind für alle Tests nötig). In der Zeit muß die Apparatur beobachtet werden, da in seltenen Fällen ein so starkes Schäumen einsetzt, daß das Wasserbad mit Hilfe der Hebebühne etwas tiefer gesetzt werden muß, um ein Überschäumen in die Vorlage zu vermeiden.

Das Destillat wird anhand der Nachweisreaktionen untersucht. Ist der Kupfersulfattest den Lernenden bekannt, kann er ebenfalls angewendet werden.

Der Gärversuch kann auch mit Stärke durchgeführt werden, allerdings nicht in so hoher Konzentration. 100 ml 2 %ige Stärkelösung (in der Hitze gelöst und abgekühlt) werden mit 7,5 g zerkleinerter Hefe versetzt. Es wird wie bei den Zuckeransätzen verfahren.

Da auch nach 1 Woche keine Gasentwicklung auftritt, wird keine Destillation durchge-führt.

Ergebnisse

Ca. 15 Minuten nach Zusammengabe von Kohlenhydratlösung (Glucose, Fructose, Saccharose) und Hefe werden einzelne Blasen im Barytwasser erkennbar. Nach 2 Stunden ist ein dicker, weißer Niederschlag zu sehen. Der Niederschlag hat sich nach 1 Woche abgesetzt. Beim Stärkeansatz tritt weder Bläschenbildung noch Trübung mit Barytwasser ein. Nur an der Becherglasoberfläche ist eine dünne weiße Schicht zu erkennen.

Der Stärkeansatz zeigt keine Gasentwicklung und nach 1 Woche Schimmelbildung. Bei allen anderen Ansätzen hat sich die Hefe unten abgesetzt. Zum Teil ist noch leichte Bläschenbildung vorhanden.

Durch Destillation werden 6–12 ml Produkt mit hefeartigem Geruch gewonnen. Der Cernitrat-, Iodoform- und Dichromattest fallen positiv aus, was mit Ethanol als Produkt zu vereinbaren ist (allerdings auch mit 2-Propanol). Alle anderen Tests fallen negativ aus, auch der Kupfersulfattest.

Deutung

Bei der alkoholischen Gärung werden Glucose und Fructose nach Phosphorylierung über mehrere Stufen zu Ethanol und Kohlendioxid abgebaut.

(I) $C_6H_{12}O_6 \longrightarrow 2\,C_2H_5OH + 2\,CO_2$

Glucose- und fructosehaltige Kohlenhydrate können dann von der Hefe vergoren werden, wenn sie durch die Plasmamembran der Hefezellen ins Zellinnere eindringen können, d.h. die entsprechenden Carrier vorhanden und aktiv sind und die Enzyme für die Spaltung vorhanden sind.

LEIENBACH (1990) gibt an, daß Stärke von der Bäckerhefe nicht vergoren werden kann, weil der Hefe die notwendigen Enzyme (Amylasen und Phosphorylasen) fehlen.

Experiment 18: Umwandlung von Palmin in Seife

Versuchsvorschrift

Im 400-ml-Becherglas (hohe Form) werden 10 g Palmin mit 5 ml Wasser versetzt und unter leichtem Rühren geschmolzen (2–3 min). Es ist unbedingt notwendig, ein 400-ml-Becherglas (hohe Form) und einen 5 cm langen (!) Rührfisch zu verwenden, da es sonst zu einer ungenügenden Durchmischung und damit zu starkem Spritzen kommt.

Dann werden innerhalb von ca. 30 Sekunden 10 ml Natronlauge (c(NaOH) = 5 mol/l) aus einem Meßzylinder zugegeben. Unter gutem Rühren (Einstellung bei IKAMAG RCT auf ¼ Stärke) wird solange bei voller Heizleistung des Magnetrührers erhitzt, bis eine feste Masse entsteht (ca. 11–15 Minuten). Das Becherglas muß dann schnell von der Heizplatte genommen werden (nur oben am Rand anfassen). Nach Abkühlen wird der Inhalt mit Hilfe eines Spatels in eine Petrischale überführt. Obwohl bei dieser Versuchsdurchführung normalerweise kein starkes Spritzen auftritt, muß unbedingt eine Schutzbrille getragen werden.

Die Eigenschaften des Produktes werden festgestellt und mit denen von Wasser, Palmin und gekaufter Seife verglichen. Die Fettfleckprobe, der Schaumtest und der Aktivkohletest werden auf Produkt, Wasser, Palmin und gekaufte Seife angewendet, der Test der Reinigungswirkung nur auf Produkt, Wasser und gekaufte Seife.

Die Versuchsanleitung für die 4 Tests entspricht dem Experiment 26.

Ergebnisse

Das erhaltene, weiße Produkt ist bröckelig und fühlt sich seifig an. Wasser zeigt mit allen vier Tests einen negativen Ausfall, Palmin zeigt nur positive Fettfleckprobe, und die gekaufte Seife wie auch das Produkt zeigen positiven Schaumtest, Aktivkohletest und Reinigungswirkungstest. Das erhaltene Produkt hat also die Eigenschaften von Seifen.

Deutung

Das eingesetzte Fett ist ein Triglycerid, ein dreifacher Ester des Glycerins. Im alkalischen Milieu findet Hydrolyse statt, bei der Glycerin und Fettsäuresalze freiwerden. Die Alkalisalze der Fettsäuren sind die Seifen.

Experiment 19: Spaltung von Olivenöl

Versuchsvorschrift

Variante A

In einem großen Reagenzglas werden 4 ml Olivenöl mit 4 ml 1-Propanol, 8 ml Natronlauge (c(NaOH) = 3 mol/l) und 2–3 Siedesteinchen versetzt. Nach Schütteln wird das Reagenzglas solange ins siedende Wasserbad gestellt, bis gut erkennbar eine klare, einphasige Lösung entsteht (ca. 2–3 Minuten). Das Reaktionsgemisch wird unter fließendem Wasser abgekühlt. Es werden der Cernitrattest, Kupfersulfattest, Schaumtest (direkt 0,5 ml der alkalischen Lösung mit 10 ml Wasser schütteln), Aktivkohletest und der Rojahntest mit 1-Propanol anstelle von Ethanol als Lösungsvermittler (Probe zuerst mit ca. 22 Tropfen Salzsäure, c(HCl) = 0,5 mol/l, entfärben) durchgeführt (Experiment 25 und 26).

Variante B

In einem großen Reagenzglas werden 8 ml Olivenöl mit 8 ml 1-Propanol, 16 ml Natronlauge (c(NaOH) = 3 mol/l) und 2–3 Siedesteinchen versetzt. Nach Schütteln wird das Reagenzglas solange ins siedende Wasserbad gestellt, bis gut erkennbar eine klare, einphasige Lösung entsteht (ca. 3–5 Minuten). Das Reaktionsgemisch wird unter fließendem Wasser abgekühlt; 16 ml Schwefelsäure (c(H$_2$SO$_4$) = 1,5 mol/l) werden zugegeben. Das Reagenzglas wird anschließend mit einem Stopfen verschlossen und dreimal vorsichtig um 180° gedreht (Stopfen gut festhalten!). Dann wird der Stopfen vorsichtig entfernt. Die obere Phase (8,5–10,5 ml) wird in eine Porzellanschale pipettiert und 15 Minuten lang auf dem siedenden Wasserbad eingeengt. Mit der eingeengten oberen Phase und mit der unteren Phase werden der Cernitrattest, Kupfersulfattest, Schaumtest, Aktivkohletest, Rojahntest in 1-Propanol und evtl. der Bromtest durchgeführt (Experiment 25 und 26). Die Tests sollten mit der oberen Phase möglichst bald nach dem Einengen erfolgen, da später das eingeengte Reaktionsgemisch fest wird.

Hinweis zu den Varianten A und B

Um sicherzustellen, daß die Dunkelblaufärbung beim Kupfersulfattest tatsächlich auf einen Alkohol und nicht auf einen Überschuß an Natronlauge zurückzuführen ist, kann als Blindprobe 1 ml Natronlauge mit 1 ml Kupfersulfatlösung versetzt werden. Es tritt keine Dunkelblaufärbung auf.

Ergebnisse

Variante A

Es wird eine gelbe, klare Lösung erhalten. Der Cernitrattest und der Kupfersulfattest fallen positiv aus. Neben nicht verdampftem 1-Propanol ist also Glycerin nachweisbar. Mit dem positiven Schaum- und Aktivkohletest sind Seifen (Salze der Fettsäuren) als Produkt identifiziert. Der Rojahntest fällt negativ aus. Olivenöl liegt nicht mehr vor.

Variante B

Nach der Zugabe von Schwefelsäure entstehen 2 Phasen: eine gelbe obere Phase und eine emulsionsartig trübe, farblose untere Phase. Die eingeengte obere Phase ist ebenfalls gelb gefärbt. Mit der oberen eingeengten Phase fallen der Schaumtest, der Aktivkohletest und der Bromtest positiv aus. In der oberen Phase sind also nur Seifen (u.a. ungesättigte Seifen) vorhanden.

Mit der unteren Phase fallen der Cernitrattest (leichte, aber erkennbare Orangefärbung) und der Kupfersulfattest positiv aus. Beim Schaumtest ist deutliche Schaumbildung zu erkennen, die aber geringer als mit der oberen Phase ist. Der Aktivkohletest fällt negativ bis leicht positiv aus. In der unteren Phase sind Glycerin und etwas Seife enthalten.

Deutung

Olivenöl ist ein Triglycerid, bei dem der Anteil an veresterter Ölsäure 64–80 % beträgt (QUIGLEY 1992). Bei der Behandlung mit Natronlauge erfolgt alkalische Hydrolyse. Die Alkalisalze der Fettsäuren sind Seifen.

Experiment 20: Herstellung von Seife aus Ölsäure

Versuchsvorschrift

In einem großen Reagenzglas (25 x 200) werden 4 ml Ölsäure mit 4 ml Natronlauge (c(NaOH) = 3 mol/l) versetzt und kurz geschüttelt.

Zum Nachweis der entstandenen Seife werden 30 ml Wasser zugegeben. Das Reagenzglas wird mit einem Stopfen verschlossen und gut geschüttelt. Der Aktivkohletest (Experiment 26) kann nur nach vorherigem Abfiltrieren des Reaktionsgemisches durch einen Faltenfilter durchgeführt werden, da Schaum und feste Partikel das Absinken der Aktivkohle behindern (10 ml Filtrat einsetzen).

Ergebnisse

Nach Zugabe von Natronlauge zur Ölsäure entsteht ein Niederschlag. Schütteln mit Wasser führt zu starker Schaumbildung. Beim Aktivkohletest kommt es zur Schwarzfärbung der gesamten Flüssigkeit. Damit ist die Entstehung einer Seife nachgewiesen.

Deutung

Seifen sind die Salze der Fettsäuren. Sie können nicht nur durch Fettspaltung, sondern auch durch Reaktion der Fettsäuren mit einer Lauge hergestellt werden.

Experiment 21: Herstellung von Seife aus Palmitin- und Stearinsäure

Eine der Herstellung von Seife aus Ölsäure analoge Vorgehensweise ist aufgrund des festen Aggregatzustandes der beiden Fettsäuren bei Raumtemperatur und ihrer geringen Wasserlöslichkeit nicht möglich. Weiterhin sind Schaum- und Aktivkohletest nur mit heißen Seifenlösungen möglich (bei Einsatz von Stearinsäure scheidet sich beim Abkühlen sofort wieder weiße Seifenmasse ab).

Versuchsvorschrift

1 Spatel Stearin- oder Palmitinsäure wird im Präparategläschen mit 10 ml Wasser versetzt und mit einer Holzklammer solange ins siedende Wasserbad gehalten, bis die verflüssigte Säure auf dem Wasser schwimmt. Das Präparateglas wird nun aus dem Wasserbad genommen. Unter Schütteln werden langsam 2 ml Natronlauge (c(NaOH) = 3 mol/l) zugegeben (1 ml Natronlauge reicht nicht aus). Es fällt ein weißer Niederschlag, der in Wasser kaum löslich ist.

Nach kurzem Abkühlen unter fließendem Wasser wird 1 Spatelspitze des weißen Feststoffes im Reagenzglas mit 10 ml Wasser versetzt und solange in ein siedendes Wasserbad gestellt, bis der Feststoff gelöst ist.

Das *nicht* mit einem Stopfen verschlossene Reagenzglas muß vorsichtig heiß geschüttelt werden. Der Reagenzglasinhalt wird anschließend in ein Präparateglas überführt (möglichst ohne Schaum); 1 Spatel Aktivkohle wird zugegeben.

Als Blindprobe kann der Aktivkohletest mit heißem Wasser durchgeführt werden.

Ergebnisse

Es treten Schaumbildung und ein positiver Aktivkohletest auf, womit die Seifenbildung nachgewiesen ist. Mit heißem Wasser fällt der Aktivkohletest negativ aus.

Deutung

Die Fettsäuren sind durch Natronlaugezugabe in ihre Salze überführt worden. Die Alkalisalze der Fettsäuren sind Seifen.

Experiment 22: Oxidative Spaltung von Alanin

Versuchsvorschrift

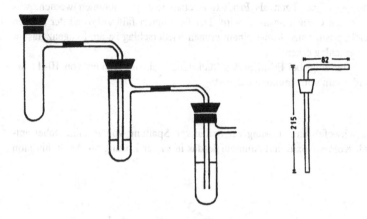

Bild 27.16

Zunächst wird die Apparatur zusammengebaut. In das ganz rechte Reagenzglas werden 5 ml Barytwasser (4 g Ba(OH)$_2$ mit 100 ml Wasser kräftig verrühren und abfiltrieren) gefüllt, in das mittlere Reagenzglas 3 ml Wasser. Die *langen*, gebogenen Glasrohre müssen in die Flüssigkeiten eintauchen. In das linke Reagenzglas werden 6 g eines Alanin-Bleidioxidgemisches (Molverhältnis 1 : 1; 1,8 g Alanin + 4,80 g PbO$_2$) gegeben und 5 ml Schwefelsäure (c(H$_2$SO$_4$) = 1 mol/l) hinzugefügt. Nach Verschließen des Reaktionsgefäßes wird dieses 5 Minuten lang vorsichtig mit dem Bunsenbrenner erhitzt (Luftzufuhr geschlossen, ca. 10 cm große Flamme; Steighöhe der siedenden Flüssigkeit durch die Entfernung des Brenners vom Reaktionsgefäß regeln; möglichst kein Wasser überdestillieren). Wird zu stark erhitzt, kann das Reaktionsgemisch übergehen; erhitzt man zu schwach, können die Flüssigkeiten in den hinteren Reagenzgläsern zurücksteigen.

Sobald das Erhitzen gestoppt wird, muß der Stopfen des Reaktionsgefäßes *entfernt* werden. *Vorsicht!* Das Reagenzglas ist *heiß!* Die beiden hinteren Reagenzgläser werden abgenommen und der Stopfen während des Abkühlens des Rückstandes wieder auf das Reaktionsgefäß gesetzt, um zu starke Geruchsbelästigung zu vermeiden.

Mit dem Inhalt des mittleren Reagenzglases werden der Cernitrattest, BTB-Test (halber Maßstab!), DNPH-Test, Fehlingtest und Iodoformtest (in gewohnter Durchführung, aber 1 ml Probe statt 0,5 ml nehmen) durchgeführt. Vorsichtig wird der Geruch des Destillates festgestellt.

Der inzwischen abgekühlte Rückstand wird in ein kleines Becherglas filtriert. Zum Filtrat werden 3 ml Wasser und 1 Spatelspitze wasserfreies Natriumcarbonat gegeben (pH-Wert darf nicht mehr im sauren Bereich liegen). Das Gemisch wird nun in ein Reagenzglas gefüllt und mit dem Bunsenbrenner erhitzt. Vor die Reagenzglasöffnung wird ein angefeuchtetes Stück Indikatorpapier gehalten.

Ergebnisse

Nach ca. 2,5 Minuten tritt im hintersten Reagenzglas eine dicke Trübung auf. Kohlendioxid ist nachgewiesen. Mit dem Rückstand fallen der Cernitrat- und der BTB-Test negativ aus; es ist also weder ein Alkohol noch eine Carbonsäure entstanden. Da der DNPH-, Fehling- und Iodoformtest positiv ausfallen, kann als Produkt Acetaldehyd angenommen werden, was auch durch den typischen Geruch bestätigt wird. Der Fehlingtest fällt aufgrund der starken Verdünnung nur leicht positiv aus. Außer einem grünen Niederschlag ist am Reagenzglasboden etwas roter Niederschlag erkennbar.

Das Indidaktorpapier zeigt bei Erhitzen des Rückstandes einen pH-Wert von 10–11 an, was auf das Vorhandensein von Ammoniak deutet.

Deutung

Bleidioxid führt in schwefelsaurer Lösung zur oxidativen Spaltung von Alanin. Dabei entstehen Acetaldehyd, Kohlendioxid und Ammoniak, das in saurer Lösung als Ammoniumion vorliegt.

$$(I)\quad H_3C-\underset{\underset{+}{\overset{|}{NH_3}}}{CH}-C\overset{O}{\underset{OH}{\diagup}} + PbO_2 \longrightarrow H_3C-C\overset{O}{\underset{H}{\diagup}} + CO_2 + NH_4^+ + PbO$$

$$(II)\quad 2\,NH_4^+ + CO_3^{2-} \longrightarrow 2\,NH_3 + H_2O + CO_2$$

Experiment 23: Proteinhydrolyse

Mit Hilfe dieses Experimentes kann nachgewiesen werden, daß Proteine aus Aminosäuren bestehen. Es wird die Kenntnis der Experimente 28 und 52 vorausgesetzt. Sowohl Proteinlösung als auch Aminosäurelösungen zeigen positiven Ninhydrintest. Proteine können im Gegensatz zu Aminosäuren mit Säuren ausgefällt werden. Der Zusammenhang zwischen Proteinen und Aminosäuren ist noch nicht bekannt.

Versuchsvorschrift

Zwei Versuche werden parallel zueinander angesetzt. Als erstes wird das Eiklar von einem Ei in 150 ml 1 %iger Natriumchloridlösung gelöst. 5 ml dieser Lösung werden in einem Reagenzglas mit 0,5 ml konzentrierter Schwefelsäure versetzt. Es wird geschüttelt. Ein dicker weißer Niederschlag entsteht. Das Reagenzglas wird für 30 Minuten in ein gut siedendes Wasserbad gestellt (Ansatz 1).

In der Zwischenzeit wird der zweite Versuch (Ansatz 2) durchgeführt. Im Präparateglas werden 5 ml der Eiweißlösung mit 0,5 ml konz. Schwefelsäure versetzt. Mit einem Glasstab wird gut gerührt. Anschließend werden 1,5 ml Natronlauge (c(NaOH) = 10 mol/l) zugegeben, und es wird umgerührt. Dabei erwärmt sich der Präparateglasinhalt stark. Mit Hilfe von Natronlauge (c(NaOH) = 1 mol/l) und Schwefelsäure (c(H$_2$SO$_4$) = 1,5 mol/l) wird der pH-Wert sorgfältig auf einen Wert zwischen 5 und 6 eingestellt. Dann wird der Niederschlag durch einen Faltenfilter abfiltriert. Mit dem Filtrat wird der Ninhydrintest durchgeführt. Dabei bleibt das Reagenzglas 1,5 Minuten lang im siedenden Wasserbad.

Der Ansatz 1 befindet sich inzwischen 30 Minuten lang im siedenden Wasserbad. Der Reagenzglasinhalt wird nun in ein Präparateglas überführt und wie bei Ansatz 2 beschrieben durch Zugabe von konzentrierter Natronlauge, verdünnter Natronlauge und Schwefelsäure auf einen pH-Wert zwischen 5 und 6 gebracht. Nach Abfiltrieren wird mit dem Filtrat der Ninhydrintest durchgeführt (1,5 Minuten lang erhitzen).

Ergebnisse

Mit dem Ansatz 1 fällt der Ninhydrintest positiv aus (z.T. nach 1 Minute schwach positiv, aber nach 1,5 Minuten immer stark positiv), mit dem Ansatz 2 negativ.

Deutung

Beim Ansatz 2 führt die Zugabe von Schwefelsäure zur vollständigen Ausfällung des Proteins; nicht-ausfällbare Aminosäuren sind nicht in nachweisbarem Umfang vorhanden. Bei Ansatz 1, für den man ebenfalls von einer vollständigen Proteinausfällung ausgehen kann, tritt ein positiver Ninhydrintest auf. Im Filtrat müssen also Aminosäuren enthalten sein. Diese können nur durch die Einwirkung der Säure auf das Protein gebildet worden sein.

Experiment 24: Bromierung von Hexan

Versuchvorschrift

In einen 250-ml-Weithalserlenmeyerkolben werden 20 ml Hexan und 4 Tropfen Brom gegeben, was zur Bildung einer rotbraunen Lösung führt. Der Kolben wird mit einem Uhrglas verschlossen und auf den Overheadprojektor gestellt. Nach 2 Minuten wird *kurz* ein Stück Indikatorpapier, das an einem Blumendraht befestigt ist, in den Erlenmeyerkolben gehängt, wobei das Uhrglas wieder aufgelegt wird. Anschließend wird in den Kolben ein an einem Blumendraht befestigter Flaschendeckel gehängt, der 2,5 ml Silbernitratlösung ($c(AgNO_3)$ = 0,1 mol/l) enthält. Es wird ca. 30 Sekunden lang umgeschwenkt. Dann wird der Inhalt des Flaschendeckels in ein Reagenzglas überführt.

Hinweis

Nach längerem Aufenthalt im Erlenmeyerkolben werden die Indikatorfarbstoffe zerstört; die zunächst entstandene Rotfärbung verbleicht. Es sollte auch mindestens 2 Minuten nach Belichtungsbeginn auf dem Overheadprojektor gewartet werden, bis das Indikatorpapier eingetaucht wird, da der Bleicheffekt dann verringert ist.

Ergebnisse

Die rotbraune Lösung von Brom in Hexan reagiert sofort nach Belichtung mit Hilfe des Overheadprojektors, was an einer Farbaufhellung zu erkennen ist. Nach ca. 30 Sekunden erfolgt weitgehende Entfärbung, nach ca. 60 Sekunden vollständige Entfärbung. Weiße Nebel werden sichtbar.

Das Indikatorpapier wird rot (pH 2–3). Mit Silbernitrat bildet sich ein gelber Niederschlag.

Deutung

Brom reagiert mit Hexan im Rahmen einer radikalischen Substitution. Dabei entstehen Halogenderivate des Hexans sowie Bromwasserstoff. Letzterer färbt Indikatorpapier und reagiert mit einer wäßrigen Silberionen-haltigen Lösung zum gelben Silberbromid.

27.2 Analytik

Experiment 25: Standardnachweise

Hier werden die Nachweise angeführt, die bei fast allen Synthesen zur Untersuchung der Reaktionsprodukte benötigt werden (Es müssen allerdings nicht immer alle Tests durchgeführt werden; wenn z.b. der allgemeinere DNPH-Test negativ ausfiel, braucht der Fehlingtest nicht mehr berücksichtigt werden). Der Kupfersulfattest wird nur dann angewendet, wenn es in den Synthesevorschriften ausdrücklich erwähnt ist. Die Ergebnisse der Tests mit 43 verschiedenen Stoffen sind bei HARSCH, HEIMANN und JANSEN (1992a) zu finden (siehe auch Farbtafel 2 nach Kapitel 11). Die dem DNPH-, Fehling-, Rojahn-, Cernitrat- und Iodoformtest zugrundeliegenden Reaktionen sind bei HARSCH, HEIMANN und JANSEN (1992b) bzw. HARSCH und HEIMANN (1993b) beschrieben. Für die Volumenabmessungen haben sich graduierte Plastikpipetten sehr gut bewährt.

Versuchsvorschriften

Wenn die Tests auf Feststoffe angewendet werden sollen, müssen diese zunächst gelöst werden und zwar 1 g des Feststoffes in 10 ml Wasser (ggf. in der Hitze lösen). Flüssige Prüfstoffe werden – soweit nicht anders erwähnt – unverdünnt eingesetzt. Mit Essigsäure der Verdünnung 49 Volumenteile Wasser + 1 Volumenteil konz. Essigsäure und Propionsäure der Verdünnung 19 Volumenteile Wasser + 1 Volumenteil konz. Propionsäure fallen die Tests wie mit den konzentrierten Säuren aus.

Cernitrattest *(Nachweis auf Alkohole)*

1 ml Cernitratreagenz (40 g Cer(IV)-ammoniumnitrat in 100 ml Salpetersäure ($c(HNO_3) = 2$ mol/l) gelöst) wird mit 2 ml Wasser verdünnt. Dann werden 5 Tropfen der Prüfsubstanz zugesetzt. Es wird gut geschüttelt und dann 5 Minuten lang beobachtet.

DNPH-Test *(Nachweis auf Aldehyde und Ketone)*

Zu 1 ml Reagenz (168 ml Wasser, 33 ml Salzsäure (37 %ig) und 1 g 2,4-Dinitrophenylhydrazin 15 Minuten lang kräftig verrühren und dann von den unlöslichen Bestandteilen abfiltrieren) wird 1 Tropfen Probe gegeben. Tritt keine Veränderung ein, so wird das Reagenzglas mit einem Stopfen verschlossen, 15 Sekunden lang geschüttelt und anschließend 45 Sekunden lang beobachtet.

BTB-Test *(Nachweis auf Carbonsäuren)*

1 ml BTB-Reagenz (0,02 g Bromthymolblau und 0,6 g NaOH in 100 ml vergälltem Ethanol gelöst) wird mit 1 ml Probe versetzt. Es wird gut geschüttelt.

Rojahntest *(Nachweis auf Ester)*

Zu 1 ml vergälltem Ethanol werden 1 ml Prüfsubstanz und 3 Tropfen Phenolphthaleinlösung (0,1 g Phenolphthalein in 100 ml vergälltem Ethanol gelöst) gegeben. Dann wird tropfenweise unter ständigem Schütteln Natronlauge (c(NaOH) = 3 mol/l) zugefügt, bis eine bleibende Rosafärbung eintritt, die auch nach kräftigem Schütteln erhalten bleibt. Wichtig ist, daß nur soviel Natronlauge zugetropft wird, bis der Indikator gerade umschlägt.

Das Reagenzglas mit der Lösung wird nun in ein 40°C warmes Wasserbad gestellt. Es wird nach jeder Minute kurz aus dem Wasserbad genommen und geschüttelt.

Tritt Entfärbung ein, so wird der Versuch abgebrochen, ansonsten wird maximal 10 Minuten lang beobachtet.

Fehlingtest *(zur Unterscheidung von Aldehyden und Ketonen)*

1 ml Fehling I (7 g $CuSO_4 \cdot 5\ H_2O$ in 100 ml Wasser gelöst), 1 ml Fehling II (35 g KNa-Tartrat und 10 g NaOH in 100 ml Wasser gelöst) und 1 ml Probe werden vermischt und mit Siedesteinchen versetzt. Dann wird 5 Minuten lang im siedenden Wasserbad erhitzt.

Eisenchloridtest *(zur Unterscheidung von Essigsäure und Propionsäure)*

Zu 10 Tropfen Probe werden 2 Tropfen Phenolphthaleinlösung (siehe Rojahntest) und dann tropfenweise unter Schütteln Natronlauge (siehe Rojahntest) bis zur Rosafärbung hinzugefügt. Anschließend wird die Lösung ohne Verzögerung durch tropfenweise Zugabe von Salzsäure (c(HCl) = 0,5 mol/l) entfärbt. Wenn sich die Lösung erwärmt hat, muß sie auf Raumtemperatur abgekühlt werden.

Nun werden 2 Tropfen Eisenchloridlösung (8 g $FeCl_3 \cdot 6\ H_2O$ in 100 ml Wasser gelöst) und 1,5 ml Amylalkohol zugesetzt. Das mit einem Stopfen verschlossene Reagenzglas wird 5 Sekunden lang kräftig geschüttelt. Es wird gewartet, bis sich 2 Phasen ausbilden.

Iodoformtest *(zur Differenzierung innerhalb der Alkohole und Ester)*

0,5 ml Prüfsubstanz werden mit 1 ml Iodreagenz (12,7 g Iod und 25,4 g Kaliumiodid pro 100 ml wäßrige Lösung) und 1 ml Natronlauge (siehe Rojahntest) versetzt. Es wird gut geschüttelt. Ist der Ansatz noch braun gefärbt, wird ohne Verzögerung weitere Natronlauge in 1-ml-Portionen zugefügt und jedesmal geschüttelt, bis schließlich Gelbfärbung eintritt. Dann wird 5 Minuten lang beobachtet.

Dichromattest *(zum Nachweis oxidierbarer Stoffe)*

2 ml Dichromatreagenz (2,35 g $K_2Cr_2O_7$ in 150 ml H_2O lösen, mit 8 ml konz. H_2SO_4 versetzen und nach Umrühren mit H_2O auf 200 ml auffüllen) werden mit 5 Tropfen Probe und 2 Siedesteinchen versetzt. Der Ansatz wird 5 Minuten lang in ein siedendes Wasserbad gestellt.

Kupfersulfattest *(zum Nachweis von Alkoholen mit mehreren benachbarten Hydroxylgruppen)*

1 ml Kupfersulfatlösung (c(CuSO$_4$) = 0,1 mol/l) wird mit 1 ml Probe versetzt. Dann wird solange tropfenweise Natronlauge (siehe Rojahntest) zugesetzt, bis die Lösung entweder klar und dunkelblau ist oder bis ein hellblauer Niederschlag entsteht. Tritt ein Niederschlag auf, so werden maximal 5 weitere Tropfen Natronlauge zugegeben (weniger als 5 Tropfen, wenn der Niederschlag schon vorher gelöst ist).

Ergebnisse

Testausfälle mit relevanten Stoffen und eine Zusammenstellung der auftretenden Phänomene sind in den Tabellen 27.3 und 27.4 zusammengestellt:

Tabelle 27.3 Testausfälle aller relevanter Stoffe bei den Standardnachweisen

	Cer-nitrat	DNPH k	h	BTB	Rojahn	Fehling h	k	Eisen-chlorid	Iodo-form	Dichro-mat	Kupfer-sulfat
Ethanol	+	−	x	−	−	−	x	−	+	+	−
1-Propanol	+	−	x	−	−	−	x	−	−	+	−
2-Propanol	+	−	x	−	−	−	x	−	+	+	−
Essigsäure	−	−	x	+	−	−	x	+[1]	−	−	−
Propionsäure	−	−	x	+	−	−	x	+[2]	−	−	−
Essigsäure-ethylester	−	−	x	−	+	−	x	−	+	+	−
Propionsäure-propylester	−	−	x	−	+	−	x	−	−	+	−
Acetaldehyd (c = 2,5 mol/l)	−	+	x	−	−	+	x	−	+	+	−
Aceton	−	+	x	−	−	−	x	−	+	−	−
Acetaldehyd-diethylacetal	+	+	x	−	−	−	x	−	−	+	−
Oxalsäure	−[3]	−	x	+	−	−	x	−	−	+	−
Glycolsäure	+[4]	−	x	+	−	−	x	−	−	+	+
Milchsäure	+[4]	−	x	+	+	−	x	−	+	+	+
Citronensäure	+[4]	−	x	+	−	−	x	−	−	+	+
Brenztrauben-säure	−[5]	+	x	+	−	−	x	−	+	+	+
Glycerin	+[6]	−	x	−	−	−	x	−	−	+	+
Glycerin-aldehyd	+[6]	−[10]	+	−	−	+	+	−	−	+	+[9]
Dihydroxy-aceton	+[6]	+[11]	+	−	−	+	+	−	−	+	+[9]
Acetol (1:1 mit Wasser verdünnt)	+[7]	+	x	−	−	+	+	−	+	+	−[13]
Glucose	+[6]	−	+	−	−	+	x	−	−	+	+
Fructose	+[6]	−	+	−	−	+	x	−	−	+	+
Saccharose	+	−	+	−	−	−	x	−	−	+	+
Stärke	+[8]	−	+	−	−	−	x	−	−	+	+[12]
Diethylether	−	−	x	−	−	−	x	−	−	−	−
Alanin	−	−	−	−	−	−	x	+[1]	−	−	+

Anmerkungen zur Tabelle 27.3:

1) Die untere Phase ist rot gefärbt.
2) Die obere Phase ist orangerot gefärbt.
3) Es fällt ein orangegelber Niederschlag, der unter Sprudeln innerhalb von 5 Minuten verschwindet. Die Lösung ist gelb.
4) Zuerst tritt Rotfärbung auf, dann unter Sprudeln Entfärbung oder Gelbfärbung.
5) Zuerst tritt Gelbfärbung auf, dann unter Sprudeln Entfärbung.
6) Zuerst tritt Rot- bis Orangefärbung auf, dann ohne Sprudeln in 5 Minuten Gelbfärbung oder Entfärbung.
7) Rotfärbung; nach 5 Minuten Orangefärbung
8) Es tritt nur helle Orangefärbung auf.
9) Für wenige Sekunden tritt Dunkelblau- bzw. Blaugrünfärbung der klaren Lösung auf, dann fällt sofort ein Niederschlag, der orange wird.
10) Es tritt manchmal ein gelber Niederschlag auf, bei dem es sich nicht um das Dinitrophenylhydrazon handelt, ansonsten bleibt die Lösung klar.
11) Es tritt nur leichte, aber deutliche Trübung auf.
12) Es wird eine dunkelblaue und dick trübe Flüssigkeit erhalten.
13) Es fällt sofort ein grüner Niederschlag, der nach Zugabe von 5 weiteren Tropfen Natronlauge gelb wird.
x: Dieser Test wurde mit dem Probestoff nicht durchgeführt.
k: bei Raumtemperatur
h: nach 5-minütigem Aufenthalt im siedenden Wasserbad

Tabelle 27.4   positiv und negativ gewertete Testausfälle bei den Standardtests

	positive Testausfälle	negative Testausfälle
Cernitrattest	Orange- bis Rotfärbung	Gelbfärbung
DNPH-Test	gelber bis oranger Niederschlag oder deutliche Trübung	gelbe, klare Lösung
BTB-Test	Gelb- bis Orangegelbfärbung	Blaufärbung
Rojahntest	Entfärbung	Rosafärbung
Fehlingtest	gelber, oranger, roter oder brauner Niederschlag	Dunkelblau-, Hellblau- oder Grünblaufärbung der klaren Lösung
Eisenchloridtest	Orangerot- bis Rotfärbung der unteren oder oberen Phase	Hellgelbfärbung, kräftige Gelbfärbung oder Orangegelbfärbung der unteren Phase
Iodoformtest	gelbe Trübung oder gelber Niederschlag	klare Lösung
Dichromattest	Grün- oder Braunfärbung	Orangefärbung
Kupfersulfattest	tiefblaue bis kornblumenblaue Färbung der klaren Lösung	hellblauer Niederschlag

Interessant ist die Analyse von binären Stoffgemischen. Viele der Zweierkombinationen eignen sich jedoch nicht, da kein additives Verhalten auftritt. So fällt die Iodoformprobe der Kombinationen 1-Propanol/Ethanol, 1-Propanol/Essigsäureethylester und Essigsäureethylester/Propionsäure nur sehr schwach positiv aus, die Rojahnprobe der Kombinationen Propionsäurepropylester/Essigsäure und Propionsäurepropylester/Propionsäure fällt negativ aus. Stoffkombinationen, die Milchsäure enthalten, zeigen immer negativen Eisenchloridtest. Geeignet sind z.B. die Kombinationen Essigsäure/Essigsäureethylester, Ethanol/Essigsäureethylester, Ethanol/Aceton, Citronensäure/2-Propanol.

Zusatzversuch zum DNPH-Test mit Dihydroxyaceton

Der DNPH-Test fällt mit Dihydroxyaceton nur schwach positiv aus. Versetzt man 2 ml Dihydroxyacetonlösung (0,2 g + 2 ml Wasser) mit 0,5 ml Schwefelsäure ($c(H_2SO_4) = 1,5$ mol/l) und stellt das Reagenzglas für 2 Minuten ins siedende Wasserbad, so fällt der DNPH-Test mit 1 Tropfen dieses Reaktionsgemisches stark positiv aus. Es fällt ein dicker oranger Niederschlag.

Weitere Nachweise

Schifftest

1 ml Schiff-Reagenz (0,1 g Fuchsin in 100 ml siedendes Wasser geben und rühren, bis die Lösung abgekühlt ist; dann 1 g Natriumsulfit und 1 ml konz. Salzsäure zusetzen; nach kurzem Rühren entsteht eine orange Lösung, die abfiltriert wird) wird mit 1 Tropfen Probe (bei Feststoffen zuvor 1 Spatelspitze Probe in 1 ml Wasser lösen) versetzt. Es wird kurz geschüttelt und 1 Minute lang beobachtet.

Aldehyde führen zu einer Violettfärbung.

Fehlingtest in der Tüpfelvariante

3 Tropfen Fehling I und 3 Tropfen Fehling II (siehe Fehlingtest) werden auf der Tüpfelplatte mit einem Glasstab verrührt. Dann werden 3 Tropfen Probe (bei Feststoffen 3 Tropfen einer Lösung aus 1 Spatel Probe in 2 ml Wasser) zugegeben. Nach erneutem Rühren wird 5 Minuten beobachtet.

Experiment 26: Analytik im Bereich der Fette und Seifen

Die Fettfleckprobe (Nachweis von Fetten und Ölen)

Im Falle von flüssigen Proben wird 1 Tropfen davon auf Filterpapier aufgetragen und gegebenenfalls etwas verschmiert. Liegen feste oder schmierige Proben vor, so wird eine kleine Portion davon auf dem Filterpapier verrieben. Das Filterpapier wird gegen das Licht gehalten. Um Fett- und Feuchteflecken zu unterscheiden, werden entsprechend aussehende Flecken 1 Minute lang mit dem Fön getrocknet.

Der Schaumtest kombiniert mit dem Aktivkohletest (Nachweis von Seife)

- Feste Proben
  Ein ca. erbsengroßes Stück Probe wird zerkleinert und im Reagenzglas mit 10 ml Wasser versetzt. Das Reagenzglas wird mit einem Stopfen verschlossen und mindestens 10 Sekunden lang geschüttelt. Dann wird die Lösung in ein Präparateglas überführt (ggf. entstandener Schaum sollte weitgehend im Reagenzglas zurückbleiben). 1 Spatel Aktivkohle (nicht zu voll) wird vorsichtig auf die Flüssigkeitsoberfläche gegeben (nicht rühren oder schütteln). Es wird beobachtet, ob innerhalb von 5 Minuten eine Schwarzfärbung der Flüssigkeit eintritt. Das Präparateglas darf nach der Aktivkohlezugabe nicht mehr erschüttert werden. Eine Blindprobe mit reinem Wasser wird durchgeführt.

- Flüssige Proben
  Zu 1 ml der flüssigen Probe werden 3 Tropfen Phenolphthaleinlösung (0,1 g Phenolphthalein in 100 ml vergälltem Ethanol) gegeben.
  Fall 1: Die Lösung ist bereits alkalisch (Rosafärbung). 0,5 ml der Lösung werden mit 10 ml Wasser verdünnt. Dann wird mindestens 10 Sekunden lang gut geschüttelt. Der Aktivkohletest wird wie bei den festen Proben durchgeführt.
  Fall 2: Die Lösung ist nicht alkalisch. Es wird soviel Natronlauge (c(NaOH) = 3 mol/l) in 1 ml-Schritten zugegeben, bis Rosafärbung auftritt. Fällt kein Niederschlag, so werden 0,5 ml der Lösung abgenommen und mit 10 ml Wasser versetzt. Dann wird mindestens 10 Sekunden lang geschüttelt. Der Aktivkohletest wird wie bei den festen Proben durchgeführt.
  Wird ein Niederschlag gebildet, so werden 10 ml Wasser zugesetzt. Dann wird mindestens 10 Sekunden lang geschüttelt. Die erhaltene Flüssigkeit wird durch einen kleinen Faltenfilter in ein Präparateglas abfiltriert. 1 Spatel Aktivkohle wird zugegeben. Es wird beobachtet, ob innerhalb von 5 Minuten Schwarzfärbung auftritt.

Ölsäure zeigt positiven Testausfall, Essigsäure und Propionsäure zeigen negativen Testausfall.

Test auf die Reinigungswirkung von Seife

Aus fester Seife müssen zuerst konzentrierte Lösungen hergestellt werden, indem ein ca. erbsengroßes Stück Seife zerkleinert, mit 10 ml Wasser versetzt und für 5 Minuten in ein siedendes Wasserbad gestellt wird. Es tritt weitgehende Lösung der Seife ein. Unter fließendem

Wasser werden die Seifenlösungen abgekühlt (nach längerem Stehen werden die Lösungen der gekauften Seife manchmal gelartig).

Nun werden auf die Mitte eines Uhrglases 0,5 ml gefärbtes Olivenöl (0,05 g Sudan III + 10 ml Olivenöl auf dem Magnetrührer verrührt) pipettiert. Dann läßt man ohne Verzögerung 2,5 ml Seifenlösung (bzw. Wasser als Blindprobe) vom Rand her langsam zufließen. Das Uhrglas wird auf ein Blatt Papier gestellt und 2 Minuten lang bewegt (von rechts nach links und in kreisenden Bewegungen). Die 2 Minuten werden eingehalten, auch wenn das Uhrglas schon vorher sauber erscheint.

Anschließend wird das Uhrglas kurz unter einem nicht zu kräftigen Wasserstrahl abgespült.

Mit Seifenlösung wird das Uhrglas ganz oder weitgehend sauber; Wasser reinigt nicht.

Der Bromtest (Nachweis auf Kohlenstoff-Kohlenstoff-Doppelbindungen)

1 ml Probe wird mit 1 ml 1-Propanol und dann tropfenweise mit insgesamt 1 ml Bromreagenz versetzt (4 ml Brom in 50 ml 1-Propanol (geringere Konzentrationen führen zu undeutlicheren Ergebnissen; das Reagenz ist nur begrenzt haltbar)). Im Fall von Feststoffen wird zunächst 1 Spatelspitze Probe in 1 ml 1-Propanol gelöst (evtl. im siedenden Wasserbad; im Fall der Fettsäuren die warmen Lösungen einsetzen). Dann wird das Bromreagenz zugegeben.

Ein positiver Testausfall ist durch eine Entfärbung zu erkennen.

Der Rojahntest (Nachweis des Estercharakters von Fetten)

Der Rojahntest kann auf Olivenöl in der gewohnten Durchführung (Experiment 25) angewendet werden, nur muß anstelle von 1 ml Ethanol als Lösungsvermittler 1 ml 1-Propanol eingesetzt werden. Nach 6–8 Minuten im 40°C warmen Wasserbad (jede Minute schütteln!) tritt Entfärbung ein. Soll der Rojahntest mit Palmin ausgeführt werden, muß zunächst 1 g Palmin in 1 ml 1-Propanol gelöst werden (im 40°C warmen Wasserbad). Dann wird der Rojahntest in gewohnter Weise durchgeführt. Nach 5–8 Minuten ist Entfärbung zu erkennen. Verwendet man nur ein erbsengroßes Stück Palmin, so fällt der Test negativ aus.

Weitere Testausfälle mit Fettsäuren und Olivenöl sind in Tabelle 27.5 zusammengestellt.

Mit Stearin- und Palmitinsäure sind die aufgeführten Standardtests nur im siedenden Wasserbad durchführbar.

Der Rojahntest ist auf Stearin- und Palmitinsäure nicht anwendbar. Der Bromtest fällt mit Glycerin, Essigsäure und Propionsäure negativ aus.

Tabelle 27.5   Ausfall des Bromtests und einiger Standardtests mit Fettsäuren und Olivenöl

	Stearinsäure	Palmitinsäure	Ölsäure	Olivenöl
Bromtest	–	–	+	+
BTB-Test	+	+	+	–
DNPH-Test	–	–	–	–
Rojahntest	x	x	–	+[1]
Cernitrattest	–	–	–	–

Anmerkung:
[1] bedeutet Rojahntest mit 1-Propanol statt Ethanol als Lösungsvermittler.

Experiment 27: Analytik im Bereich der Kohlenhydrate

Versuchsvorschriften

Im Fall von festen Proben wird 1 g davon in 10 ml Wasser gelöst (evtl. in der Hitze; liegt gepulverte Cellulose vor, so wird 1 g Probe mit 10 ml Wasser in der Kälte aufgeschlämmt; vor jedem Test wird die Aufschlämmung nochmals gut durchgerührt).

Molischtest *(Nachweis von Pentosen und Hexosen; hier allgemeiner Kohlenhydratnachweis)*

(MELOEFSKI und RAUCHFUSS 1983)
1 ml Probelösung wird mit 3 Tropfen Molisch-Reagenz (5 g α-Naphthol in 100 ml vergälltem Ethanol gelöst; begrenzte Haltbarkeit) versetzt. Nach Schütteln wird mit 1 ml konz. Schwefelsäure unterschichtet. Zu diesem Zweck wird das Reagenzglas schräg gehalten und die Pipette beim Auslaufenlassen an die Reagenzglaswand angelehnt. Es wird 1 Minute lang beobachtet.

Seliwanofftest *(Nachweis von Ketosen)*

(verändert nach MELOEFSKI und RAUCHFUSS 1983)
2 ml Probe werden mit 5 ml Seliwanoff-Reagenz versetzt (0,25 g Resorcin in 500 ml Salzsäure gelöst ($c(HCl)$ = 6 mol/l); im Kühlschrank längere Zeit haltbar). Der Ansatz wird **genau** 60 Sekunden lang in ein siedendes Wasserbad gestellt.

Selendioxidtest *(Unterscheidung von Fructose und Saccharose)*

(verändert nach MELOEFSKI und RAUCHFUSS 1983)
1 ml Probe wird mit 0,5 ml Reagenz versetzt (2,5 g SeO_2 in 10 ml Wasser lösen und portionsweise mit wasserfreiem Natriumcarbonat versetzen, bis pH 7 erreicht ist; ca. 1,25 g). Der Ansatz wird **genau** 45 Sekunden lang in ein siedendes Wasserbad gestellt. Der Test sollte wegen der starken Geruchsbelästigung möglichst im Abzug durchgeführt werden.

Glucotest *(Nachweis von Glucose)*

Der Test wird mit in der Apotheke erhältlichen Glucoseteststäbchen Diabur-Test 5000 durchgeführt.

Iodkaliumiodidtest *(= Iodtest; Nachweis von Stärke)*

1 ml Probelösung wird mit 2 Tropfen Iodkaliumiodidlösung (1 ml Iodreagenz (siehe Iodoformtest; Experiment 25) + 9 ml Wasser) und 10 ml Wasser versetzt.

Zinkchloridtest *(Nachweis von Cellulose und Stärke)*

In ein Becherglas wird ein Stück feste Probe (z.B. Papier) bzw. ½ Spatel pulverige Probe gegeben. 1 Tropfen Iodkaliumiodidlösung (siehe Iodkaliumiodidtest) wird auf die Probe getropft. Dann werden 2 Tropfen Zinkchloridlösung (nach GROSSE 1976: 10 g $ZnCl_2$ in 5 ml Wasser gelöst) auf den Iodkaliumiodidtropfen pipettiert und anschließend 10 ml Wasser zugesetzt. Das Becherglas wird gut geschwenkt. Um das Vorhandensein von Stärke auszuschließen, wird eine Blindprobe ohne Zusatz der Zinkchloridlösung durchgeführt. Mit Cellulose tritt dabei kein Effekt auf.

Fehlingtest *(Nachweis reduzierender Zucker)*

siehe Experiment 25

Ergebnisse

Eine Zusammenstellung der Testausfälle mit wichtigen Kohlenhydraten findet sich in Tabelle 27.6. Die auftretenden Phänomene sind in Tabelle 27.7 dargestellt.

Tabelle 27.6 Testausfälle wichtiger Kohlenhydrate bei den Kohlenhydratnachweisen

	1	2	3	4	5	6	7	8	9	10
Molischtest	$-^1$	$-^2$	+	+	+	+	+	+	+	+
Seliwanofftest	$-^3$	$-^4$	−	+	+	−	−	+	−	−
Selendioxidtest	+	+	−	+	−	−	−	+	−	−
Glucotest	−	−	+	−	−	$+^5$	−	−	−	−
Fehlingtest	+	+	+	+	−	+	+	+	−	−
Iodkaliumiodidtest	−	−	−	−	−	−	−	−	+	−
Zinkchloridtest	−	−	−	−	−	−	−	−	+	+

Anmerkungen zur Tabelle 27.6:

1 = Glycerinaldehyd, 2 = Dihydroxyaceton, 3 = Glucose, 4 = Fructose, 5 = Saccharose, 6 = Maltose, 7 = Lactose, 8 = Sorbose, 9 = Stärke, 10 = Cellulose (gepulvert)
1) fast schwarze Phasengrenze
2) blaue Phasengrenze
3) rosarötliche Färbung
4) Rosafärbung und Trübung
5) 0,1–0,25 % Glucose werden angezeigt

Tabelle 27.7 Positiv und negativ gewertete Testausfälle bei den Kohlenhydrattests

	positive Testausfälle	negative Testausfälle
Molischtest	rosavioletter bis blauvioletter Ring	andersfarbiger Ring
Seliwanofftest	Rotfärbung	keine Färbung bis leichte Rosafärbung
Selendioxidtest	roter Niederschlag	keine Färbung bis Gelbfärbung
Glucotest	Grün- oder Blaufärbung	Gelbfärbung
Fehlingtest	gelber, oranger, roter oder brauner Niederschlag	Dunkelblau-, Hellblau- oder Grünblaufärbung ohne Niederschlag
Iodkaliumiodidtest	Blaufärbung	Orangefärbung oder Entfärbung
Zinkchloridtest	Blau- bis Violettfärbung	Gelbfärbung

Experiment 28: Der Ninhydrintest zum Nachweis von Aminosäuren und Proteinen

Versuchsvorschrift

1 ml flüssige Probe wird mit 1 ml Ninhydrinreagenz (1 %ige wäßrige Ninhydrinlösung; dunkel aufbewahren) versetzt. Im Fall von festen Proben wird 1 Spatelspitze Probe zunächst in 1 ml Wasser möglichst vollständig gelöst; dann wird 1 ml Ninhydrinreagenz zugegeben. In beiden Fällen wird 1 Minute lang im siedenden Wasserbad erhitzt.

Ergebnisse

Bei Einsatz der Aminosäuren Glycin, Alanin und Glutaminsäure sowie der Proteinlösung (Herstellung siehe Experiment 23) tritt eine tief blauviolette Färbung auf. Lysin führt zu einer eher rotvioletten Farbe. Stoffe anderer Stoffklassen führen zu keiner Farbänderung. Der Ninhydrintest ist also ein spezifischer Nachweis für Aminosäuren und Proteine.

Experiment 29: Analytik der Sorbinsäure

Die Experimente zur Sorbinsäure sind von KIPKER (1993) bearbeitet worden.

Experiment 29 a: Anwendung der Standardnachweise sowie des Bromwassertests auf Sorbinsäure

Versuchsvorschrift

Der Cernitrat-, DNPH-, BTB- und Rojahntest werden wie bei Experiment 25 beschrieben durchgeführt. Anstelle der dort angegebenen flüssigen Probenmenge wird jeweils 1 Spatelspitze feste Sorbinsäure zugesetzt. Der Bromwassertest wird in der Weise durchgeführt, daß 1 Spatelspitze Sorbinsäure mit 2 ml Wasser und 1 ml einer gesättigten, wäßrigen Bromlösung versetzt wird. (Der Bromtest nach Experiment 26 (Brom in 1-Propanol) wird nicht durchgeführt. Er fällt mit Sorbinsäure negativ aus.)

Ergebnisse

Der BTB- und Bromwassertest fallen mit Sorbinsäure positiv aus. Sorbinsäuremoleküle enthalten also als funktionelle Gruppen mindestens eine Carboxylgruppe und mindestens eine Kohlenstoff-Kohlenstoff-Doppelbindung. Es handelt sich um eine ungesättigte Carbonsäure. Der Rojahn- und der DNPH-Test fallen negativ aus. Beim DNPH-Test setzt sich die ungelöste Säure am Reagenzglasboden ab, und die darüberstehende Lösung ist klar.

Deutung

Die erhaltenen Testergebnisse stehen mit der Strukturformel von Sorbinsäure in Einklang:

$$H_3C-CH=CH-CH=CH-C\overset{\displaystyle O}{\underset{\displaystyle OH}{}}$$

Experiment 29 b: Ein spezifischer Nachweis für Sorbinsäure (TBS-Test)

Versuchsvorschrift: (verändert nach KÖRPERTH 1979)

1 ml bzw. 1 Spatelspitze Probe wird im Reagenzglas mit 0,5 ml einer 0,01 %igen Kalium-dichromatlösung und 1 ml Schwefelsäure ($c(H_2SO_4) = 0,1$ mol/l) versetzt. Dann wird 1 ml einer 0,3 %igen Thiobarbitursäurelösung (TBS) zugegeben und geschüttelt. Das Gemisch wird 5 Minuten lang in ein siedendes Wasserbad gestellt.

Ergebnisse

Mit Sorbinsäure wird Rotfärbung erhalten. Mit Citronensäure, Ascorbinsäure, Oxalsäure, Ameisensäure und Essigsäure (Verdünnung von 1 Volumenteil konzentrierter Säure und 24 Volumenteilen Wasser) sowie Milchsäure (1 Volumenteil Säure + 3 Volumenteile Wasser) wird keine Verfärbung festgestellt. Der TBS-Test spricht spezifisch auf Sorbinsäure an.

Deutung

Die Sorbinsäure wird zunächst durch schwefelsaure Dichromatlösung zu Malondialdehyd und weiteren Oxidationsprodukten umgesetzt (LÜCK 1969). Der Malondialdehyd reagiert mit der Thiobarbitursäure zu einem Polymethinfarbstoff (RABE 1985; MATISSEK, SCHNEPEL und STEINER 1989).

Experiment 30: Nachweis von Kohlenhydraten in Haushalts-chemikalien und Pflanzenteilen

Experiment 30 a: Untersuchung von Lebensmitteln mit Hilfe der Nachweisreaktionen

Versuchsdurchführung

Die zu untersuchenden Lebensmittel müssen zunächst je nach Aggregatzustand und Konsistenz verschieden aufbereitet werden (Tests direkt nach jeder Aufbereitung anwenden).

- flüssige Proben

  Die Proben werden ohne weitere Aufbereitung eingesetzt. Ausnahmen bilden Cola und Cola light: je 45 ml Flüssigkeit werden 3 Minuten lang mit je 3,9 g Polyamidpulver (Polyamid-6S für Säulenchromatographie Riedel-De-Haën) geschüttelt und dann durch einen Faltenfilter filtriert; es wird eine schwach gelbe Flüssigkeit erhalten. Tomaten werden in Form ihres Saftes untersucht. 1 Tomate wird auf der Zitronenpresse ausgepreßt und der Saft und das Fruchtfleisch durch ein Baumwolltuch gedrückt (ca. 20–37 ml Saft).
  geeignete Lebensmittel: Sekt, Wein (nicht zu trocken), Vollmilch, Coca Cola, Coca Cola light, Sprite, Tomatensaft

- zähflüssige und geleeartige Proben

  2 große Spatel Probe werden in 10 ml Wasser gelöst
  geeignete Lebensmittel: Honig, Aprikosenmarmelade

- pulverige Proben

  5 Spatelspitzen Probe ($^1/_3$ Spatel voll) werden mit 10 ml Wasser versetzt, *sofort* 15 Sekunden lang *mit aufgesetztem Stopfen* geschüttelt und nach Entfernen des Stopfens ohne Verzögerung 2 Minuten lang ins siedende Wasserbad gestellt. Unter fließendem Wasser wird abgekühlt. Sollte bei Zugabe von Wasser zur Probe Schäumen eintreten (Backpulver), so wird die Probe vorsichtig *ohne Stopfen* geschüttelt, bis das Schäumen nachläßt und dann ins siedende Wasserbad gestellt.
  geeignete Lebensmittel: Dextropur, Haushaltszucker, Puderzucker, Fruchtzucker (Reformhaus), Backpulver (Dr. Oetker Backin), Mondamin, Mehl, Paniermehl, Soßenbinder, Haferflocken, Sahnesteif (Dr. Oetker), Maggi gekörnte Brühe

- feste, nicht-pulverige Proben

  Das Reagenzglas wird zunächst 4 cm hoch mit erbsengroß zerkleinerter Probe (bei Obst und Gemüse vorher Schale entfernen, bei Brot die Kruste!) gefüllt und mit 10 ml Wasser versetzt. Es wird *sofort* mit aufgesetztem Stopfen 30 Sekunden lang geschüttelt. Nach Entfernen des Stopfens wird die Probe ohne Verzögerung 2 Minuten lang in ein siedendes Wasserbad gestellt und dann unter fließendem Wasser abgekühlt. Soweit möglich wird die Flüssigkeit von den Feststoffen abdekantiert.
  Für Reis ist eine etwas andere Aufarbeitung nötig. Das Reagenzglas wird 4 cm hoch mit dem Reis gefüllt. 5 ml Wasser werden zugegeben, und es wird einmal gut geschüttelt.

Das Reagenzglas wird für 5 Minuten in ein siedendes Wasserbad gestellt. Anschließend wird der Reagenzglasinhalt unter fließendem Wasser abgekühlt. Nach Zugabe von weiteren 5 ml Wasser und Schütteln mit aufgesetztem Stopfen wird (nach Entfernen des Stopfens) 2 Minuten lang im siedenden Wasserbad erhitzt. Der Reagenzglasinhalt wird wiederum unter fließendem Wasser abgekühlt und die Flüssigkeit abdekantiert und für die Nachweise eingesetzt.

geeignete Lebensmittel: Apfel, Birne, Weintraube, Clementine, Kartoffel, Hefebrot, Nudeln, Chips, Käse, Reis, Bohnen (gequollen)

Auf die Proben werden der Molischtest, Glucotest, Fehlingtest, Seliwanofftest und Iodkaliumiodidtest angewendet (Experiment 27).

Hinweise

Bei den pulverigen Proben ist ein Erhitzen im siedenden Wasserbad nötig, da mit vielen stärkehaltigen Produkten ansonsten Störungen beim Iodkaliumiodidtest auftreten können. Dieses Erhitzen muß unmittelbar nach Wasserzugabe und dem sich sofort anschließenden kurzen Schütteln erfolgen. Der Iodkaliumiodidtest kann mit festen Proben auch auf folgende Art durchgeführt werden, bei der keine Störungen auftreten: 1 Spatelspitze (1/3 Spatel) pulverige Substanz oder ein kleines Stückchen feste Probe wird auf ein Uhrglas gegeben, das auf einem weißen Blatt Papier liegt. 2 Tropfen Iodkaliumiodidreagenz werden zugegeben. Referenzproben mit reiner Glucose, Fructose, Saccharose und Stärke müssen durchgeführt werden. Mit den stärkehaltigen Lebensmitteln tritt Schwarzfärbung ein.

Ergebnisse

Die Testausfälle bei ausgewählten Lebensmitteln sind der Tabelle 27.8 zu entnehmen.

Experiment 30 b: Untersuchung von Lebensmitteln mit Hilfe der Dünnschichtchromatographie

Bei manchen Lebensmitteln ist anhand der Nachweisreaktionen nicht zu klären, ob sie außer Glucose noch Fructose oder Saccharose oder beide Zucker enthalten. Dies kann mit Hilfe einer chromatographischen Analyse näher untersucht werden.

Versuchsvorschrift

Zunächst werden die Lebensmittelproben folgendermaßen aufbereitet:

- Apfel, Weintraube, Birne, Clementine: Fruchtextrakt wie in Experiment 30 a beschrieben herstellen und unverdünnt einsetzen
- Sekt, Wein: unverdünnt einsetzen
- Cola (nicht entfärbt), Sprite und Tomatensaft: 1:5 verdünnen (1 Volumenteil Probe + 4 Volumenteile Wasser)
- Marmelade (Aprikosenmarmelade): 2 große Spatel in 10 ml Wasser lösen und die Lösung 1:5 verdünnen
- Honig: 2 große Spatel in 10 ml Wasser lösen und die Lösung 1:10 verdünnen

Tabelle 27.8 Ergebnisse der Kohlenhydratuntersuchung von Lebensmitteln

	Molisch-test	Gluco-test	Fehling-test	Seliwanoff-test	Iodkalium-iodidtest	nachgewie-sene KH
Sekt	+	+ (2 %)	+	+	–	G + F/S
Wein	+	+ (1 %)	+	+	–	G + F/S
Cola	+	+ (3 %)	+	+	–	G + F/S
Cola light	+[1]	–	–	–	–	–
Sprite	+	+ (1 – 3 %)	+	+	–	G + F/S
Milch	+	–	+	–	–	U (L)
Tomatensaft	+	+ (1 – 3 %)	+	+	–	G + F/S
Honig	+	+ (3 %)	+	+	–	G + F/S
Aprikosen-marmelade	+	+ (3 – 5 %)	+	+	–	G + F/S
Dextropur	+	+ (5 %)	+	–	–	G
Haushaltszucker	+	–	–	+	–	S
Puderzucker	+	–	–	+	–	S
Fruchtzucker	+	–	+	+	–	F oder FS
Backpulver	+	–	–	–	+	St
Mondamin	+	–	–	–	+	St
Mehl	+	–	–	–	+	St
Paniermehl	+	–	+[1]	–	+	St + U
Soßenbinder	+	–	+	–	+	St + U (U = L)
Haferflocken	+	–	–	–	+	St
Sahnesteif	+	+ (5 %)	+	–	+	G + St
Brühe	–	–	–	–	–	–
Apfel	+	+ (0,5 %)	+	+	–	G + F/S
Kartoffel	+	+ (0,5 %)	+	–	+	G + St
Brot	+	–	+	–	+	St + U
Nudeln	+	–	+	–	+	St + U
Chips	+	+ (0,25 %)	+	–	+	G + St
Käse	–	–	–	–	–	–
Bohne	x	–	–	–	+	St
Reis	x	–	–	–	+	St
Clementine	x	+ (0,5 %)	+	+	–	G + F/S
Weintraube	x	+ (3 %)	+	+	–	G + F/S
Birne	x	+ (0,25 %)	+	+	–	G + F/S

Anmerkungen zur Tabelle 27.8:

Bei der Auswertung wird vorausgesetzt, daß die Testausfälle auf Glucose, Fructose, Saccharose und Stärke bekannt sind.

1) leicht positiver Testausfall

G = Glucose, F = Fructose, S = Saccharose, St = Stärke, L = Lactose, U = unbekanntes Kohlenhydrat

/ bedeutet   und/oder (Bsp.: G + F/S = Glucose und außerdem Fructose und/oder Saccharose)

KH bedeutet   Kohlenhydrat

x bedeutet,   daß der Test nicht durchgeführt wurde

Als Referenzlösungen dienen Glucose-, Fructose- und Saccharoselösungen (je 0,1 g + 10 ml Wasser).

Auf einer 5 cm x 10 cm großen DC-Karte (z.B. DC-Alufolie Kieselgel 60 F 254 von Merck) wird 1 cm vom unteren Rand entfernt und parallel zur kürzeren Seite mit einem weichen Bleistift eine Linie gezeichnet. Maximal 7 Punkte werden markiert und beschriftet.

Auf jede DC-Karte werden die Referenzlösungen und maximal 4 Lebensmittelproben aufgetragen. Die dabei entstehenden Flecken sollten so klein wie möglich sein (ca. 2 mm Durchmesser). Um möglichst wenig Probe aufzutragen, wird die Kapillare (Außendurchmesser 1,00 mm, Wanddicke 0,10 mm) mit dem Zeigefinger oben verschlossen. Sobald die Flecken getrocknet sind, wird ein zweites Mal aufgetragen.

Nach dem Trocknen der Flecken wird die DC-Karte in ein als Chromatographietank dienendes Einmachglas gestellt, das *30 ml* (bei Verwendung von mehr als 30 ml entstehen langgezogene Flecken) des Fließmittels aus Aceton *p.a.*/Wasser = 90:10 (STAHL 1967) enthält (bei Verwendung von technischem Aceton ist die ganze Karte nach dem Besprühen schmutzig dunkel gefärbt).

Nach ca. 17–22 Minuten befindet sich die Fließmittelfront 1 cm unterhalb des oberen Kartenrandes. Die Karte wird nun getrocknet (evtl. mit Fön) und mit dem frisch hergestellten Reagenz aus 1 ml Anisaldehyd, 50 ml Eisessig und 1 ml konz. Schwefelsäure (verändert nach MERCK 1970) besprüht (Abzug). Die Sprühtechnik entspricht der bei Experiment 12a beschriebenen. Bei zu kräftiger Besprühung werden meist schlechte Ergebnisse erhalten.

Es empfiehlt sich, mehrere Schülergruppen die gleichen Lebensmittel chromatographieren zu lassen, um auf jeden Fall einige gut auswertbare Chromatogramme zu erhalten.

Ergebnisse

In Tomatensaft, Sekt, Wein, Weintraube und Honig ist nur Fructose enthalten, in der Marmelade, Clementine und Cola lassen sich Fructose und Saccharose identifizieren. Im Fall von Sprite kann eindeutig Saccharose nachgewiesen werden, ein Fructoseflecken ist meist nur relativ schwach zu erkennen. Mit Äpfeln der Sorte Elstar wurden Fructose und Saccharose gefunden, mit Äpfeln der Sorte Braeburn und Birnen der Sorte Conice v.a. Fructose und kaum Saccharose.

Die Fructose wird durch das Fließmittel zwar nicht sehr gut von der Glucose abgetrennt, durch das Sprühreagenz wird Fructose aber sehr intensiv und Glucose kaum oder gar nicht angefärbt.

Experiment 30 c: Nachweis von Kohlenhydraten in Blättern

Versuchsvorschrift

Iodtest mit Blättern

Ein Blattabschnitt (z.B. von einem Grünlilienblatt oder von Petersilienblättern) wird so an einem Stück Blumendraht befestigt, daß die dicke Mittelrippe nicht durchstochen wird. Das Blattstück wird nun an dem Draht 5 Minuten lang ins siedende Wasserbad gehängt. Anschließend wird es 1,5 Minuten lang in siedenden Alkohol (vergälltes Ethanol) gehängt und dann mehrere Minuten lang in eine Petrischale mit Iodlösung gelegt (siehe Iodlösung beim Iodoformtest; Experiment 25) Das Blattstück wird mit einer Pinzette herausgenommen und mit Wasser abgespült.

Fehlingtest mit Blättern

Ca. 0,4 g stark zerkleinertes Blattmaterial (z.B. Grünlilienblatt oder Petersilienblätter) werden in einem Reagenzglas mit 3 ml Wasser versetzt und 5 Minuten lang im siedenden Wasserbad erhitzt. Die Flüssigkeit wird nach Schütteln in ein zweites Reagenzglas abgegossen (Vorsicht! heiß!), das 1 ml Fehling I, 1 ml Fehling II und 2 Siedesteinchen enthält. Der Ansatz wird 5 Minuten lang im siedenden Wasserbad belassen.

Ergebnisse

Die Blätter zeigen positiven Iodtest. Bei Grünlilienblättern sind die zuvor grünen Blattbereiche schwarz, die zuvor weiße Mittelrippe ist hellbraun. Die Petersilienblätter sind ganz schwarz. Sie fallen nach dem Kochen stark zusammen.

Die Grünlilienblätter zeigen stets negativen Fehlingtest; bei Einsatz von Petersilienblättern ist beim Fehlingtest am Reagenzglasboden deutlich ein roter Niederschlag erkennbar. Stärke läßt sich also in beiden Blattsorten nachweisen, Zucker nur in Petersilienblättern.

Experiment 30 d: Nachweis von Cellulose in Alltags- produkten

Der bei Experiment 27 beschriebene Zinkchloridtest kann auf cellulosehaltige Produkte angewendet werden. Mit Kleenex-Kosmetiktüchern, Filterpapier, Watte, einem Holzstück und einem Baumwollfaden tritt Blaufärbung ein (wird meist erst nach dem Schwenken mit Wasser deutlich erkennbar). Eine solche Färbung wird bei der Blindprobe ohne Zinkchloridzugabe nicht erhalten. Mit einem Wollfaden fällt der Test negativ aus.

Nicht geeignet sind Baumwolltücher und Schreibmaschinenpapier, die auch ohne Zinkchloridzugabe Violettfärbung zeigen, und Zeitungspapier, bei dem der Zinkchloridtest negativ ausfällt (Hellbraunfärbung).

Experiment 31: Nachweis von Proteinen in Lebensmitteln

Versuchsvorschrift

Der Ninhydrintest (Experiment 28) wird auf verschiedene Proben ohne vorherige Aufarbeitung angewendet. Im Fall flüssiger Proben wird 1 ml Probe mit 1 ml Ninhydrinreagenz versetzt und geschüttelt; im Fall von festen Proben wird 1 kleiner Spatel bzw. ein kleines ca. erbsen- bis haselnußgroßes Stück Probe mit 1 ml Wasser und 1 ml Ninhydrinreagenz versetzt und geschüttelt. Es wird in beiden Fällen 1 Minute lang im siedenden Wasserbad erhitzt.

Ergebnisse

Mit Milch, Nudeln, Käse, Haferflocken, Brot, Chips, Kartoffeln, Mehl, Reis, Eiklar, Eigelb und einem Stück Wolle tritt Tiefblau- bis Blauviolettfärbung ein. Zum Teil sind nur die festen Objekte selbst gefärbt, zum Teil auch die darüberstehende Flüssigkeit. Der Ninhydrintest fällt z.B. mit Sprite und Apfel negativ aus.

Experiment 32 : Nachweis von Alkoholen, Carbonsäuren, Estern und Ketonen in Alltagsprodukten

Experiment 32 a: Anwendung der Standardtests auf Haushaltschemikalien

Die bei Experiment 25 beschriebenen Standardtests wurden auf eine Reihe von Haushaltschemikalien angewendet. In der Tabelle 27.9 sind die problemlos analysierbaren Proben und ihre Analyseergebnisse zusammengestellt.

Tabelle 27.9 Ergebnisse der Analyse von Haushaltschemikalien mit den Standardtests

	1	2	3	4	5	6	7	8	9	10	11	12	13
Cernitrattest	−	+	+	−	+	+	+	+	+	−	+	+	+
DNPH–Test	−	+	+	+	−	−	−	+	+	$\pm^3$	$-^5$	−	−
BTB–Test	+	−	−	−	−	−	−	−	−	+	−	−	−
Rojahntest	−	+	+	−	−	−	−	−	−	−	+	−	−
Fehlingtest	−	−	−	−	−	−	−	−	−	−	−	−	−
Eisenchloridtest	$+^1$	−	−	−	−	−	−	−	−	$+^1$	−	−	−
Iodoformtest	−	+	+	+	$+^2$	$+^2$	+	+	+	$+^4$	$+^6$	+	+
Dichromattest	−	+	+	−	+	+	+	+	+	−	+	+	+
Kupfersulfattest	−	−	−	−	−	−	−	+	−	−	−	−	+

Anmerkungen zur Tabelle 27.9:

1 = Essil Tafelessig (farblos)

2 = ellocar Nagellackentferner (rosa; acetonfrei)

3 = Nagellackentferner femia (rosa) mit der Aufschrift acetonfrei

4 = Margaret Astor Nagellackentferner (hellgrün)

5 = Merckstädter Doppelwacholder 38 % vol

6 = Russischer Wodka Moskovskaya 40 % vol

7 = Spiritus-Glas-Reiniger Marke Frosch

8 = Johnson Scheibenklar mit der Angabe 'frei von Methanol'

9 = AHK Brennspiritus 94 % vol

10 = Majesta Essigreiniger

11 = Dr. Beckmann Fleckenteufel; Kleber, Kaugummi

12 = Klosterfrau Melissengeist

13 = Rex Winter-Kur Türschloßenteiser

1) untere Phase rot gefärbt

2) nur leichte, aber erkennbare Trübung

3) leichte Trübung

4) Es fällt sofort ein dicker, gelber Niederschlag; die Flocken setzen sich nach oben ab und werden wie die Lösung farblos (positiver Iodoformtest vorgetäuscht).

5) kaum erkennbare Trübung

6) milchige Trübung; nach 5 min obere Phase farblos und milchig trübe (positiver Iodoformtest möglicherweise vorgetäuscht)

Als nicht geeignet aufgrund verschiedenartiger Störungen erwiesen sich Wein, Kölnisch Wasser, Odol, Irish Moos After Shave, Saft eingelegter Gurken, WC-Essigreiniger Marke Frosch und Fleckenwasser K2r.

Experiment 32 b: Nachweis von Ethanol in alkoholhaltigen Getränken

Um Ethanol eindeutig in alkoholhaltigen Getränken wie Doppelwacholder oder Wodka nachzuweisen, um also einen stark positiven Iodoformtest zu erhalten, kann man das Ethanol durch Destillation anreichern.

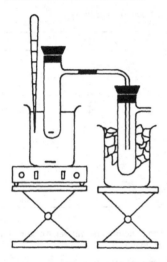

Bild 27.17

Das Wasserbad (250 ml Becherglas mit 200 ml Wasser gefüllt und mit Alufolie umwikkelt) wird auf ca. 90°C vorgeheizt. In das linke kleine Reagenzglas werden 14 ml Korn gefüllt. Es wird 10 Minuten lang destilliert. Das Reagenzglas darf zunächst nur wenig ins Wasserbad eintauchen. Es muß ständig beobachtet werden, da immer die Gefahr des Überschäumens besteht.

Es werden ca. 3,5–5 ml Produkt erhalten. Beim Cernitrattest tritt Rotfärbung ein, beim Iodoformtest entsteht nach ca. 25–30 Sekunden eine dicke Trübung. Ethanol ist also angereichert worden.

Experiment 32 c: Nachweis von Aceton in Nagellackentfernern

Bei den in Experiment 32 a untersuchten Produkten findet man in der acetonfreien Sorte Alkohol, Ester und Keton, in der anderen Sorte nur Keton. Um zu überprüfen, ob der acetonfreie Nagellackentferner doch Aceton oder ein anderes Keton enthält, empfiehlt sich das

Heranziehen des Nitrotests (verändert nach BAUER und MOLL 1960). 0,5 ml Probe werden mit 2 ml Pufferlösung (26,75 g NH_4Cl mit Ammoniaklösung ($c(NH_3)$ = 6 mol/l) auf 100 ml aufgefüllt; leichtes Erwärmen beschleunigt den Lösungsvorgang) und 1 Tropfen Nitroprussidnatriumlösung (c = 0,2 mol/l) versetzt und geschüttelt.

Dieser Test wird zunächst auf Aceton und Butanon angewendet, wobei Lila- bzw. Rotfärbung auftritt.

Der acetonhaltige Nagellackentferner zeigt Lilafärbung, der acetonfreie nicht. Der Nagellackentferner von femia zeigt das gleiche Verhalten wie Butanon, derjenige von ellocar ein etwas anderes. Auf jeden Fall läßt sich der Schluß ziehen, daß das acetonfreie Produkt auch tatsächlich kein Aceton, sondern vermutlich ein anderes Keton enthält.

Experiment 32 d: Nachweis von Ester im Klebstoff

Der Geruch von Uhu flinke Flasche (nicht lösungsmittelfrei!) und Essigsäureethylester kann verglichen werden. Auf das Uhu kann der Rojahntest angewendet werden. 1 ml Ethanol wird mit 3 Tropfen Phenolphthaleinlösung und soviel Uhu direkt aus der Flasche versetzt (gut zentrieren, damit nicht zuviel Uhu an der Reagenzglaswand hängen bleibt), daß das Reagenzglas genauso hoch wie ein zweites Reagenzglas gefüllt ist, das zum Vergleich 2 ml Wasser enthält. Dann wird Natronlauge ($c(NaOH)$ = 3 mol/l) bis zur Rosafärbung (ca. 2 Tropfen) zugesetzt. Es muß kräftig geschüttelt werden. Der Ansatz wird maximal 10 Minuten lang ins 40°C warme Wasserbad gestellt und jede Minute kräftig geschüttelt. Nach 3–6 Minuten tritt Entfärbung ein.

Parallel dazu kann der Fleckenteufel für Klebstoffe analysiert werden. Er enthält Alkohol und Ester.

Experiment 33: Nachweis von Sorbinsäure in Lebensmitteln

Die Experimente zur Sorbinsäure sind von KIPKER (1993) bearbeitet worden.

Experiment 33 a: Analyse von Lebensmitteln mit dem TBS-Test

Versuchsvorschrift

Der im Experiment 29 b beschriebene TBS-Test wird auf Lätta, Sonnenblumenmargarine, Krautsalat (z.b. von Homann), Einmachhilfe (z.b. von Opekta) und konserviertes Duschbad (z.b. von Lux) angewendet.

Ergebnisse

Nur mit Sonnenblumenmargarine fällt der TBS-Test negativ aus. Alle anderen Produkte enthalten also Sorbinsäure.

Experiment 33 b: Papierchromatographische Analyse von Lebensmitteln

Versuchsvorschrift

Zunächst müssen die untersuchten Lebensmittel aufbereitet werden. Zu diesem Zweck werden 4 Spatelspitzen des Lebensmittels mit 2 ml 30 %igem Ethanol versetzt (in einem Präparateglas) und 1 Minute lang kräftig geschüttelt. Mit einer Kapillare wird die überstehende Lösung sechs- bis achtmal auf ein 21 x 13 cm großes Chromatographiepapier (mittelschnellsaugend) aufgetragen. Außerdem wird authentische Sorbinsäure (1 Spatelspitze in 2 ml Wasser gelöst) eingesetzt. Nachdem die Flecken getrocknet sind, wird das zu einem Zylinder gerollte Chromatographiepapier (siehe Experiment 11a) in ein Einmachglas mit 30 ml Laufmittel gestellt. Das Laufmittel besteht aus 1-Propanol, Essigsäureethylester, 25%iger Ammoniaklösung und Wasser im Verhältnis 3:1:1:1 (TANNER und RENTSCHLER 1955). Die Chromatographie ist nach ca. 67 Minuten beendet. Das Chromatographiepapier wird mit einem Fön getrocknet und anschließend besprüht. Als Sprühmittel dient eine frisch angesetzte (!) Mischung aus Lösung I (10 ml Kaliumdichromatlösung, $c(K_2Cr_2O_7) = 1/60$ mol/l, 10 ml Eisessig und 80 ml Wasser) und Lösung II (0,5 %ige wäßrige Thiobarbitursäurelösung) im Verhältnis 2 : 1 (verändert nach LÜCK 1969). Nach dem Besprühen wird im Trockenschrank bei 90°C getrocknet. (Trocknen mit einem Fön führt zu sehr schlechten Ergebnissen.)

Ergebnisse

Mit Sorbinsäure-haltigen Lebensmitteln tritt in den Chromatogrammen ein roter Flecken auf der Höhe authentischer Sorbinsäure auf. Setzt man rote Erdbeermarmelade (Schwartau Light) ein, so wird der rote Farbstoff gut von der Sorbinsäure getrennt. Hier zeigt sich ein Vorteil der insgesamt wesentlich aufwendigeren chromatographischen Methode gegenüber der einfachen Nachweisreaktion (Experiment 33 a), bei der die rote Farbe des Lebensmittels störend wirkt.

Gute Ergebnisse werden auch mit Lätta, Einmachhilfe, Krautsalat und Duschbad erhalten.

Experiment 34: Qualitative Elementaranalyse

Experiment 34 a: Nachweis von Kohlenstoff- und Wasserstoffatomen in organischen Molekülen

Versuchsdurchführung

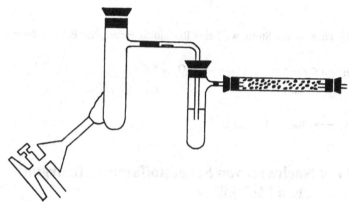

Bild 27.18

Ins große Reagenzglas werden 0,5 ml Probe und 5 g Kupfer(II)-oxid (bei weniger Kupferoxid z.T. gestörter Wassernachweis) gegeben. Ein Stück getrocknetes Cobaltchloridpapier wird so in das gebogene Glasrohr geschoben, daß das Papierende noch herausragt, dann wird das Schlauchverbindungsstück angesetzt (so kann das Papier später gut wieder entfernt werden) und das Rohr am großen Reagenzglas befestigt. In das kleine Reagenzglas werden 15–17 ml Barytwasser gefüllt (4 g Ba(OH)$_2$ mit 100 ml Wasser kräftig verrühren und abfiltrieren). Das gebogene Glasrohr muß ins Barytwasser eintauchen.

Nun wird von der Seite her mit voller Bunsenbrennerflamme erhitzt (ca. 2–5 Minuten lang). Schließlich wird mit der Bunsenbrennerflamme am Reagenzglas hochgefächelt, um das Aufsteigen von eventuell entstandenem Wasser zu erleichtern. (Vorsicht! Die Klammer, die das Reagenzglas am Stativ hält, kann dabei heiß werden.)

Sobald mit dem Erhitzen aufgehört wird, muß das kleine Reagenzglas abgenommen werden, um ein Zurücksteigen der Flüssigkeit zu verhindern. Vor dem Reinigen läßt man die Apparatur abkühlen. Mit Salzsäure, c(HCl) = 5 mol/l, wird das Reaktionsgefäß weitgehend sauber. Noch verbleibende Schmutzreste müssen mit konz. Schwefelsäure entfernt werden.

Eine Blindprobe (z.B. 0,5 ml Ethanol ohne Zugabe von CuO einsetzen) kann durchgeführt werden.

Das Cobaltchloridpapier wird hergestellt, indem Filterpapier mit einer Lösung von 1 g CoCl$_2$ · 6 H$_2$O in 5 ml Wasser getränkt und mit einem Fön getrocknet wird. Zur Überprüfung der Wasserwirkung wird ein Stückchen Cobaltchloridpapier mit einem Tropfen Wasser versetzt.

Ergebnisse

Das Experiment wurde mit Methanol, Ethanol, 1-Propanol, 1-Butanol, 1-Pentanol, Essigsäure, Propionsäure, Essigsäureethylester und Propionsäurepropylester durchgeführt. Mit diesen Stoffen tritt nach kurzem Erhitzen ein weißer Niederschlag im kleinen Reagenzglas auf, und das blaue Cobaltchloridpapier wird rosaweiß, was auch bei Zutropfen von Wasser zu einem Stück des Papiers auftritt. Im Reaktionsgefäß wird ein roter Feststoff erkennbar.

Führt man die Blindprobe ohne Kupferoxid durch, so tritt mit Barytwasser keine Trübung ein, und das blaue Cobaltchloridpapier sieht feucht aus, verfärbt sich aber nicht.

Deutung

Stellvertretend für alle eingesetzten Stoffe wird eine Reaktionsgleichung für Ethanol formuliert:

(I) H_3C-CH_2-OH + 6 CuO $\longrightarrow$ 2 CO_2 + 3 H_2O + 6 Cu

            schwarz   rot

(II) $Ba(OH)_2$ + CO_2 $\longrightarrow$ $BaCO_3 \downarrow$ + H_2O

Experiment 34 b: Nachweis von Sauerstoffatomen in organischen Molekülen

Versuchsdurchführung

Das Nachweisreagenz wird folgendermaßen hergestellt (nach CARL 1972):

7,025 g $CoSO_4 \cdot 7 H_2O$ (rot) werden mit 9,7 g KSCN (weiß) im Mörser verrieben. Es entsteht ein blaues Produkt, das mit 18 ml vergälltem Ethanol verrührt wird. Ungelöste Bestandteile werden abfiltriert. Die tiefblaue Lösung wird auf dem siedenden Wasserbad eingedampft und der Rückstand im Exsikkator über Calciumchlorid getrocknet. Anschließend wird das Reagenz pulverisiert.

Zum Nachweis wird 1 ml Probe (wasserfrei) mit 1 Spatelspitze Reagenz versetzt. Dann wird gut geschüttelt. Um die Testausfälle richtig deuten zu können, muß der Test auch auf ein Referenzsystem angewendet werden, d.h. auf einen Stoff, von dem bekannt ist, daß seine Moleküle keine Sauerstoffatome enthalten, und auf einen „sauerstoffhaltigen" Stoff. Diese Stoffe müssen nicht benannt werden. Geeignet sind Hexan und Aceton.

Ergebnisse

Mit „sauerstoffhaltigen" organischen Proben entsteht eine blaue Lösung, die bei Diethylether und Acetaldehyddiethylacetal etwas heller blau ist. Mit Proben ohne Sauerstoffatome in ihren Molekülen wird eine farblose Flüssigkeit erhalten. Die Kristalle liegen ungelöst am Reagenzglasboden.

Störungen treten mit Brenztraubensäure (keine Lösung der Kristalle aufgrund der hohen Viskosität der Brenztraubensäure), Milchsäure (lilastichig blaue Lösung aufgrund des Wassergehaltes) und Glycerin (rosa Lösung aufgrund des Wassergehaltes) auf. Mit Wasser entsteht eine rosa Lösung.

Deutung

Das Reagenz besteht aus Kaliumtetrathiocyanatocobaltat(II)-tetrahydrat $K_2[Co(SCN)_4] \cdot 4\,H_2O$. NEUHÄUSER (1991) formuliert folgende Reaktionsgleichung:

(I) $CoSO_4 \cdot 7\,H_2O + 4\,KSCN \rightarrow K_2[Co(SCN)_4] \cdot 4\,H_2O + K_2SO_4 + 3\,H_2O$

Das Reagenz löst sich in „sauerstoffhaltigen" Verbindungen. CARL (1972) gibt an, daß der Nachweis auf der Wechselwirkung eines freien Elektronenpaares vom Sauerstoff mit dem Reagenz beruht. Er hält zumindest einen teilweisen Ligandenaustausch für denkbar. Mit Wasser bilden sich nach NEUHÄUSER (1991) durch Ligandenaustausch rote Aquakomplexe:

(II) $[Co(SCN)_4]^{2-} + 6\,H_2O \longleftrightarrow [Co(H_2O)_6]^{2+} + 4\,SCN^-$

Experiment 34 c: Elementaranalyse von Kohlenhydraten

Versuchsvorschrift

Glucose, Fructose, Saccharose und Stärke werden ca. 1 cm hoch in je ein Reagenzglas gefüllt und trocken erhitzt. Dazu eignet sich eine kleine, leuchtende Flamme. Das Reagenzglas wird beim Erhitzen geschüttelt. Außen am Reagenzglas lagert sich Ruß ab, der nach dem Erhitzen mit Papier entfernt wird. Die im oberen Teil des Reagenzglases sichtbare Flüssigkeit wird mit Cobaltchloridpapier (siehe Experiment 34 a) in Kontakt gebracht.

Ergebnisse

Nach dem Erhitzen aller vier Stoffe bleibt im Reagenzglas ein schwarzer Feststoff zurück. Die gebildete Flüssigkeit führt zur Rosafärbung des zunächst blauen Cobaltchloridpapiers, wodurch Wasser nachgewiesen ist.

Deutung

Durch das Erhitzen reagieren die Kohlenhydrate zu Kohlenstoff und Wasser. Damit sind Kohlenstoff- und Wasserstoffatome als Bausteine der Kohlenhydratmoleküle nachgewiesen.

Experiment 34 d: Nachweis von Stickstoffatomen in Alaninmolekülen

Versuchsvorschrift

Eine kleine Spatelspitze Alanin wird in ein Reagenzglas gegeben. Oben am Reagenzglas wird ein feuchtes Stück Indikatorpapier eingehängt. Es wird mit entleuchteter Bunsenbrennerflamme erhitzt. Sobald sich das Indikatorpapier verfärbt, wird mit dem Erhitzen aufgehört (es kommt sonst zu starker Geruchsbelästigung).

Ergebnisse

Schon nach sehr kurzem Erhitzen färbt sich das Indikatorpapier blau. Damit ist Ammoniak nachgewiesen. Dies läßt den Rückschluß zu, daß die Alaninmoleküle Stickstoffatome enthalten.

Experiment 35: Bestimmung der molaren Masse von Ethanol und 1-Propanol

Experiment 35 a: Bestimmung der molaren Masse von Ethanol

Versuchsvorschrift

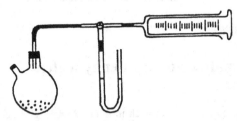

Bild 27.19

Die Apparatur wird aufgebaut. Mit der Eppendorfpipette werden 100 µl Ethanol absolut p.a. in den kleinen Hals des 1-l-Zweihalskolbens, der 10 g Glaskugeln (nicht mehr) enthält, einpipettiert. Nach Verschließen mit einem Stopfen wird der Kolben 1,5 Minuten lang geschüttelt, wobei der Kolben nur oben am Hals angefaßt wird. Direkt anschließend wird ein Druckausgleich vorgenommen und das entstandene Gasvolumen abgelesen.

100 µl Ethanol werden möglichst genau gewogen.

Hinweise

* Der Schlauch sollte 18 cm lang sein. Ist der Schlauch kürzer, so kann schlecht geschüttelt werden, ist er länger, so wird ein zu geringes Gasvolumen erhalten.

* Der Kolben und die Glasperlen können nur für einen Ansatz verwendet werden. Soll ein zweiter Versuch durchgeführt werden, müssen neue Materialien benutzt werden. Durch den Schlauch und den Kolbenprober muß mehrfach Luft gesaugt werden.

Ergebnisse

100 µl Ethanol wiegen 0,0757 g. Sie bilden 39,5 ml Ethanoldampf. Da vereinfachend davon ausgegangen werden kann, daß bei Raumtemperatur 1 Mol Gas 24 l einnimmt, kann die molare Masse dadurch berechnet werden, daß die Masse von 24 l Ethanoldampf berechnet wird.

$$0,0395 \, l \quad = \quad 0,0757 \, g$$
$$24 \, l \quad\quad = \quad x$$
$$x \quad\quad\quad = \quad 45,99 \, g$$

Die molare Masse von Ethanol liegt bei 46 g/mol.

Experiment 35 b: Bestimmung der molaren Masse von 1-Propanol

Die molare Masse von 1-Propanol kann aufgrund der deutlich geringeren Flüchtigkeit nicht genügend genau mit der für Ethanol geeigneten Variante bestimmt werden. Es sind höhere Temperaturen notwendig.

Versuchsvorschrift

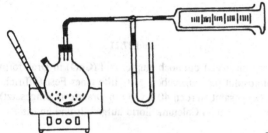

Bild 27.20

Der Versuchsaufbau entspricht im Prinzip demjenigen in Experiment 35 a. In den Zweihalskolben wird zusätzlich ein Rührfisch gegeben. Die Apparatur wird zunächst bei geöffnetem kleinen Hals des Kolbens temperiert, wobei das Wasserbad eine konstante Temperatur von 59–60°C haben sollte. Dann wird der kleine Stopfen auf den kleinen Hals gesetzt und getestet, ob innerhalb von 1 Minute noch eine Druckänderung auftritt. Ist dies nicht der Fall, so werden mit der Eppendorfpipette 100 µl 1-Propanol in den kleinen Hals einpipettiert (während des Einpipettierens nicht rühren). Es wird dann 1 Minute lang gerührt und nach dem Druckausgleich das Volumen im Kolbenprober abgelesen.

Die Masse von 100 µl 1-Propanol wird bestimmt.

Ergebnisse

100 µl 1-Propanol wiegen 0,0781 g. Das mittlere Gasvolumen liegt bei 31,8 ml. Demnach hat die molare Masse den Wert 58,9 g/mol. Der theoretische Wert liegt bei 60 g/mol.

Experiment 36: Bestimmung der Kohlenstoffatomzahl in den Molekülen des Ethanols und des 1-Propanols

Versuchsvorschrift

Bild 27.21

Ins Quarzreagenzglas (16 x 180) wird zunächst 1 cm hoch Kupferoxid (CuO) in Drahtform gefüllt. Dann werden 100 µl Ethanol absolut p.a. zugegeben. Mit Hilfe eines Feststofftrichters wird rasch weiteres Kupferoxid (insgesamt werden 40 g CuO in Drahtform eingesetzt) zugegeben. Das Reagenzglas wird mit gekörntem Calciumchlorid aufgefüllt und an die Apparatur angeschlossen.

Nun wird zunächst mit voller Bunsenbrennerflamme der rechte Teil des Reagenzglases erhitzt, bis das Kupferoxid glüht (Volumenzunahme ca. 5 ml). Es ist günstig, 2 Brenner zu benutzen, so daß man das Reagenzglas mit einem Brenner von oben und mit dem anderen Brenner von unten erhitzen kann. Dann wird vorsichtig der linke Reagenzglasbereich erhitzt, so daß das Ethanol langsam verdampft und über das glühende (!) Kupferoxid gleitet. Nun erfolgt rasche Volumenzunahme. Zum Schluß wird auch der linke Reagenzglasbereich kräftig bis zur Volumenkonstanz erhitzt.

Die Apparatur wird durch 10-minütiges Fönen abgekühlt. Dann wird der Druckausgleich durchgeführt. Das Gasvolumen im Kolbenprober wird abgelesen und das Gas dann in ein Becherglas mit ca. 20 ml Barytwasser geleitet.

Hinweis

Es ist unbedingt darauf zu achten, daß das Kupferoxid glüht, bevor und während das Ethanol verdampft. Ansonsten gelangen Ethanol- und Acetaldehyddämpfe in den Kolbenprober und verfälschen das Ergebnis.

Ergebnisse

Im Reagenzglas wird ein roter Stoff sichtbar, bei dem es sich um Kupfer handelt. Das entstandene Gas ist Kohlendioxid, was aus der Trübung mit Barytwasser abzuleiten ist.

Insgesamt werden bei Einsatz von Ethanol 77–85 ml Gas erhalten. Nach dem Satz von Avogadro müßten aus 39,5 ml Ethanolgas (entsprichen 100µl flüssigem Ethanol laut Experiment 35a) ca. 40 ml Kohlendioxid entstehen, wenn das Ethanolmolekül 1 Kohlenstoffatom enthält, ca. 80 ml bei 2 C-Atomen und ca. 120 ml bei 3 C-Atomen. Das Ergebnis zeigt, daß Ethanolmoleküle 2 Kohlenstoffatome enthalten.

Bei Einsatz von 1-Propanol werden 86–98 ml Gas erhalten, die aus ca. 32 ml gasförmigem 1-Propanol (Experiment 35b) entstehen. Da sich das Gasvolumen also ungefähr verdreifacht hat, kann man schließen, daß ein Propanol-Molekül drei Kohlenstoffatome enthält.

27.3. Experimente zur Ermittlung von Reaktionsbedingungen

Experimente zur Ermittlung der Bedingungen der Estersynthese und der Fettspaltung sind als praktische Übungen ausgearbeitet und im Kapitel 23 beschrieben.

Experiment 37: Die Bedingungen der Esterhydrolyse

Versuchsdurchführung

Grundvorschrift

2 ml Essigsäureethylester werden mit dem angegebenen Volumen Reagenz versetzt. Das Reagenzglas wird mit einem Stopfen verschlossen und 2 Minuten lang geschüttelt.

Vorsicht! Es kann ein Überdruck entstehen (zwischendurch immer wieder belüften; den Stopfen gut festhalten und nach 2 Minuten vorsichtig entfernen!). Der Reagenzglasinhalt kann sich außerdem stark erwärmen!

Reagenzien:

8 ml Wasser, 8 ml Schwefelsäure ($c(H_2SO_4) = 1,5$ mol/l), 1 ml konz. Schwefelsäure (nach abgelaufener Reaktionszeit langsam 7 ml Wasser zugeben; auf keinen Fall nochmals schütteln), 8 ml Natronlauge ($c(NaOH) = 3$ mol/l), 1 Natriumhydroxidplätzchen (nach abgelaufener Reaktionszeit 8 ml Wasser zusetzen)

Die Ansätze werden auch nach 1 Woche ohne erneutes Schütteln beobachtet (die Experimente mit konz. Schwefelsäure und Natriumhydroxidplätzchen müssen für diesen Zweck neu angesetzt werden).

Ergebnisse

Bei Einsatz von Natronlauge erwärmt sich der Reagenzglasinhalt. Nach 2 Minuten ist nur noch eine Phase und kein Estergeruch mehr vorhanden. Mit allen anderen Reagenzien sind noch zwei Phasen erkennbar. Nach 1 Woche (auch schon nach 2 Tagen) existiert im Ansatz mit Schwefelsäure ($c(H_2SO_4) = 1,5$ mol/l) keine Esterphase mehr. Bei allen anderen Reagenzien liegen zwei Phasen vor (konz. Schwefelsäure 3–3,5 mm obere Phase, Wasser 4 mm, Natriumhydroxidplätzchen 6 mm).

Experiment 38: Die Bedingungen der Acetalspaltung

Versuchsdurchführung

Grundvorschrift

2 ml Acetaldehyddiethylacetal werden mit 2 ml Reagenz bzw. der angegebenen Menge an festem Reagenz versetzt. Das Reagenzglas wird mit einem Stopfen verschlossen und 60 Sekunden lang geschüttelt.

Reagenzien:

Wasser, Schwefelsäure ($c(H_2SO_4) = 1,5$ mol/l), Natronlauge ($c(NaOH) = 3$ mol/l), 1 Natriumhydroxidplätzchen (nach abgelaufener Reaktionszeit 2 ml Wasser zusetzen, ohne erneut zu schütteln)

Die Ansätze werden auch nach 1 Woche ohne erneutes Schütteln beobachtet (das Experiment mit dem Natriumhydroxidplätzchen muß für diesen Zweck erneut angesetzt werden).

Auf keinen Fall darf die Wirkung von konzentrierter Schwefelsäure getestet werden, da nach kurzer Verzögerung auch mit 0,5 ml Säure eine sehr heftige Reaktion einsetzt (es kann bis zur Decke spritzen!). Um zu demonstrieren, daß mit konzentrierter Schwefelsäure eine andere Reaktion als mit den übrigen Reagenzien eintritt, können gefahrlos 2 ml des Acetals mit 3 Tropfen konzentrierter Schwefelsäure unter zwischenzeitlichem Schütteln versetzt werden.

Ergebnisse

Nach 60 Sekunden verschwindet die Acetalphase nur bei Einsatz von Schwefelsäure ($c(H_2SO_4) = 1,5$ mol/l), nach 7 Tagen auch bei Einsatz von Wasser (z.T. wird eine zweite Phase vorgetäuscht, aber nach kurzem Anschütteln entsteht unter Schlierenbildung (keine Tröpfchenbildung) 1 Phase). Bereits nach 5 oder 6 Tagen erscheint die Phasengrenze verschwommen. Festes Natriumhydroxid und Natronlauge zeigen keine Wirkung. Versetzt man 2 ml Acetal mit 3 Tropfen konz. Schwefelsäure, so tritt Dunkelbraun- bis Schwarzfärbung auf.

Experiment 39: Die Bedingungen der Citronensäureisolierung

Versuchsdurchführung

Es sollen geeignete Bedingungen für eine möglichst spezifische Isolierung von Citronensäure gefunden werden. Zu diesem Zweck wird getestet, welche Wirkung Calciumchloridlösung (5,83 g wasserfreies $CaCl_2$ + 17,5 ml H_2O) auf Lösungen aus Citronensäure, Glycolsäure und Milchsäure (je 1 g Säure + 10 ml Wasser) hat, ob Zugabe von Ammoniaklösung (15 ml H_2O + 11,5 ml 25 %iges NH_3) und das Erhitzen einen Effekt haben und ob Ammoniaklösung durch Natronlauge (c(NaOH) = 3 mol/l) zu ersetzen ist. Zu diesem Zweck werden je 1 ml der zu verwendenden Lösungen vermischt und 1 Minute bei Raumtemperatur oder im siedenden Wasserbad beobachtet.

Eine Blindprobe ohne Zusatz von Säurelösung (nur $CaCl_2$ + NH_3 und $CaCl_2$ + NaOH) wird bei Raumtemperatur und im siedenden Wasserbad durchgeführt.

In einem zweiten Schritt wird getestet, ob der im ersten Schritt mit Citronensäure erhaltene Niederschlag bei Zugabe verschiedener Säuren wieder gelöst werden kann. Zu den Niederschlägen, die nach der im ersten Schritt gefundenen Vorschrift hergestellt werden, werden zu diesem Zweck in 1-ml-Schritten maximal 10 ml Wasser, Schwefelsäure (c(H_2SO_4) = 1,5 mol/l), Salzsäure (c(HCl) = 0,5 oder 2 mol/l) oder Salpetersäure (c(HNO_3) = 2 mol/l) gegeben. Löst sich der Niederschlag nicht wieder auf, so muß getestet werden, ob 1 ml Calciumchloridlösung mit 1 ml der Säure ebenfalls einen Niederschlag ergibt.

Ergebnisse

Die Ergebnisse der Reagenzglasversuche zur Citronensäurefällung sind der Tabelle 27.10 zu entnehmen.

Als selektive Methode zur Ausfällung und damit Isolierung von Citronensäure zeigt sich die Behandlung der Probe mit Calciumchloridlösung und Ammoniaklösung in der Hitze. Mit Natronlauge tritt bei allen Säuren Niederschlagsbildung auf. Die Blindprobe zeigt, daß 1 ml

Tabelle 27.10 Ergebnisse der Reagenzglasversuche zur Citronensäurefällung

	Citronensäure		Glycolsäure		Milchsäure	
	RT	100°C	RT	100°C	RT	100°C
$CaCl_2$	–	–	–	–	–	–
$CaCl_2$ + NH_3	–	+	–	–	–	–
$CaCl_2$ + NaOH	+	+	+	+	+	+

Anmerkungen zur Tabelle 27.10:
Von allen Stoffen wird jeweils 1 ml ihrer wässrigen Lösungen eingesetzt.
+ bedeutet weißer Niederschlag
– bedeutet klare Lösung
RT bedeutet Raumtemperatur
100°C bedeutet Erhitzen im siedenden Wasserbad

Calciumchloridlösung mit 1 ml Natronlauge einen dicken weißen Niederschlag bildet, nicht aber mit 1 ml Ammoniaklösung, auch nicht in der Hitze. Gibt man zu dem Ansatz aus 1 ml Citronensäure, 1 ml Calciumchloridlösung und 1 ml Ammoniaklösung nach dem Erhitzen im siedenden Wasserbad direkt die verschiedenen Säuren, so tritt nach Zusatz von 8–9 ml Salzsäure (c(HCl) = 0,5 mol/l) oder 2-3 ml Salzsäure (c(HCl) = 2 mol/l) oder 3 ml Salpetersäure (c(HNO$_3$) = 2 mol/l) eine Auflösung des Niederschlags ein. Nach Zugabe von 10 ml Wasser oder 10 ml Schwefelsäure (c(H$_2$SO$_4$) = 1,5 mol/l) bleibt ein Niederschlag bestehen, der sich im Fall des Wassers nach 3 Minuten deutlich absetzt, im Fall von Schwefelsäure kaum. Dies deutet an, daß es sich um verschiedene Niederschläge handelt.

Die Zusammengabe von Calciumchloridlösung und Schwefelsäure führt zur Niederschlagsbildung. Bei Zugabe von Schwefelsäure zum Calciumcitrat wird also vermutlich Citronensäure freigesetzt und Calciumsulfat ausgefällt.

Die Versuchssequenz zeigt also, wie Citronensäure ausgefällt und unter Abtrennung der Calciumionen wieder in Lösung gebracht werden kann. Sie trägt zum Verständnis der Versuchsvorschrift zur Isolierung von Citronensäure aus Zitronen (Experiment 11b) bei.

Experiment 40: Praktische Hinweise zur Ermittlung der Bedingungen der Fettspaltung

Die prinzipielle Durchführung dieses Experiments ist in Abschnitt 23.3 beschrieben.

Praktische Hinweise

- Beim Arbeiten im siedenden Wasserbad müssen Siedesteinchen verwendet werden.

- Tritt vor Ablauf der 2-minütigen Reaktionszeit Entfärbung auf, werden die Ansätze nochmals geschüttelt und, falls die Rosafärbung zurückkehrt, erneut ins Wasserbad gestellt.

- Ist man nicht sicher, ob eine Entfärbung stattgefunden hat (manchmal ist z.B. eine Orangefärbung zu beobachten), kann man erneut 1–2 Tropfen Phenolphthaleinlösung zugeben. Kommt es zu einer Farbvertiefung, so gilt der Ansatz als nicht entfärbt.

- Entfärbung bedeutet, daß die Rosafärbung verschwindet. Bei Verwendung von Leinöl bleibt die gelbe Eigenfarbe des Öls bestehen. Außerdem bleiben die Siedesteinchen zum Teil etwas rosa gefärbt.

- Es tritt bei einigen Ansätzen recht starkes Schäumen auf; allerdings schäumt es nicht aus dem Reagenzglas.

Die vollständigen Ergebnisse dieses Experimentes sind in Tabelle 27.11 aufgeführt.

Tabelle 27.11 Hydrolysierbarkeit zweier Öle bei verschiedenen Bedingungen (angegeben ist die Zeit bis zur Entfärbung in s)

			Olivenöl				Leinöl			
			1-Propanol		Wasser		1-Propanol		Wasser	
			1 ml	0,5 ml	1 ml	0,5 ml	1 ml	0,5 ml	1 ml	0,5 ml
100°C	NaOH	3 mol/l	47	34	–	–	51	37	–	–
		5 mol/l	51	50	–	–	51	41	–	–
	KOH	3 mol/l	51	34	–	–	48	30	–	–
		5 mol/l	52	49	–	–	48	33	–	–
RT	NaOH	3 mol/l	–	–	–	–	–	–	–	–
		5 mol/l	–	–	–	–	–	–	–	–
	KOH	3 mol/l	–	–	–	–	–	–	–	–
		5 mol/l	–	–	–	–	–	–	–	–

Anmerkung zur Tabelle 27.11:

– bedeutet keine Entfärbung innerhalb von 2 Minuten

27.4 Einfache Experimente zu Stoffeigenschaften

Experiment 41: Löslichkeitsversuche mit Alkoholen, Carbonsäuren und Estern

1 ml Probe wird mit 1 ml Lösungsmittel versetzt. Im Falle anorganischer Lösungsmittel wird bei Nichtmischung weiteres Lösungsmittel in 1-ml-Schritten zugegeben (maximal 15 ml). Nähere Hinweise zur Durchführung der Lösungsversuche sind im Zusammenhang mit der Aufgabe zur Polarität der Alkohole angeführt (Abschnitt 23.1 und Experiment 42).
Die Ergebnisse sind in Tabelle 27.12 zusammengestellt.

Tabelle 27.12 Löslichkeit ausgewählter Stoffe in verschiedenen Lösungsmitteln

	Wasser	Natriumchloridlösung c(NaCl) = 3 mol/l	Hexan	Glycerin (86–88 %ig)
Methanol	+	+	$-^1$	+
Ethanol	+	+	+	+
1-Propanol	+	in 8 ml	+	+
2-Propanol	+	in 3 ml	+	+
1-Butanol	in 11 ml	–	+	+
2-Butanol	in 5–6 ml	–	+	+
i-Butanol	in 11–12 ml	–	+	+
t-Butanol	+	in 8–9 ml	+	+
1-Pentanol	–	–	+	–
2-Pentanol	–	–	+	–
Ethylenglycol	+	+	–	+
Glycerin	+	+	–	+
1,3-Butandiol	+	+	–	+
Essigsäure	+	+	+	+
Propionsäure	+	+	+	+
Essigsäureethylester	in 13 ml	–	+	–
Propionsäurepropylester	–	–	+	–

Anmerkungen zur Tabelle 27.12:

1)   Die obere Phase ist auffallend klein.

+   bedeutet in 1 ml Lösungsmittel löslich

Die Phasengrenze zwischen 2-Propanol und NaCl ist sehr schmal.

1-Pentanol und 2-Pentanol sind in Ethylenglycol und 1,3-Butandiol löslich.

Experiment 42: Mischungsexperimente zur Polarität der Alkohole

Die prinzipielle Durchführung ist in Abschnitt 23.1 beschrieben. Hier sollen zusätzlich Hinweise für die Experimentierenden und zur Vorbereitung der Versuche gegeben werden.

Hinweise für die Schülerinnen und Schüler

- Reagenzgläser und Pipetten (geeignet sind graduierte Plastikpipetten) müssen trocken sein.

- Reagenzglas nach dem Zusammengeben der beiden Flüssigkeiten mit aufgesetztem Stopfen schütteln!

- Nur ermitteln, ob die Flüssigkeiten mischbar oder nicht mischbar sind!
  Mischbarkeit erkennt man daran, daß nach dem Schütteln eine klare Phase entsteht. (Manchmal steigen Bläschen auf, was nicht zu beachten ist.)
  Nichtmischbarkeit: nach dem Schütteln zwei Phasen oder eine trübe Flüssigkeit.
  Das Vorliegen zweier Phasen erkennt man am besten daran, daß bei vorsichtigem Schütteln Tröpfchen der einen Phase in der anderen erscheinen.

- Nicht auswerten: alle anderen Phänomene (z.B. Phasengrößen, Geschwindigkeit der Durchmischung oder Entmischung, Schlierenbildung, Bläschenbildung)

Weitere Hinweise

- Als Salzwasser ist Natriumchloridlösung der Konzentration 3 mol/l geeignet.

- Für die Mischungsversuche kann vergälltes Ethanol eingesetzt werden. Bei leistungsschwächeren Klassen oder wenn nur eine Einzelstunde für das Experimentieren zur Verfügung steht, kann auch ganz auf das Ethanol (Stoff D) verzichtet werden.

Experiment 43: Löslichkeitsversuche zum Themenkomplex Fette

2 ml bzw. 1 Spatelspitze (1/3 Spatel voll) des einen Stoffes werden mit 2 ml des anderen Stoffes versetzt und gut geschüttelt.
Die Ergebnisse finden sich in Tabelle 27.13.

Tabelle 27.13 Mischbarkeit von Fettsäuren, Glycerin und Olivenöl mit verschiedenen anderen Stoffen

	Olivenöl	Glycerin	Ölsäure	Palmitinsäure	Stearinsäure
Wasser	–	+	–	–	–
Hexan	+	–	+	+[1]	±[2]
Ethanol	–	+	+		
1-Propanol	+	+	+		
2-Propanol	–	+	+		
Glycerin	–	+	–		
Essigsäure	–	+	+		
Propionsäure	+	+	+		

Anmerkungen zur Tabelle 27.13:

1) Palmitinsäure ist in der Hitze in Hexan löslich. Erst nach längerem Stehen fällt wieder ein Feststoff aus.

2) Stearinsäure ist in der Hitze in Hexan löslich. Beim Abkühlen fällt wieder ein Feststoff aus. In Wasser sind Palmitin- und Stearinsäure auch in der Hitze nicht löslich.

Experiment 44: Löslichkeit von weiteren Naturstoffen

Versuchsvorschrift

Je 1 g Probe wird im Präparateglas mit 10 ml Wasser versetzt und geschüttelt. Falls bei Raumtemperatur keine erkennbare Lösung erfolgt, wird ein Rührfisch zugegeben und auf dem Magnetrührer unter Rühren stark erhitzt. Vorsicht! Wenn die Flüssigkeit zu schäumen beginnt, muß das Präparateglas mit der Tiegelzange von der Heizplatte genommen werden.

Ergebnisse

Alanin ist schon bei Raumtemperatur löslich (in 2 ml vergälltem Ethanol oder *n*-Hexan ist 1 Spatelspitze Alanin nicht löslich). Stärke ist erst beim Erhitzen „löslich", gepulverte Cellulose ist überhaupt nicht wasserlöslich.

Experiment 45: Wasserlöslichkeit von Sorbinsäure und Benzoesäure sowie ihren Salzen

Versuchsvorschrift

1 Spatelspitze (ca. 1/3 Spatel) Sorbinsäure oder Benzoesäure wird mit 2 ml Wasser versetzt. Es wird geschüttelt. Dann werden 5 Tropfen BTB-Reagenz (siehe Experiment 25) zugesetzt. Nach erneutem Schütteln werden 2 ml Natronlauge (c(NaOH) = 3 mol/l) zugegeben, und es wird wiederum geschüttelt.

Nun werden 2 ml Schwefelsäure (c(H_2SO_4) = 1,5 mol/l) und anschließend wiederum 2 ml Natronlauge (c(NaOH) = 3 mol/l) hinzugefügt.

Ergebnisse

Sorbinsäure und Benzoesäure sind schlecht wasserlöslich. Es bleibt ein deutlicher Bodensatz an ungelöster Säure. Mit dem BTB-Reagenz tritt nach Schütteln – wie für Säuren typisch – Gelbfärbung ein. Nach Zugabe von Natronlauge kann Blaufärbung und ein Verschwinden des Bodensatzes beobachtet werden. Zugabe von Schwefelsäure führt wieder zur Gelbfärbung und zum Ausfallen eines Feststoffes. Dieser löst sich nach Zugabe von Natronlauge wieder auf.

Deutung

Sorbinsäure und Benzoesäure sind aufgrund des recht großen Kohlenwasserstoffrestes ihrer Moleküle relativ unpolar und damit schlecht wasserlöslich. Im alkalischen Milieu liegen ihre Moleküle als Anionen vor. Durch das Auftreten einer Ladung wird die Polarität so stark erhöht, daß Wasserlöslichkeit resultiert.

Experiment 46: Löslichkeitsversuche mit Dicarbonsäuren

Versuchsvorschrift (verändert nach BURROWS 1992)

Zunächst werden kaltgesättigte Lösungen von 5 verschiedenen Dicarbonsäuren hergestellt. 1 g Oxalsäure, 15 g Malonsäure, 0,8 g Bernsteinsäure, 8,5 g Glutarsäure und 0,3 g Adipinsäure werden jeweils mit 10 ml Wasser (Meßzylinder) versetzt und auf dem Magnetrührer 10 Minuten lang ohne Erhitzen gerührt. Dann wird vom ungelösten Feststoff abfiltriert. Die so erhaltenen Säurelösungen werden den Experimentierenden zur Verfügung gestellt.

1 ml jeder Säurelösung (mit einer Plastikpipette abgemessen) wird mit 3 Tropfen Bromthymolblaureagenz (siehe Experiment 25) versetzt. Es tritt Gelbfärbung ein. Dann wird aus der Plastikpipette soviel Natronlauge (c(NaOH) = 3 mol/l) zugetropft (nach jedem Tropfen gut schütteln; Tropfenzahl notieren), bis eine Farbänderung nach Blau eintritt. Zwischenzeitlich kann eine grüne Farbe sichtbar werden, die aber nicht den Endpunkt markiert.

Um unterschiedliche Eigenschaften von cis-trans-Isomeren zu zeigen, kann der Versuch auch mit Fumarsäure und Maleinsäure durchgeführt werden. Zur Herstellung der gesättigten Lösungen werden 7 g Maleinsäure bzw. 0,1 g Fumarsäure mit 10 ml Wasser in der oben beschriebenen Weise verrührt.

Ergebnisse

Die für einen Umschlag nach Blau benötigten Tropfenzahlen entnehmen Sie Tabelle 27.14.

Je mehr Natronlauge bis zum Farbumschlag benötigt wird, desto mehr Säure ist in 1 ml Probe vorhanden, umso höher ist also die Löslichkeit der betreffenden Säure. Der Odd-Even-Effekt bzw. die unterschiedliche Löslichkeit der cis-trans-Isomeren ist immer gut erkennbar. Die Tropfenzahlen sind zwar durch die einfache Versuchsdurchführung nicht exakt reproduzierbar, wohl aber die Differenzen.

Tabelle 27.14 Für den Farbumschlag nach Blau benötigte Tropfenzahl an Natronlauge (c(NaOH) = 3 mol/l)

Säure	Formel	Tropfenzahl
Oxalsäure	$HOOC{-}COOH$	13–15
Malonsäure	$HOOC{-}CH_2{-}COOH$	80–85
Bernsteinsäure	$HOOC{-}(CH_2)_2{-}COOH$	8
Glutarsäure	$HOOC{-}(CH_2)_3{-}COOH$	46–54
Adipinsäure	$HOOC{-}(CH_2)_4{-}COOH$	2–3
Fumarsäure	$$\begin{array}{c} HOOC \qquad H \\ \diagdown C{=}C \diagup \\ \diagup \qquad \diagdown \\ H \qquad COOH \end{array}$$	1
Maleinsäure	$$\begin{array}{c} HOOC \qquad COOH \\ \diagdown C{=}C \diagup \\ \diagup \qquad \diagdown \\ H \qquad H \end{array}$$	45–48

Experiment 47: Acidität verschiedener Säuren

Versuchsdurchführung

Zunächst werden Lösungen verschiedener Säuren der Konzentration 0,1 mol/l hergestellt. Im Fall von flüssigen Säuren wird das unten angegebene Volumen mit einer Eppendorf-Pipette abgemessen und in einen 100-ml-Meßkolben überführt, der mit Wasser bis zur 100-ml-Marke aufgefüllt wird. Liegen feste Säuren vor, so wird die angegebene Masse auf einer Waage mit mindestens 2 Nachkommastellen abgewogen. Die Probe wird ebenfalls in einem 100-ml-Meßkolben mit Wasser auf 100 ml Lösung aufgefüllt.

Für 100 ml Lösung der Konzentration 0,1 mol/l werden benötigt: 0,385 ml Ameisensäure, 0,571 ml Essigsäure, 0,746 ml Propionsäure, 0,826 ml Milchsäure, 0,695 ml Brenztraubensäure, 0,90 g Oxalsäure, 0,76 g Glycolsäure, 1,92 g Citronensäure, 1,04 g Malonsäure, 0,556 ml konz. Schwefelsäure, 1,000 ml 32 %ige Salzsäure.

Der pH-Wert der hergestellten Lösungen wird bestimmt. Zu diesem Zweck wird zuerst ein Teststäbchen des Bereiches pH 0–2,5 in die entsprechende Lösung getaucht (Merck Spezialindikatorstäbchen pH 0–2,5). Wird ein pH-Wert von 2,5 angezeigt, kann das bedeuten, daß die Lösung entweder den pH 2,5 oder einen höheren, nicht mehr anzeigbaren pH-Wert hat. Daher muß zusätzlich ein Teststäbchen des Bereiches pH 2,5–4,5 eingetaucht werden (Merck Spezialindikatorstäbchen pH 2,5–4,5).

Ergebnisse

Tabelle 27.15 zeigt die ermittelten pH-Werte und die zugehörigen pK_S-Werte. Die pK_S-Werte sind von WEAST (1986) übernommen mit Ausnahme der Werte von Salzsäure und Schwefelsäure, die bei WELZEL und BULIAN (1986) zu finden sind.

Es wird deutlich, daß die organischen Säuren schwächere Säuren als Salz- und Schwefelsäure sind. Ameisensäure ist eine stärkere Säure als Essigsäure, ansonsten hat die Kohlenstoffatomzahl der Säuremoleküle geringen Einfluß auf die Acidität. Durch die Substituenten wird die Acidität erhöht, wobei eine Carbonylgruppe und eine zusätzliche Carboxylgruppe eine größere Wirkung als eine OH-Gruppe haben.

Tabelle 27.15 gemessene pH-Werte verschiedener gleichkonzentrierter Säurelösungen

	pH-Wert	pK_S-Wert
Ameisensäure	2,2	3,75
Essigsäure	3,0	4,75
Propionsäure	3,0	4,87
Milchsäure	2,2	3,86
Brenztraubensäure	1,6	?
Oxalsäure	1,3	1,23 (pK_{S1})
Glycolsäure	2,2	3,83
Citronensäure	1,9	3,13 (pK_{S1})
Malonsäure	1,6	2,83 (pK_{S1})
Schwefelsäure	1,0	–3
Salzsäure	1,0	–7

Experiment 48: Veresterung verschiedener Alkohole mit Essigsäure im Reagenzglasversuch

Versuchsdurchführung

2 ml Alkohol (Methanol, Ethanol p.a., 1-Propanol, 2-Propanol, 1-Butanol, 1-Pentanol) werden mit 2 ml Essigsäure und 0,5 ml konzentrierter Schwefelsäure versetzt. Es wird gut geschüttelt. Nach 5 Minuten werden mit einer Plastikpipette in schneller Tropfenfolge 5 ml Natriumcarbonatlösung ($c(Na_2CO_3)$ = 1 mol/l) zugegeben. Dabei tritt Schäumen auf. Es wird *nicht* geschüttelt.

Mit der sich abscheidenden oberen Phase wird der Rojahntest durchgeführt. Bei Einsatz von Methanol erfolgt der Rojahntest in gewohnter Weise (siehe Experiment 25). Bei Einsatz der anderen Alkohole wird der Test im vergrößerten Maßstab durchgeführt (3 ml Ethanol + 2 ml obere Phase + 6 Tropfen Phenolphthaleinlösung + Natronlauge ($c(NaOH)$ = 3 mol/l) bis zur Rosafärbung). Tritt zum ersten Mal bleibende Rosafärbung auf, so wird kräftig geschüttelt. Tritt Farbaufhellung auf (v.a. bei Einsatz von 2-Propanol), so wird bis zur Entfärbung geschüttelt und ein weiterer Tropfen Natronlauge zugesetzt. Fällt der Rojahntest negativ aus, so werden 2 ml des entsprechenden Alkohols, 2 ml Essigsäure und 0,5 ml konz. Schwefelsäure 3 Minuten lang im siedenden Wasserbad (ohne Siedesteine!) erwärmt. Dann wird nach Zugabe von Natriumcarbonatlösung mit der sich abscheidenden oberen Phase der Rojahntest durchgeführt.

Anmerkungen

- Wasser ist als Abscheidungsflüssigkeit nicht geeignet, da Essigsäuremethylester auf diese Weise nicht isoliert werden kann. Auch Natriumchloridlösung ($c(NaCl)$ = 2 mol/l) ist wenig effektiv.

- Mit *t*-Butanol wird auch nach Erhitzen im siedenden Wasserbad kein Ester gefunden.

- Mit *i*-Butanol ist Veresterung möglich, mit 2-Butanol ist manchmal schon bei Raumtemperatur ein Ester nachweisbar, manchmal nicht einmal nach Aufenthalt im siedenden Wasserbad.

Ergebnisse

Arbeitet man bei Raumtemperatur, so erhält man mit allen Ansätzen nach Natriumcarbonatzugabe 2 Phasen. Bei Einsatz von Methanol, Ethanol, 1-Propanol, 1-Butanol und 1-Pentanol fällt der Rojahntest mit der oberen Phase positiv aus. Allerdings tritt nicht immer vollständige Entfärbung auf, sondern es kann ein ganz leichter Rosahauch bestehen bleiben. Bei Schülerversuchen tritt gelegentlich ein negativer Rojahntest auf; der Grund liegt in einer zu schnellen Natronlaugezugabe, die zu einem Natronlaugeüberschuß führt.

Setzt man 2-Propanol ein, so wird eine obere Phase erhalten, mit der der Rojahntest aber negativ ausfällt. (Es kommt höchstens zur Farbaufhellung.) Nach Wiederholung des ersten Versuchsteils im siedenden Wasserbad und nach Zugabe von Natriumcarbonatlösung wird auch bei Einsatz von 2-Propanol eine obere Phase erhalten, die positiven Rojahntest zeigt.

Alle untersuchten Alkohole sind also mit Essigsäure veresterbar, der sekundäre Alkohol allerdings in größerem Umfang erst bei erhöhter Temperatur.

Die oberen Phasen enthalten auch noch etwas Alkohol (leicht positiver Cernitrattest).

Experiment 49: Veresterung von Brenztraubensäure mit Ethanol

Versuchsdurchführung

2 ml Ethanol absolut p.a., 2 ml Brenztraubensäure und 0,5 ml konz. Schwefelsäure werden in einem Reagenzglas vermischt. Nach 5 Minuten werden 10 ml Natriumsulfatlösung (c(Na$_2$SO$_4$)= 1 mol/l) zugegeben (mit Wasser wird nur 1 Phase erhalten und mit Natriumcarbonatlösung tritt zu starkes Schäumen auf). Mit der oberen Phase wird der Rojahntest durchgeführt.

Ergebnisse

Nach 2–3 Minuten tritt beim Rojahntest Entfärbung ein. Brenztraubensäure ist also verestert worden.

Experiment 50: pH-Werte von Lösungen verschiedener Aminosäuren

Versuchsvorschrift

Im Reagenzglas wird eine Spatelspitze Aminosäure (Glycin, Alanin, Lysin, Glutaminsäure) mit 5 ml Leitungswasser versetzt und soweit möglich gelöst. Mit Hilfe von Indikatorpapier wird der pH-Wert der Lösungen sowie der pH-Wert von Leitungswasser gemessen.

Ergebnisse

Leitungswasser, Glycin- und Alaninlösung haben einen pH-Wert von 6. Der pH-Wert von Glutaminsäurelösung beträgt 4, derjenige von Lysinlösung 11.

Deutung

Aminosäuremoleküle haben folgende Grundstruktur:

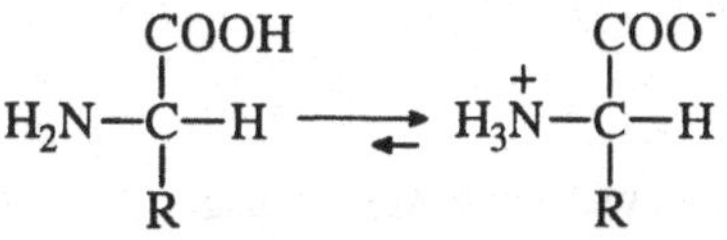

$$H_2N-\underset{R}{\underset{|}{\overset{COOH}{\overset{|}{C}}}}-H \; \rightleftharpoons \; H_3\overset{+}{N}-\underset{R}{\underset{|}{\overset{COO^-}{\overset{|}{C}}}}-H$$

Der pH-Wert ihrer wäßrigen Lösungen hängt von der Art des Restes R ab. Enthält der Rest eine zusätzliche Carboxylgruppe, resultiert eine saure Lösung, enthält er eine zusätzliche Aminogruppe, resultiert eine alkalische Lösung. Die hier untersuchten Aminosäuren haben in ihren Molekülen folgende Reste:

Glycin: $R = -H$

Alanin: $R = -CH_3$

Glutaminsäure: $R = -CH_2-CH_2-COOH$

Lysin $R = -CH_2-CH_2-CH_2-CH_2-NH_2$

Experiment 51: Pufferwirkung von Alanin

Versuchsvorschrift

Vier Reagenzgläser werden folgendermaßen gefüllt:

Reagenzglas 1:   10 ml Leitungswasser + 10 Tropfen Salzsäure (c(HCl) = 0,5 mol/l)

Reagenzglas 2:   10 ml Leitungswasser + 10 Tropfen Natronlauge (c(NaOH) = 0,5 mol/l)

Reagenzglas 3:   10 ml Alaninlösung (c = 1 mol/l; in dest. Wasser angesetzt) +
                 10 Tropfen Salzsäure (c(HCl) = 0,5 mol/l)

Reagenzglas 4:   10 ml Alaninlösung + 10 Tropfen Natronlauge (c(NaOH) = 0,5 mol/l)

Nach gutem Durchmischen wird mit Universalindikatorpapier der pH-Wert der vier Reagenzglasinhalte gemessen. In gleicher Weise wird der pH-Wert von Leitungswasser und Alaninlösung bestimmt.

Ergebnisse

Tabelle 27.16 gibt die erhaltenen Ergebnisse wieder.

Tabelle 27.16   pH-Werte nach Zugabe von Säure und Lauge zu Wasser und Alaninlösung

Leitungswasser	Alaninlösung	Wasser + Säure	Wasser + Lauge	Alanin + Säure	Alanin + Lauge
6	6	2	11	5	8 – 9

Alaninlösung puffert also die Wirkung von zugegebener Säure und Lauge ab.

Deutung

Alanin kann als Säure und als Base reagieren. Seine Moleküle können also mit H_3O^+- und OH^--Ionen reagieren, diese also in gewissem Umfang aus der Lösung entfernen.

Experiment 52: Verhalten von Proteinen gegenüber verschiedenen Einflüssen

Versuchsvorschrift

- Verhalten von Proteinen gegenüber einer konzentrierten Salzlösung
  Unter ständigem Schütteln wird zu 4 ml Proteinlösung (Eiklar eines Hühnereies unter Rühren zu 150 ml 1 %iger Natriumchloridlösung geben) soviel gesättigte Ammoniumsulfatlösung (bei 20°C sind 75,4 g Ammoniumsulfat in 100 g Wasser löslich) zugetropft, bis ein Niederschlag entsteht. Dann wird soviel Wasser zugesetzt, bis sich der Niederschlag wieder auflöst. Die benötigte Tropfenzahl an Ammoniumsulfatlösung und diejenige an Wasser wird festgehalten.

- Verhalten von Proteinen gegenüber Schwermetallionen
  Zu 4 ml Proteinlösung werden 3 ml Zinknitratlösung ($c(Zn(NO_3)_2) = 1$ mol/l) gegeben. Dann wird soviel Wasser zugesetzt, wie im 1. Teilversuch zur Aufhebung des Niederschlags notwendig war.

- Verhalten von Proteinen gegenüber Wärme
  4 ml Proteinlösung werden 1 Minute lang im siedenden Wasserbad erwärmt. Dann wird soviel Wasser zugegeben, wie im 1. Teilversuch zur Aufhebung des Niederschlags notwendig war.

- Verhalten von Proteinen gegenüber Säure
  2 Reagenzgläser werden mit je 4 ml Proteinlösung gefüllt. In eines dieser Reagenzgläser werden 3 ml Salzsäure ($c(HCl) = 5$ mol/l) gegeben, in das andere 5 Tropfen Speiseessig. Dann wird jede Probe mit soviel Wasser versetzt, wie im 1. Teilversuch zur Aufhebung des Niederschlags notwendig war.

Zum Vergleich kann man die Versuche auch mit Alaninlösung (1g Alanin + 10 ml Wasser) durchführen.

Ergebnisse

Nach Zugabe von ca. 40 Tropfen gesättigter Ammoniumsulfatlösung wird die Proteinlösung deutlich trübe, nach Zugabe von 50–70 Tropfen Wasser wird sie wieder klar. Die Ausfällung ist also reversibel. Durch Einfluß von Zinknitratlösung, Hitze und Säure entsteht ein Niederschlag, der sich nach Zugabe von 70 Tropfen Wasser nicht wieder auflöst. Die Zugabe von Speiseessig führt nicht zu einer trüben Flüssigkeit, sondern an der Oberfläche schwimmt zusammengeballtes Protein. Mit Alaninlösung wird in keinem Fall eine Ausfällung erhalten.

Deutung

Durch die Zugabe von Ammoniumsulfat findet eine schonende Ausfällung der Proteine statt, wobei die räumliche Tertiärstruktur der Moleküle erhalten bleibt. Die Ammonium- und Sulfationen sind gegenüber den Proteinmolekülen kleiner und stärker geladen und üben daher eine stärkere Anziehung auf die Wassermoleküle aus als die Proteinmoleküle. Dies hat zur Folge, daß den Proteinmolekülen die Hydrathülle teilweise entrissen wird. Es erfolgt eine Ausfällung. Gibt man nun Wasser hinzu, kann die Hydrathülle wieder aufgebaut werden. Der Niederschlag geht in Lösung.

Die übrigen getesteten Einflüsse führen zu einer irreversiblen Ausfällung. Dabei wird die Tertiär- und zum Teil auch die Sekundärstruktur zerstört. Durch den Verlust der kompakten räumlichen Anordnung sind die Proteinmoleküle nicht mehr wasserlöslich.

Experiment 53: Eigenschaften der Aromaten

Experiment 53 a: Analytisches Verhalten

Versuchsvorschrift

Mit Benzylalkohol, Benzoesäure und Phenol werden der BTB-Test, Cernitrattest, Bromtest (Experimente 25 und 26) und der empfindlichere Säuretest durchgeführt. Für den BTB- und Cernitrattest wird von den Feststoffen jeweils eine nicht zu große Spatelspitze eingesetzt, bei den übrigen Tests eine große Spatelspitze. Der BTB-, Cernitrat- und Bromtest erfolgen in gewohnter Weise, ein eventuell auftretender Niederschlag beim Cernitrattest wird aber abfiltriert. Der empfindlichere Säuretest wird folgendermaßen durchgeführt:

4 ml Ethanol (vergällt) werden mit 15 Tropfen Reagenz versetzt. Dann werden 5 Tropfen flüssige Probe bzw. 1 große Spatelspitze feste Probe zugegeben, und es wird gut geschüttelt.

Das Reagenz wird hergestellt, indem 0,1 g Bromthymolblau in 100 ml vergälltem Ethanol gelöst werden. Dann wird tropfenweise Natronlauge (c(NaOH) = 0,1 mol/l) hinzugefügt, bis die Lösung nicht mehr grün, sondern gerade blau ist (ca. 3 ml). Die Eignung des Indikators muß folgendermaßen überprüft werden. 4 ml Ethanol (vergällt) werden mit 15 Tropfen Reagenz versetzt. Es muß eine dunkelgrüne Farbe resultieren, ansonsten muß das Reagenz mit weiterer Natronlauge (c(NaOH) = 0,1 mol/l) bzw. mit Salzsäure (c(HCl) = 0,1 mol/l) versetzt werden.

Ergebnisse

Tabelle 27.17 faßt die Ergebnisse zusammen. Die Deutung erfolgt in Kapitel 20.

Tabelle 27.17 Analytisches Verhalten von ausgewählten Aromaten

	Benzylalkohol	Benzoesäure	Phenol
BTB-Test	–	+	–
Cernitrattest	+	–	–[1]
Bromtest	–	–	+
empfindlicher Säuretest	–	+	+

Anmerkung zu Tabelle 27.17:

[1] Es fällt ein fast schwarzer Niederschlag. Das Filtrat ist gelb.

Experiment 53 b: Syntheseverhalten

In diesem Experiment wird überprüft, ob sich Benzylalkohol und Phenol analog zum Ethanol mit Essigsäure verestern lassen bzw. ob sich Benzoesäure analog zur Essigsäure mit Ethanol verestern läßt.

Versuchsvorschrift

- 2 ml Benzylalkohol werden im Reagenzglas mit 2 ml Essigsäure und 0,5 ml konzentrierter Schwefelsäure versetzt und nach Schütteln 5 Minuten lang bei Raumtemperatur stehengelassen. Dann werden in schneller Tropfenfolge 5 ml Natriumcarbonatlösung zugegeben ($c(Na_2CO_3)$ = 1 mol/l). Es wird einmal möglichst kräftig (ohne Stopfen) geschüttelt. Der Geruch des Reaktionsproduktes wird festgestellt. Mit der oberen Phase kann der Rojahntest durchgeführt werden.

- 1 g Benzoesäure wird im Reagenzglas mit 2 ml Ethanol absolut p.a. und 0,5 ml konzentrierter Schwefelsäure versetzt. Nach gutem Schütteln wird der Ansatz 5 Minuten lang im siedenden Wasserbad erhitzt (zwischendurch wird geschüttelt, um das Lösen der Benzoesäure zu beschleunigen). Nach abgelaufener Reaktionszeit wird wie oben beschrieben mit Natriumcarbonatlösung eine eventuelle Abscheidung von Produkt versucht. Es wird kein Rojahntest durchgeführt.
   Der Versuch wird in gleicher Weise mit 1 g Phenol und 2 ml Essigsäure als Edukte durchgeführt (Phenol möglichst schon vor Erhitzen im Wasserbad vollständig lösen). Nach Natriumcarbonatzugabe muß das Reagenzglas gut, aber vorsichtig geschüttelt werden.

Ergebnisse

Bei Einsatz von Benzylalkohol und Essigsäure werden nach Zugabe von Natriumcarbonatlösung zwei Phasen erhalten. Die obere Phase ist emulsionsartig trübe und hat einen esterartigen Geruch. Beim Rojahntest tritt nach 2–4 Minuten Entfärbung ein.
   Setzt man Benzoesäure und Ethanol ein, so wird ebenfalls eine obere Phase mit fruchtigem, esterartigem Geruch erhalten. Der Einsatz des Rojahntests ist nicht sinnvoll, da auch authentischer Benzoesäureethylester nur schwer hydrolysierbar ist.
   Bei Einsatz von Phenol und Essigsäure entsteht zunächst ein scheinbar mehrphasiges System. Nach Schütteln bleibt nur noch eine einzige Phase ohne Estergeruch.

Experiment 54: Acidität verschiedener Nitrophenole

Versuchsvorschrift

Es sollen zunächst Hypothesen über die relative Acidität von 3-Nitrophenol, 4-Nitrophenol und 2,4-Dinitrophenol aufgestellt werden. Diese sollen anschließend überprüft werden. Ist die Acidität hoch, so erfolgt der Umschlag von der deprotonierten (gelben) Form in die protonierte (farblose) Form erst bei niedrigem pH-Wert.

Grundvorschrift

In ein Reagenzglas werden 5 ml Lösung mit definiertem pH-Wert (pH 6, 4,4 oder 2) und 1 ml Farbstofflösung gegeben. Es wird geschüttelt.

Es sollen nur soviele Versuche durchgeführt werden, wie zur Überprüfung der Hypothesen benötigt werden.

Die benötigten Lösungen werden folgendermaßen hergestellt:

Lösung pH 2:   Salzsäure; $c(HCl) = 0,01$ mol/l

Lösung pH 4,4: 56,4 ml Citronensäurelösung ($c = 0,1$ mol/l) + 43,6 ml Na_2HPO_4-Lösung ($c = 0,2$ mol/l)

Lösung pH 6:   37,4 ml Citronensäurelösung ($c = 0,1$ mol/l) + 62,6 ml Na_2HPO_4-Lösung ($c = 0,2$ mol/l)

3-Nitrophenol-, 4-Nitrophenol-, 2,4-Dinitrophenollösung : $c = 0,01$ mol/l in *Leitungswasser*.

Die Herstellung der beiden Pufferlösungen ist den MERCK-Tabellen entnommen.

Ergebnisse

Tabelle 27.18 faßt die Ergebnisse zusammen. Die in Klammern angegebenen Ergebnisse werden zur Überprüfung der Hypothesen (siehe Kapitel 20) nicht benötigt.

Eine Auswertung zeigt, daß mit zunehmender Delokalisierung der negativen Ladung des Anions der pH-Wert des Umschlagsbereiches sinkt und damit die Acidität zunimmt.

Tabelle 27.18 Umschlagsbereiche verschiedener Nitrophenole

	3-Nitrophenol	4-Nitrophenol	2,4-Dinitrophenol
pH 6	+	–	(–)
pH 4,4	(+)	+	–
pH 2	(+)	(+)	+

Anmerkung zur Tabelle:

+ bedeutet Farbwechsel von Gelb nach Farblos

Experiment 55: Experimente zur Wirkungsweise der Sorbinsäure

Diese Experimente wurden von KIPKER (1993) bearbeitet.

Experiment 55 a: Gärungsversuch

Versuchsvorschrift

15 g Glucose werden in 100 ml Wasser gelöst. In dieser Lösung werden 20 g frische Bäckerhefe aufgeschlämmt. Das Gemisch wird auf zwei Erlenmeyerkölbchen verteilt. Dem einen Ansatz werden 0,2 g Sorbinsäure zugesetzt. Der Gäraufsatz wird mit Kalkwasser gefüllt. Beide Ansätze werden an einen warmen Ort gestellt.

Ergebnisse

Nach ca. 15–20 Minuten entsteht mit Kalkwasser im Gärröhrchen mit der nicht konservierten Hefesuspension leichte Trübung, die nach 25–30 Minuten in eine dicke Trübung übergeht. Im mit Sorbinsäure versetzten Ansatz ist auch nach 60 Minuten keine Trübung zu erkennen.

Deutung

Bei der alkoholischen Gärung wird Zucker zu Kohlendioxid und Ethanol abgebaut. Das Kohlendioxid wird mit Kalkwasser nachgewiesen. Sorbinsäure unterdrückt die Gärwirkung der Hefen.

Experiment 55 b: Versuch zur antimikrobiellen Wirksamkeit der Sorbinsäure

Versuchsvorschrift (nach KÖRPERTH 1979)

Zwei gleich große, quadratische Brotscheiben (Knäckebrot) werden zum einen mit Wasser und zum anderen mit einer gesättigten Sorbinsäurelösung durchfeuchtet und bei Raumtemperatur in zugedeckten Petrischalen (sonst trocknet das Brot schnell wieder aus) stehengelassen.

Ergebnisse

Das nicht-konservierte Brot zeigt ab dem 4. Versuchstag Schimmelbefall, das konservierte Brot zeigt dies erst zwischen dem 10. und 12. Versuchstag.

Deutung

Sorbinsäure wirkt wachstumshemmend auf Schimmelpilze, v.a. auf Aspergillus niger und Penicillum-Arten (KÖRPERTH 1979). Sie hemmt in erster Linie das Auskeimen von Schimmelpilzsporen (LÜCK 1969). Hygienisch nicht mehr einwandfreie Lebensmittel können im nachhinein nicht mehr mit Sorbinsäure konserviert werden (KATALYSE UMWELTGRUPPE 1985).

Experiment 56: Osmotische Wirksamkeit verschiedener Kohlenhydrate

Versuchsvorschrift

Aus einer Kartoffel werden Scheiben geschnitten. Diese werden mit Fließpapier getrocknet (sonst ist später ein Feuchtwerden der behandelten Stellen nicht erkennbar). Die Scheiben werden mit den Probestoffen in nicht zu dicker Schicht bestreut. Es wird mindestens 5 Minuten lang beobachtet.

Der Versuch kann auch mit Apfelscheiben durchgeführt werden.

Ergebnisse

Mit Glucose ist nach 5 Minuten auf den ersten Blick kaum eine Veränderung zu beobachten. Kratzt man den Feststoff mit dem Spatel zusammen oder faßt man ihn an, so bemerkt man eindeutig die Feuchtigkeit. Mit Fructose, Saccharose (auch mit Kochsalz) tritt innerhalb von 5 Minuten ein sichtbares Naßwerden der bestreuten Stellen ein. Stärke bleibt ganz trocken. Zucker sind also im Gegensatz zur Stärke osmotisch wirksam.

27.5 Experimente zum Estercyclus

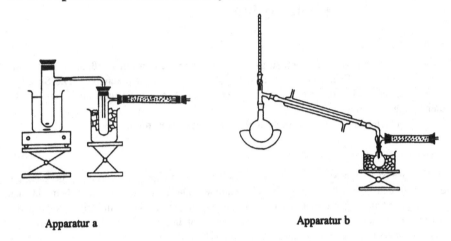

Apparatur a   Apparatur b

Variante A

1. Stufe: Esterhydrolyse (7 Ansätze)

15 ml Essigsäureethylester (0,154 Mol) werden in einer 250-ml-Schraubflasche mit 60 ml Natronlauge (c(NaOH) = 3 mol/l; 0,180 mol) versetzt. Nach Verschließen der Flasche wird 2 Minuten lang geschüttelt. Es entsteht höchstens ein ganz leichter Überdruck und Erwärmung. Die 2. Phase und der Estergeruch verschwinden.

Die Reaktionsmischung wird mit Hilfe eines Trichters in die Apparatur a gefüllt und solange im siedenden Wasserbad destilliert, bis mindestens 6 ml Destillat erhalten werden (ca. 10–15 min; Wasserbad vorheizen; ggf. Wasser aus dem Boiler verwenden; Rührfische einsetzen). Das als Wasserbad dienende Becherglas muß mit Alufolie umwickelt sein und auch oben um das Reaktionsgefäß herum mit Alufolie abgedeckt sein. Die Dauer des Erhitzens (ab Zugabe der Reaktionsmischung) wird notiert. Für die Energiebilanz muß berücksichtigt werden, daß es ca. 30 Minuten dauert, bis nicht vorgeheiztes Wasser siedet.

Ein Ansatz wird mit Hilfe von Nachweisreaktionen (Experiment 25) untersucht. Auf Destillat und Rückstand (der Rückstand wird hierzu auf die Schülergruppen aufgeteilt) werden der Cernitrattest, BTB-Test, Eisenchloridtest und Rojahntest angewendet.

Im Destillat befindet sich Ethanol (positiver Cernitrattest), im Rückstand Acetat (positiver Eisenchloridtest, negativer BTB-Test). Ester ist nicht mehr vorhanden (negativer Rojahntest).

Die übrigen 6 Ansätze werden für die folgenden Stufen verwendet.

Um die Ausbeute an Ethanol zu bestimmen, wird die Dichte des Destillats ermittelt.

5 ml Destillat werden mit der Vollpipette abgenommen und gewogen. Aus einer Dichtetabelle wird die Ethanolkonzentration entnommen.

Der Destillationsrückstand wird in eine möglichst große Plastikschale gegossen, die 1 Woche lang offen stehengelassen wird.

Bilanz der 1. Stufe des Estercyclus für einen Ansatz

Stoffeinsatz

15 ml Essigsäureethylester (0,154 mol)

60 ml Natronlauge (c(NaOH) = 3 mol/l; 0,180 mol)

500 ml Eis zur Kühlung

Energieeinsatz

- 30 min Heizen und Rühren mit dem Magnetrührer, um ein siedendes Wasserbad zu erhalten.
- 15 min Heizen und Rühren mit dem Magnetrührer für die Isolierung des Ethanols (ca. 5 min bis die Destillation beginnt und ca. 10 min Destillation).

Ausbeute

6,8 ml Destillat (Schwankung von 6,0–8,5 ml) der Dichte 0,8530 g/ml = ca. 83 Vol% Ethanol = 5,6 ml reines Ethanol = 0,0956 mol

Die Ausbeute an Ethanol beträgt 62,1 %.

Acetathaltiger Rückstand

2. Stufe: Essigsäuregewinnung (6 Ansätze)

Der inzwischen eingetrocknete Rückstand der 1. Stufe wird im Mörser pulverisiert und 20 min in einer Porzellanschale bei voller Heizleistung (ohne Rühren; mit dem Spatel hin und wieder umschichten) auf dem Magnetrührer getrocknet (Abzug). Meist wird die Probe dabei zuerst feucht und dann wieder trocken. Sie wird anschließend gewogen. Die Masse liegt bei 12,4–13,4 g (liegen höhere Massen vor, ist die Probe noch zu wasserhaltig und muß entwässert werden). Nach Pulverisieren wird die Probe mit Hilfe eines Feststofftrichters in den 250-ml-Rundkolben gefüllt, der an der Destillationsapparatur (Apparatur *b* mit Aktivkohle und Eisbad) befestigt wird, nachdem 4 Siedesteinchen und für späteres Rühren ein Rührfisch zugesetzt wurden. Durch die für das Thermometer vorgesehene Öffnung werden mit Hilfe eines Trichters (Trichter etwas hochhalten und nicht auf die Öffnung setzen, damit entstehende Dämpfe entweichen können und nicht die nachfließende Schwefelsäure hochdrücken können; dies ist vor allem bei Variante B zu beachten) vorsichtig 10 ml konzentrierte Schwefelsäure zugegeben. (Dieser Schritt sollte durch den Lehrer erfolgen!) Die Apparatur wird schnell mit dem Thermometer verschlossen.

Zuerst wird auf Stufe 3 erhitzt; wenn die Kopftemperatur über 120°C steigt, wird auf Stufe 2 zurückgestellt. Die Destillation ist ca. 12 Minuten (10–14 min) nach Beginn des Aufheizens mit der Pilzheizhaube beendet (Absinken der Kopftemperatur). Die Heizdauer wird festgehalten.

Nun wird ein Magnetrührer untergesetzt und gerührt, bis der Rückstand etwas abgekühlt ist (höchstens 4–5 min; der Rückstand wird schnell fest). Dann werden (vom Lehrer!) vorsichtig 15 ml Wasser zugesetzt (zuerst ist die Reaktion recht heftig), und es wird noch kurz weitergerührt. Die Rührdauer wird notiert. Der Rückstand wird in einem Becherglas mit Natronlauge (c(NaOH) = 3 mol/l) gegen Indikatorpapier neutralisiert (ca. 60 ml Lauge; Schwankung 58–65 ml). Schwarze Partikel werden abfiltriert. Das Filtrat wird in eine Plastikschale zum Eintrocknen (1 Woche lang) gegeben und dann gewogen.

Auf das Destillat wird der Eisenchloridtest angewendet, der positiv ausfällt. Damit ist nachgewiesen, daß Essigsäure entstanden ist.

1 ml des Destillats wird mit 10 ml Wasser und 3 Tropfen 1%iger ethanolischer Phenolphthaleinlösung versetzt und mit Natronlauge (c(NaOH) = 1 mol/l) titriert, um die Ausbeute an Essigsäure zu bestimmen. Es werden im Durchschnitt 16,3 ml Natronlauge benötigt (15,95–16,5 ml).

Bilanz der 2. Stufe des Estercyclus für einen Ansatz

Stoffeinsatz

Acetatrückstand aus Stufe 1

10 ml konzentrierte Schwefelsäure

60 ml Natronlauge (c(NaOH) = 3 mol/l)

15 ml dest. Wasser

700 ml Eis

18,6 l Kühlwasser

Energieeinsatz

20 min Heizen mit dem Magnetrührer zur Entwässerung des Acetats

7 min Rühren zum Flüssighalten des Destillationsrückstandes

12 min Heizen mit der Pilzheizhaube zur Destillation

Ausbeute/Abfall

8,1 ml Destillat (Schwankung von 7,9–8,5 ml), die 0,132 Mol Essigsäure enthalten $\Rightarrow$ 85,7% Ausbeute

1 ml geht für die Titration verloren, d.h. für die Regeneration des Esters stehen nur 7,1 ml Destillat zur Verfügung, die 0,116 Mol Essigsäure enthalten. Dies entspricht einer Ausbeute von 75,3%.

36 g Natriumsulfat (26,2–50,0 g; hängt vom Verhältnis von wasserfreiem und hydratisiertem Natriumsulfat ab)

Die Titration ist in diese Bilanz nicht einbezogen, da sie für das Esterrecycling nicht notwendig ist.

3. Stufe: Estersynthese (6 Ansätze)

Das Destillat der Stufe 1 (Ethanol) wird mit dem Destillat der Stufe 2 (Essigsäure) in einem 100-ml-Erlenmeyerkolben vereinigt und mit 5 ml konzentrierter Schwefelsäure versetzt.

Nach gutem Schütteln wird der Ansatz 5 Minuten lang stehengelassen und dann auf 30 ml Natriumsulfatlösung ($c(Na_2SO_4)$ = 1 mol/l) gegossen, die sich in einem 50-ml-Meßzylinder befinden. Die obere Phase (3 ml) wird mit einer Plastikpipette abpipettiert und in ein Präparateglas gefüllt. Die zur Abscheidung verwendete Lösung wird mit Natronlauge ($c(NaOH)$ = 3 mol/l) neutralisiert (ca. 64 ml; Schwankung 60–68 ml) und in einer Plastikschale zum Eintrocknen 1 Woche lang stehengelassen.

Mit den 3 ml Produkt werden der Cernitrattest, BTB-Test, Eisenchloridtest und Rojahntest durchgeführt. Die drei letzteren Tests fallen positiv aus. Es ist also Ester entstanden, der noch mit Essigsäure verunreinigt ist. Ist die Ausbeute etwas niedriger, kann der BTB-Test im halben Maßstab durchgeführt werden.

Bilanz der 3. Stufe des Estercyclus für einen Ansatz

Stoffeinsatz

Destillate aus Stufe 1 und 2

5 ml konzentrierte Schwefelsäure

64 ml Natronlauge ($c(NaOH)$ = 3 mol/l)

30 ml Natriumsulfatlösung ($c(Na_2SO_4)$ = 1 mol/l)

Energieeinsatz

null

Ausbeute/Abfall

3 ml Ester, der mit Essigsäure verunreinigt ist (= weniger als 20% Ausbeute bezogen auf den Estereinsatz zu Beginn des Cyclus)

20,6 g Natriumsulfat (18,04–24,40 g)

Gesamtbilanz

Stoffeinsatz

15 ml Essigsäureethylester

184 ml Natronlauge = 22 g Natriumhydroxid

15 ml konzentrierte Schwefelsäure

15 ml dest. Wasser

30 ml Natriumsulfatlösung = 4,3 g Natriumsulfat

1200 ml Eis

18,6 l Kühlwasser

Energieeinsatz

45 min Heizen und Rühren mit dem Magnetrührer

20 min Heizen ohne Rühren mit dem Magnetrührer

7 min Rühren mit dem Magnetrührer

12 min Heizen mit der Pilzheizhaube

Ausbeute

3 ml Essigsäureethylester (mit Essigsäure verunreinigt)

Abfall

56,6 g Natriumsulfat (mit Natriumacetat verunreinigt)

wenig schwarzer Rückstand im Filter

Der Energieeinsatz kann in der Einheit Joule angegeben werden. Die Energie für das Destillieren des Reaktionsgemisches aus Natronlauge und Essigsäureethylester wird folgendermaßen bestimmt: Nach dem Einfüllen des Reaktionsgemisches wird festgehalten, wann der Magnetrührer mit dem Heizen beginnt (erkennbar am Aufleuchten einer kleinen Lampe) und wann er damit aufhört. Dies geschieht in annähernd konstanten Intervallen. Es wird dann diejenige Zeit (in s) bestimmt, in der insgesamt geheizt wurde. Die Leistung des Gerätes liegt bei 600 Watt. Multipliziert man die Zeit in Sekunden mit der Leistung in Watt, so erhält man die verbrauchte Energie in Joule. Sie betrug in unserem Fall 600 Watt · 349 s = 209400 Joule.

Diejenige Energie, die zum Aufheizen des Wasserbades in 30 min benötigt wird, kann so abgeschätzt werden: Zu Beginn ist die Heizung 4 min lang ohne Unterbrechung eingeschaltet, was einem Energiebedarf von 4 · 60 s · 600 Watt = 144000 Joule entspricht (hierbei wird vernachlässigt, daß die Leistung des Gerätes zunächst einen höheren Wert annimmt und dann auf 600 Watt absinkt). Aus dem bei der Destillation verfolgten Heiz-Pause-Rhythmus kann abgeleitet werden, wie lange Heiz- und Pausephasen im Durchschnitt dauern. Es kann nun bestimmt werden, wieviele Heizphasen in 30 min – 4 min = 26 min erfolgen werden. In unserem Beispiel ergab sich eine Energie von 15 · 43,6 s · 600 Watt = 392400 Joule. Der Energieverbrauch für das Rühren wird ermittelt, indem die gesamte Rührzeit, die in unserem Beispiel 45 min = 2700 s betrug, mit 5 Watt multipliziert wird; er lag hier bei 13500 Joule.

Der gesamte Energieeinsatz für die Destillation, einschließlich der Wasseraufheizphase, betrug also 759300 Joule.

Um die für das Trocknen von Natriumacetat benötigte Energie zu ermitteln, geht man analog vor. Es wird wiederum die gesamte Heizdauer (in s) bestimmt und mit 600 Watt multipliziert. In unserem Beispiel ergab sich ein Energieverbrauch von 225 s · 600 Watt (Anfangsphase) + 294 s · 600 Watt = 311400 Joule.

Noch leichter läßt sich der Energieeinsatz beim Heizen mit der Pilzheizhaube ermitteln, da hier kontinuierliches Heizen ohne Pausen erfolgt. Arbeitet man mit einer Pilzheizhaube, die eine maximale Leistung von 200 Watt aufweist, muß man nur diejenige Zeit (in s), die man auf Heizstufe 3 arbeitet, mit 193 Watt (wurde mit Hilfe eines Meßgerätes festgestellt) zu multiplizieren und die Zeit auf Heizstufe 2 mit 95 Watt. In unserem Beispiel wurde insgesamt 6 min auf Stufe 3 und 6 min auf Stufe 2 erhitzt, was einem Energieverbrauch von 360 s · 193 Watt + 360 s · 95 Watt = 103680 Joule entspricht.

Gesamter Energieeinsatz für den Estercyclus pro Ansatz:

45 min Heizen und Rühren zur Ethanolgewinnung: 759300 Joule
20 min Heizen zum Trocknen des Acetats: 311400 Joule
7 min Rühren zum Flüssighalten des Destillationsrückstandes: 2100 Joule
12 min Heizen mit der Pilzheizhaube zur Essigsäuregewinnung: 103680 Joule
Dies entspricht einem Energieeinsatz von 1176480 Joule = 1176,480 kJ = 281,179 kcal.
Zum Vergleich: Mit dieser Energiemenge könnte man 10 l Wasser um ca. 28 Grad erwärmen.

Variante B

1. Stufe: analog zur Variante A

Bilanz der 1. Stufe (auf 6 Ansätze bezogen)

Stoffeinsatz

90 ml Essigsäureethylester
360 ml Natronlauge (c(NaOH) = 3 mol/l)
3000 ml Eis zur Kühlung

Energieeinsatz

270 min Heizen und Rühren

Ausbeute

41 ml Ethanol
acetathaltiger Rückstand

2. Stufe: Essigsäuregewinnung (1 großer Ansatz)

Die 6 eingetrockneten Acetatrückstände werden vereinigt und in einer großen Porzellanschale (20 cm Durchmesser) auf dem Bunsenbrenner bei voller Heizleistung und unter gelegentlichem Umschichten mit dem Spatel entwässert (Abzug). Die Probe wird zuerst feucht und dann wieder trocken. Sie wiegt 77,7–82,2 g. (Ist sie schwerer, muß noch weiter entwässert werden.)

Nach Abkühlen und Pulverisieren wird die gesamte Probe mit Hilfe eines Feststofftrichters in einen 250-ml-Rundkolben gefüllt, der an der Destillationsapparatur (Apparatur *b* mit Eisbad) befestigt wird, nachdem 4 Siedesteinchen und für späteres Rühren ein Rührfisch zugesetzt wurden. Durch die für das Thermometer vorgesehene Öffnung werden mit Hilfe eines Trichters (Trichter etwas hochhalten und nicht auf die Öffnung aufsetzen, da sonst konzentrierte Schwefelsäure durch die aufsteigenden weißen Dämpfe aus dem Trichter gedrückt wird) 60 ml konzentrierte Schwefelsäure langsam, aber stetig zugegeben. Dann wird das Thermometer eingesetzt. Der Versuch muß *unbedingt im Abzug* erfolgen, und bei der Schwefelsäurezugabe müssen *Schutzhandschuhe* getragen werden.

Die Pilzheizhaube wird zunächst auf Stufe 3 und nach Erreichen einer Kopftemperatur von über 120°C auf Stufe 2 gestellt. Die Destillation wird abgebrochen, wenn die Kopftemperatur unter 117°C sinkt. Die Heizdauer wird festgehalten (im Durchschnitt 23 min; 17–28 min).

Sollte nicht der gesamte feste Rückstand in die Schwefelsäure eintauchen, kann das Thermometer kurz entfernt werden und der Feststoff mit einem Glasstab heruntergestoßen werden (Schutzhandschuhe tragen).

Nach Beendigung der Destillation wird ein Magnetrührer unter den Rundkolben gesetzt und solange gerührt, bis der Rückstand etwas abgekühlt ist. Dann werden *vorsichtig* (zuerst ist die Reaktion recht heftig) 90 ml Wasser zugesetzt, und es wird noch kurz weitergerührt. Die Rührdauer wird notiert. Der Rückstand wird in ein Becherglas überführt und mit Natronlauge (c(NaOH) = 6 mol/l) gegen Indikatorpapier neutralisiert (Hinweis: Wenn zum ersten Mal ein alkalischer pH-Wert angezeigt wird, muß mit dem Glasstab noch ca. ½ Minute weitergerührt werden. Es ist dann wieder ein saurer pH-Wert festzustellen, so daß noch weitere Natronlauge zugesetzt werden muß. Der Verbrauch beträgt ca. 190 ml Natronlauge; Schwankung 180-194 ml). Der Rückstand wird in eine möglichst große Plastikschale abfiltriert, die 1 Woche lang zum Eintrocknen des Rückstandes offen stehengelassen wird.

Mit dem Destillat werden, wie bei Variante A beschrieben, der Eisenchloridtest (positiver Testausfall) und eine Titration durchgeführt (Verbrauch an Natronlauge (c(NaOH) = 1 mol/l) im Durchschnitt bei 15,6 ml; Schwankung von 15,1–16,0 ml).

Bilanz der 2. Stufe des Estercyclus

Stoffeinsatz

6 Acetatrückstände aus Stufe 1

60 ml konzentrierte Schwefelsäure

190 ml Natronlauge (c(NaOH) = 6 mol/l)

90 ml dest. Wasser

700 ml Eis

35,6 l Kühlwasser

Energieeinsatz

20 min Heizen mit dem Bunsenbrenner

15 min Rühren mit dem Magnetrührer

23 min Heizen mit der Pilzheizhaube

Ausbeute/Abfall

51 ml Destillat (Schwankung von 47,5–56,0 ml), die 0,796 Mol Essigsäure enthalten $\Rightarrow$ 86,1% Ausbeute

6 ml Destillat gehen für die Titration verloren, die von 6 Gruppen durchgeführt wird, d.h. für die Regeneration des Esters stehen noch 45 ml Destillat zur Verfügung. Dies entspricht einer Ausbeute von 79,4%.

283 g Natriumsulfat (280,8–285,5 g)

wenig schwarzer und weißer Rückstand im Filter

3. Stufe: Estersynthese (1 großer Ansatz)

Die vereinigten Destillate der Stufe 1 werden mit dem Destillat der Stufe 2 in einem 250-ml-Erlenmeyerkolben mit 20 ml konzentrierter Schwefelsäure versetzt. Nach gutem Schütteln wird ein Stopfen aufgesetzt und der Ansatz 1 Woche lang stehengelassen.

Nach 1 Woche wird der Ansatz zu 100 ml Natriumsulfatlösung ($c(Na_2SO_4) = 1$ mol/l) in einen 250-ml-Meßzylinder gegossen. Die obere Phase (ca. 32,5 ml) wird abgenommen und mit ihrem doppelten Volumen an Natriumcarbonatlösung ($c(Na_2CO_3) = 1$ mol/l) in einer 500-ml-Schraubflasche ausgeschüttelt. Es schäumt stark. Daher muß zunächst bei noch geöffneter Flasche geschüttelt werden und dann nach Verschließen der Flasche zunächst nur kurz geschüttelt und wieder belüftet werden.

Der Inhalt wird dann in eine 100-ml-Schraubflasche gegossen und die obere Phase (ca. 16,5 ml) in eine 50-ml-Schraubflasche pipettiert. Hier wird das gleiche Volumen Wasser (16,5 ml) zugesetzt und nochmals gut ausgeschüttelt. Die obere Phase (ca. 13,75 ml) wird abpipettiert, in ein Präparateglas gefüllt und, falls sie leicht trübe ist, mit einer kleinen Spatelspitze wasserfreiem Natriumsulfat versetzt. Mit dem Produkt werden der Cernitrattest, BTB-Test, Eisenchloridtest und Rojahntest durchgeführt. Nur der Rojahntest fällt positiv aus. Es liegt also reiner Ester vor.

Die erste Abscheidungsflüssigkeit wird mit Natronlauge ($c(NaOH) = 6$ mol/l) neutralisiert (ca. 170 ml; Schwankung 160–177 ml) und in einer großen Plastikschüssel zum Eintrocknen stehengelassen. Die beiden anderen unteren Phasen, die nach Zugabe von Natriumcarbonatlösung und Wasser erhalten wurden, sind ungefähr neutral und werden ebenfalls zum Eintrocknen in große Gefäße gegossen (aus der Wasserphase werden nur ca. 0,02 g Feststoff gewonnen).

Anmerkung: In unseren Versuchen kristallisierte das Natriumsulfat aus dem neutralisierten Destillationsrückstand in Form großer farbloser Kristalle als Natriumsulfatdecahydrat aus, aber aus der neutralisierten Esterabscheidungsphase als weißer, feuchter Feststoff.

Bilanz der 3. Stufe des Estercyclus

Stoffeinsatz

Destillate aus Stufe 1 und 2

20 ml konzentrierte Schwefelsäure

100 ml Natriumsulfatlösung ($c(Na_2SO_4) = 1$ mol/l)

170 ml Natronlauge ($c(NaOH) = 6$ mol/l)

65 ml Natriumcarbonatlösung ($c(Na_2CO_3) = 1$ mol/l)

16,5 ml dest. Wasser

Energieeinsatz

null

Ausbeute/Abfall

13,75 ml reiner Ester (= 15,3% Ausbeute bezogen auf den Estereinsatz zu Beginn des Cyclus)

118 g Natriumsulfat (106–125 g)

14,5 g Natriumcarbonat/Natriumacetat (Salzgemisch; Schwankung 13,9–14,9 g)

Gesamtbilanz

Stoffeinsatz

90 ml Essigsäureethylester

360 ml Natronlauge, c(NaOH) = 3 mol/l, und 360 ml Natronlauge, c(NaOH) = 6 mol/l = 129,6 g Natriumhydroxid

80 ml konzentrierte Schwefelsäure

100 ml Natriumsulfatlösung = 14,2 g Natriumsulfat

65 ml Natriumcarbonatlösung = 6,9 g Natriumcarbonat

16,5 ml dest. Wasser

3700 ml Eis

35,6 l Kühlwasser

Energieeinsatz

270 min Heizen und Rühren mit dem Magnetrührer

15 min Rühren mit dem Magnetrührer

20 min Heizen mit dem Bunsenbrenner

23 min Heizen mit der Pilzheizhaube

Ausbeute

13,75 ml reiner Ester

Abfall

401 g Natriumsulfat (nicht rein)

14,5 g Natriumcarbonat/Natriumacetat

wenig schwarzer und weißer Rückstand im Filter

Der Energieverbrauch läßt sich wie bei Variante A in der Einheit Joule angeben:

270 min Heizen und Rühren zur Ethanolgewinnung: 6 · 759300 Joule = 4555800 Joule

15 min Rühren zum Flüssighalten des Destillationsrückstandes: 15·60s·5 Watt = 4500 Joule

23 min Heizen mit der Pilzheizhaube (14,5 min Stufe 3 und 8,5 min Stufe 2): 870 s · 193 Watt + 510 s · 95 Watt = 216360 Joule

Daraus ergibt sich ein Gesamtenergieeinsatz von 4776660 Joule = 4776,66 kJ = 1141,62 kcal. Hinzu kommt die auf diese Weise nicht festzustellende Energie, die für das Entwässern des Natriumacetats benötigt wird.

Zum Vergleich: Mit dieser Energiemenge könnte man 40 l Wasser um ca. 28 Grad erwärmen.

Anmerkung

Für alle Versuche der Varianten A und B sind jeweils die Mittelwerte von mindestens drei Versuchsdurchläufen angegeben.

27.6. Ein Simulationsspiel zur Osmose

Die Idee zu diesem Spiel ist bei KONERT (1984) beschrieben.

Wasser- und Zuckerteilchen werden durch unterschiedlich gefärbte Perlen oder Spielsteine symbolisiert. In einen Joghurtbecher (Becher A) werden 6 Zuckerteilchen und 14 Wasserteilchen gegeben, in den anderen (Becher B) 15 Zuckerteilchen und 5 Wasserteilchen. Bei gleichem Volumen (= Gesamtzahl der Teilchen: 6 + 14 bzw. 5 + 15 = 20) ist die Zuckerkonzentration (= Zahl der Zuckerteilchen dividiert durch Gesamtzahl der Teilchen) somit unterschiedlich:

$$C_A = \frac{6}{6+14} = 0,30 \qquad C_B = \frac{15}{5+15} = 0,75$$

Die semipermeable Membran wird durch die Spielregel repräsentiert, daß nur die „Wasser-Spielsteine" die Joghurtbecher verlassen können, nicht aber die „Zucker-Spielsteine". Die Bewegung der Teilchen wird durch das Schütteln der Becher realisiert. Die Auftreffvorgänge der Teilchen auf die Membran werden durch das Ziehen von Spielsteinen dargestellt, wobei die Zahl der Ziehungen ein Maß für die Zeit ist. Wird ein Wasserteilchen gezogen, so wechselt es den Becher, wird ein Zuckerteilchen gezogen, wird es zurückgelegt. Pro Zeiteinheit erfolgt in jedem Becher eine Ziehung. Nach jeweils 10 Zeiteinheiten wird die „Zuckerkonzentration" in beiden Bechern ermittelt. Insgesamt wird 100 Zeiteinheiten gespielt.

Die Zuckerkonzentrationen werden in Abhängigkeit von der Zahl der Ziehungen graphisch dargestellt. Die Ergebnisse können z.B. in eine Tabelle wie 27.19 eingetragen werden.

Es zeigt sich, daß sich die Zuckerkonzentrationen in den beiden Bechern annähern. Je höher die Zahl der Wasserteilchen in einem Becher ist, umso höher ist auch die Wahrscheinlichkeit, daß ein Wasserteilchen gezogen wird und den Becher wechselt. Hieraus kann die Ursache für den in der Bilanz einseitig gerichteten Wasserstrom von der Seite geringer Zukkerkonzentration zu derjenigen hoher Konzentration abgeleitet werden. Je geringer die Zukkerkonzentration ist, umso häufiger treffen pro Zeiteinheit Wassermoleküle (und nicht Zukkermoleküle) auf die Poren der semipermeablen Membran und passieren diese Membran.

Tabelle 27.19 Tabellenvorlage zur Protokollierung der Ergebnisse zur Osmosesimulation

Ziehungen	Gefäß A				Gefäß B			
	Zuckerteilchen	Wasserteilchen	Konzentration C_A	Volumen V_A	Zuckerteilchen	Wasserteilchen	Konzentration C_B	Volumen V_B
0	6	14	$6/(6+14)$ $= 0,30$	$6+14=20$	15	5	$15/(5+15)$ $= 0,75$	$5+15=20$
10	6				15			
20	6				15			
30	6				15			
40	6				15			
50	6				15			
60	6				15			
70	6				15			
80	6				15			
90	6				15			
100	6				15			

$$\text{Konzentration} = \frac{\text{Zahl der Zuckerteilchen}}{\text{Zahl der gesamten Teilchen}} \qquad \text{Volumen} = \text{Zahl der Teilchen}$$

27.7 Sicherheitsdaten der verwendeten Chemikalien

Um die Reproduzierbarkeit der dargestellten Experimente zu gewährleisten, ist in einigen Fällen die Qualität der verwendeten Chemikalien angegeben. Es folgen die Gefahrensymbole, die R- und S-Sätze sowie Hinweise zur Entsorgung. Diese Daten sind folgenden Quellen entnommen: LANDESINSTITUT FÜR SCHULE UND WEITERBILDUNG (1994), PFLAUMBAUM et al. (1995), FLUKA (1997), MERCK (1996).

Die Gefahrensymbole haben folgende Bedeutung:

C =	ätzend
E =	explosionsgefährlich
F+ =	hochentzündlich
F =	leichtentzündlich
O =	brandfördernd
T+ =	sehr giftig
T =	giftig
Xi =	reizend
Xn =	gesundheitsschädlich

Der Wortlaut der R- und S-Sätze ist z.B. einer der oben angegebenen Literaturstellen zu entnehmen.
Die Hinweisziffern zur Entsorgung sind an die erste oben angegebene Literaturstelle angelehnt:

1 feste anorganische Abfälle	6 Schwermetallösungen
2 feste organische Abfälle	7 Chromatabfälle
5 organische Lösemittel	8 Säuren und Laugen

Chemikalie	Gefahren-symbol	R-Sätze	S-Sätze	Hinweisziffer für Entsorgung
Acetaldehyd Fluka puriss. p.a. (> 99,5 %)	Xn F+ C3	R 12-36/37-40	S 2-16-33-36/37	5
Acetaldehyddiethylacetal Fluka purum (~ 97 %)	Xi F	R 11-36/38	S (2)-9-16-33	5
Acetol (Hydroxiaceton) Fluka pract. (~ 95 %)	–	–	–	5
Aceton Fluka puriss. p.a. (> 99,5 %)	F	R 11	S 2-9-16-23.2-33	5
Adipinsäure	Xi	R 36	S 2	Abwasser
Aktivkohle Merck gepulvert reinst	–	–	–	1
Alanin	–	–	–	Abwasser
Ameisensäure Fluka purum (~ 98 %)	C	R 35	S 1/2-23.2-26-45	8
Ameisensäureethylester Merck zur Synthese (> 98 %)	F	R 11	S 9-16-33	5
Ameisensäuremethylester Fluka purum (> 97 %)	F+	R 12	S 2-9-16-33	5
Ammoniaklösung 25%ig, 10%ig und c = 6 mol/l	C	R 34-37	S 1/2-7-26-45	8
Ammoniumcer(IV)-nitrat Fluka purum p.a. (> 98,0 %)	O Xi	R 8-36/38	–	6
Ammoniumchlorid	Xn	R 22-36	S 22	1
Ammoniumsulfat	–	–	–	1
Anisaldehyd Merck (ohne Angabe)	Xn	R 22	S 23-25	5
Ascorbinsäure	–	–	–	2/5
Bariumhydroxid	C	R 20/22-34	S 26-28.1	1 (6)
Benzoesäure	Xn	R 22-36	S 24	2/5
Benzylalkohol	Xn	R 20/22	S 26	5
Bernsteinsäure	Xi	R 36	S 26	2/5

Chemikalie	Gefahren-symbol	R-Sätze	S-Sätze	Hinweisziffer für Entsorgung
Blei(IV)-oxid	T	R 61-20/22-33	S 53-45	1/6
Brenztraubensäure Fluka purum (> 98 %)	C	R 34	S 26-36/37/39-45	8
Brom	C T+	R 26-35	S 1/2-7/9-26-45	Aufarbeitung
Bromthymolblau	–	–	–	2/5
1,3-Butandiol	–	–	–	5
1-Butanol	Xn	R 10-20	S 2-16	5
2-Butanol	Xn	R 10-20	S 2-16	5
i-Butanol	Xn	R 10-20	S 2-16	5
t-Butanol	Xn F	R 11-20	S 9-16	5
Butanon	Xi F	R 11-36/37	S 2-9-16-25-33	5
Calciumchlorid	Xi	R 36	S 2-22-24	1
Cellulosepulver Fluka	–	–	–	Hausmüll
Cer(III)-chlorid	Xi	R 41	S 26	1/6
Citronensäure Fluka MicroSelect (> 99,5 %)	–	–	–	2/5
Cobaltchlorid	T	R 49.3-22-43	S 53-24-37	1
		(möglicherweise krebserregend als atembare Stäube und Aerosole)		
Cobaltsulfat	T	R 49.3-22-43	S 53-24-37.	1
		(möglicherweise krebserregend als atembare Stäube und Aerosole)		
D(-)-Fructose Fluka for bacteriology (> 99 %)	–	–	–	Abwasser
D(+)-Glucose-Monohydrat Merck für biochemische Zwecke	–	–	–	Abwasser
Diethylether Merck z.A. (mind. 99,5 %)	F+	R 12-19	S 2-9-16-29-33	5
Dihydroxiaceton dimer Fluka puriss.	–	–	–	5
Dinatriumhydrogenphosphat	–	–	–	1
2,4-Dinitrophenol	T	R 23/24/25-33	S 1/2-28.1-37-45	2/5
2,4-Dinitrophenylhydrazin	Xn	R 1-22-36/38	–	2/5
Eisen(II)-sulfatheptahydrat	–	–	S 24/25	1
Eisen(III)-chlorid	Xn	R 22-38-41	S 26	1
Essigsäure Fluka puriss. p.a. (> 99,5 %)	C	R 10-35	S 1/2-23.2-26-45	5
Essigsäureethylester Fluka puriss. p.a. (> 99,5 %)	F	R 11	S 16-23.2-29-33	5

Chemikalie	Gefahren-symbol	R-Sätze	S-Sätze	Hinweisziffer für Entsorgung
Essigsäureethylester für die Chromatographie Fluka purum (> 99 %)	F	R 11	S 16-23.2-29-33	5
Essigsäureisopropylester Fluka puriss. p.a. (> 99,5 %)	F	R 11	S (2)-16-23-29-33	5
Essigsäuremethylester Fluka purum (> 99 %)	F	R 11	S 2-16-23.2-29-33	5
Essigsäurepropylester Fluka purum (~ 98 %)	F	R 11	S(2)-16-23-29-33	5
Ethanol Merck absolut [1] z.A. (mind. 99,8 %)	F	R 11	S 2-7-16	5
Ethylenglycol	Xn	R 22	S 2	5
Fumarsäure	Xi	R 36	S 26	2/5
Glutaminsäure	–	–	–	Abwasser
Glutarsäure	–	–	–	–
Glycerin Fluka puriss. p.a. (86–88 %)	–	–	–	Abwasser
DL-Glycerinaldehyd Fluka purum crystallized (> 97 %) und Merck für biochemische Zwecke	–	–	–	5
Glycin	–	–	–	2/5
Glycolaldehyd dimer Fluka purum (> 98 %)	–	–	–	5
Glycolsäure Fluka puriss. cryst. (~ 99 %)	C	R 34	S 26-36/37/39-45	8
n-Hexan Merck reinst (> 95 %)	Xn F	R 11-48/20	S 2-9-16-24/25-29-51	5
Iod	Xn	R 20/21	S 2-23.2-25	Aufarbeitung
Kalilauge c = 3 mol/l	C	R 35	S 1/2-26-37/39-45	8
c = 5 mol/l	C	R 35	S 1/2-26-37/39-45	8
Kaliumiodid	–	–	–	1
Kaliumdichromat [2]	Xi	R 36/37/38-43	S 2-22-28.1	7
(krebserzeugendes Potential als atembare Stäube und Aerosole)				
Kaliumhydroxid	C	R 35	S 1/2-26-37/39-45	8
Kaliumnatriumtartrat	–	–	–	1
Kaliumthiocyanat	Xn	R 20/21/22-32	S 2-13	1
Kalkwasser	C	R 34	S 26-36	8
Kupfer(II)-oxid Fluka purum (> 98 %)	–	–	–	1
Kupfersulfat	Xn	R 22-36/38	S 2-22	6

Chemikalie	Gefahren-symbol	R-Sätze	S-Sätze	Hinweisziffer für Entsorgung
Lactose DAB 6	–	–	–	2
Lysin	–	–	–	–
Maleinsäure	Xn	R 22-36/37/38	S 2-26-28.1-37	2/5
Malonsäure	Xn	R 22-36	S 22-24	2/5
Maltose (Monohydrat) Merck für die Mikrobiologie	–	–	–	2
Methanol Merck p.a. (mind. 99,8 %)	T F	R 11-23/25	S 1/2-7-16-24-25	5
DL-Milchsäure Fluka purum (~ 90 %)	Xi	R 36/38	–	5
α-Naphthol	Xn	R 21/22-37/38-41	S 2-22-26-37/39	2/5
Natriumborhydrid Fluka purum p.a. (> 97,0 %)	F T	R 15-25-34	S 14.2-26-36/37/38 /39-43.6-45	(Aufarbeitung)
Natriumcarbonat	Xi	R 36	S 1/2-22-26	Abwasser
Natriumchlorid	–	–	–	Abwasser
Natriumdichromat [2]	Xi (krebserzeugendes Potential als atembare Stäube und Aerosole)	R 36/37/38-43	S 2-22-28.1	7
Natriumhydroxid	C	R 35	S 1/2-26/37/39-45	8
Natriumsulfat	–	–	–	1
Natronlauge $c = 0{,}04$–$0{,}1$ mol/l	–	–	–	–
$c = 0{,}5$ mol/l	C	R 34	–	8
$c = 1$–10 mol/l	C	R 35	–	8
Ninhydrin	Xn	R 22-36/37/38	–	2/5
3-Nitrophenol	Xn	R 22-36/37/38	S 2-26-28.1	2/5
4-Nitrophenol	Xn	R 20/21/22-33	S 2-28.1	2/5
Nitroprussidnatrium	T	R 25	S 22-37-45	1
Ölsäure Merck reinst	–	–	–	5
Oxalsäure wasserfrei Fluka purum (~ 97 %)	Xn	R 21/22	S 2-24/25	2
Palmitinsäure Merck zur Synthese	–	–	–	2
1-Pentanol Fluka purum (> 98 %)	Xn	R 10-20	S 24/25	5
2-Pentanol	Xn	R 10-20	S 24/25	5
Phenol	T	R 24/25-34	S 1/2-28.6-45	2/5
Phenolphthalein	–	–	–	2/5
Polyamidpulver	–	–	–	–
1-Propanol Fluka puriss. p.a. (> 99,5 %)	F	R 11	S 2-7-16	5

Chemikalie	Gefahren-symbol	R-Sätze	S-Sätze	Hinweisziffer für Entsorgung
1-Propanol für die Chromatographie Fluka purum (> 99 %)	F	R 11	S 2-7-16	5
2-Propanol Fluka puriss. p.a. (> 99,5 %)	F	R 11	S 2-7-16	5
Propionsäure Fluka puriss. p.a. (> 99,5 %)	C	R 34	S 1/2-23.2-36-45	5
Propionsäurepropylester Fluka purum (> 99 %)	–	R 10	S (2)	5
Resorcin	Xn	R 22-36/38	S 2-26	2/5
Saccharose (D(+)-Sucrose) Fluka for microbiology	–	–	–	Abwasser
Salpetersäure c = 2 mol/l	C	R 34	S 1/2-23-26-36-45	8
Salzsäure c = 0,01-2 mol/l	–	–	–	–
c = 5–6 mol/l	Xi	R 36/37/38	S 1/2-26-45	8
32-37%ig	C	R 34-37	S 1/2-26-45	8
Schwefelsäure c = 0,1-0,2 mol/l	–	–	–	–
c = 1-1,5 mol/l	Xi	R 36/38	–	8
c > 1,5 mol/l	C	R 35	S 1/2-26-30-45	8
Selendioxid	T	R 23/25-33	S 1/2-20/21-28.1-45	1/6
Silbernitrat	C	R 34	S 1/2-26-45	1/6
Sorbinsäure	Xi	R 36/37	S 22-24/25	–
L(-)Sorbose Fluka (> 99 %)	–	–	–	–
Stärke löslich Merck zur Analyse	–	–	–	2
Stearinsäure Merck zur Synthese	–	–	–	2
Sudan III	–	–	–	2/5
Thiobarbitursäure	–	–	–	5
Wasserstoffperoxid 30%ig	C	R 34	S 1/2-3-28.1-36/39	Aufarbeitung
Zinkchlorid	C	R 34	S 1/2-7/8-28-45	1/6
Zinknitrat	Xn O	R 8-22-36/37/38		1/6

Hinweise:

1) Für die Löslichkeitsversuche ist der Reinheitsgrad der Alkohole (Ausnahme Methanol) unerheblich. Es kann auch vergälltes Ethanol benutzt werden.

2) Schwermetallsalze (v.a. Dichromate) nur in gelöster Form verwenden; beim Ansetzen der Lösungen Stäube nicht einatmen!

28 Übungen zur Konsolidierung erarbeiteter Grundlagen und zur Förderung kognitiver Fähigkeiten

In diesem Kapitel sind Übungen zusammengestellt, die v.a. der Förderung von kognitiven Fähigkeiten und von vernetztem Denken dienen.

28.1 Theoretische und praktische Aufgaben zur qualitativen Analytik

Übung 1

Voraussetzungen: Kenntnis der Analytik von Ethanol, 1-Propanol, Essigsäure, Propionsäure, Essigsäureethylester, Propionsäurepropylester

Eine unbekannte Probe, die einen *Einzelstoff* oder eine *2er-Kombination* der aus dem Unterricht bekannten Stoffe enthalten kann, zeigt folgende Testausfälle:

a) Cernitrattest: Rotfärbung
   BTB-Test: Gelbfärbung
   Rojahntest: keine Entfärbung
   Iodoformtest: gelber Niederschlag
   Eisenchloridtest: Rotfärbung der unteren Phase
   Weitere Tests wurden nicht durchgeführt. Welche Zusammensetzungen könnte die Probe haben?

Lösung:

Zunächst kann man die 3 Gruppentests herausgreifen. Der Rojahntest als der Gruppentest auf Ester fällt negativ aus; somit kann die Probe keine Ester enthalten. Der BTB-Test (Gruppentest auf Carbonsäuren) zeigt einen positiven Testausfall, also muß mindestens eine Carbonsäure enthalten sein. Da auch der Cernitrattest (Gruppentest auf Alkohole) positiv anspricht, muß in der Probe auch noch mindestens ein Alkohol vorhanden sein. Nach diesen Ergebnissen kann man bereits festhalten, daß ein Einzelstoff nicht infrage kommt und daß - da laut Aufgabenstellung ja nur eine Zweierkombination denkbar ist – nur jeweils ein Alkohol und eine Carbonsäure vorliegen können. Der Eisenchloridtest zeigt den für Essigsäure (Stoff B) typischen Testausfall. Da der Iodoformtest positiv ist, muß zusätzlich Ethanol (Stoff A) vorhanden sein. Die Probe besteht also aus Ethanol und Essigsäure (A und B).

b) Eisenchloridtest: keine Rotfärbung der oberen oder unteren Phase
   Iodoformtest: kein gelber Niederschlag
   Rojahntest: Entfärbung im 40 °C warmen Wasserbad

   Lösung:

   Durch den negativen Eisenchloridtest kann das Vorhandensein von Essigsäure und Propionsäure (B und E) ausgeschlossen werden. Der negative Iodoformtest schließt die Anwesenheit von Ethanol und Essigsäureethylester (A und C) aus. Da der Rojahntest positiv ausfällt, muß auf jeden Fall Propionsäurepropylester (F) vorhanden sein. Zusätzlich könnte 1-Propanol (D) vorliegen. Um dies zu prüfen, könnte zusätzlich der Cernitrattest durchgeführt werden.

c) Bromthymolblautest: Gelbfärbung
   Iodoformtest: gelber Niederschlag
   Dichromattest: Grünfärbung

   Lösung:

   Das Testergebnis zeigt, daß es sich um keinen Einzelstoff handeln kann. Aufgrund des positiven BTB-Tests ist eine Carbonsäure nachgewiesen, aufgrund des positiven Iodoformtests Ethanol (A) oder Essigsäureethylester (C). Der Dichromattest bringt keine wieteren Informationen. Denkbar wären die Kombinationen Essigsäure/Ethanol (A/B), Essigsäure/Essigsäureethylester (B/C), Propionsäure/Ethanol (A/E), Propionsäure/Essigsäureethylester (C/E). Um weiter differenzieren zu können, müßte man den Eisenchloridtest und den Cernitrat- oder Rojahntest durchführen.

d) Die Probe kann einen Einzelstoff, eine Zweier- oder Dreierkombination der bekannten Stoffe enthalten.
   Bromthymolblautest: Blaufärbung
   Iodoformtest: gelber Niederschlag
   Rojahntest: Entfärbung im 40°C warmen Wasserbad

   Lösung:

   Aufgrund des negativen BTB-Tests sind Carbonsäuren ausgeschlossen. Der positive Rojahntest zeigt, daß mindestens ein Ester (C oder F oder C+F) vorhanden sein muß. Der positive Iodoformtest läßt darauf schließen, daß entweder Ethanol (A) oder Essigsäureethylester (C) oder beide vorliegen.

   Als einziger Einzelstoff, der sowohl positiven Rojahntest als auch positiven Iodoformtest gibt, kommt Essigsäureethylester (C) infrage. Da er alleine schon die erhaltenen Testausfälle erklärt, kann er auch mit sämtlichen Stoffen kombiniert vorliegen, die den Testausfällen nicht widersprechen, also mit Ethanol, 1-Propanol und Propionsäurepropylester.

   Daraus ergeben sich folgende Möglichkeiten:

   Essigsäureethylester (C)
   Essigsäureethylester + Ethanol (C+A)
   Essigsäureethylester + 1-Propanol (C+D)

Essigsäureethylester + Propionsäurepropylester (C+F)
Essigsäureethylester + Ethanol + 1-Propanol (C+A+D)
Essigsäureethylester + Ethanol + Propionsäurepropylester (C+A+F)
Essigsäureethylester + 1-Propanol + Propionsäurepropylester (C+D+F).

Weiterhin wäre es auch denkbar, daß kein Essigsäureethylester in der Probe vorhanden ist. Der positive Rojahntest müßte dann vom Propionsäurepropylester (F) herrühren, der positive Iodoformtest vom Ethanol (A). Alle Kombinationen, die diese beiden Stoffe enthalten, sind also ebenfalls denkbar:

Propionsäurepropylester + Ethanol (F+A)
Propionsäurepropylester + Ethanol + 1-Propanol (F+A+D).

Für eine nähere Eingrenzung ist die Durchführung des Cernitrattests sinnvoll.

Übung 2

Voraussetzungen: Kenntnis der Analytik von Ethanol, 1-Propanol, Essigsäure, Propionsäure, Aceton und Acetaldehyd
Eine unbekannte Probe kann einen oder zwei der oben aufgeführten Stoffe enthalten. Die Analyse der Probe liefert folgendes Ergebnis:

Cernitrattest: Rotfärbung
DNPH-Test: kein gelber Niederschlag
BTB-Test: Gelbfärbung

Es sollen alle denkbaren Probezusammensetzungen gefunden werden.

Lösung:

Aufgrund des negativen DNPH-Tests können Aceton und Acetaldehyd als mögliche Komponenten gestrichen werden. Es müssen, da sowohl der Cernitrattest als auch der BTB-Test positiv ausfallen, eine Carbonsäure und ein Alkohol vorhanden sein. Die Kombinationen Ethanol/Essigsäure, Ethanol/Propionsäure, 1-Propanol/Essigsäure, 1-Propanol/Propionsäure sind denkbar.

Übung 3

Voraussetzungen: Kenntnis der Analytik von Glucose, Fructose und Saccharose
Mit einer Probe werden die folgenden Testausfälle erhalten:

Seliwanofftest: Rotfärbung (+)
Glucotest: Grünfärbung (+)
Selendioxidtest: keine Färbung (-)
Fehlingtest: roter Niederschlag (+)

1. Wie ist die Probe zusammengesetzt?
2. Welche Tests hätte man sich sparen können?
3. Was müßte man tun, um den/die in der Probe nicht vorhandenen Zucker aus dem/den in der Probe vorhandenen Zucker(n) herzustellen?

Lösung:

zu 1.: Der spezifische Glucotest zeigt eindeutig das Vorhandensein von Glucose an. Der negative Selendioxidtest schließt Fructose aus. Saccharose muß neben Glucose vorliegen, da ansonsten der positive Seliwanofftest nicht zu erklären wäre.

zu 2.: Der Fehlingtest ist überflüssig, da er durch die sicher nachgewiesene Glucose sowieso positiv wird.

zu 3.: Fructose kann entweder aus Glucose mit Natronlauge oder aus Saccharose mit verdünnter Schwefelsäure hergestellt werden.

Übung 4

Voraussetzungen: Kenntnis der Analytik grundlegender Stoffklassen

Gegeben ist ein unbekannter Reinstoff. Es soll nun versucht werden, mit möglichst wenigen Nachweisreaktionen die zugehörige Strukturformel aus einer Referenzabbildung zu ermitteln.

Es können z.B. wahlweise die Referenzabbildungen 1–3 vorgegeben werden:

$$\underset{1}{H_3C-\overset{\displaystyle O}{\overset{\|}{C}}-\overset{\displaystyle O}{\overset{\|}{\underset{OH}{C}}}}$$

$$\underset{2}{H_2C-\overset{\displaystyle O}{\overset{\|}{\underset{OH}{C}}}}\quad (H_2C\ mit\ OH)$$

$$\underset{3}{H_3C-\underset{OH}{CH}-\overset{\displaystyle O}{\overset{\|}{\underset{OH}{C}}}}$$

$$\underset{4}{\begin{array}{l}H_2C-COOH\\ HO-C-COOH\\ H_2C-COOH\end{array}}$$

$$\underset{5}{\underset{HO}{\overset{\displaystyle O}{\overset{\|}{C}}}-\underset{OH}{\overset{\displaystyle O}{\overset{\|}{C}}}}$$

$$\underset{6}{H_2C-\overset{\displaystyle O}{\overset{\|}{\underset{OH}{C}}}H}$$

Referenzabbildung 1 zu Übung 4

Lösung

Es soll exemplarisch eine denkbare Analyse unter Einbeziehung der Referenzabbildung 3 dargestellt werden.

Zunächst wird mit der Probe z.B. der Cernitrattest durchgeführt. Er fällt positiv aus. Die Molekülformel des unbekannten Stoffes muß also auf jeden Fall eine OH-Gruppe aufweisen. Demnach kommen nur noch die Formeln 1, 7, 8, 11, 12, 13, 14, 15 sowie die Formel 4 (das Acetal hydrolysiert während des Tests) infrage. Nun wird der BTB-Test angewendet. Da er

$$
\begin{array}{c}
\text{CH}_2\text{—CH}_2\text{—C} \\
\mid \qquad\qquad \text{OH} \\
\text{CH}_2\text{—CH}_2\text{—CH}_3 \qquad \text{1}
\end{array}
\qquad
\begin{array}{c}
\text{H}_3\text{C—CH—C} \\
\mid \qquad \text{O—CH}_2\text{—CH}_3 \\
\text{OH} \qquad\qquad \text{2}
\end{array}
\qquad
\begin{array}{c}
\text{H}_2\text{C—C} \\
\mid \quad \mid \\
\text{OH} \quad \text{OH} \qquad \text{3}
\end{array}
$$

$$
\begin{array}{c}
\text{H}_3\text{C—C} \\
\quad \text{O—CH}_2\text{—CH}_3 \qquad \text{4}
\end{array}
\qquad
\begin{array}{c}
\text{CH}_2\text{—CH}_2\text{—CH}_2\text{—OH} \\
\mid \\
\text{CH}_2\text{—CH}_2\text{—CH}_3 \qquad \text{5}
\end{array}
\qquad
\begin{array}{c}
\text{H}_3\text{C—C} \\
\quad \text{O—CH}_2\text{—C} \\
\qquad\qquad \text{OH} \qquad \text{6}
\end{array}
$$

$$
\begin{array}{c}
\text{H}_2\text{C—CH}_2\text{—C} \\
\mid \qquad\qquad \text{OH} \\
\text{OH} \qquad\qquad \text{7}
\end{array}
\qquad
\begin{array}{c}
\text{H}_3\text{C—CH—C} \\
\mid \quad \text{OH} \\
\text{OH} \qquad \text{8}
\end{array}
$$

Referenzabbildung 2 zu Übung 4

negativ ausfällt, können alle Formeln, die eine Carboxylgruppe haben, gestrichen werden. Übrig bleiben die Formeln 1, 4, 8, 11, 12, 14. Der jetzt durchgeführte DNPH-Test führt zu einem positiven Ergebnis, d.h. die passende Formel muß die Carbonylgruppe eines Aldehyds oder Ketons enthalten. Es bleiben die Formeln 4 (Hydrolyse des Acetals beim DNPH-Test), 11 und 12.

Da auch der Iodoformtest, der auf das Strukturelement $\text{H}_3\text{C—}\overset{\text{O}}{\overset{\|}{\text{C}}}\text{—}$ anspricht, positiv ausfällt, kommt nur die Formel 12 in Frage. Es handelt sich also um den Stoff Acetol (1 Volumenteil Acetol + 1 Volumenteil Wasser).

Hinweis: Auf die Verwendung des Dichromat- und Fehlingtests wird bei dieser Übung verzichtet, da schwer interpretierbare Testausfälle vorkommen können.

Übung 5

Voraussetzungen: Kenntnis der Analytik einfacher Stoffklassen, polyfunktioneller Stoffe sowie der Kohlenhydrate

Die Identität einer unbekannten Probe soll ermittelt werden. Es handelt sich dabei um eine Kombination von 2 Stoffen der angebotenen Referenzabbildung. Folgende Nachweisreaktionen stehen zur Verfügung: BTB-Test, Eisenchloridtest, Cernitrattest, DNPH-Test, Rojahntest, Fehlingtest, Iodoformtest, Seliwanofftest, Molischtest.

Referenzabbildung 3 zu Übung 4

Lösung

Für eine exemplarisch ausgewählte Kombination soll eine denkbare Analyse beschrieben werden. Zunächst wird der Cernitrattest durchgeführt. Da er positiv ausfällt (kräftige Rotfärbung), muß mindestens ein Alkohol und/oder ein Kohlenhydrat vorhanden sein. Der nun durchgeführte und positiv ausfallende Molischtest zeigt, daß auf jeden Fall ein Kohlenhydrat vorliegen muß. (Dihydroxyaceton zeigt nicht die typische Violettfärbung!). Als weiterer Test wird der BTB-Test hinzugenommen. Aufgrund seines negativen Ausfalls können Brenztraubensäure, Milchsäure, Citronensäure, Essigsäure und Propionsäure ausgeschlossen werden.

Der DNPH-Test fällt bereits in der Kälte positiv aus. Dies läßt sich nur so erklären, daß außer dem Kohlenhydrat noch ein Aldehyd oder Keton in der Probe enthalten ist, also Aceton oder Acetaldehyd (oder Dihydroxyaceton, das aber nur leichte Trübung beim DNPH-Test zeigt; in diesem Fall kann Dihydroxyaceton auch durch den mit der Probe positiv ausfallenden Iodoformtest ausgeschlossen werden, da das vorliegende Kohlenhydrat diesen Testausfall nicht erklären kann). Der Fehlingtest kann an dieser Stelle nicht zur sicheren Unterscheidung der beiden Stoffe verwendet werden, da er auch mit Glucose und Fructose einen positiven Testausfall ergibt. Sein positiver Ausfall gibt aber an, daß die Kombination Saccharose/ Aceton nicht möglich ist.

Glu—OH Glucose	$H_3C-\overset{\overset{O}{\|}}{C}-\overset{\overset{O}{\|}}{C}$ $\qquad\qquad$ OH Brenztraubensäure	$H_3C-\overset{\|}{\underset{\underset{O}{\|}}{C}}-CH_3$ Aceton
Glu—O—Fru Saccharose	$H_3C-\underset{\underset{OH}{\|}}{CH}-\overset{\overset{O}{\|}}{C}$ $\qquad\qquad$ OH Milchsäure	$H_2C-COOH$ $HO-\overset{\|}{C}-COOH$ $H_2C-COOH$ Citronensäure
$H_3C-\underset{\underset{OH}{\|}}{CH}-CH_3$ 2-Propanol	Fru—OH Fructose	$H_3C-\overset{\overset{O}{\|}}{C}$ $\qquad$ OH Essigsäure
$H_3C-\overset{\overset{O}{\|}}{C}$ $\qquad O-CH_2-CH_3$ Essigsäureethylester	$H_3C-CH_2-\overset{\overset{O}{\|}}{C}$ $\qquad\qquad$ OH Propionsäure	$H_3C-\overset{\overset{O}{\|}}{C}$ $\qquad$ H Acetaldehyd
$HO-CH_2-\overset{\|}{\underset{\underset{O}{\|}}{C}}-CH_2-OH$ Dihydroxyaceton	Glu—O $\quad$ Glu—O Glu—O $\quad$ Glu—OH Stärke	$H_2C-CH-CH_2$ $HO \quad OH \quad OH$ Glycerin

Referenzabbildung zu Übung 5

Weiterhin wird der Seliwanofftest eingesetzt. Da er ebenfalls positiv ausfällt, muß die Probe Saccharose oder Fructose enthalten, die denkbaren Probezusammensetzungen sind demnach:

Saccharose/Acetaldehyd
Fructose/Acetaldehyd
Fructose/Aceton.

Zwischen ihnen kann nicht weiter differenziert werden.

Tatsächlich handelt es sich um eine Mischung aus Fructose und Aceton (5 ml Fructoselösung aus 2 g Feststoff + 10 ml Wasser und 5 ml Acetonlösung aus 1 Volumenteil Aceton + 24 Volumenteilen Wasser).

Als Alternative ist z.B. auch die Kombination Glucose/Fructose, die ebenfalls zu keiner eindeutigen Lösung führt, geeignet.

28.2 Übungen zum Zusammenhang zwischen Testausfällen, Strukturformeln und spektroskopischen Daten

Übung 6

Zusammenhang zwischen Strukturformeln und Testausfällen

a) Gegeben sind Moleküle mit den folgenden Strukturformeln:

$$H_3C-\underset{\underset{OH}{|}}{CH}-CH_3 \qquad H-C\overset{O}{\underset{OH}{\diagdown}} \qquad H_2C-\underset{\underset{OH\;OH\;OH}{|\quad|\quad|}}{CH}-CH_2 \qquad H-C\overset{O}{\underset{H}{\diagdown}}$$

$$\text{(1)} \qquad\qquad \text{(2)} \qquad\qquad \text{(3)} \qquad\qquad \text{(4)}$$

$$H_3C-\underset{\underset{OH}{|}}{\overset{\overset{H_3C}{|}}{C}}-CH_3 \qquad HO\overset{O}{\diagdown}C-C\overset{O}{\underset{OH}{\diagdown}} \qquad H_3C-\overset{\overset{O}{\parallel}}{C}-CH_2-CH_3$$

$$\text{(5)} \qquad\qquad\qquad \text{(6)} \qquad\qquad\qquad \text{(7)}$$

- Ein Stoff zeigt beim Cernitrattest Rotfärbung. Welche der angegebenen Strukturformeln könnten die Moleküle dieses Stoffes haben?
- Ein Stoff zeigt beim DNPH-Test einen gelben Niederschlag. Mögliche Formeln?
- Ein Stoff zeigt beim BTB-Test Gelbfärbung. Mögliche Formeln?
- Ein Stoff zeigt beim Fehlingtest einen rotbraunen Niederschlag. Mögliche Formeln?

Lösung

- Ein Stoff mit positivem Cernitrattest muß mindestens eine OH-Gruppe in seiner Molekülformel aufweisen → denkbare Formeln: 1, 3, 5
- Ein Stoff mit positivem DNPH-Test muß mindestens eine Carbonylgruppe der Aldehyde oder Ketone in seiner Molekülformel aufweisen → denkbare Formeln: 4, 7

- Ein Stoff mit positivem BTB-Test muß mindestens eine Carboxylgruppe in seiner Molekülformel aufweisen → denkbare Formeln: 2, 6
- Ein Stoff mit positivem Fehlingtest muß mindestens eine Aldehydgruppe in seiner Molekülformel aufweisen → einzig mögliche Formel: 4

b) Gegeben sind Moleküle mit den folgenden Strukturformeln:

$$H_3C-\underset{\underset{OH}{|}}{CH}-CH_3 \qquad H-C\underset{OH}{\overset{O}{\diagup}} \qquad H_3C-\underset{\underset{OH}{|}}{CH}-C\underset{O-CH_2-CH_3}{\overset{O}{\diagup}}$$

(1)   (2)   (3)

$$\underset{HO}{\overset{O}{\diagdown}}C-C\underset{OH}{\overset{O}{\diagup}} \qquad O=\underset{\overset{|}{O-CH_3}}{\overset{H}{\underset{|}{C}}} \qquad \underset{HO}{\overset{O}{\diagdown}}C-C\underset{O-CH_2-CH_3}{\overset{O}{\diagup}}$$

(4)   (5)   (6)

$$H_2C-\underset{\underset{OH}{|}}{CH}-CH_2$$
$$\underset{OH\quad OH\quad OH}{}$$

(7)

- Ein Stoff zeigt beim Cernitrattest Rotfärbung. Welche der angegebenen Molekülformeln könnte dieser Stoff haben?
- Ein Stoff zeigt beim BTB-Test Gelbfärbung. Mögliche Formeln?
- Ein Stoff zeigt beim Rojahntest Entfärbung. Mögliche Formeln?

Lösung

- Ein Stoff mit positivem Cernitrattest muß mindestens eine OH-Gruppe in seiner Molekülformel aufweisen
  → denkbare Formeln: 1, 3, 7
- Ein Stoff mit positivem BTB-Test muß mindestens eine Carboxylgruppe in seiner Molekülformel aufweisen
  → denkbare Formeln: 2, 4, 6
- Ein Stoff mit positivem Rojahntest muß mindestens eine Estergruppierung in seiner Molekülformel aufweisen
  → denkbare Formeln: 3, 5, 6

Übung 7

Es soll das Aussehen der ^{13}C-NMR-Spektren von Stoffen mit den folgenden Molekülformeln vorhergesagt werden (Zahl und Lage der Signale):

$$\underset{HO}{\overset{O}{\diagdown}}C-C\underset{OH}{\overset{O}{\diagup}} \qquad H_3C-CH_2-CH_2-CH_2-CH_2-OH \qquad H-C\underset{O-CH_3}{\overset{O}{\diagup}}$$

Lösung

siehe Kapitel 29, Spektren von Oxalsäure, 1-Pentanol und Ameisensäuremethylester
Hinweis: Zur Übung können die Spektren aller Stoffe aus Übung 6b vorhergesagt werden.

Übung 8

Gegeben sind die folgenden ^{13}C-NMR-Spektren:

a)

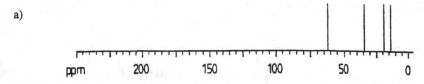

b)

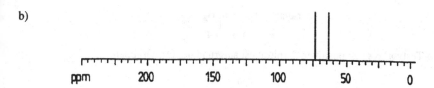

c)

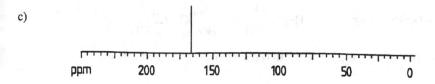

d)

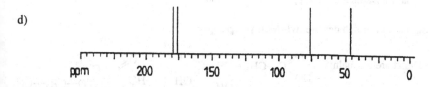

Es sollen möglichst weitgehende Aussagen über die Strukturformeln der jeweils zugehörigen
Moleküle gemacht werden und Testausfälle vorausgesagt werden.

Lösungen

a) 3 Signale im Bereich der Methyl-/Methylengruppen,
   1 Signal im Bereich der alkoholischen OH-Gruppen (genauer: im Bereich der Gruppe

   $\diagdown$CH—O—)

→ Denkbare Formeln: H_3C—CH_2—CH_2—CH_2—OH

H_3C—CH_2—$\underset{OH}{CH}$—CH_3

→ Testvorhersage: positiver Cernitrattest aufgrund der OH-Gruppe

b) 2 Signale im Bereich der Gruppe $\diagdown CH$—O—

→ Denkbare Formeln: $\underset{OH}{H_2C}$—$\underset{OH}{CH}$—$\underset{OH}{CH_2}$ $\underset{OH}{H_2C}$—$\underset{OH}{CH}$—$\underset{OH}{CH}$—$\underset{OH}{CH_2}$

nicht: $\underset{OH}{H_2C}$—$\underset{OH}{CH_2}$

→ Testvorhersage: positiver Cernitrattest aufgrund der OH-Gruppen

c) 1 Signal im Bereich der Gruppe   —$C\overset{O}{\underset{O}{\diagup}}$—

→ Denkbare Formeln: H—$C\overset{O}{\underset{OH}{\diagup}}$ $\overset{O}{\underset{HO}{\diagup}}C$—$C\overset{O}{\underset{OH}{\diagup}}$

→ Testvorhersage: positiver BTB-Test aufgrund der Carboxylgruppe

d) 2 Signale im Bereich der Gruppe   —$C\overset{O}{\underset{O}{\diagup}}$—
1 Signal im Bereich der Gruppe $\diagdown CH$—O—   und

1 Signal im Bereich der Methyl-/Methylengruppen

→ Denkbare Formeln: $\overset{O}{\underset{HO}{\diagup}}C$—$CH_2$—$\underset{OH}{CH}$—$C\overset{O}{\underset{OH}{\diagup}}$ $\overset{O}{\underset{HO}{\diagup}}C$—$C\overset{O}{\underset{O-CH_2-CH_3}{\diagup}}$

$\overset{O}{\underset{HO}{\diagup}}C$—$CH_2$—$C\overset{O}{\underset{O-CH_3}{\diagup}}$

→ Testvorhersage: auf jeden Fall positiver BTB-Test; außerdem entweder positiver Cernitrat- oder Rojahntest

Hinweis: Liegt ein Signal im Bereich der Gruppe —$C\overset{O}{\underset{O}{\diagup}}$—

bzw. der Gruppe $\diagdown$CH$-$O$-$, so gehört es nach dem bisherigen Wissensstand der Schüler zu einer Carbonsäure oder einem Ester bzw. zu einem Alkohol oder Ester. Das Strukturelement $\diagdown$CH$-$O$-$ wird noch nicht als Bestandteil z.B. eines Ethers betrachtet.

Tatsächlich handelt es sich bei d) um das Spektrum der Citronensäure.

Übung 9

Ein unbekannter Stoff A wird untersucht. Dabei werden die folgenden Ergebnisse erhalten:

Cernitrattest: Rotfärbung
BTB-Test: Gelbfärbung
DNPH-Test: kein gelber Niederschlag
Iodoformtest: gelber Niederschlag

Es handelt sich um keinen Ester.

a) Aufgrund der angegebenen Testergebnisse sollen begründete Hypothesen über den Aufbau der Moleküle des Stoffes A aufgestellt werden.

b) Eine wahrscheinliche Molekülformel von A soll unter Einbeziehung der folgenden Informationen vorgeschlagen werden:
Bei der Oxidation des Stoffes A mit dem Dichromatreagenz entstehen Kohlendioxid und Essigsäure.

Lösung:

a) Aufgrund des positiven BTB-Tests ist eine Carboxylgruppe nachgewiesen. Ein Alkohol mit positivem Iodoformtest muß das Strukturelement H$_3$C$-$CH$-$ aufweisen.
$\qquad\qquad\qquad\qquad\qquad\qquad\qquad\qquad\qquad\qquad$ $\overset{|}{\text{OH}}$

Die einfachste denkbare Formel für die Moleküle des Stoffes A lautet demnach:

$$\text{H}_3\text{C}-\underset{\overset{|}{\text{OH}}}{\text{CH}}-\text{C}\overset{\diagup\text{O}}{\diagdown\text{OH}} \quad \text{(Milchsäure).}$$

Es können aber auch mehrere OH- und COOH-Gruppen vorliegen und Methylengruppen eingefügt sein.

b) Die Bildung von Essigsäure und CO_2 läßt sich gut erklären, wenn die Moleküle des Stoffes A die Formel von Milchsäure aufweisen. Bei einer Abspaltung von CO_2 aus dem Molekül würde zunächst Ethanol entstehen, das durch das Dichromatreagenz zu Essigsäure oxidiert werden könnte. Damit sind keine Angaben über den tatsächlichen Mechanismus gemacht.

$$\text{H}_3\text{C}-\underset{\overset{|}{\text{OH}}}{\text{CH}}-\text{C}\overset{\diagup\text{O}}{\diagdown\text{OH}} \quad\longrightarrow\quad \text{H}_3\text{C}-\underset{\overset{|}{\text{OH}}}{\text{CH}_2} + CO_2$$

$$\text{H}_3\text{C}-\underset{\overset{|}{\text{OH}}}{\text{CH}_2} \quad\longrightarrow\quad \text{H}_3\text{C}-\text{C}\overset{\diagup\text{O}}{\diagdown\text{OH}}$$

28.3 Übungen zu den Reaktionsmöglichkeiten der Stoffe

Übung 10

a) Es soll Essigsäureethylester hergestellt werden.

Als einziger organischer Ausgangsstoff steht Ethanol zur Verfügung. Außerdem sind alle möglichen anorganischen Reagenzien vorhanden.

Die notwendige Reaktionssequenz mit den zugehörigen Synthesereagenzien soll angegeben werden (keine ausbalancierten Reaktionsgleichungen).

Lösung:

$$H_3C-CH_2-OH \xrightarrow[H_2SO_4]{K_2Cr_2O_7} H_3C-C\begin{smallmatrix}O\\OH\end{smallmatrix}$$

$$H_3C-CH_2-OH + H_3C-C\begin{smallmatrix}O\\OH\end{smallmatrix} \xrightarrow[H_2SO_4]{konz.} H_3C-C\begin{smallmatrix}O\\O-CH_2-CH_3\end{smallmatrix}$$

b) Aus Essigsäureethylester und Propionsäurepropylester soll Propionsäureethylester hergestellt werden.

Lösung:

$$H_3C-C\begin{smallmatrix}O\\O-CH_2-CH_3\end{smallmatrix} \xrightarrow[H_2O]{NaOH/} H_3C-C\begin{smallmatrix}O\\OH\end{smallmatrix} + \underline{H_3C-CH_2-OH}$$

$$H_3C-CH_2-C\begin{smallmatrix}O\\O-CH_2-CH_2-CH_3\end{smallmatrix} \xrightarrow[H_2O]{NaOH/} \underline{H_3C-CH_2-C\begin{smallmatrix}O\\OH\end{smallmatrix}} + H_3C-CH_2-CH_2-OH$$

$$H_3C-CH_2-C\begin{smallmatrix}O\\OH\end{smallmatrix} + H_3C-CH_2-OH \xrightarrow[H_2SO_4]{konz.} H_3C-CH_2-C\begin{smallmatrix}O\\O-CH_2-CH_3\end{smallmatrix}$$

Anmerkung: Bei der alkalischen Hydrolyse ist ein angeschlossener Neutralisationsschritt einbezogen, so daß direkt das protonierte Molekül dargestellt ist.

c) Aus Essigsäurepropylester soll Propionsäurepropylester hergestellt werden.

Lösung:

$$H_3C-C\underset{O-CH_2-CH_2-CH_3}{\overset{O}{<}} \xrightarrow[H_2O]{NaOH/} H_3C-C\overset{O}{\underset{OH}{<}} + \underline{H_3C-CH_2-CH_2-OH}$$

$$H_3C-CH_2-CH_2-OH \xrightarrow[H_2SO_4]{K_2Cr_2O_7/} H_3C-CH_2-C\overset{O}{\underset{OH}{<}}$$

$$H_3C-CH_2-C\overset{O}{\underset{OH}{<}} + H_3C-CH_2-CH_2-OH \xrightarrow[H_2SO_4]{konz.} H_3C-CH_2-C\underset{O-CH_2-CH_2-CH_3}{\overset{O}{<}}$$

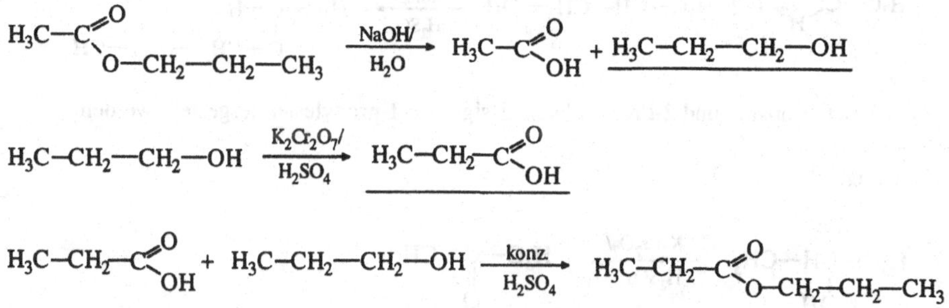

d) Aus Butansäurepropylester und Methanol soll Propansäuremethylester hergestellt werden.

Lösung:

$$H_3C-CH_2-CH_2-C\underset{O-CH_2-CH_2-CH_3}{\overset{O}{<}} \xrightarrow[H_2O]{NaOH/} H_3C-CH_2-CH_2-C\overset{O}{\underset{OH}{<}}$$

$$+ H_3C-CH_2-CH_2-OH$$

$$H_3C-CH_2-CH_2-OH \xrightarrow[H_2SO_4]{K_2Cr_2O_7/} H_3C-CH_2-C\overset{O}{\underset{OH}{<}}$$

$$H_3C-CH_2-C\overset{O}{\underset{OH}{<}} + H_3C-OH \xrightarrow[H_2SO_4]{konz.} H_3C-CH_2-C\underset{O-CH_3}{\overset{O}{<}}$$

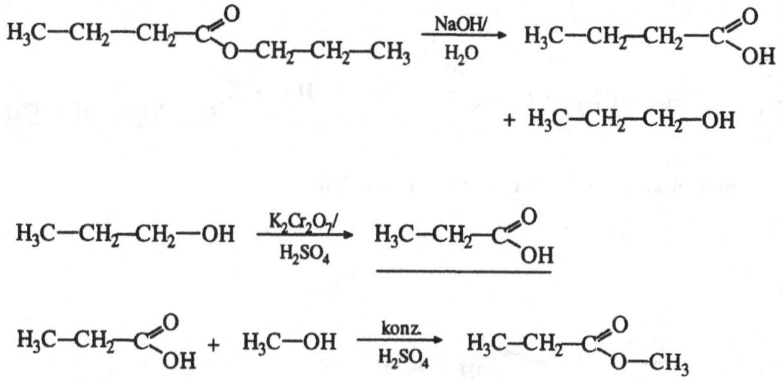

e) Aus Propionsäureethylester und Propionaldehyd soll Acetaldehyddipropylacetal hergestellt werden.

Lösung:

$$H_3C-CH_2-C\overset{O}{\underset{H}{<}} \xrightarrow[H_2O]{NaBH_4/} H_3C-CH_2-CH_2-OH$$

$$H_3C-CH_2-C\underset{O-CH_2-CH_3}{\overset{O}{<}} \xrightarrow[H_2O]{NaOH/} H_3C-CH_2-C\overset{O}{\underset{OH}{<}} + H_3C-CH_2-OH$$

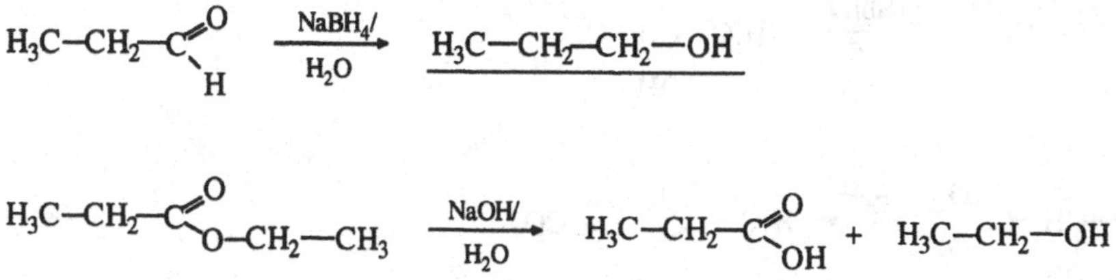

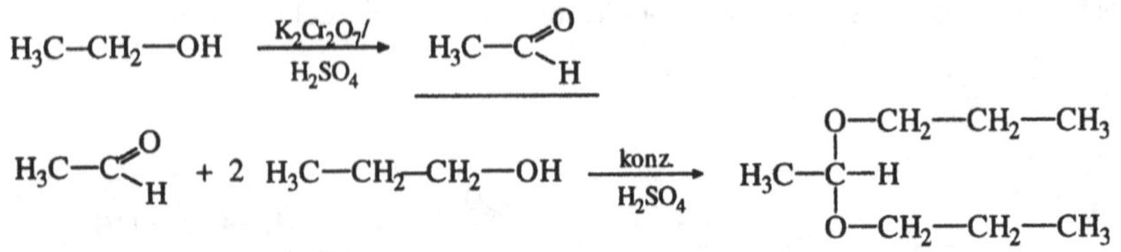

$$H_3C-CH_2-OH \xrightarrow[H_2SO_4]{K_2Cr_2O_7} H_3C-C\underset{H}{\overset{O}{\diagup}}$$

$$H_3C-C\underset{H}{\overset{O}{\diagup}} + 2\ H_3C-CH_2-CH_2-OH \xrightarrow[H_2SO_4]{konz.} H_3C-\underset{O-CH_2-CH_2-CH_3}{\overset{O-CH_2-CH_2-CH_3}{C-H}}$$

f) Aus 1-Propanol und 2-Propanol soll Essigsäure-1-propylester hergestellt werden.

Lösung:

$$H_3C-\underset{OH}{CH}-CH_3 \xrightarrow[H_2SO_4]{K_2Cr_2O_7} H_3C-\underset{O}{\overset{\|}{C}}-CH_3$$

$$H_3C-\underset{O}{\overset{\|}{C}}-CH_3 \xrightarrow[H_2SO_4]{K_2Cr_2O_7} H_3C-C\underset{OH}{\overset{O}{\diagup}} + CO_2$$

$$H_3C-C\underset{OH}{\overset{O}{\diagup}} + H_3C-CH_2-CH_2-OH \xrightarrow[H_2SO_4]{konz.} H_3C-C\underset{O-CH_2-CH_2-CH_3}{\overset{O}{\diagup}}$$

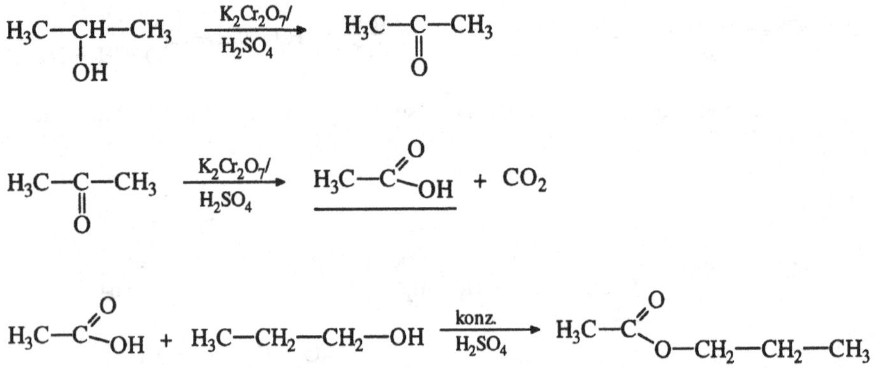

g) Aus Brenztraubensäure soll Ethanol hergestellt werden.

Lösung:

falscher Weg:

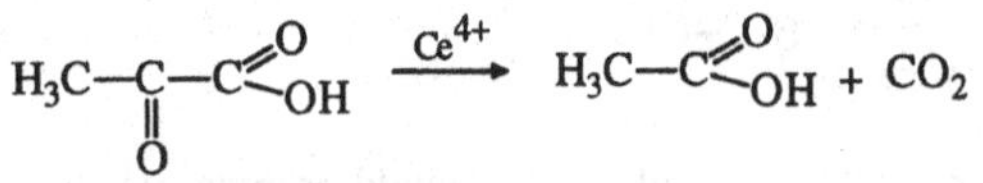

$$H_3C-\underset{O}{\overset{\|}{C}}-C\underset{OH}{\overset{O}{\diagup}} \xrightarrow{Ce^{4+}} H_3C-C\underset{OH}{\overset{O}{\diagup}} + CO_2$$

Es wurde kein Reagenz kennengelernt, mit dem man Carbonsäuren reduzieren kann.

richtiger Weg:

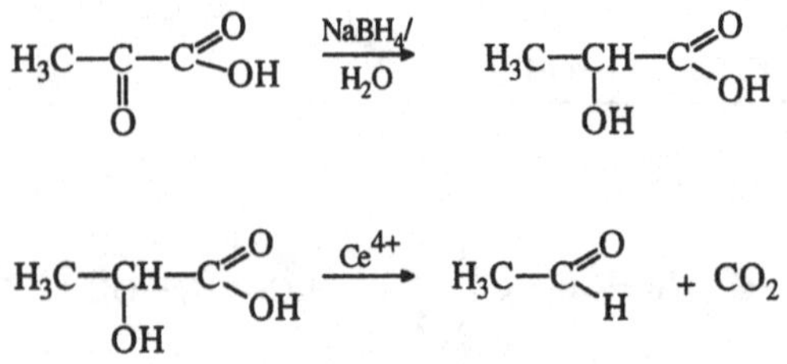

$$H_3C-\underset{O}{\overset{\|}{C}}-C\underset{OH}{\overset{O}{\diagup}} \xrightarrow[H_2O]{NaBH_4} H_3C-\underset{OH}{CH}-C\underset{OH}{\overset{O}{\diagup}}$$

$$H_3C-\underset{OH}{CH}-C\underset{OH}{\overset{O}{\diagup}} \xrightarrow{Ce^{4+}} H_3C-C\underset{H}{\overset{O}{\diagup}} + CO_2$$

$$H_3C-C\overset{O}{\underset{H}{\diagdown}} \xrightarrow[H_2O]{NaBH_4} H_3C-CH_2-OH$$

h) Aus Milchsäure soll Acetaldehyddiethylacetal hergestellt werden.

Lösung:

$$H_3C-\underset{\underset{OH}{|}}{CH}-C\overset{O}{\underset{OH}{\diagdown}} \xrightarrow{Ce^{4+}} H_3C-C\overset{O}{\underset{H}{\diagdown}} + CO_2$$

$$H_3C-C\overset{O}{\underset{H}{\diagdown}} \xrightarrow[H_2O]{NaBH_4} \underline{H_3C-CH_2-OH}$$

$$H_3C-C\overset{O}{\underset{H}{\diagdown}} + 2\ H_3C-CH_2-OH \xrightarrow[H_2SO_4]{konz.} H_3C-\underset{\underset{O-CH_2-CH_3}{|}}{\overset{\overset{O-CH_2-CH_3}{|}}{C}}-H$$

Hinweis: Beim Lösen solcher Aufgaben zum Synthesenetz ist es hilfreich, vom gewünschten Produkt auszugehen und zunächst zu überlegen, welches die unmittelbaren Edukte sind. Dann wird ermittelt, wie diese Edukte aus den vorgegebenen Stoffen hergestellt werden können.

Übung 11

Es sollen alle Reaktionsmöglichkeiten eines vorgegebenen Stoffes zusammengestellt werden. Die Molekülformeln der jeweiligen Produkte sollen angegeben werden.

a) Die Aufgabe soll für Glyoxylsäure $H-\underset{\underset{O}{||}}{C}-C\overset{O}{\underset{OH}{\diagdown}}$ bearbeitet werden.

b) Die Aufgabe soll für Glycolaldehyd $H_2\underset{\underset{OH}{|}}{C}-C\overset{O}{\underset{H}{\diagdown}}$ bearbeitet werden.

Lösung:

a) Glyoxylsäure kann als Aldehyd und als Carbonsäure reagieren.

Reaktionen als Aldehyd:

- Oxidation zur Carbonsäure (Oxalsäure) $\underset{HO}{\overset{O}{\diagup}}C-C\overset{O}{\underset{OH}{\diagdown}}$

- Reduktion zum Alkohol (Glycolsäure) $\underset{\underset{OH}{|}}{H_2C}-C\overset{\displaystyle O}{\underset{\displaystyle OH}{\diagup}}$

- Acetalbildung mit einem Alkohol (z.B. Ethanol) $\underset{HO}{\overset{O}{\diagdown}}C-\underset{\underset{O-CH_2-CH_3}{|}}{\overset{O-CH_2-CH_3}{\overset{|}{C}}}-H$

Reaktionen als Carbonsäure:

- Veresterung mit einem Alkohol (z.B. Ethanol) $H-\underset{\underset{O}{\|}}{C}-C\overset{\displaystyle O}{\underset{\displaystyle O-CH_2-CH_3}{\diagup}}$

- Neutralisation (z.B. mit Natronlauge) $H-\underset{\underset{O}{\|}}{C}-C\overset{\displaystyle O}{\underset{\displaystyle O^-Na^+}{\diagup}}$

b) Glycolaldehyd kann als Alkohol und als Aldehyd reagieren.

Reaktionen als Alkohol:

- Oxidation zum Aldehyd $\underset{H}{\overset{O}{\diagdown}}C-C\overset{\displaystyle O}{\underset{\displaystyle H}{\diagup}}$

- Oxidation zur Carbonsäure $\underset{HO}{\overset{O}{\diagdown}}C-C\overset{\displaystyle O}{\underset{\displaystyle H}{\diagup}}$ (bzw. $\underset{HO}{\overset{O}{\diagdown}}C-C\overset{\displaystyle O}{\underset{\displaystyle OH}{\diagup}}$)

- Veresterung mit einer Carbonsäure (z.B. Essigsäure) $H_3C-C\overset{\displaystyle O}{\underset{\displaystyle O-CH_2-C\overset{O}{\diagdown}_H}{\diagup}}$

- Acetalbildung mit einem Aldehyd (z.B. mit Acetaldehyd oder mit sich selbst)

  $H_3C-\underset{\underset{O-CH_2-C\overset{O}{\diagdown}_H}{|}}{\overset{O-CH_2-C\overset{\diagup O}{\diagdown}_H}{\overset{|}{C}}}-H$ $HO-CH_2-\underset{\underset{O-CH_2-C\overset{O}{\diagdown}_H}{|}}{\overset{O-CH_2-C\overset{\diagup O}{\diagdown}_H}{\overset{|}{C}}}-H$

Reaktionen als Aldehyd:

- Oxidation zur Carbonsäure $\underset{\underset{OH}{|}}{H_2C}-C\overset{\displaystyle O}{\underset{\displaystyle OH}{\diagup}}$

- Reduktion zum Alkohol H_2C-CH_2
  $\qquad\qquad\qquad\quad$ OH OH

- Acetalbildung mit einem Alkohol (z.B. mit Ethanol oder mit sich selbst)

$$O-CH_2-CH_3$$
$$HO-CH_2-C-H$$
$$O-CH_2-CH_3$$

28.4 Übungen zur Faktorenkontrolle

Praktische Übungen, die das Prinzip der Faktorenkontrolle einbeziehen, sind in Kapitel 23 ausführlich beschrieben. Hier sind noch einige theoretische Übungen angefügt.

Übung 12

Die Durchführung des Rojahntests zeigt, daß Essigsäureisopropylester schwerer hydrolysierbar als Essigsäureethylester ist, und daß Essigsäureethylester schwerer hydrolysierbar als Ameisensäuremethylester ist.

Welche Schlüsse kann man aus diesem Befund ziehen? (Zutreffendes bitte ankreuzen).

Die C-Zahl der Alkoholkomponente hat Einfluß auf die Hydrolysierbarkeit.   O

Die Säurekomponente des Esters hat Einfluß auf die Hydrolysierbarkeit.   O

Die Alkoholkomponente des Esters hat Einfluß auf die Hydrolysierbarkeit.   O

Eine Verzweigung der Alkoholkomponente senkt die Hydrolysierbarkeit.   O

Die 4 Entscheidungen sollen einzeln begründet werden.

Lösung:

Es dürfen nur solche Ester verglichen werden, die sich in ihrem molekularen Aufbau nur in einem Faktor unterscheiden. Um globale Aussagen über die Wirkung der Alkoholkomponente zu machen, dürfen Ester mit gleicher Säurekomponente verglichen werden, also Essigsäureethylester und Essigsäureisopropylester. Da beide unterschiedlich gut hydrolysierbar sind, muß die Alkoholkomponente einen Einfluß ausüben. Da keine zwei Ester mit gleicher Alkoholkomponente verfügbar sind, kann über den Einfluß der Säurekomponente keine Aussage getroffen werden.

Um Aussagen über die Wirkung der C-Zahl der Alkoholkomponente zu machen, müssen zwei Ester verglichen werden, die die gleiche Säurekomponente haben *und* die entweder beide eine verzweigte oder beide eine unverzweigte Alkoholkomponente haben. Zwei solche Ester liegen in diesem Beispiel nicht vor.

Ebenso wenig findet man Ester, die die gleiche Säurekomponente und Alkoholkomponenten mit der gleichen C-Zahl aufweisen. Daher kann auch keine Aussage über die Wirkung einer Verzweigung gemacht werden.

Mögliche Anschlußfrage:

Welche Ester müssen noch hinsichtlich ihrer Hydrolysierbarkeit getestet werden, um Aufschlüsse über den Einfluß der Säurekomponente, der C-Zahl der Alkoholkomponente und deren Verzweigung zu erhalten?

Möglich wäre der Vergleich von Ameisensäuremethylester, Essigsäuremethylester, Essigsäurepropylester und Essigsäureisopropylester sowie der Vergleich von Ameisensäureethylester, Essigsäureethylester, Essigsäurepropylester und Essigsäureisopropylester. Beim 1. System sind alle Einflüsse bei der praktischen Überprüfung (Entfärbungszeiten beim Rojahntest) gut erkennbar, beim 2. System ist der Einfluß der Alkoholkomponente nicht immer deutlich.

Übung 13

Gegeben sind die Entfärbungszeiten verschiedener Ester beim Rojahntest:

1. $H-C\overset{O}{\underset{O-CH_3}{}}$ 2. $H_3C-C\overset{O}{\underset{O-CH_2-CH_3}{}}$ 3. $H_3C-CH_2-C\overset{O}{\underset{O-CH_2-CH_2-CH_3}{}}$

wenige Sekunden   3.5 min   6.5 min

4. $H_3C-C\overset{O}{\underset{O-CH_3}{}}$ 5. $H_3C-C\overset{O}{\underset{O-CH-CH_3}{\underset{CH_3}{|}}}$ 6. $H-C\overset{O}{\underset{O-CH_2-CH_3}{}}$

1.5 min   10 min   wenige Sekunden

7. $H_3C-C\overset{O}{\underset{O-CH_2-CH_2-CH_3}{}}$

4.5 min

Aus den obengenannten Daten sollen Regeln aufgestellt werden, die angeben, wie die Hydrolysierbarkeit der Ester von der Art der Säurekomponente, der C-Zahl der Alkoholkomponente und der Verzweigung der Alkoholkomponente abhängt.

Lösung:

– Säurekomponente: Vergleich von 1 und 4, 3 und 7, 2 und 6
  Mit zunehmender C-Zahl der Säurekomponente sinkt die Hydrolysierbarkeit.

– C-Zahl der Alkoholkomponente: Vergleich von 2, 4 und 7 sowie 1 und 6
  Mit zunehmender C-Zahl der Alkoholkomponente sinkt die Hydrolysierbarkeit (bei den leicht hydrolysierbaren Ameisensäureestern ist der Effekt nicht feststellbar).

– Verzweigung der Alkoholkomponente: Vergleich von 5 und 7
  Eine Verzweigung senkt die Hydrolysierbarkeit.

Übung 14

Gegeben sind 11 Alkohole mit den folgenden Strukturformeln:

$$H_3C—CH_2—\underset{\underset{OH}{|}}{CH}—CH_3 \qquad H_3C—OH \qquad \underset{\underset{OH}{|}}{H_2C}—\underset{\underset{OH}{|}}{CH}—\underset{\underset{OH}{|}}{CH_2}$$

A   B   C

$$H_3C—\overset{\overset{CH_3}{|}}{CH}—CH_2—OH \qquad H_3C—\underset{\underset{OH}{|}}{CH}—\underset{\underset{OH}{|}}{CH}—CH_3 \qquad H_3C—CH_2—OH$$

D   E   F

$$H_3C—\underset{\underset{OH}{|}}{CH}—CH_3 \qquad H_3C—CH_2—CH_2—CH_2—OH$$

G   H

$$H_3C—CH_2—CH_2—\underset{\underset{OH}{|}}{CH}—CH_3 \qquad \underset{\underset{OH}{|}}{H_2C}—CH_2—\underset{\underset{OH}{|}}{CH_2} \qquad H_3C—\underset{\underset{H}{|}}{\overset{\overset{CH_3}{|}}{C}}—CH_2—CH_2—OH$$

I   J   K

Es sollen Experimente geplant werden, um herauszufinden, ob die Siedetemperatur der Alkohole

a) von der C-Zahl

b) von der Zahl der OH-Gruppen

c) von der Stellung der OH-Gruppe

d) von der Verzweigung

der entsprechenden Moleküle abhängt.

Es sollen *alle* Alkoholpaare angegeben werden, deren Siedetemperaturen man sinnvollerweise messen und vergleichen würde, um eine Aussage über die Wirkung der C-Zahl machen zu können.

Bezüglich der Faktoren b) – d) soll genauso vorgegangen werden. Der Versuchsplan soll begründet werden.

Lösung:

a) B/F/H und A/G/I und D/K

b) G/C und J/C und A/E; nicht G/J

c) A/H

d) D/H

Anschließend können die entsprechenden Siedetemperaturen hinzugenommen werden und Gesetzmäßigkeiten herausgearbeitet werden.

Siedetemperaturen verschiedener Alkohole

Alkohol	Siedetemperatur	Alkohol	Siedetemperatur
2,3-Butandiol	182,5°C	Isoamylalkohol (= 3-Methyl-1-Butanol)	131,2–131,7°C
1-Butanol	117,5°C	Methanol	64,7°C
2-Butanol	99,5°C	2-Pentanol	127,5–127,8°C
i-Butanol (= 2-Methyl-1-Propanol)	107,7°C	1,3-Propandiol	213,5°C
Ethanol	78,32°C	2-Propanol	82,4°C
Glycerin	290°C		

Die Siedetemperaturen von 2,3-Butandiol und 1,3-Propandiol sind von WEAST (1986) übernommen, die übrigen Daten von LAX und SYNOWIETZ (1964).

28.5 Sonstige Übungen

Übung 15

Es soll begründet vorausgesagt werden, welche der Stoffe mit folgenden Molekülformeln vermutlich zu einem positiven Iodoformtest führen:

Lösung:

Ein positiver Testausfall wird mit Stoffen der folgenden Molekülstruktur erwartet:

– Nr. 2 aufgrund des Strukturelements $H_3C\!\!-\!\!\underset{\underset{OH}{|}}{CH}\!\!-$

– Nr. 5 aufgrund der Alkoholkomponente Ethanol $H_3C\!\!-\!\!\underset{\underset{OH}{|}}{CH_2}$

– Nr. 7 aufgrund der Alkoholkomponente 2-Propanol $H_3C\!\!-\!\!\underset{\underset{OH}{|}}{CH}\!\!-\!\!CH_3$.

Übung 16

Die den vorgegebenen Stoffklassen zugehörigen Eigenschaften sollen angekreuzt und dann in einen Zusammenhang gebracht werden.

Alko-hole	Alde-hyde	Ke-tone	Carbon-säuren	
X	X			können oxidiert werden
	X	X		haben eine Carbonylgruppe $\diagdown C{=}O$ in ihren Molekülen
			X	zeigen positiven BTB-Test
X			X	können verestert werden
	X			zeigen positiven Fehlingtest
X				haben eine Hydroxylgruppe –OH in ihren Molekülen
			X	haben eine Carboxylgruppe $-C{\underset{OH}{\overset{\diagup O}{\diagdown}}}$ in ihren Molekülen
X				zeigen positiven Cernitrattest
	X	X		zeigen positiven DNPH-Test
	X			haben die Gruppierung $-C{\underset{H}{\overset{\diagup O}{\diagdown}}}$ in ihren Molekülen

Bei der Diskussion der Ergebnisse wird der Zusammenhang zwischen Stoffeigenschaften und funktionellen Gruppen noch einmal herausgestellt.

Übung 17

Welche der folgenden analytischen Eigenschaften von Glucose lassen sich mit der Kettenform und welche mit der Ringform ihrer Moleküle erklären?

Eigenschaften der Glucose	Kettenform	Ringform
positiver Cernitrattest	X	X
positiver Fehlingtest (siedendes Wasserbad)	X	
bei Raumtemperatur negativer DNPH-Test		X
im siedenden Wasserbad positiver DNPH-Test	X	
negativer BTB-Test	X	X

Lösung:

Sowohl die Ketten- als auch die Ringform der Glucosemoleküle enthalten alkoholische OH-
Gruppen. Der positive Cernitrattest kann also mit beiden Formen erklärt werden. Da sie
beide keine Carboxylgruppen aufweisen, erklären auch beide den negativen BTB-Test. Für
einen positiven Fehlingtest wird eine Aldehydgruppe benötigt. Diese findet man nur in der
Kettenform. Der bei Raumtemperatur negativ ausfallende DNPH-Test erklärt sich mit dem
Fehlen einer Carbonylgruppe in der mengenmäßig vorherrschenden Ringform. Der im siedenden Wasserbad positiv ausfallende DNPH-Test kann mit der Annahme plausibel gemacht
werden, daß in der Hitze mehr kettenförmige Moleküle vorliegen als in der Kälte, weil die
Ringform in der Hitze teilweise aufgesprengt wird (Entropieeffekt!).

Übung 18

Es handelt sich um eine Übung zum Verhalten verschiedener Zucker beim Fehlingtest.

a) Aus 2 Glucosemolekülen kann ein Malzzuckermolekül (Maltosemolekül) gebildet werden.

Wird Malzzucker positiven oder negativen Fehlingtest zeigen?
Begründe!

Lösung:

Malzzucker wird positiven Fehlingtest zeigen. Bei der Reaktion der beiden Glucosemoleküle
reagiert nur eine OH-Gruppe, an deren C-Atom eine Ringöffnung stattfinden kann. Das
Malzzuckermolekül besitzt also noch die zweite dieser OH-Gruppen. Mit der Kettenform
kann positiver Fehlingtest eintreten.

b) Aus 2 Glucosemolekülen kann ein Trehalosemolekül gebildet werden.

Zeigt Trehalose positiven oder negativen Fehlingtest?
Begründe!

Lösung:

Trehalose wird negativen Fehlingtest zeigen. Bei der Trehalosebildung haben beide Glucosemoleküle mit denjenigen OH-Gruppen reagiert, die für eine Ringöffnung benötigt werden.
Trehalosemoleküle liegen also nur in Ringform vor.

29 Eine kleine Spektrensammlung

In diesem Kapitel sind einige ^{13}C-NMR- und Massenspektren abgebildet, die für das PIN-Konzept von Bedeutung sind. Eine kurze Erläuterung der zugrundeliegenden Methodik und Hinweise zur Auswertung der Spektren sind in Kapitel 3 zu finden. Außerdem werden die einzelnen Spektren in den jeweiligen Kapiteln, in denen sie konkret eingesetzt werden, näher beschrieben.

29.1 ^{13}C-NMR-Spektren ausgewählter Stoffe

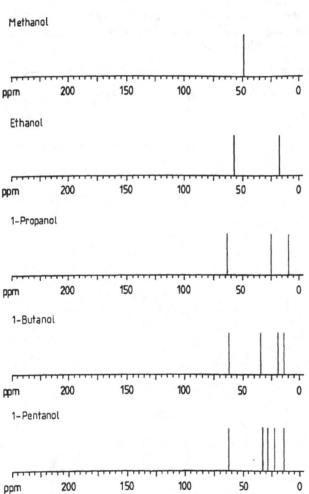

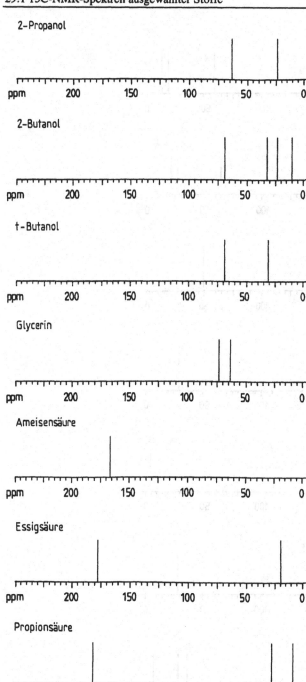

2-Propanol

2-Butanol

t-Butanol

Glycerin

Ameisensäure

Essigsäure

Propionsäure

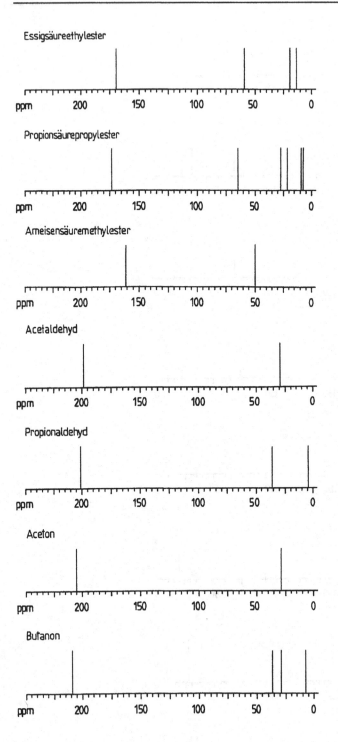

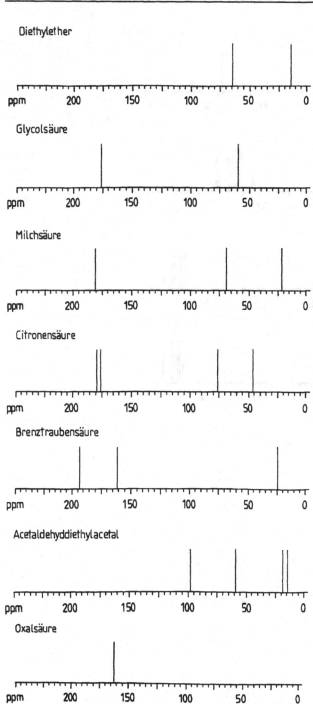

Diethylether

Glycolsäure

Milchsäure

Citronensäure

Brenztraubensäure

Acetaldehyddiethylacetal

Oxalsäure

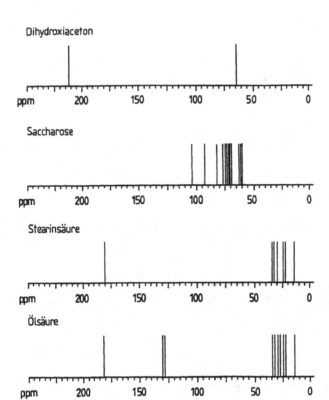

Dihydroxiaceton

Saccharose

Stearinsäure

Ölsäure

29.2 Massenspektren ausgewählter Stoffe

Für die Auswertung der folgenden Massenspektren wird die Fragmentierungsliste benötigt.

Tabelle 29.1   Häufig auftretende Massen bei der Fragmentierung im Rahmen der Massenspektrometrie

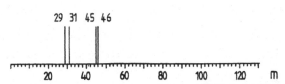

Es folgen ausgewählte Massenspektren.

Ethanol

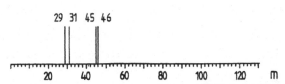

1-Propanol

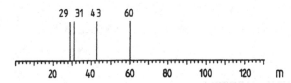

2-Propanol

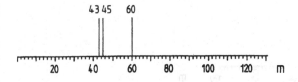

Essigsäure

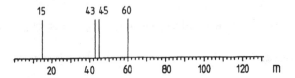

Propionsäure

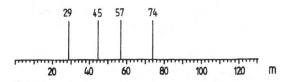

Essigsäureethylester

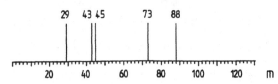

Propionsäurepropylester

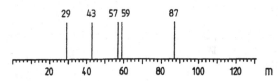

Acetaldehyd

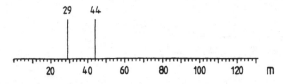

Aceton

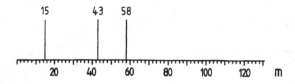

Acetaldehyddiethylacetal

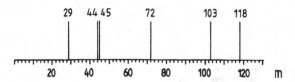

Diethylether

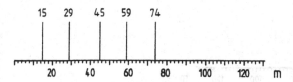

Milchsäure

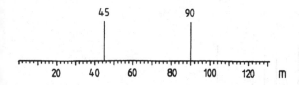

Brenztraubensäure

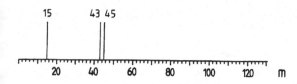

Glycolsäure

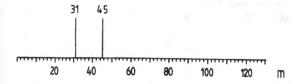

Oxalsäure

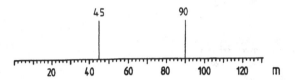

Dihydroxi aceton

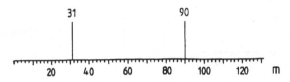

Stearinsäure

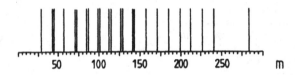

Ölsäure

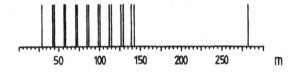

Literaturliste

Adey, P., Shayer, M.: Accelerating the development of formal thinking in middle and high school students. — J. Res. Sci. Tea. 27, 267–285 (1990)

Adey, P.: The CASE results: implications for science teaching. — Int. J. Sci. Educ. 14, 137–146 (1992)

Adey, P., Shayer, M., Yates, C.: Thinking Science. Nelson, United Kingdom (1992)

Adey, P., Shayer, M.: An Exploration of Long-Term Far-Transfer Effects Following an Extended Intervention Program in the High School Science Curriculum. — Cognition And Instruction 11, 1–29 (1993)

Aebli, H.: Denken: Das Ordnen des Tuns. Band I: Kognitive Aspekte der Handlungstheorie. Klett-Cotta, Stuttgart (1980)

Aebli, H.: Denken: Das Ordnen des Tuns. Band II: Denkprozesse. Klett-Cotta, Stuttgart (1981)

Aebli, H.: Zwölf Grundformen des Lehrens. 2. Auflage. Klett-Cotta, Stuttgart (1985)

Ainscough, E.W., Brodie, A.M., Wallace, A.L.: Ethylene – An Unusual Plant Hormone. — J. Chem. Educ. 69, 315 – 318 (1992)

Bässler, K.H. (Hrsg.): Zucker. Ernährungsmedizinische Bedeutung von Zucker – Eine Bestandsaufnahme. — Zeitschrift für Ernährungswissenschaft, Band 29, Supplementum 1 (1990), Steinkopff Verlag, Darmstadt.

Bahnemann, R.: Seife. Eine didaktische Skizze. — Naturwiss. im Unterricht NiU – P/C 30, 58–64 (1982)

Bauer, K.H., Moll, H.: Die organische Analyse. 4. Auflage. Akademische Verlagsgesellschaft Geest & Portig, Leipzig (1960)

Bayer-Anorganica: NaBH₄. Natriumboranat-Information. Leverkusen (1975)

Becker, H.J.: Chemie – ein unbeliebtes Schulfach? Ergebnisse und Motive der Fachbeliebtheit. MNU 31, 455–459 (1978)

Becker, H.J.: Zur Darstellung von Ethan durch Elektrolyse einer Natriummethanolatlösung. — Praxis d. Naturwiss. – Chemie 28, 321-323 (1979)

Beyer, H., Walter, W.: Lehrbuch der Organischen Chemie. 21. Auflage. S. Hirzel Verlag, Stuttgart (1988)

Bode, M., Groen, U., Ralle, B.: Qualitative und quantitative Fetthärtung im Unterricht. — Chem. Sch. 41, 314–322 (1994)

Born, M.: Symbol und Wirklichkeit. Ein Versuch, auf naturwissenschaftliche Weise zu philosophieren – nicht eine Philosophie der Naturwissenschaften. — Universitas 19, 817–834 (1964)

Born, M.: Symbol und Wirklichkeit. Auszug des Vortrags in: — chimica didactica 7, 176 (1981)

Boyle, A.: The professionalism of science teachers. — Education in Science (1990); loc. cit. Dierks, W. (1994)

Brainerd, C.J.: Lernforschung und Piagets Theorie. — phys. did. 7, 47–83 (1980)

Brink, A., Mohr, S., Rauchfuß, H.: Die oxidative Decarboxylierung der Citronensäure: Ein Beitrag zur experimentellen Ermittlung der Stöchiometrie von Redoxreaktionen organischer Substanzen. — MNU 46, 94–99 (1993)

Bruner, J.: Das Unbekannte denken. Klett-Cotta, Stuttgart (1990)

Buch, M.L., Montgomery, R., Porter, W.L.: Identification of Organic Acids on Paper Chromatograms. — Anal. Chem. 24, 489–491 (1952)

Bukatsch, F., Glöckner, W. (Hrsg.): Experimentelle Schulchemie. Band 5. Organische Chemie I. Aulis Verlag, Köln (1974)

Burrows, H.D.: Studying Odd-Even Effects and Solubility Behavior. Using α,ω-Dicarboxylic Acids. — J. Chem. Educ. 69, 69 – 73 (1992)

Carl, M.: Der Nachweis von Sauerstoff in organischen Verbindungen. — MNU 25, 356 – 358 (1972)

Cary, W.R.: State of the Art in the High School Curriculum. — J. Chem. Educ. 61, 856-857 (1984)

Case, R.: Structures and Strictures: Some Functional Limitations on the Course of Cognitive Growth. — Cognitive Psychology 6, 544 – 573 (1974)

Case, R.: Intellectual Development. Birth to Adulthood. Academic Press, Orlando (1985)

Chaikin, S.W., Brown, W.G.: Reduction of Aldehydes, Ketones and Acid Chlorides by Sodium Borohydride. — J. Am. Chem. Soc. 71, 122 – 125 (1949)

Chiappetta, E.L.: A Review of Piagetian Studies Relevant to Science Instruction at the Secondary and College Level. — Science Education 60, 253 – 261 (1976)

Christen, H.R.: Chemie – faszinierend oder ein Horrorfach? Zur Akzeptanz des Chemieunterrichts. — Chemkon 4, 175 – 180 (1997)

Cramer, F.: Papierchromatographie. 2. Auflage. Verlag Chemie, Weinheim (1953)

Danz, A.: Wieso besitzt die Ketose Fruchtzucker reduzierende Wirkung, und warum reduziert Benzaldehyd nicht mit Fehlingscher Lösung? Ein Beitrag zum Reaktionsverhalten der Aldehyde. — MNU 16, 241 – 249 (1963)

Den Otter, H.P.: Derivatives of the Oxidation Products of Glycerol. — Rec. Trav. Chim. 56, 474 – 491 (1937)

Dickerson, R.E., Geis, I.: Chemie – eine lebendige und anschauliche Einführung. VCH Verlagsgesellschaft, Weinheim (1990)

Dierks, W.: Sind wir in der Lage, professionell Chemie zu unterrichten? — Chimica didactica 20, 99 – 122 (1994)

Ebersdobler, H.F.: Beurteilung von zuckerhaltigen Lebensmitteln in ihrer Bedeutung für die Energie- und Nährstoffversorgung. — Z. Ernährungswiss. 29: Suppl. 1, 16 – 20 (1990)

Fenton, H.J.H., Jackson, H.: The Oxidation of Polyhydric Alcohols in Presence of Iron. — J. Chem. Soc. 75, 1 – 11 (1899)

Fladt, R.: Was ist chemisches Denken? Wie lernt man es? — MNU 44, 345 – 352 und 395 - 400 (1991)

Fluka: Chemika BioChemika Analytika. Fluka Chemie AG, Buchs (1997)

Fickenfrerichs, H., Jansen, W., Kenn, M., Peper, R., Ralle, B.: Die Ermittlung der Summenformeln leicht verdampfender organischer Flüssigkeiten. — Praxis d. Naturwiss. - Chemie 30, 362 – 367 (1981)

Geiger et al.: Natur und Technik. CVK Chemie für Realschulen. Cornelsen Verlagsgesellschaft, Bielefeld (1992)

Gilman, H. (Editor-in-Chief): Organic Chemistry. An Advanced Treatise. Volume IV. John Wiley & Sons, New York (1953)

Ginsburg, H., Opper, S.: Piagets Theorie der geistigen Entwicklung. Ernst Klett Verlag, Stuttgart (1975)

Gräber, W., Stork, H.: Die Entwicklungspsychologie Jean Piagets als Mahnerin und Helferin des Lehrers im naturwissenschaftlichen Unterricht. — MNU 37, 193 – 201 und 257 – 269 (1984)

Grosse, E.: Biologie selbst erlebt. Experimentierbuch. 2. Auflage. Aulis Verlag Deubner & Co, Köln (1976)

Häusler, K.: Kerschensteiner und die Unterrichtspraxis. — Naturwiss. im Unterricht – Chemie 5 (Nr. 24), 8 – 10 (1994)

Harsch, G., Harsch, M., Bauer, H., Voelter, W.: Structure determination of some intermediate and end products of the formose reaction. — J. Chem. Soc. Pakistan 1, 95 – 103 (1979)

Harsch, G.: Kinetics and Mechanism – A Games Approach. — J. Chem. Educ. 61, 1039 – 1045 (1984)

Harsch, G., Bauer, H., Voelter, W.: Kinetik, Katalyse und Mechanismus der Sekundärreaktion in der Schlußphase der Formose-Reaktion. — Liebigs Annalen der Chemie, 623 – 635 (1984)

Harsch, G.: Vom Würfelspiel zum Naturgesetz. Simulation und Modelldenken in der Physikalischen Chemie. VCH Verlagsgesellschaft, Weinheim (1985)

Harsch, G., Heimann, R., Jansen, E.: Die Sprache der Phänomene. Eine Überblicksmatrix zur qualitativen organischen Analytik im Unterricht. — Chem. Sch. 39, 358 – 363 (1992 a)

Harsch, G., Heimann, R., Jansen, E.: Systematische Untersuchungen zum Nachweis von Carbonylverbindungen. Reagenzien, Phänomene, Deutungen. — Chem. Sch. 39, 445 – 450 (1992 b)

Harsch, G., Heimann, R.: Qualitative organische Analytik in der Schulbuchliteratur – Anspruch und Wirklichkeit. — Chem. Sch. 40, 228 – 233 (1993 a)

Harsch, G., Heimann, R.: Systematische Untersuchungen zum Nachweis von Alkoholen und Estern. — Chem. Sch. 40, 49 – 52 und 93 – 95 (1993 b)

Harsch, G., Heimann, R.: Der Estercyclus – ein experimentelles Projekt zur Schulung ressourcenbewußten Denkens und Handelns. — Chem. Sch. 41 (Beiheft), 7 – 18 (1994)

Harsch, G., Heimann, R.: Organische Chemie im Vorfeld der Formelsprache. — Chemkon 2, 151 – 157 (1995 a)

Harsch, G., Heimann, R.: Konkretheit und Verknüpfung in aktuellen Chemieschulbüchern am Beispiel der Organischen Chemie. — chimica didactica 21, 149 – 167 (1995 b)

Harsch, G., Heimann, R.: Schulung des analytischen Denkens am Beispiel von Kohlenhydratnachweisen in Lebensmitteln. — Praxis d. Naturwiss. Chemie 44, Heft 5, 19 – 23 (1995 c)

Harsch, G., Heimann, R.: Das PIN-Konzept. Ein Phänomenologisch-Integratives Netzwerkkonzept zum Aufbau einer erfahrungsgesteuerten Wissensstruktur im Bereich des organisch-chemischen Grundlagenwissens. in: Gräber, W., Bolte, C. (Hrsg.): Fachwissenschaft und Lebenswelt: Chemiedidaktische Forschung und Unterricht. Institut für die Pädagogik der Naturwissenschaften, Kiel (1996 a)

Harsch, G., Heimann, R.: Wenn das Ganze mehr ist als die Summe seiner Teile: Polyfunktionelle Verbindungen im Chemieunterricht. — MNU 49, 219 – 227 (1996 b)

Harsch, G., Heimann, R.: Mischungsexperimente nach Plan. Naturwissenschaftliche Kompetenzschulung am Beispiel der Polarität der Alkohole. — Chem. Sch. 43, 142 – 146 (1996 c)

Harsch, G., Heimann, R.,: Strategisches Vorgehen und Faktorenkontrolle: Erfahrungen im Lehramtsstudiengang Chemie S I. — chimica didactica 22, 145 – 167 (1996 d)

Heimann, R.: Organische Chemie nach dem Phänomenologisch-Integrativen Netzwerkkonzept: lerntheoretische Begründung, curriculare Konkretisierung, experimentelle Realisierung, praktische

Erprobung im Hochschulbereich. Inaugural-Dissertation, Westfälische Wilhelms-Universität Münster (1994)

Heimann, R., Harsch, G.: Schulung naturwissenschaftlicher Denk- und Handlungskompetenz am Beispiel der Chromatographie von Lebensmittelfarbstoffen. — Naturwiss. im Unterricht NiU – Chemie 7, 286 – 293 (1996)

Heimann, R., Harsch, G.: NMR-Spektroskopie und Massenspektrometrie im Unterricht – Möglichkeiten zur Schulung naturwissenschaftlicher Denk- und Handlungskompetenz. — Praxis d. Naturwiss. Chemie 46, 8 – 14 (1997 a)

Heimann, R., Harsch, G.: Die Behandlung der Carbonylverbindungen nach dem PIN-Konzept. — Chemkon 4, 71 – 76 (1997 b)

Heimann, R., Harsch, G.: Der experimentelle Weg vom Olivenöl zum Traubenzucker – Die Chemie der Fette und Kohlenhydrate nach dem Phänomenologisch-Integrativen Netzwerkkonzept. Teil 1: Vom Fett zum Glycerin. — MNU 51, 32-38 (1998)

Heimann, R., Harsch, G.: Der experimentelle Weg vom Olivenöl zum Traubenzucker – Die Chemie der Fette und Kohlenhydrate nach dem Phänomenologisch-Integrativen Netzwerkkonzept. Teil 2: Vom Glycerin zum Traubenzucker. — MNU 51, 95-99 (1998)

Herron, J.D.: Piaget in the Classroom. Guidelines for applications. — J. Chem. Educ. 55, 165–170 (1978)

Hesse, M., Meier, H., Zeeh, B.: Spektroskopische Methoden in der organischen Chemie. Georg Thieme Verlag, Stuttgart (1987)

Ho, T.-L.: Ceric Ion Oxidation in Organic Chemistry. — Synthesis, 347 – 354 (1973)

Holleman, A.F., Wiberg, E.: Lehrbuch der Anorganischen Chemie. 91.-100., verbesserte Auflage. Walter de Gruyter, Berlin (1985)

Holman, J.: Ethene and ripe bananas. — School Science Review SSR 70, 111 – 112 (1988)

Jäckel, M., Risch, K.T. (Hrsg.): Chemie heute – Sekundarbereich I. Schroedel Schulbuchverlag, Hannover (1995)

Jansen, W., Ralle, B.: Reaktionskinetik und chemisches Gleichgewicht. Aulis Verlag Deubner, Köln (1984)

Jansen, E.: Ausarbeitung eines analytischen und eines präparativen Schemas unter Berücksichtigung von Aldehyden, Ketonen und ihren Derivaten. Schriftliche Hausarbeit im Rahmen der Ersten Staatsprüfung für das Lehramt für die Sekundarstufen I und II an der Universität Essen (1990)

Johnstone, A.H., Letton, K.M.: Recognising functional groups. — Education in Chemistry 19, 16–19 (1982)

Johnstone, A.H., Wham, A.J.B.: The demands of practical work. — Education in Chemistry 19, 71–73 (1982)

Johnstone, A.H.: New Stars for the Teacher to Steer by? — J. Chem. Educ. 61, 847 – 849 (1984)

Just, M., Hradetzky, A.: Chemische Schulexperimente. Organische Chemie. Band 4, 2. Auflage. Verlag Harri Deutsch, Thun und Frankfurt (1987)

Kaminski, B., Flint, A., Ralle, B., Jansen, W.: Der Reaktionsmechanismus der Etherbildung aus Ethanol und Schwefelsäure im Chemieunterricht. — MNU 45, 490 – 498 (1992)

Kaminski, B., Jansen, W.: Ein einfaches Verfahren zur Ermittlung der Konstitutionsformel des Alkohol-(Ethanol-)Moleküls. — Naturwiss. im Unterricht NiU – Chemie 5, 262 – 264 (1994)

Katalyse Umweltgruppe: Was wir alles schlucken. Rowohlt Verlag, Hamburg (1985)

Kemp, T.J., Wates, W.A.: The Mechanisms of Oxidation of α-Hydroxy-acids by Ions of Transition Metals. — J. Chem. Soc., 1192 – 1194 (1964)

Ketterl, W.: Zucker und Karies. — Z. Ernährungswiss. 29: Suppl. 1, 11 – 15 (1990)

Kipker, A.: Chemische Eigenschaften und lebensmittelchemische Anwendungen der Sorbinsäure. Schriftliche Hausarbeit im Rahmen der Ersten Staatsprüfung für das Lehramt für die Sekundarstufe I an der Universität Münster (1993)

Klinger, H., Bormann, M.: Untersuchung zur Entwicklung formal-operationaler Strukturen und physikspezifischer Schemata bei Schülern der Sekundarstufe. — Der Physikunterricht PhU 12, 55 – 67 (1978)

Koch, H.: Chemische Experimente zur Organischen Chemie und zum Umweltschutz. Verlag Moritz Diesterweg, Otto Salle Verlag und Verlag Sauerländer, Frankfurt und Aarau (1981)

Körperth, H.: Die Konservierung der Lebensmittel. — Aulis Verlag Deubner & Co, Köln (1979)

Konert, U.: Ein Kugel-Simulationsexperiment zur Osmose. — PdN-Bio 33, 348 – 349 (1984)

Koring, B.: Zur Professionalisierung der Lehrtätigkeit. — Zeitschrift f. Pädagogik 35, 771 – 788 (1989)

Kübler, W.: Zum Verbrauch von Zucker in der Bundesrepublik Deutschland. — Z. Ernährungswiss. 29: Suppl. 1, 3 – 10 (1990)

Kuyper, A.C.: The Oxidation of Citric Acid. — J. Am. Chem. Soc. 55, 1722 – 1727 (1933)

Laatsch, H.: Die Technik der organischen Trennungsanalyse. Eine Einführung. Georg Thieme Verlag, Stuttgart (1988)

Landesinstitut für Schule und Weiterbildung (Hrsg.): Sicherheits- und Umwelterziehung beim Umgang mit gefährlichen Stoffen. Liste zur Einstufung von Chemikalien gemäß der Gefahrstoffverordnung. 3. Auflage. Soest (1994)

Lax, E., Synowietz, C. (Hrsg.): Taschenbuch für Chemiker und Physiker (D'Ans, Lax). Band II. Organische Verbindungen. 3. Auflage. Springer-Verlag, Berlin, Göttingen, Heidelberg (1964)

Leienbach, K.-W.: Biochemie in der gymnasialen Oberstufe am Beispiel des Kohlenhydrat-Stoffwechsels. — Praxis d. Naturwiss. Chemie 39, Heft 3, 2 – 8 (1990)

Liebig, J.: Chemische Briefe. Akademische Verlagshandlung von C.F. Winter, Heidelberg (1844)

Löwe, B.: Alkanale in der Biochemie – Warum gewisse Aldehyde in der Biochemie sehr gefährlich und andere ungefährlich sind? — Praxis d. Naturwiss. Chemie 40, Heft 7, 15 – 22 (1991)

Lück, E.: Sorbinsäure. Band I. Behr's Verlag, Hamburg (1969)

Matissek, R., Schnepel, F.-M., Steiner, G.: Lebensmittel-Analytik. Springer Verlag, Berlin (1989)

Meloefski, R., Rauchfuß, H.: Statische Biochemie. Aulis Verlag Deubner & Co, Köln (1983)

Merck: Anfärbereagenzien für Dünnschicht- und Papier-Chromatographie. Merck, Darmstadt (1970)

Merck: Reagenzien Chemikalien Diagnostica. Darmstadt (1996)

Merck: Tabellen für das Labor.

Miller, G.A.: The Magical Number Seven, Plus or Minus Two: Some Limits on our Capacity for Processing Information. — Psychological Review 63, 81 – 97 (1956)

Mohr, H., Schopfer, P.: Lehrbuch der Pflanzenphysiologie. 3. Auflage. Springer-Verlag, Berlin, Heidelberg (1978)

Montada, L.: Die Lernpsychologie Jean Piagets. Ernst Klett Verlag, Stuttgart (1970)

Mothes, H., Ledig, M.: Chemie I in Unterrichtsbeispielen. Aulis Verlag Deubner & Co, Köln (1970)

Müller, U., Pastille, R.: Ordnen und Klassifizieren als Einstieg in die organische Chemie. — Chem. Sch. 39, 151 – 157 (1992)

Müller-Harbich, G., Wenck, H., Bader, H.J.: Die Einstellung von Realschülern zum Chemieunterricht, zu Umweltproblemen und zur Chemie. — Chimica didactica 16, 233 – 253 (1990)

Neuhäuser, A.: Das erprobte Experiment. Farbänderung beim Reiben. — Chem. Sch. 38, 325–326 (1991)

Niaz, M.: Relation between M-Space of Students and M-Demand of Different Items of General Chemistry and Its Interpretation Based upon the Neo-Piagetian Theory of Pascual-Leone. — J. Chem. Educ. 64, 502 – 505 (1987)

Nurrenbern, S.C., Pickering, M.: Concept Learning versus Problem Solving: Is There a Difference? — J. Chem. Educ. 64, 508 – 510 (1987)

Oetken M., Hogen, K.: Die Kolbesynthese. — Chemkon 4, 83-84 (1997)

Oppenheimer, M.: Über die Einwirkung verdünnter Natronlauge auf Glycerinaldehyd und Dioxyaceton. — Biochem. Zeitschrift 45, 134 – 139 (1912)

Otto, H.: Ist Zucker kausal an der Entstehung des Diabetes mellitus beteiligt? — Z. Ernährungswiss. 29: Suppl. 1, 31 – 34 (1990)

Pascual-Leone, J.: A Mathematical Model for the Transition Rule in Piaget's Developmental Stages. — Acta Psychologica 32, 301 – 345 (1970)

Piaget, J., Inhelder, B.: Die Psychologie des Kindes. 2. Auflage. Walter-Verlag, Olten (1973)

Pfeil, E., Ruckert, H.: Über die Formaldehydkondensation. Die Bildung von Zuckern aus Formaldehyd unter der Einwirkung von Laugen. — Liebigs Annalen 641, 121 – 131 (1961)

Pflaumbaum, W. et al.: BIA-Report 1/95. Gefahrstoffliste 1995. Gefahrstoffe am Arbeitsplatz. Neusser Druckerei und Verlag GmbH, Neuss (1995)

Pohloudek-Fabini, R.: Studien über die Chemie und Physiologie der Citronensäure. VEB Verlag Technik, Berlin (1955)

Prey, V. et al.: Zur Kenntnis des alkalischen Zuckerabbaues. — Monatshefte für Chemie 85, 1186 – 1190 (1954)

Quigley, M.N.: The Chemistry of Olive Oil. — J. Chem. Educ. 69, 332 – 335 (1992)

Rabe, E.: Sorbinsäurebestimmung im Brot. — Zeitschrift für Getreide, Mehl und Brot, Heft 3, 77 – 84 (1985)

Ralle, B., Jansen, W.: Zur Reaktionskinetik in der Sekundarstufe II der Gymnasien. Die Hydrolyse von tert-Butylchlorid und der Reaktionsmechanismus dieser Reaktion. — MNU 34, 413 – 422 (1981)

Ralle, B., Bode, U.: Katalytische Hydrierung gasförmiger Kohlenwasserstoffe bei Raumtemperatur. — Praxis d. Naturwiss. Chemie 40, Heft 3, 18 – 23 (1991)

Reichel, H.C.: Zu "Mathematikunterricht – wozu?" — MNU 49, 375 (1996)

Ralle, B., Wilke, H.G.: Reaktionsmechanismen und Synthesen in der gymnasialen Oberstufe. — Chemkon 1, 21 – 29 (1994)

Ruckert, H., Pfeil, E., Scharf, G.: Über die Formaldehydkondensation, III. Der sterische Verlauf der Zuckerbildung. — Chem. Ber. 98, 2558 – 2565 (1965)

Runge, F.F.: Ueber einige Produkte der Steinkohlendestillation. — Poggendorff's Annalen der Physik und Chemie 31, 65 – 78, 513 – 524 (1834) und 32, 308 – 333 (1834)

Sawrey, B.A.: Concept Learning versus Problem Solving: Revisited. — J. Chem. Educ. 67, 253 – 254 (1990)

Scardamalia, M.: Information Processing Capacity and the Problem of Horizontal Décalage: A Demonstration Using Combinatorial Reasoning Tasks. — Child Development 48, 28 – 37 (1977)

Scherr, D.: Einsatz von Perlkatalysator im Chemieunterricht. — Chem. Sch. 42, 235 – 236 (1995)

Schmidkunz, H., Lindemann, H.: Das Forschend-entwickelnde Unterrichtsverfahren. Problemlösen im naturwissenschaftlichen Unterricht. 3. Auflage. Westarp Wissenschaften, Essen (1992)

Shayer, M., Adey, P.: Towards a science of science teaching. Cognitive development and curriculum demand. Heinemann Educational Books, Oxford (1989)

Shayer, M., Adey, P.: Accelerating the Development of Formal Thinking in Middle and High School Students II: Postproject Effects on Science Achievement. — J. Res. Sci. Tea. 29, 81 – 92 (1992 a)

Shayer, M., Adey, P.: Accelerating the Development of Formal Thinking in Middle and High School Students III: Testing the Permanency of Effects. — J. Res. Sci. Tea. 29, 1101 – 1115 (1992 b)

Shayer, M., Adey, P.: Accelerating the Development of Formal Thinking in Middle and High School Students IV: Three Years after a Two-Year Intervention. — J. Res. Sci. Tea. 30, 351 – 366 (1993)

Shorey, R.L.: Effects of Ethanol on Nutrition. — J. Chem. Educ. 56, 532 – 534 (1979)

Simon, H.A.: How Big Is a Chunk? — Science 183, 482 – 488 (1974)

Stahl, E. (Hrsg.): Dünnschicht-Chromatographie. Ein Laboratoriumshandbuch. 2. Auflage. Springer-Verlag, Berlin und Heidelberg (1967)

Steiner, D., Härdtlein, M., Gehring, M.: Das Estergleichgewicht. Möglichkeiten und Grenzen eines Schulversuchs. — Chemkon 4, 110 – 116 (1997)

Stork, H.: Zum Verhältnis von Theorie und Empirie in der Chemie. — Der Chemieunterricht CU 10, 45 – 61 (1979)

Stork, H.: Ergebnisse der Lern- und Denktheorie mit deutlicher Relevanz für den Chemieunterricht, besonders in der Sekundarstufe I. — Der Chemieunterricht CU 12, 49 – 63 (1981), Heft 4

Stork, H.: Zum Chemieunterricht in der Sekundarstufe I. — IPN-Polyskript (1988)

Stork, H.: Sprache im naturwissenschaftlichen Unterricht. in: Duit, R., Gräber, W. (Hrsg.): Kognitive Entwicklung und Lernen der Naturwissenschaften. Institut für die Pädagogik der Naturwissenschaften, Kiel (1993)

Stryer, L.: Biochemie. Spektrum-der-Wissenschaft-Verlagsgesellschaft, Heidelberg (1990)

Sumfleth, E., Küpper, R., Stachelscheid, K.: Isolierung von Carbonsäuren aus Naturstoffen. Eine Unterrichtssequenz zur Einführung in die Organische Chemie. — Praxis d. Naturwiss. Chemie 36, 9 – 12 (1987)

Sumfleth, E.: Lehr- und Lernprozesse im Chemieunterricht. Verlag Peter Lang, Frankfurt (1988)

Tanner, H., Rentschler, H.: Ein einfacher papierchromatographischer Nachweis der Sorbinsäure in Getränken. — Zeitschrift für Obst- und Gemüseanbau 20, 439 – 441 (1955)

Walling, C.: Fenton's Reagent Revisited. — Accounts of Chemical Research 8, 125 – 131 (1975)

Weast, R.C. (Hrsg.): CRC Handbook of Chemistry and Physics. A Ready-Reference Book of Chemical and Physical Data. 67. Auflage. CRC Press, Boca Raton (1986)

Wegner, G.: Ermittlung der Molekülformeln organischer Verbindungen. — Chem. Sch. 40, 268 – 272 (1993)

Wegner, G.: Ermittlung der Molekül- und Konstitutionsformeln flüssiger organischer Stoffe. — Chem. Sch. 41, 49 – 54 (1994 a)

Wegner, G.: Bestimmung der molaren Masse von Alkoholen (Ethanol und Methanol) und anderen leicht verdampfbaren Flüssigkeiten. — Chemkon 1, 134 – 137 (1994 b)

Welzel, P., Bulian, H.-P.: Chemisches Praktikum für Mediziner an der Universität – GHS Essen. Studienverlag Dr. N. Brockmeyer, Bochum (1986)

Wenck, H., Kruska, G.: Wird der Chemieunterricht durch frühzeitige Behandlung der Organischen Chemie attraktiver? — Naturwiss. im Unterricht NiU – P/C 37, 4 – 9 (1989)

Weninger, J., Dierks, W.: Die Notwendigkeit des Unterstufenunterrichts in Physik und Chemie. — MNU 22, 334 – 344 (1969)

Williams, D.H., Fleming, I.: Spektroskopische Methoden in der organischen Chemie. Georg Thieme Verlag, Stuttgart (1971)

Woest, N.: Der ungeliebte Chemieunterricht? Ergebnisse einer Befragung von Schülern der Sekundarstufe 2. — MNU 50, 50 – 57 (1997)

Wolter, H.: Citronensäure aus Citronen und enzymatisch aus Zucker. — Praxis d. Naturwiss. Chemie 33, 254 (1984)

Liste der in den Kapiteln 24–25 untersuchten Schulbücher

[1]   Freytag, K., Glaum, E.: Grundzüge der Chemie. Ein Arbeitsbuch. Verlag Moritz Diesterweg und Verlag Sauerländer, Frankfurt und Aarau (1985)

[2]   Jansen, W. (Hrsg.): Chemie in unserer Welt. Ein Unterrichtswerk für den Chemieunterricht in der Sekundarstufe I. Ausgabe in einem Band. J. B. Metzlersche Verlagsbuchhandlung, Stuttgart (1983)

[3]   Christen, H. R.: Struktur Stoff Reaktion. Ausgabe E. Verlag Moritz Diesterweg und Verlag Sauerländer, Frankfurt und Aarau (1987)

[4]   Thomas, W., Quante, M., Quante, U., Hefele, G.: Lehrbuch der Chemie. Sekundarstufe 1. Ausgabe E (einbändige Ausgabe; hervorgegangen aus Lüthje/Gall/Reuber: Lehrbuch der Chemie für Gymnasien). Verlag Moritz Diesterweg und Verlag Sauerländer, Frankfurt und Aarau (1987)

[5]   Frühauf, D., Jäckel, M., Tegen, H. (Hrsg.): Chemie. Ein Lern- und Arbeitsbuch (Das Werk wurde begründet von K.-H. Grothe). Schroedel Schulbuchverlag, Hannover (1989)

[6]   Schuphan, D., Knappe, M.: Chemiebuch. 3. Auflage. Verlag Moritz Diesterweg und Verlag Sauerländer, Frankfurt und Aarau (1993)

[7]   Botsch, W., Höfling, E., Mauch, J.: Chemie in Versuch, Theorie und Übung. 2. Auflage. Verlag Moritz Diesterweg und Verlag Sauerländer, Frankfurt und Aarau (1984)

[8]   Fischer, W., Glöckner, W. (Hrsg.): Stoff und Formel – Chemie für Gymnasien. C. C. Buchners Verlag, Bamberg (1987)

[9]   Franik, R.: Chemie. Sekundarstufe I. Bayerischer Schulbuch-Verlag, München (1983)

[10]   Eisner, W. et al.: elemente Chemie I. Unterrichtswerk für Gymnasien. Ernst Klett Schulbuchverlag, Stuttgart (1990)

[11]   Barke, H.-D. et al.: Chemie heute. Sekundarbereich I. Ein Lern- und Arbeitsbuch. Schroedel Schulbuchverlag, Hannover (1990)

[12a]   Christen, H. R.: Chemie auf dem Weg in die Zukunft. Verlag Moritz Diesterweg und Verlag Sauerländer, Frankfurt und Aarau (1988)

[12b] Caprez, W.: Arbeitsheft mit Fragen, Übungen und Versuchen zu: H. R. Christen. Chemie auf dem Weg in die Zukunft. Verlag Moritz Diesterweg und Verlag Sauerländer, Frankfurt und Aarau (1989)

[13] Bäurle, W. et al.: umwelt: Chemie. Ein Lern- und Arbeitsbuch (begründet von Greb/Kemper/Quinzler). Ernst Klett Schulbuchverlag, Stuttgart (1992)

[14] Amann, W. et al.: elemente Chemie II. Unterrichtswerk für die Sekundarstufe II. Ernst Klett Schulbuchverlag, Stuttgart (1990)

[15] Jäckel, M., Risch, K. T. (Hrsg.): Chemie heute. Sekundarbereich II. Schroedel Schulbuchverlag, Hannover (1991)

[16] Liening, B., Quante, U., Thomas, W., Wittke, G.: Lehrbuch der Chemie SII. Verlag Moritz Diesterweg und Verlag Sauerländer, Frankfurt und Aarau (1991)

[17] Hafner, L.: Einführung in die Organische Chemie. Unter besonderer Berücksichtigung der Biochemie. 2. Auflage. Schroedel Schulbuchverlag, Hannover (1976)

[18] Glaum, E., Wolff, R. (Hrsg.): Chemie für die Sekundarstufe II. 3. Auflage. Ferd. Dümmlers Verlag, Bonn (1992)

[19] Glaum, E., Wolff, R. (Hrsg.): Organische Chemie und Biochemie. 3. Auflage. Ferd. Dümmlers Verlag, Bonn (1989)

[20] Jakob, O., Hoffmann, W.: Grundlagen der Organischen Chemie 1. Ein Lehr- und Arbeitsbuch für die Kollegstufe. 2. Auflage. C. C. Buchners Verlag, Bamberg (1989)

[21] Tausch, M., von Wachtendonk, M.: Stoff – Formel – Umwelt 2. Organische Chemie – Angewandte Chemie. C. C. Buchners Verlag, Bamberg (1992)

[22] Hafner, L., Jäckel, M. (Hrsg.): Chemie heute. Grundlagen der organischen Chemie. Schroedel Schulbuchverlag, Hannover (1989)

[23] Risch, K., Seitz, H.: Organische Chemie. Schroedel Schulbuchverlag, Hannover (1991)

[24] Jakob, O., Hoffmann, W.: Organische Verbindungen. Stoffe-Strukturen-Reaktionen. C. C. Buchners Verlag, Bamberg (1988)

[25] Jakob, O., Hoffmann, W., Glöckner, W.: Struktur und Reaktionsverhalten organischer Verbindungen. C. C. Buchners Verlag, Bamberg (1990)

Sachwortverzeichnis